长杆高速/超高速侵彻
——理论模型与数值分析

Long-rod High-speed and Hypervelocity Penetrations
Theoretical Models and Numerical Analyses

陈小伟　焦文俊　宋文杰　著

科学出版社

北　京

内 容 简 介

本书共 14 章，主要基于作者及相关合作者近 10 年的研究成果，给出了长杆高速侵彻和超高速侵彻的理论模型和数值分析。内容包括长杆高速侵彻的理论模型、长杆侵彻应用之自锐穿甲和分段杆侵彻、界面击溃的理论模型和数值模拟，以及长杆超高速侵彻的理论模型。

本书可以作为爆炸与冲击力学、弹药工程、兵器科学与技术、防护工程等专业的本科生或研究生教学用书，也可作为相关学科领域研究人员的参考书。

图书在版编目(CIP)数据

长杆高速/超高速侵彻：理论模型与数值分析 / 陈小伟，焦文俊，宋文杰著. -- 北京：科学出版社，2025. 3. -- ISBN 978-7-03-080658-1

I. O33

中国国家版本馆 CIP 数据核字第 202413ZY02 号

责任编辑：刘信力 / 责任校对：彭珍珍
责任印制：张　伟 / 封面设计：无极书装

科学出版社 出版
北京东黄城根北街 16 号
邮政编码：100717
http://www.sciencep.com
北京建宏印刷有限公司印刷
科学出版社发行　各地新华书店经销
*
2025 年 3 月第 一 版　　开本：720×1000　1/16
2025 年 3 月第一次印刷　　印张：24 3/4
字数：494 000
定价：248.00 元
(如有印装质量问题，我社负责调换)

前　言

本书呈现的是近十年来我们课题组在长杆高速侵彻和超高速侵彻方面相关科研工作的总结，主要给出理论模型和数值分析。

全书共 14 章。大致可分为四部分，即长杆高速侵彻的理论模型 (第 1~5 章及第 7 章 7.7~7.9 节)、长杆侵彻应用之自锐穿甲和分段杆侵彻 (第 6~8 章)、界面击溃的理论模型和数值模拟 (第 9~10 章) 和长杆超高速侵彻的理论模型 (第 11~14 章)。

第 1~2 章比较全面地给出了长杆高速和超高速侵彻的一般理论和研究进展评论。第 3 章介绍长杆高速侵彻 Alekseevskii-Tate (A-T) 一维 (1D) 模型的理论分析，给出了非常简单的代数求解。需强调的是，在此工作之前，A-T 模型只能数值求解。第 4 章基于 A-T 模型的理论解分析长杆高速侵彻的速度关系，明确了控制长杆高速侵彻准定常阶段的无量纲参量。第 5 章是在准定常侵彻条件下，借鉴刚性弹侵彻的研究思路，通过引入头形因子，在 A-T 一维模型基础上给出了长杆侵彻的二维 (2D) 理论模型。第 7 章 7.7~7.9 节进一步考虑非定常的初始瞬态阶段和次级侵彻阶段，提出长杆侵彻的三阶段二维 (2D) 模型。

第 6 章是利用金属玻璃的剪切自锐特性，将其与钨纤维增强复合，开展相应的试验研究和机理表征。第 7 章 7.1~7.5 节是开展穿甲 "自锐" 行为的数值仿真分析，并结合二维理论模型开展头形变化及质量侵蚀分析。第 8 章是将长杆侵彻推广应用于分段杆侵彻，通过数值建模与分析，给出两者不同的侵彻机制。

第 9 章考虑弹头形状，介绍锥头长杆弹撞击陶瓷靶过程中由界面击溃向侵彻的临界转变；脆性陶瓷靶的界面击溃是非常特殊的现象，更多的理论工作在我的专著《穿甲/侵彻力学的理论建模与分析 (下)》第 18 章也有涉及。第 10 章则是关于长杆弹撞击陶瓷靶的数值模拟研究，分别揭示了界面击溃、驻留转侵彻和直接侵彻的不同机制，并特别指出陶瓷材料的脆性导致长杆弹头形状会多次变化和侵彻隧道呈现葫芦串形。

第 11~14 章则是我们在长杆超高速侵彻的比较系统的理论工作，最重要的一点是考虑弹靶材料的可压缩性，给出了相应的理论模型解和近似模型解。相关工作在国内是超前的，随着武器发射平台的迅速改进，长杆超高速侵彻理论的应用价值将进一步展现。

本书可以作为爆炸与冲击力学、弹药工程、兵器科学与技术、防护工程等相关专业和学科的本科生或研究生教学用书，也可作为以上相关学科领域的研究人员以及国防科研院所中相关领域如装备、弹药、人防等研究人员的专业参考书。

全书内容是我和相关学生的共同工作。在学生的工作基础上，由我独立完成全书初稿，然后由焦文俊博士和宋文杰博士分别校对全书的前后 7 章。根据对全书的工作内容贡献，最后的作者署名为陈小伟、焦文俊和宋文杰三人。但需强调的是，其他多位学生对本书也有重要贡献。对此我将逐一介绍。

第 1 章、第 2 章 2.1~2.6 节、第 3 章、第 4 章 4.1~4.5 节、第 5 章和第 7 章 7.6 节等，是焦文俊博士和我的合作工作。早前我在中国工程物理研究院 (以下简称中物院) 总体工程研究所工作，2013 年 9~10 月间代表中物院去西安交通大学航天航空学院作招生宣讲，彼时焦文俊是大四学生，已保研中物院并分配给其他指导老师，或许是我的演讲风采感染了年轻人，坚持选择我作为指导老师拜入我门下。自 2014 年秋季入学绵阳的中物院研究生院，文俊跟我硕博连读 5 年，且在 2017 年初随我辗转来到北京理工大学 (以下简称北理工) 并一直待到 2019 年初夏，最后拿了中国科学技术大学 (以下简称中科大) 的博士学位 (与中物院联培，我先前也是中科大的兼职导师)。文俊年轻气盛而不市侩，富有理想主义，科研工作一直很顺利，颇有我年轻时的影子。不同的是，他还喜欢跑马拉松，因此深得我的喜欢与欣赏。但他毕业后的工作经历表明：为人还需含蓄练达，成长是需要代价的。现今他在火箭军工程大学从事科研教学工作，愿未来一切皆好。

第 2 章 2.7 节，第 11~13 章，是宋文杰博士、我和北京大学 (以下简称北大) 陈璞教授的合作工作。文杰跟我读博完全是机缘巧合。文杰是中科大近代力学系 2012 届排名前二的本科毕业生，推免保送给北大刘凯欣教授直博。不幸的是，2015 年 12 月上旬刘凯欣教授因病去世。彼时我也是北大工学院的兼职教授，段慧玲院长及陈璞教授商议由我和陈璞教授继续指导文杰 (陈璞教授也是我的大学班主任)。2016 年 1 月文杰放寒假回四川泸州，途中经停绵阳拜访我，我的研究兴趣正准备由弹速向更高速度转变，所以我给他一个关键词 "超高速碰撞"。寒假结束，文杰返校再经停绵阳，告诉我另一关键词 "材料可压缩"，于是开启了我的课题组开展超高速碰撞研究的前奏。文杰在绵阳待了近一年后又随我进京，在北理工和北大校园徜徉，终于在 2018 年初夏顺利毕业，获得北大的博士学位。文杰聪明，习惯深夜工作，喜好篮球运动。他和邓勇军、吕太洪、文肯、焦文俊等几乎可以组队，在绵阳科学城和北理工的篮球场打得风生水起，很是了得。毕业后，文杰一直在公司从事芯片开发工作，这也是由他超群的智商定了的。

第 4 章 4.6~4.7 节是博士生尹志勇和我的合作工作，基于他的本科毕业设计。志勇是北理工机电学院 2020 届本科毕业生，成绩优秀，经他同班同学介绍于 2019 年 10 月国庆后进入我课题组，后推免跟我硕博连读，现在刚进入博三。他的博士课题研究内部爆炸载荷作用下金属/复合材料柱壳的断裂行为，已发表多篇顶刊论文。小伙子最大优点就是研究思路清晰，写作简洁流畅，行为严谨自律。

第 6 章是我和中物院总体工程研究所韦黎明博士及李继承博士等的合作工作。我虽然离开绵阳已久，尚记得韦博士毕业于哈尔滨工业大学，平日里少话而含蓄，干活非常认真。

第 7 章 7.1~7.5 节和第 9 章是中物院总体工程研究所李继承博士和我的合作工作。李继承是北大物理学院 2006 届本科毕业生，推免保送为我的第一个硕士研究生，留所工作几年后又跟北理工黄风雷教授和我攻读博士学位，由我直接指导。继承在其硕士阶段业已显现出优秀的研究能力，他的博士论文《金属玻璃及其复合材料的剪切变形与破坏》获得了北理工的优秀博士学位论文称号，第 7 章 7.1~7.5 节即是其中的一部分内容。在此之外，我们合作在国内率先开展了陶瓷靶侵彻/穿甲的界面击溃研究，后续国内多家单位跟进，界面击溃在国内已成为一研究热点。第 9 章即是界面击溃的系列工作之一。

第 7 章 7.7~7.9 节是硕士刘洋村、我、西南科技大学 (以下简称西科大) 邓勇军博士及姚勇教授的合作工作。洋村是我在西科大指导的 2019 级硕士，毕业论文获得西科大的优秀硕士学位论文称号。我惊诧于他的科研领悟，每次回绵阳开组会，他都有不错的进展汇报，于是建议他到北理工跟我读博。可惜，他选择了进国家电网工作，让我郁闷一时。祝愿洋村一切顺利。

第 8 章是郎林博士、我和西科大雷劲松教授的合作工作。郎林是我在西科大指导的 2007 级硕士，硕士科研期间正值 2008 年 "5·12" 汶川地震后的灾后重建，彼时学校老师有比较多的重建业务，一段时间里郎林作为学生忙于其中而误了学业。我比较严厉地批评了他，很快他的硕士科研步入正轨，毕业论文也获得西科大的优秀硕士学位论文称号。工作一段时间后，郎林又去四川大学跟随朱哲明教授读博并获得博士学位，现在四川成都的西华大学从教且担任系主任。郎林常与我联系，聊聊当老师的感慨和青年教师的焦虑，相信他已有为人师表的心得。

第 10 章是伍一顺硕士、我及文肯博士的合作工作。一顺是我 2017 年初到北理工招的首届硕士生，也是北理工机电学院 2017 届本科毕业生。当时我和李继承博士的陶瓷靶界面击溃研究已进入结果期，我希望通过数值仿真复现并揭示其中不同撞击模式的机制，一顺努力实现了此任务，并揭示了陶瓷靶侵彻隧道呈葫芦串形状的现象。年轻人想法多，拒绝了我的读博邀请，转而期待着出去在大厂一展拳脚，后来的工作辗转也许可以让他沉淀许多。

第 14 章则是博士生唐群轶 (当时是西科大硕士生)、我和西科大邓勇军博士及宋文杰博士的合作工作。因为我持续担任工程材料与结构冲击振动四川省重点实验室主任和西科大土建学院的学术院长，我离开绵阳来到北理工后，仍继续在西南科技大学招硕士生，每年定期前往绵阳或线上指导学生。群轶是我在西科大招的 2018 级硕士生。从一开始，我就发现群轶的领悟和执行力超群。在他研二伊始，就直接将他召到北理工亲自训练指导。文杰的长杆超高速侵彻理论模型稍显烦琐，在此基础上，群轶通过简化给出了非常简单的近似模型，并在硕士阶段将此工作发表于 *International Journal of Impact Engineering*，获得了西科大校优硕称号。现今群轶仍继续在北理工随我攻读博士学位且进入收官阶段，研究碎片超高速撞击金属泡沫夹芯层的现象和机理。小伙子热心阳光，与武晨阳同学一起共同担任我课题组的办公室主任，将二十多人的队伍及实验室管理得井井有条，分担了课题组的日常事务，减少了我太多的烦心琐事。

　　至此，课题组在长杆侵彻方向的工作终于可以告一段落。自我 2017 年初入职北理工，近八年来我主要关注于超高速碰撞研究。在空间碎片云方面，初期指导文肯博士和张春波博士用 SPH 方法开展空间碎片云的破碎机制和结构特征研究。然后何起光博士将 FEM-SPH 耦合自适应方法发展应用于 Whipple 防护，继而他和陈莹博士、唐群轶等同学开展以编织复合材料、蜂窝、金属泡沫夹芯为代表的先进空间碎片防护结构的超高速撞击研究。博士生武晨阳、陈履坦、周小军和白凯强等同学分别关注空间碎片云群聚、相变、等离子效应和高压容器超高速撞击等。吕赫博士、韩鹏飞博士和马静添、向昊宇同学则分别专注于陨石坑撞击、小行星防御或卫星撞击失效，以及材料平板撞击等。

　　当然，在此之外，结合不同学生的专长和兴趣，我的课题组也涉猎其他领域/方向的工作。比如，考虑西部山地的隧道安全，指导秦毅博士开展密闭空间预混氢气—空气爆炸火焰传播动力学过程研究；针对人工岛礁建设与防护，指导翟成林博士开展导弹战斗部打击目标的毁伤评估及概率毁伤研究；以提升复合炸药的安全性和能量输出性能为目标，指导王军博士开展纳米结构 TATB/Al/F 的制备及其能量输出特性研究；另外，也指导李亚萍博士开展深部页岩储层构造裂缝表征及射孔水力压裂研究，指导杜伟伟开展多群队协同作战任务分配方法研究，以及指导黄维开展化工园区多米诺事故动态演化与防控研究，等等。

　　五年前完成了专著《穿甲/侵彻力学的理论建模与分析》(上下)，新近将长杆高速/超高速侵彻的工作整理成书，以及近八年来我主要专注的超高速碰撞研究，比较形象地展示了随着时间推移我个人的研究兴趣的变化，希望覆盖从弹速 (<1 km/s) 到 10 km/s 甚至更高速度的撞击机理认识，且这种变化是和国家需求的发展变化相结合的。也希望五年后，还能将课题组在超高速碰撞方面的研究工作集中呈现于读者，也算是退休前自己学术生涯的完结篇。

　　当《长杆高速/超高速侵彻：理论模型与数值分析》的排版稿发给我的时候，已距离我向出版社提交书稿近 9 个月。等候的时间稍长了一点，但眼瞅着此书即将付梓出版，内心仍有感慨。

　　刚在校园里散完步，这是北风开始南下的季节，校园里银杏叶黄了落了，铺满草地，缤纷一时。自 2017 年初来到北理工，八年来，已经习惯了每天早上校园散步后回到办公室"搬砖";也习惯了没有出差的日子,不分工作日和周末沉浸于办公桌前的宁静。一杯酱香拿铁,悠然分享同学们发表论文的喜悦。带着同学们组团外出参会,感受年轻人团建的放松。课题组年度聚餐,毕业学生返校,和年轻人在一起把盏言欢,在轻歌笑语中一起欢乐。还有,因为首都的地理优势,大学同学常聚,遥忆风华正茂的曾经,当回忆成为主题时,也许这就是告别,告别青春,告别过去。

年少在北大燕园的日子,虽然也偶尔溜达于未名湖畔,但能让我通宵达旦的只是金庸的武侠小说,醉心于其中的刀光剑影和儿女情长。半生已过,能让我醒达明悟的也还真只是金庸的武侠小说,不羡那华山巅峰,只喜渔樵耕读。喜欢这样的场景:年轻时去峨眉山,爬上九十九道拐后在仙峰寺和九老洞那里流连,看云涌雾绕,僧人在庙堂前的石板山路挥帚扫地,然后安静地吃一顿素食斋饭,感觉悟出了道,有了空明清净的升华。

行文至此,需特别感谢北理工爆炸科学与技术国家重点实验室对本书提供出版资助。课题组关于长杆高速/超高速侵彻的研究,长期以来,得到国家自然科学基金的面上项目 (10672152、11172282、11872118)、重点项目 (10976100) 和杰出青年基金 (11225213),以及重大仪器项目 (11627901) 和创新群体 (12221002)、青年项目 (12102338) 的支持,在此特别致谢。鉴于本书若干工作来自西科大土木工程与建筑学院,因此也是北理工爆炸科学与技术国家重点实验室和西科大工程材料与结构冲击振动四川省重点实验室的共同作品。

非常感谢科学出版社的责任编辑刘信力博士和责任校对彭珍珍女士等耐心细致的工作,将本书的字误减少到最小。我们都有一个共同的心愿,希望呈现给读者的必须是可以传承下去的专著。我们共同努力,认真校对,不允许丝毫差错。尽管如此,我还得慎重声明,文责自负。

最后,家人永远是我的最坚实靠山。感谢陶萍老师的一路陪伴,相知相守,携手前行。颇为欣慰的是,纵有前路坎坷,儿子劲夫和准儿媳相如依然专注于他们的物理世界,漂洋过海,潜心问学,希望他们一切安好,学有所成。父母双亲已至耄耋之年,辛苦了一辈子,依然天天念叨我们。感谢幺妹正蓉对家的守护,让父母可以幸福地颐养天年,也令我能安心科研。

陈小伟

北京理工大学求是楼 307 室

2024 年 11 月 17 日

目　　录

第 1 章 绪 论

1.1 引 言

由于强大的军事应用背景, 人类对侵彻与穿甲问题的研究历史悠久。到目前为止, 刚性弹的侵彻与穿甲问题已取得诸多研究成果, 形成了较为完善的理论体系 (Goldsmith, 1999; 陈小伟, 2009; 钱伟长, 1984)。基于刚性杆在兵器速度范围内的无量纲侵彻深度正比于其动能的认识, 产生了直接利用动能杀伤目标的动能武器 (Kinetic Energy Weapon)。

动能武器的核心是由钨合金和贫铀合金等高密度金属制成的长杆弹芯。长杆弹长径比 (L/D) 大、密度高、飞行速度快 (数倍于兵器速度), 单位截面积上具有很高的动能, 因而具有很强的侵彻与贯穿能力。自 20 世纪 60 年代起, 高密度金属制成的长杆弹就取代了比其短得多的钢弹成为了坦克弹药。传言美军计划的新型概念武器 "上帝之杖", 其核心就是从太空中发射由钨或铀等金属制成的长杆。

长杆高速侵彻与刚性弹侵彻的最大区别在于, 当弹体高速作用于靶体时, 作用面上压力远高于材料强度, 弹靶发生严重质量侵蚀, 其变形模式为半流体, 即在弹靶界面处接近流体而在远处仍可视作刚体 (如图 1.1.1 所示)。因此, 全书中的 "高速" 区别于刚性弹侵彻的 "低速" 和流体侵彻的 "超高速", 特指使弹靶发生半流体变形的撞击速度。不同速度下长杆弹侵彻机理的变化将于后文详述。此外还需说明的是, 本书论述中大部分靶体为半无限厚靶, 涉及少量中厚靶, 不涉及薄靶——薄靶撞击问题在机理上有很大差异, 对此 Herrmann 和 Wilbeck(1987) 以及 Piekutowski(1996) 都有较好的综述可以参阅。

受限于发射技术, 长杆高速侵彻问题的研究始于 20 世纪五六十年代。Allen 和 Rogers(1961) 最早公开发表对长杆高速侵彻问题的研究, 他们运用二级轻气炮和逆向弹道技术开展了 7075-T6 铝圆柱撞向不同材料制成的固定长杆的实验, 并在理论分析中采用了与 Eichelberger(1956) 分析聚能射流类似的方法, 形成了长杆侵彻最早的理论分析模型。Eichelberger 和 Gehring(1962) 以及 Christman 和 Gehring(1966) 基于实验观测提出了长杆高速侵彻的四个典型阶段, 对侵彻机理的认识具有重要意义。Alekseevskii(1966) 和 Tate(1967, 1969) 几乎同时且各自独立地给出了更完备的长杆半流体侵彻的理论分析模型。在随后的半个多世纪内, Alekseevskii-Tate 模型被无数次地讨论和应用, 成为分析长杆高速侵彻问题首选的理论模型。

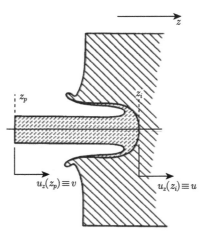

图 1.1.1   长杆侵彻中弹靶变形模式示意图 (Walker & Anderson, 1995)

v 为弹尾 (刚体) 速度即撞击速度，u 为弹头 (流体) 速度即侵彻速度

自 20 世纪七八十年代起，长杆高速侵彻领域开展了大量实验。西德恩斯特马赫研究所 (Ernst Mach Institute, EMI) 的 Hohler 和 Stilp(1977) 开展的 $L/D = 10$ 钨合金长杆弹侵彻半无限厚装甲钢靶的实验成为后来检验理论模型和数值模拟的标准。Silsby(1984) 进行了更大长径比 ($L/D = 32$) 和更大尺寸的实验。Hohler 和 Stilp(1987) 总结了已发表的实验数据，讨论了侵彻深度、弹坑半径等与撞击速度、弹靶材料以及长径比的关系。其中提出的长径比效应 (L/D Effect) 后来成为长杆侵彻一个相当重要的特征效应。美国陆军弹道研究实验室 (Ballistic Research Laboratory, BRL) 的 Sorensen 等 (1991) 总结了钨合金连续和分段长杆侵彻轧制均质钢 (Rolled Homogeneous Armor, RHA) 的全尺寸与半尺寸实验。美国西南研究院 (Southwest Research Institute, SwRI) 的 Anderson 等 (1992a) 编辑了侵彻数据库，对此前开展的终点弹道实验数据进行了较全面的搜集整理。

进入 90 年代，闪光 X 射线 (Flash X-ray, FXR) 摄影技术被应用于高速侵彻试验诊断中 (Hohler et al., 1995; Subramanian et al., 1995)，弹靶变形的中间形态、弹靶界面移动和长杆弹侵蚀的时程关系得以记录，为理论分析提供了更详细的信息。其中，Orphal 等 (Behner et al., 2006; Orphal, 1997; Orphal & Franzen, 1990, 1997; Orphal & Miller, 1991; Orphal et al., 1996, 1997) 对分段杆和陶瓷靶抵抗长杆侵彻的实验较有代表性。早期实验研究主要是通过对大量实验数据的总结，归纳出在一定范围内适用的经验公式，最直接但效率偏低；近期实验较注重对侵彻过程中新物理现象的观测，需进一步结合数值模拟和理论分析深入研究侵彻机理变化。

二维计算程序诞生于 20 世纪 60 年代, 并于七八十年代发展成熟 (Anderson, 1987)。美国桑迪亚国家实验室 (Sandia National Laboratories, SNL) 的二维欧拉流体动力学程序 CSQ 是最早用来模拟长杆侵彻问题的工具, 也是三维流体动力学程序 CTH 的前身 (McGlaun et al., 1990)。Anderson 等 (Anderson & Orphal, 2003, 2008; Anderson & Walker, 1991; Anderson et al., 1993, 1995, 1996, 1999b) 利用 CTH 对长杆侵彻作了一系列的模拟, 其中 Anderson 和 Walker(1991) 对 $L/D = 10$ 钨合金长杆以 1.5 km/s 侵彻 RHA 的模拟得到了比 Alekseevskii-Tate 模型更贴近实验的结果, 他们分析了产生差异的原因, 并在此基础上提出了一个与时间相关的理论模型 (Walker & Anderson, 1995)。以色列防务技术研究院 RAFAEL 公司的 Rosenberg 等 (Rosenberg & Dekel, 1994, 1996, 1998, 1999, 2000, 2003; Rosenberg et al., 1995, 1997a, 1998) 运用二维欧拉程序 PISCES 2DELK 进行了一系列数值模拟, 分析了弹头形状、长径比、弹靶强度, 以及其他材料参数等因素对长杆侵彻的影响。通过数值模拟, 侵彻过程中的压力、速度和几何等细节信息得以获得。然而, 数值模拟结果与计算方法和材料本构的选取密切相关, 且相关参数的选取也具有较强的人为性, 故其准确性往往需要与实验和理论对比来验证。

在长杆高速侵彻领域, 国际上比较活跃的研究组有 Hohler 和 Stilp、Anderson、Orphal 以及 Rosenberg 等, 其所著的综述 (Anderson, 2003, 2017; Orphal, 2006; Stilp & Hohler, 1995) 和专著 (Rosenberg & Dekel, 2012) 侧重于介绍各自在该领域的工作进展。国内学者对长杆高速侵彻问题的研究起步较晚, 但对于一些特定材料与特殊问题的研究已取得有意义的成果。陈小伟课题组对长杆高速侵彻开展了多个代表性综述工作 (陈小伟和陈裕泽, 2006; 焦文俊和陈小伟, 2019), 同时陈小伟教授课题组还在长杆高速侵彻理论 (Jiao & Chen, 2018, 2019, 2021)、界面击溃效应 (李继承和陈小伟, 2011a, 2011b; Li et al., 2014, 2015b; Li & Chen, 2017, 2019)、纤维/颗粒增强金属玻璃长杆弹 (Chen et al., 2015; Li et al., 2015a, 2019; 李继承和陈小伟, 2011c; 陈小伟等, 2012; 王杰等, 2014)、分段杆 (郎林等, 2011) 和可压缩性 (Song et al., 2017, 2018a, 2018b; Tang et al., 2021) 等方面开展了一系列研究。中国科学技术大学文鹤鸣教授课题组开展了长杆侵彻的一维理论和模拟研究 (He & Wen, 2013; Lan & Wen, 2010; Lu & Wen, 2018; Wen & Lan, 2010; Wen et al., 2010, 2011; Zhou & Wen, 2003; 兰彬和文鹤鸣, 2008, 2009), 北京理工大学黄风雷教授团队对长杆侵彻陶瓷靶、金属靶和混凝土靶开展了实验、模拟和理论研究 (Zhang & Huang, 2004; 张连生和黄风雷, 2005; 李志康和黄风雷, 2010; 李金柱等, 2014), 南京理工大学张先锋教授课题组研究了长杆高速撞击陶瓷靶和界面击溃效应 (Zhang & Li, 2010; Zhang et al., 2011; 谈梦婷等, 2016, 2017, 2018), 解放军理工大学方秦教授课题组开展了长杆高速侵彻的实验

和理论分析 (Kong et al., 2016b; Kong et al., 2017b, 2017c; 孔祥振等, 2017; 翟阳修等, 2017)。

1.2　长杆高速侵彻的基本概念

本节所述的基本概念在长杆侵彻研究中比较重要, 全书论述中将大量涉及, 故有必要在此重点论述。

1.2.1　长杆弹的不同侵彻模式

长杆侵彻问题研究的核心是通过建立瞬时侵彻速度 u 与瞬时撞击速度 v 的关系来描述弹靶相互作用, 而 u-v 关系的建立与侵彻模式直接相关。一般而言, 根据弹体强度和靶体阻力的相互关系, 长杆侵彻问题可以分为弹体强度高于靶体阻力和弹体强度低于靶体阻力两类情况分别分析。

长杆高速侵彻 (半流体侵彻) 的速度范围大致为 1.5~3.0 km/s, 不同弹靶材料组合对应的侵彻速度范围存在差异。在超过 3.0 km/s 的超高速碰撞下, 将发生完全的流体侵彻, 弹靶强度影响可以忽略, 同时需要考虑冲击波和可压缩性等因素。在低于 1.5 km/s 的低速撞击下, 长杆将以刚性弹的方式侵彻或无法侵彻 (形成界面击溃)。在临界速度范围内, 对应不同的弹靶强度关系, 将发生两类典型的侵彻模式转变。

1. 弹体强度高于靶体阻力

Forrestal 等 (Forrestal & Piekutowski, 2000; Piekutowski et al., 1999) 通过研究钢杆在 0.5~3.0 km/s 范围内侵彻 6061-T6511 铝靶, 发现随着撞击速度增加, 弹体经历从刚体到侵蚀弹体的转变, 存在三个响应区: 刚性弹侵彻、变形非侵蚀弹侵彻和侵蚀弹侵彻。在前两个响应区之间的过渡区出现侵深大幅下降的现象, 且不同的杆弹头形, 过渡区特征存在明显差异。

Chen 和 Li(2004) 对上述现象进行了理论分析, 针对不同侵彻速度和失效机理定义了刚性弹侵彻、半流体侵彻和流体侵彻三个区域, 并利用 Chen 和 Li(2002) 提出的撞击函数 I 分析确定了刚性弹侵彻和半流体侵彻的临界判据。半流体侵彻的下限 I_c 可用撞击函数来表达:

$$I_c = \max\left(I_{c1}, I_{c2}\right), \quad I_{c1} = \frac{I_{c2}}{2BN_2} \tag{1.2.1}$$

式中, I_{c2} 为由 Alekseevskii-Tate 模型推得的半流体侵彻下限, I_{c1} 为刚性弹侵彻上限, 常数 $B \approx 1$, N_2 为形状参数。转变区宽度可相应地表达为 $\Delta = I_c - I_{c1}$。对于半球头弹体, $N_2 \approx 0.5$, 故对于头部比半球头更钝的弹体, $I_{c1} < I_{c2}$, $\Delta = I_{c2} - I_{c1} > 0$,

如图 1.2.1(a) 所示；反之，对于尖锥头弹体，$I_{c1} > I_{c2}$，$\Delta = 0$，如图 1.2.1(b) 所示。由于半流体侵彻深度明显低于刚性弹侵彻，因此，判定转变速度可以预测弹体最大侵彻深度。

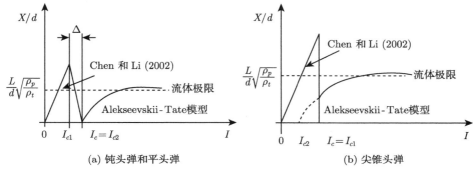

图 1.2.1 从刚性弹侵彻向半流体侵彻转变 (Chen & Li, 2004)

X (侵彻深度), d (弹体直径), L (弹体初始长度), ρ_p (弹体材料密度), ρ_t (靶体材料密度)

此外，Wen 等 (Lan & Wen, 2010; Lu & Wen, 2018; Wen & Lan, 2010) 从一维长杆高速侵彻模型出发，定义了刚性弹侵彻临界速度 V_R 和侵蚀弹侵彻临界速度 V_H，对长杆弹侵彻的不同模式开展了一系列研究。

实验中也观测到图 1.2.1(a) 所示的现象，钝头弹和平头弹存在一个狭窄的侵彻深度下降的区域，弹体在此区域内发生大幅凸出和弯折 (Forrestal & Piekutowski, 2000)。最近 Kong 等 (2017c) 在钢杆侵彻砂浆靶体的实验中发现混凝土类靶体也存在类似的转变现象。Rosenberg 和 Dekel(2003) 通过数值模拟再现了此转变现象，并同时指出考虑弹体失效应变是模拟得到转变点处侵彻深度显著下降的必要条件。徐晨阳等 (2018) 采用数值模拟分析了弹靶材料特性和弹体头形对转变点的影响。

2. 弹体强度低于靶体阻力

对于强度更大的靶体材料，随着撞击速度的增加，将出现由界面击溃 (Interface Defeat) 向半流体侵彻的转化。图 1.2.2 是 Li 等 (2015b) 定义的长杆撞击陶瓷靶的三种模式，随着撞击速度 (弹尾速度) 的增加，弹头速度 (侵彻速度) 出现由零向半流体侵彻速度转变的典型变化。

Lundberg 等 (2000) 在分析钨和镍长杆侵彻陶瓷靶时发现了此现象，后续的实验和模拟 (Behner et al., 2011; Anderson & Walker, 2005; Andersson et al., 2007, Lundberg & Lundberg, 2005; Lundberg et al., 2006, 2013) 验证并分析了这一现象。Lundberg 等 (2000) 提出了可能导致该现象发生的压力范围并进而得到了转变速度的区间，该转变速度取决于陶瓷靶的材料属性并在小尺寸下受尺度律

影响 (Lundberg et al., 2013)。Li 等 (2015b) 分析了界面击溃的速度上限与长杆侵彻的速度下限，进而确定了转变速度的范围。对于界面击溃转变速度问题的研究将在第 9 章详细论述。

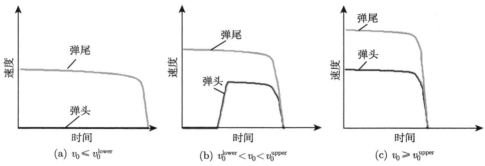

图 1.2.2　不同撞击速度下弹头速度与弹尾速度随时间的变化示意图 (Li et al., 2015b)

综上，随撞击速度增加，弹体侵彻的模式将发生变化：对于弹体强度高于靶体阻力的情况，将发生刚性弹侵彻、变形非销蚀弹侵彻和半流体侵彻的转化；对于弹体强度低于靶体阻力的情况，则会发生界面击溃向半流体侵彻的转化。

1.2.2　长杆高速侵彻的四个阶段

Eichelberger 和 Gehring(1962) 基于实验观测提出了高速撞击成坑的四个典型阶段，Christman 和 Gehring(1966) 将它们更清晰地表述为初始瞬态阶段 (First/Transient Phase)、主要侵彻阶段 (Primary Penetration Phase)、次级侵彻阶段 (Secondary Penetration Phase) 和靶体回弹阶段 (Recovery Phase)，如图 1.2.3 所示。

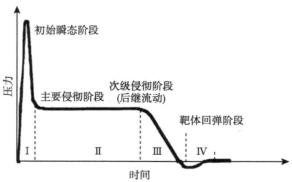

图 1.2.3　长杆高速侵彻的四个阶段 (Christman & Gehring，1966)

此后，研究者们在此基础上开展了深入的研究 (Anderson & Orphal, 2003;

Anderson et al., 1992b; He & Wen, 2013; Herrmann & Wilbeck, 1987; Orphal, 1997, 2006; Rosenberg & Dekel, 2001a; Tate, 1986)，对此综述如下：

1. 初始瞬态阶段

初始瞬态阶段伴随弹体开坑，仅持续几个微秒，对应侵彻深度约数倍杆径 (Christman & Gehring, 1966)。Anderson 等 (1992b) 通过模拟认为初始瞬态阶段的作用时间和距离与几何参数和材料属性相关，而与撞击速度无关。高压力冲击波在界面处产生并在杆和靶中同时传播，到达自由表面反射为卸载波卸载此高压力。在图 1.2.3 所示的压力-时间历程图中，初始瞬态阶段表现为一个压力陡峰。该压力值可由 Hugoniot 冲击关系给出，仅依赖于撞击速度和材料的密度及可压缩性 (Herrmann & Wilbeck, 1987)。

在高速撞击中，高压冲击波将导致严重的塑性变形以及融化和汽化。此外，高温和高压导致的闪光亦在实验中被观测到。由于涉及多个物理甚至化学过程，对于初始瞬态阶段的解析描述很复杂，且缺乏其对总侵彻深度影响的准确分析。

2. 主要侵彻阶段

主要侵彻阶段最大的特征就是准静态 (Quasi Steady-state) 侵彻：压力由瞬态阶段的峰值下降为一个恒值，同时弹靶界面的移动速度 (即侵彻速度) 也近似为一个常数。该阶段持续时间由弹体长径比决定。长杆弹具有较大长径比，因而此阶段作用时间最长，对最终侵彻深度的影响也最为显著。

主要侵彻阶段是所有理论分析模型的核心，该阶段弹体和靶体均以半流体的方式变形，弹体减速并发生侵蚀，弹体长度缩短。如果速度足够大，弹体将在此阶段完全侵蚀；如果弹体被减速到低于某临界值，则将转变为刚性侵彻 (弹体强度大于靶体强度) 或界面击溃 (弹体强度小于靶体强度)。

3. 次级侵彻阶段

长杆高速侵彻的第三阶段通常被认为发生在长杆完全侵蚀之后，直至弹坑周围材料的能量密度低至不能克服材料变形阻力 (Christman & Gehring, 1966)，该阶段通常被称作次级侵彻阶段或后继流动 (After Flow) (Tate, 1986)。

在实际的侵彻过程中，次级侵彻通常和主要侵彻阶段同时存在。为区分两阶段的侵彻深度，Orphal(2006) 选择速度转折点作为次级侵彻阶段的起始点 (对应长杆剩余长度 1.25 倍杆径)，而 Rosenberg 和 Dekel(2001a) 选择压力曲线的转折点作为起始点。

Orphal(2006) 认为此阶段可能存在三种不同机制：首先是弹体速度急速下降，这一现象对于长径比较小的弹体尤为突出；其次是靶体携带的动能使弹孔进一步扩大，这一部分被称为后继流动，并与空腔膨胀理论相关联 (Tate, 1986)；

最后是侵蚀弹体残骸的额外侵彻，需要弹体密度大于靶体密度且速度较高，以使弹体残骸的速度为正 (Allen & Rogers, 1961; Orphal, 1997)，即 $V_r = 2U - V > 0$。

以上三种机制可能同时存在于长杆高速侵彻的第三阶段，Rosenberg 和 Dekel (2000) 和 Anderson 和 Orphal(2003) 通过模拟分析了不同机制的单独作用与耦合作用。

目前对长杆高速侵彻的第三阶段的理论描述尚不完善，Tate(1986) 针对后继流动提出的经验公式不具备普适性。He 和 Wen(2013) 研究认为，该现象主要由一定冲击条件下弹体侵蚀碎片形成的管状弹体二次撞击造成，并通过能量守恒建立了分析次级侵彻深度的工程模型。

4. 弹靶回弹阶段

最后是靶体回弹阶段，弹坑尺寸由于弹性回弹有轻微缩小，同时伴随高温有重结晶现象。该阶段对总侵彻贡献极小，通常不予考虑。

1.3 长杆高速侵彻的研究方法

类似于其他工程研究领域，长杆高速侵彻的研究包括实验研究、理论分析和数值模拟三个方面。由于目前在长杆高速侵彻领域较为活跃的研究小组一般都采用实验、理论和模拟相结合的方式开展工作，因此本书不准备将三个方面割裂开来进行综述，仅在本节中对研究方法及其基本结论作简要论述，而在下章中对相应研究结果展开讨论。

1.3.1 实验研究

1. 实验方法与设备

长杆高速侵彻实验目前大多采用直接弹道实验 (Direct Ballistic Test) 和小尺寸逆向弹道实验 (Small-scale Reverse Ballistic Test) 的方法来进行 (Franzen et al., 1997)。直接弹道技术最有代表性的是陶瓷抵抗长杆弹侵彻实验中的侵彻深度 (Depth of Penetration, DOP) 方法 (Anderson & Royal-Timmons, 1997; Hohler et al., 1995)，该方法通过对附在陶瓷后的金属靶剩余侵彻深度的精确测量来反映陶瓷靶的抗侵彻能力 (如图 1.3.1 所示)。直接弹道实验的优势在于实验尺寸与实际应用更接近，但靶体尺寸过大会导致不能使用 X 射线记录时程信息，故每次实验只能得到一个剩余侵彻深度。小尺寸逆向弹道实验则是通过靶体反向撞击弹体，能利用闪光 X 射线摄影同时记录侵彻过程的时间和空间信息，但是该实验技术对靶体直径有限制，只能做小尺寸实验 (陈小伟和陈裕泽, 2006)。

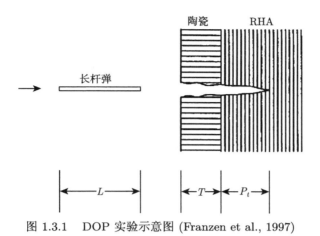

图 1.3.1　DOP 实验示意图 (Franzen et al., 1997)

为达到半流体侵彻所需撞击速度 (通常为 1.5 ~ 3.0 km/s)，以上两种实验方法均主要采用一、二级轻气炮作为加速装置。

弹体通常由高密度金属 (钨、贫化铀) 及其合金制成，靶体材料差异较大，从传统金属到陶瓷 (Anderson & Morris, 1992; Anderson & Royal-Timmons, 1997; Behner et al., 2006, 2008a; Hohler et al., 1995, Li et al., 2017; Orphal & Franzen, 1997; Orphal et al., 1996, 1997; Rosenberg et al., 1995, 1997a; Subramanian & Bless, 1995; Subramanian et al., 1995; Westerling et al., 2001)、玻璃 (Anderson & Holmquist, 2013; Anderson et al., 2009, 2011; Behner et al., 2008b; Hohler et al., 1993; Orphal et al., 2009) 以及混凝土 (Gold et al., 1996; Kong et al., 2017c; Nia et al., 2014) 和编织物 (Walker, 2001) 等复合材料的抗侵彻性能均有实验报道。对于直接弹道实验，需设计弹托并安装弹托回收装置 (Lundberg et al., 1996)；而对于小尺寸逆向弹道实验，需在靶体外加装密闭装置 (Kong et al., 2017c; Subramanian et al., 1995) (如图 1.3.2 所示)。此外，靶体尺寸 (Franzen et al., 1997; Littlefield et al., 1997, Lundberg et al., 1996; Rosenberg & Dekel, 2000; Rosenberg et al., 1997b)、约束形式 (Anderson & Royal-Timmons, 1997; Partom & Littlefield, 1995; Subramanian & Bless, 1995; Westerling et al., 2001) 和金属覆盖板 (Anderson & Royal-Timmons, 1997; Subramanian & Bless, 1995) 等也是实验需要特别关注的问题。

除部分 DOP 实验 (Lundberg et al., 1996; Kong et al., 2017c) 使用高速摄影记录弹坑数据外，目前在长杆高速侵彻实验中最普遍使用的诊断技术为闪光 X 射线摄影。在小尺寸逆向弹道实验中，可以从 X 光照片中读出每个瞬时的侵彻深度、弹体剩余长度和弹体碎片长度，其他物理量在此基础上计算即可求得 (Subramanian et al., 1995)。

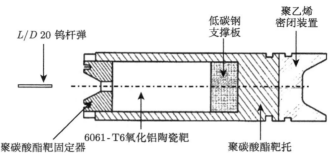

图 1.3.2   小尺寸弹道实验装置示意图 (Subramanian et al., 1995)

2. 实验结果与经验公式

Christman 和 Gehring(1966) 针对长杆高速侵彻实验提出半经验的侵彻深度公式：

$$P = (L - D)\left(\rho_p/\rho_t\right)^{1/2} + 2.42D\left(\rho_p/\rho_t\right)^{1/3}\left(\rho_p V^2/B_h^{\max}\right)^{1/3} \tag{1.3.1}$$

式中，总侵彻深度包括主要侵彻阶段和次级侵彻阶段两部分，等号右端第一项表示主要侵彻阶段持续到杆弹剩余 $L/D \approx 1$ 时，而第二项则说明次级侵彻部分与弹体动能和靶材最大布氏硬度有关。

Hohler 和 Stilp(1987) 通过对实验数据的拟合发现，上述公式仅适用于高速 (流体) 侵彻，并建议用基于 Alekseevskii-Tate 模型算出的侵彻效率 (无量纲侵彻深度，单位长度杆弹的侵彻深度) P/L 代替式中的流体动力学极限 $\left(\rho_p/\rho_t\right)^{1/2}$ 作为主要侵彻阶段的侵彻深度。此外他们还发现，侵彻效率 P/L 随着长径比 L/D 的增加减小，该现象后来被称作长径比效应。Anderson 等 (1995, 1996) 发现长径比效应在更高速度和更大长径比中依然存在，并根据实验数据拟合出了考虑此效应的经验公式：

$$P/L = -0.209 + 1.044\bar{V} - 0.194\ln\left(L/D\right) \tag{1.3.2}$$

式中，$\bar{V} = V/V_0$，$V_0 = 1.5$ km/s。

除了侵彻深度，弹坑直径和体积也是实验中值得关注的量。Bjerke 等 (1992) 通过拟合实验数据得到了弹坑直径的经验公式：

$$D_c/D_p = 1.1524 + 0.3388V_0 + 0.1286V_0^2 \tag{1.3.3}$$

Walker 等 (2001) 也得出了类似的经验公式：

$$D_c/D_p = 1 + 0.7V_0 \tag{1.3.4}$$

Hohler 和 Stilp(1987) 发现低速下弹坑体积与长径比相关；高速下此相关性消失，弹坑体积正比于弹体动能，这和他们在短杆 ($L/D \sim 1$) 高速侵彻中观测到的侵彻深度正比于 $v^{2/3}$ 相对应。同样地，Hermann 和 Wilbeck(1987) 也发现在超高速撞击中弹坑体积与弹体动能的比值为一个与靶材强度相关 (用布氏硬度 B_h 表征) 的常数。

短粗弹体和长杆弹高速撞击成坑形状有明显差异：前者弹坑基本呈球形，后者则为狭窄深坑。对应地，长杆弹侵彻深度在高速下趋近于流体动力学极限 $(\rho_p/\rho_t)^{1/2}$，故提高速度对增加侵彻深度贡献不大；而短粗弹体侵彻深度正比于 $v^{2/3}$。控制金属球和短杆高速撞击半无限厚靶的侵彻深度的无量纲参数 $\rho_p V^2/B_h$ 又被称为 Best 数 (Belyakov et al., 1963)，由于 Christman 和 Gehring(1966) 认为次级侵彻阶段由杆弹的最后部分 $L/D = 1$ 造成，因此式 (1.3.1) 中次级侵彻阶段的侵彻深度主要依赖于 Best 数和弹/靶密度比。

1.3.2 数值模拟

数值计算方法根据不同坐标系选取可分为拉格朗日 (Lagrangian) 法和欧拉 (Euler) 法 (Anderson, 1987)，前者的优势在于追踪材料变形和弹靶界面位移，但在处理大变形问题时容易产生网格畸变以及负体积时有较大误差甚至无法计算；后者能处理侵彻中的弹靶大变形，但难于追踪材料变形和弹靶界面位移。结合以上两种方法，发展出了网格以一定速度移动的任意拉格朗日—欧拉法 (Arbitrary Lagrangian Euler, ALE) (Hirt et al., 1974)。此外，光滑粒子法 (Smooth Particle Hydrodynamics, SPH) 能解决拉氏算法的网格畸变并避免网格删除的经验性，常用于高速碰撞的模拟计算。兰彬 (2008) 比较了 ALE 方法和 SPH 在长杆高速侵彻中的模拟结果，认为 ALE 方法在计算效率和准确性上更优。由于 SPH 算法计算效率偏低，进而发展出了自适应网格算法 (Ortiz, 1996) (图 1.3.3(a)) 与有限元和粒子耦合的算法 (Johnson et al., 2002; Johnson & Stryk, 2003) (图 1.3.3(b))。

随着计算机硬件和计算方法快速发展，众多商业软件和专业计算程序被广泛应用于长杆高速侵彻的数值模拟。目前大量模拟工作采用的商业软件有：LS-DYNA，MSC-DYTRAN，AUTODYN，EPIC 等，而专业计算程序中较成功的有三维流体动力学程序 CTH (McGlaun et al., 1990) 和二维欧拉程序 PISCES 2DELK(Rosenberg & Dekel, 1994, 1996, 1998, 1999, 2000; Rosenberg et al., 1997a) 等。

材料本构的选择对模拟结果有较大影响。目前在长杆高速侵彻金属靶的模拟中最广泛使用的是 Johnson-Cook 本构模型 (Johnson & Cook, 1983)，而在更高的撞击速度下，考虑材料可压缩性和剪切模量的 Steinberg 模型 (Steinberg, 1987; Steinberg et al., 1980; Steinberg & Lund, 1989) 能更准确地描述冲击波高压状态下的材料特征。对于脆性材料，需要对裂纹区和粉碎区进行更恰当的模拟。陶瓷靶材需要对完善材料和粉碎区失效材料的压缩强度进行分别描述，并引入在 $0 \sim 1$ 变化的损伤函数。JH 模型 (Holmquist & Johnson, 2005, 2011; Johnson & Holmquist, 1994) 是目前使用最广泛的陶瓷本构模型，此外还有 Wilkins 模型 (McGlaun et al., 1990; Walker & Anderson, 1991)、Rajendran-Grove(RG) 模型 (Rajendran, 1994; Rajendran & Grove, 1996) 和 Deshpande-Evans(DE) 模型 (Deshpande & Evans, 2008)。混凝土靶则主要采用考虑应变率效应和体积压缩的 HJC 模型 (Holmquist et al., 1993) 及其改进模型 (Islam et al., 2013; Kong et al., 2016a, Liu et al., 2009; Polanco-Loria et al., 2008; Tu & Lu, 2010) 以及考虑不同表面强度和损伤函数的 K&C 模型 (Malvar et al., 1997) 及其改进模型 (Kong et al., 2017a; Weerheijm & van Doormaal, 2007)。

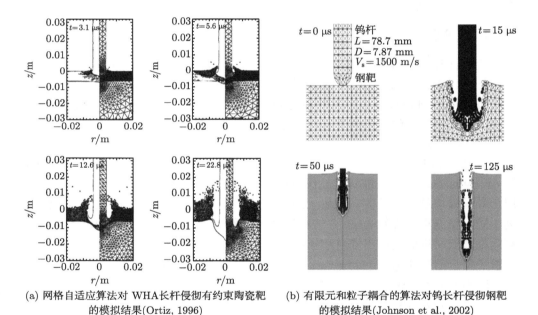

(a) 网格自适应算法对 WHA 长杆侵彻有约束陶瓷靶   (b) 有限元和粒子耦合的算法对钨长杆侵彻钢靶
　　的模拟结果(Ortiz, 1996)   的模拟结果(Johnson et al., 2002)

图 1.3.3　不同算法的数值模拟结果

　　近年来长杆高速侵彻领域的数值模拟研究主要集中在以下几个方面：弹靶材料参数对侵彻深度的影响 (Anderson et al., 1992b, 1993, 1999a; Forrestal & Longcope, 1990; Kong et al., 2017b; Li et al., 2015a; Rosenberg & Dekel, 1998, 2000, 2001b, 2004)，长径比效应 (Anderson et al., 1995, 1996; Orphal et al., 1993, 1995; Rosenberg & Dekel, 1994; Walker, 1999)，侵彻末段作用机理 (Anderson & Orphal, 2003; Orphal, 1997; Rosenberg & Dekel, 2000, 2001a)，陶瓷靶抗长杆侵彻

机理 (Li et al., 2017; Rosenberg et al., 1995, 1997a, 1998; Zhang et al., 2011; 蒋东等, 2010; 谈梦婷, 2016)。大量数值模拟工作都与实验结果和理论分析相互印证以期具有更大说服力。

1.4 长杆高速侵彻的理论模型

理论分析基于对实验和模拟所得到的结果与现象的分析和认识，进行抽象和近似，进而建立具有简单数学表达的物理模型，能反映实验和模拟中观察到的典型物理特征并具有一定的预测能力。长杆高速侵彻的理论模型经历了从早期简单的流体动力学理论到经典的 Alekseevskii-Tate 模型再到更复杂模型的发展，各模型提出均基于对侵彻机理的认知，其适用性受到大量实验和数值模拟的验证。

1.4.1 流体动力学理论与 Allen-Rogers 模型

长杆高速侵彻最早的理论模型源自分析高速射流的流体动力学理论 (Hydrodynamic Theory of Penetration, HTP)。Birkhoff 等 (1948) 将金属射流视作高速流体，碰撞产生极高压力导致分析时忽略射流和靶体强度。假设射流侵彻为定常过程，沿中心线射流/靶体界面压力平衡关系即可用 Bernoulli 方程描述为

$$\frac{1}{2}\rho_p\left(V-U\right)^2 = \frac{1}{2}\rho_t U^2 \qquad (1.4.1)$$

式中，V 和 U 分别代表射流速度和侵彻速度，ρ_p 和 ρ_t 分别为射流密度和靶体密度，定义密度比 $\mu = \sqrt{\rho_t/\rho_p}$，则侵彻速度可表示为

$$U = \frac{V}{1+\mu} \qquad (1.4.2)$$

由定常假设，V 和 U 以及射流销蚀速率 $(V-U)$ 均为常数，无量纲侵彻深度可表示为

$$\frac{P}{L} = \frac{U}{V-U} = \frac{1}{\mu} \qquad (1.4.3)$$

由于形式简单，流体动力学理论可为快速检验定常侵彻速度和侵蚀速率提供合理近似，其应用也从最初的金属射流延伸到了长杆高速侵彻。式 (1.4.3) 中的 $1/\mu$ 即为长杆高速侵彻的 “流体动力学极限”。该式还说明，较高速度下增加撞击速度对提高侵彻深度贡献不大，这一特点与刚性长杆增加撞击速度即获得更高侵彻深度的特性有本质差异。虽然杆弹和靶体均有强度，但强度效应在高速下似可忽略，进而流体动力学理论在长杆高速侵彻中可用。

在流体动力学理论的基础上，Allen 和 Rogers(1961) 在 Bernoulli 方程中加入强度项以描述长杆高速侵彻：

$$\frac{1}{2}\rho_p\left(V-U\right)^2 = \frac{1}{2}\rho_t U^2 + \sigma \tag{1.4.4}$$

式中，σ 与靶材强度相关，其值约为靶材动态压缩强度的三倍 (Rosenberg & Dekel, 2012)。由式 (1.4.4) 可解出侵彻速度为

$$U = \frac{V - \sqrt{\mu^2 V^2 + 2\left(1-\mu^2\right)\sigma/\rho_p}}{1-\mu^2} \tag{1.4.5}$$

将 $U = 0$ 代入式 (1.4.5)，可得侵彻开始发生的临界速度 $V_c = \sqrt{2\sigma/\rho_p}$，与靶材密度无关。

对时间积分可求得无量纲侵彻深度的表达式：

$$\frac{P}{L} = \frac{U}{V-U} = \frac{V - \sqrt{\mu^2 V^2 + 2\left(1-\mu^2\right)\sigma/\rho_p}}{\sqrt{\mu^2 V^2 + 2\left(1-\mu^2\right)\sigma/\rho_p} - \mu^2 V} \tag{1.4.6}$$

若忽略强度项 σ，式 (1.4.5) 和式 (1.4.6) 可分别退化为式 (1.4.2) 和式 (1.4.3)。

Allen 和 Rogers(1961) 分别用由金、铅、铜、锡、铝和镁制成的杆弹高速撞击铝圆柱，实验结果与模型预测对比发现，模型能成功解释除金杆外的实验数据，如图 1.4.1 所示，在高速下靶材强度影响变得不重要，实验数据趋近流体动力学极限。

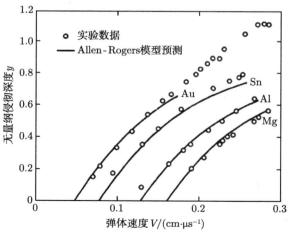

图 1.4.1   实验数据与流体动力学理论的对比 (Allen & Rogers, 1961)

Allen 和 Rogers(1961) 把金杆具有较大侵彻深度的现象归因于次级侵彻, 认为侵蚀弹体残骸将在主要侵彻阶段结束后继续侵彻靶体。侵蚀弹体残骸速度定义为 $V_r = 2U - V$, 当 $V_r > V_c$ 时发生次级侵彻。若弹靶密度相近, $V_r \ll U$ 和 V; 而在高密度金杆撞击低密度铝靶时, V_r 不可忽略。为验证上述推论, 近似地将侵彻速度取为流体动力学极限 (即式 (1.4.2)), 可得

$$V_r = \frac{1-\mu}{1+\mu}V \tag{1.4.7}$$

若弹密度低于靶密度, 即 $\rho_p < \rho_t$, $\mu > 1$, 则 $V_r < 0$, 残骸反向流动; 反之, $V_r > 0$, 残骸正向侵彻。若弹靶密度相近 $\mu \to 1$, $V_r \to 0$; 若弹密度远高于靶密度则 $\mu \to 0$, $V_r \to V$。

Orphal 和 Anderson(1999) 在逆向弹道实验中运用闪光 X 射线摄影观测到了侵蚀弹体残骸的侵彻, 残骸长度和弹体初始长度与剩余长度之差近似相等。

流体动力学理论最大的不足在于未考虑材料强度, 虽然在此基础上改进的 Allen-Rogers 模型引入了靶体强度, 但由于模型中的定常状态和不可压流体的两个假设, 实验结果与模型预测仍存在偏差。Anderson 和 Orphal(2008) 利用逆向弹道实验数据和基于 CTH 程序的模拟结果与流体动力学理论模型进行对比, 发现在高达 4 km/s 的速度下实验和模拟的结果仍明显低于模型预测, 且在 4 km/s 时材料强度依然存在。Anderson 和 Orphal(Anderson & Orphal, 2008; Anderson et al., 1999; Orphal, 2006) 通过模拟证实了不可压流体假设对模型预测的影响, 随着撞击速度的提高, 可压缩性的影响增加。虽然部分实验结果与流体动力学理论预测接近, 但 Orpha(2006) 认为这是由于模型的过高预测和模型未考虑的第三阶段侵彻相抵消的结果。若考虑定常侵彻外还包含第三阶段侵彻, 更高速度下总侵彻深度应该超过流体极限。

1.4.2 Alekseevskii-Tate 模型

Alekseevskii-Tate 模型是长杆高速侵彻最为经典的理论模型, 除了应用于典型的长杆高速正侵彻半无限厚金属靶的研究, 其应用范围还延伸到了陶瓷靶等多种靶材、有限厚靶体、非理想长杆侵彻等。本节将简要概述模型假设和控制方程, 并对模型有效性进行评述。

1. 模型概述

Alekseevskii(1966) 和 Tate(1967, 1969) 几乎同时且各自独立地给出了更完备的长杆弹高速 (半流体) 侵彻的理论模型, 在 Bernoulli 方程中加入弹靶的强度项进行修正。该模型假设弹体在侵彻过程中呈刚性, 仅在靠近弹靶界面的薄层发生侵蚀, 呈半流体状 (如图 1.1.1 所示)。在弹靶接触面上应力平衡且速度连续, 弹

头速度即为侵彻速度，同时由弹体的流动应力 (强度) 控制弹体减速。其控制方程组如下：

$$\frac{1}{2}\rho_p\,(v-u)^2 + Y_p = \frac{1}{2}\rho_t u^2 + R_t \tag{1.4.8}$$

$$\rho_p l'\frac{\mathrm{d}v}{\mathrm{d}t} = -Y_p \tag{1.4.9}$$

$$\frac{\mathrm{d}l'}{\mathrm{d}t} = -\,(v-u) \tag{1.4.10}$$

$$\frac{\mathrm{d}p}{\mathrm{d}t} = u \tag{1.4.11}$$

式中，ρ_p 和 ρ_t 分别为弹材和靶材密度；Y_p 为弹体强度；R_t 为靶体侵彻阻力；u、v、p 和 l' 分别为侵彻 (弹头) 速度、弹体 (弹尾) 速度、侵彻深度和弹体剩余长度，四者均随时间 t 变化，故均用小写表示某时刻的值。

由式 (1.4.8) 可直接推得

$$u = \frac{v - \sqrt{\mu^2 v^2 + \left(1-\mu^2\right)V_c^2}}{1-\mu^2} \tag{1.4.12}$$

式中，$\mu = \sqrt{\rho_t/\rho_p}$ 为弹靶密度比，$V_c = \sqrt{2\,|R_t-Y_p|/\rho_p}$ 为弹尾临界速度，仅当弹体初始撞击速度 $V_0 > V_c$ 时，才能发生长杆半流体侵彻。

在侵彻末端，对应不同弹靶强度组合，有以下两种情形：若 $R_t > Y_p$，当弹体速度下降至 V_c 时，侵彻速度 $u=0$，弹体不能侵彻靶体；若 $R_t < Y_p$，弹体速度下降至 V_c/μ，$u=v$，剩余弹体以刚性弹继续侵彻。

弹靶强度项 Y_p 和 R_t 取值是 Alekseevskii-Tate 模型的重点和难点，2.2.1 节和 2.2.2 节中将对此进行详细讨论。

需特别指出的是，Alekseevskii-Tate 方程组求解通常由 Tate(1967, 1969) 得到的理论解直接数值积分或采用由 Walters 和 Segletesh(Waltes & Segletesh, 1991; Segletesh & Walters, 2003) 发展出的精确解。但是，由于方程组的非线性，弹体 (弹尾) 速度、侵彻速度、弹体长度和侵彻深度关于时间函数都是隐式的，最终仍需数值求解。Forrestal 等 (1989) 和 Walters 等 (2006) 先后推导了无量纲 Alekseevskii-Tate 方程组的一阶和三阶摄动解，得到了上述物理量关于时间的显式表达。其中，Forrestal 等 (1989) 的一阶摄动解仅适用于低强度靶，且与数值解的吻合时间相对较短；Walters 等 (2006) 同时考虑弹靶强度，发展出了适用于高强度靶的一阶和三阶摄动解，并结合算例分析说明了三阶摄动解比一阶摄动解更贴近数值解。由于摄动解尤其是三阶摄动解的数学表达相当复杂，且无法准确给出侵彻末端的情况，并不适用于工程应用。

　　Jiao 和 Chen(2018) 在对 Alekseevskii-Tate 模型中剩余弹体相对长度的对数表达式进行线性近似的基础上，获得两组显式的理论解析解。相关内容将在第 3 章中详细给出。

2. 模型有效性

　　Alekseevskii-Tate 模型的成功，在于它能反映长杆高速侵彻实验数据的若干特征：无量纲侵彻深度随撞击速度在兵器速度范围 (0.8~1.8 km/s) 陡峭上升，而在更高速度下趋近于流体动力学极限；侵彻效率受密度影响严重，强度影响在更高速度下逐渐消失。Hohler 和 Stilp(1987) 及 Anderson 等 (1992a) 搜集了大量长杆弹高速撞击金属靶的实验数据，总结出上述规律。但他们同时也发现，模型不能解释实验观察到的侵彻效率随着长径比增加而减小的现象，即长径比效应。这一现象将在 2.4 节另行讨论。

　　传统实验基于撞击条件与最终结果的关系来分析模型有效性，而数值模拟提供从时间历程上检验侵彻过程的手段 (Anderson, 2003)。Anderson 和 Walker (1991) 通过对 $L/D = 10$ 钨合金杆 1.5 km/s 撞击装甲钢靶的数值模拟并与 Alekseevskii-Tate 模型预测结果相对比。如图 1.4.2 所示，两者差异主要存在于侵彻初期和侵彻末端：模型不能反映侵彻初期的瞬时高压及导致的高侵彻速度；在侵彻末端，模型预测的减速比模拟结果更晚且更迅速；模型预测弹体完全侵蚀，而模拟和实验结果都表明弹坑底部留有残余杆弹。上述偏差是因为模型仅针对长杆高速侵彻的准静态阶段，模型的强度参数源于对实验数据反向拟合，可看作是一种平均化结果。其他对模型有效性的讨论主要集中在对强度参数 R_t 和 Y_p 分析，本书将在第 2 章中详细论述。

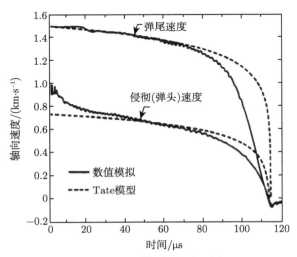

图 1.4.2　数值模拟与 Alekseevskii-Tate 模型预测的对比 (Anderson & Walker, 1991)

综上，模型预测与实验/模拟结果差异主要来源于初始瞬态和侵彻末端，一维准静态假设的 Alekseevskii-Tate 模型无法描述上述行为。此外，模型无法反映实验中观测到的长径比效应。

1.4.3 其他理论模型

在 Alekseevskii-Tate 模型基础上，国内外学者提出了诸多改进的理论分析模型，其中较有代表性的有：Rosenberg-Marmor-Mayseless 模型、Walker-Anderson 模型、Zhang-Huang 模型、Lan-Wen 模型和 Kong 模型。

1. Rosenberg-Marmor-Mayseless 模型

Rosenberg 等 (1990) 注意到侵彻过程中弹靶界面压力从长杆弹头部中心向弹坑边缘的衰减，将压力沿界面的积分替换为中心压力和 "等效截面积"。通过引入弹体刚性部分等效截面积 A_p 和蘑菇头部分等效截面积 A_t，弹靶界面两侧压力平衡方程即为

$$A_p \left(\frac{1}{2} \rho_p \left(v - u \right)^2 + Y_p \right) = A_t \left(\frac{1}{2} \rho_t u^2 + R_t \right) \tag{1.4.13}$$

杆长变化方程、弹体减速方程和侵彻深度方程同 Alekseevskii-Tate 模型，故式 (1.4.13) 和式 (1.4.9) $\sim$ 式 (1.4.11) 即构成 Rosenberg-Marmor-Mayseless 模型。

在参数选取方面，Rosenberg 等 (1990) 建议等效截面积的比值 $S \equiv A_t/A_p = 2$，Y_p 取为弹材 Hugoniot 弹性极限，R_t 由静态柱形空腔膨胀理论计算得

$$R_t = \frac{\sigma_{yt}}{\sqrt{3}} \left(1 + \ln \frac{\sqrt{3} E_t}{\left(5 - 4\nu \right) \sigma_{yt}} \right) \tag{1.4.14}$$

Rosenberg-Marmor-Mayseless 模型通过引入等效截面积，粗略考虑了二维效应。模型预测与钢杆和钨杆侵彻不同强度厚钢靶的实验结果吻合较好 (Rosenberg et al., 1990)，但模型中等效截面积需经验性确定，导致模型预测能力受限。

2. Walker-Anderson 模型

Walker 和 Anderson(1995) 基于钨合金杆撞击装甲钢靶的数值模拟结果 (Anderson & Walker, 1991)，通过假定弹/靶中压力场和速度场分布，建立一个时间相关的长杆高速侵彻模型。通过参数简化处理，弹靶界面两侧应力平衡方程可表示为

$$\frac{1}{2} \rho_p \left(v - u \right)^2 + \sigma_{yp} = \frac{1}{2} \rho_t u^2 + \frac{7}{3} \ln \left(\alpha \right) \sigma_{yt} \tag{1.4.15}$$

杆长变化方程、弹体减速方程和侵彻深度方程同 Alekseevskii-Tate 模型。通过比较式 (1.4.15) 和式 (1.4.8) 可以看出，Alekseevskii-Tate 模型中的弹体强度项 Y_p

被替换为了弹材动态屈服强度 σ_{yp}，而靶体阻力 R_t 同样与靶材的动态屈服强度 σ_{yt} 相关，有

$$R_t = \frac{7}{3} \ln(\alpha) \, \sigma_{yt} \tag{1.4.16}$$

其中，α 为靶体内塑性区无量纲长度，由可压缩材料柱状空腔膨胀理论计算得，即

$$\left(1 + \frac{\rho_t u^2}{\sigma_{yt}}\right) \sqrt{K_t - \rho_t \alpha^2 u^2} = \left(1 + \frac{\rho_t \alpha^2 u^2}{2 G_t}\right) \sqrt{K_t - \rho_t u^2} \tag{1.4.17}$$

其中，K_t 和 G_t 分别为靶材的体积模量和剪切模量。由于侵彻速度 u 随时间变化，导致 α 表征的靶体内塑性区范围也随时间变化，故 R_t 在侵彻过程中亦随时间变化。此外，该模型还考虑了弹靶初始撞击产生的瞬态高压，初始瞬态阶段的侵彻速度 u 由弹靶材料的冲击压缩 Hugoniot 关系得到 (Walker & Anderson, 1995)。

Walker-Anderson 模型综合考虑了初始瞬态阶段和塑性区范围，随速度变化的侵彻阻力更符合实际侵彻历程。模型预测与实验结果非常吻合 (Walker & Anderson, 1995)，但模型过于复杂导致不适用于工程应用，部分参数依赖模拟结果因而预测能力有限。

3. Zhang-Huang 模型

Zhang 和 Huang(2004) 假设长杆弹在侵彻过程中头部形状为半球形，基于动态空腔膨胀理论求得弹靶界面的平均压力，界面轴向应力平衡方程为

$$2\rho_p (v - u)^2 + Y_p = \left(\frac{D_c}{D_p}\right)^2 \left(R_t + \frac{\beta}{2} \rho_t u^2\right) \tag{1.4.18}$$

其中，D_c 和 D_p 分别为弹孔直径和杆弹直径，Zhang 和 Huang(2004) 建议取 $D_c/D_p = \sqrt{2}$；β 为动态空腔膨胀压力系数，对于钢和铝等常见的装甲材料 $\beta = 1 \sim 1.5$。杆长变化方程、弹体减速方程和侵彻深度方程同 Alekseevskii-Tate 模型。

可以看到，Zhang-Huang 模型其实是在 Rosenberg-Marmor-Mayseless 模型的基础上将确定靶体阻力的静态空腔膨胀模型替换为动态空腔模型，模型引入了弹孔直径，同样需要经验性地确定。

4. Lan-Wen 模型

Lan 和 Wen(2010) 通过在靶体内划分不同的响应区，并假设靶体中的速度场分布，建立了改进的长杆侵彻一维模型。从弹靶界面沿侵彻方向，靶体可分为流动区、塑性区和弹性区，流动区内材料视作无黏流体，用修正的 Bernoulli 方程描述，塑性区和弹性区内材料行为用空腔膨胀模型描述。假设存在一个临界侵彻速

度 U_{F0}，当 $u < U_{F0}$ 时，靶体内不存在流动区，此时可由空腔膨胀理论得到

$$\frac{1}{2}\rho_p\left(v-u\right)^2 + Y_p = S + C\rho_t u^2 \tag{1.4.19}$$

其中，S 为靶体静阻力，C 为动阻力系数 (对于不可压材料通常取 1.5)。当 $u \geqslant U_{F0}$ 时，考虑侵彻轴线上流动区和塑性区界面两侧的应力平衡，有

$$\frac{1}{2}\rho_p\left(v-u\right)^2 + Y_p = \frac{1}{2}\rho_t\left[u-\delta\left(u\right)\right]^2 + S + C\rho_t\delta\left(u\right)^2 \tag{1.4.20}$$

$\delta\left(u\right)$ 为流动区与塑性区界面上的质点速度，$\delta\left(u\right)$ 随侵彻速度 u 增大而减小，$\delta(u = U_{F0}) = U_{F0}$，$u \to \infty$ 时 $\delta\left(u\right) \to 0$。根据上述假设，Lan 和 Wen(2010) 给出的 $\delta\left(u\right)$ 的形式如下：

$$\delta\left(u\right) = U_{F0}\exp\left[-\left(\frac{u-U_{F0}}{nU_{F0}}\right)^2\right] \tag{1.4.21}$$

其中，n 为可调系数，且有 $n \geqslant 2\sqrt{C}$；对于金属靶，临界侵彻速度取为 $U_{F0} = \sqrt{\mathrm{HEL}/\rho_t}$，HEL 为 Hugoniot 弹性极限。

通过假定临界侵彻速度，式 (1.4.19) 和式 (1.4.20) 分别建立了高速和低速下的应力平衡方程，且当 $u \to \infty$ 时，式 (1.4.20) 可退化为与 Alekseevskii-Tate 模型中应力平衡方程相同的形式，其他方程同 Alekseevskii-Tate 模型。

Lan-Wen 模型首次给出了弹靶界面出现流动区的条件，即弹靶界面上剪应力远小于静水压时材料行为由强度控制转变为静水压控制，并建立了高速侵彻与空腔膨胀理论之间的联系。特别地，针对弹体强度大于靶体阻力的情况，Lan-Wen 模型可描述刚体侵彻、变形体侵彻和销蚀侵彻三种不同长杆弹侵彻模式的相互转化 (Lu & Wen, 2018; Wen & Lan, 2010)。通过对临界侵彻速度和式 (1.4.21) 的合理取值，Lan-Wen 模型与不同弹靶组合的实验结果吻合较好。

5. Kong 模型

Kong 等 (2017b) 在动态空腔膨胀理论中采用 Murnaghan 高压状态方程描述压力—体积应变关系，分别建立了金属类靶体和混凝土类靶体的阻力模型。通过在靶体阻力中加入速度一次项，靶材的黏性等一般性质得以考虑，从而能更准确描述混凝土和陶瓷材料的应力状态。

代入阻力模型，金属类靶体和混凝土类靶体的弹靶界面应力平衡关系分别为

$$\frac{1}{2}\rho_p\left(v-u\right)^2 + Y_p = AY + B\sqrt{\rho_t Y}u/2 + C\rho_t u^2/3 \tag{1.4.22}$$

$$\frac{1}{2}\rho_p\left(v-u\right)^2 + Y_p = \bar{N}_0 Af_c + \bar{N}_1 B\sqrt{\rho_t f_c}u + \bar{N}_2 C\rho_t u^2 \tag{1.4.23}$$

两式中，杆体强度 Y_p 取为动态弹性极限 $\sigma_{yd}(1-\nu)/(1-2\nu)$，$A$、$B$ 和 C 均为无量纲常数。在描述金属类靶的式 (1.4.22) 中，屈服应力 Y 取靶体平均动态屈服强度 σ_{yd}。在描述混凝土类靶的式 (1.4.23) 中，f_c 为靶材单轴压缩强度；$\bar{N}_0$、$\bar{N}_1$ 和 $\bar{N}_2$ 为无量纲弹头形状参数，对于平头弹有 $\bar{N}_0 = \bar{N}_1 = \bar{N}_2 = 1$，对于半球头弹有 $\bar{N}_0 = 1$、$\bar{N}_1 = 2/3$、$\bar{N}_2 = 1/2$。杆长变化方程、弹体减速方程和侵彻深度方程同 Alekseevskii-Tate 模型。

Kong 模型与其他理论模型最大的不同之处在于，模型中包含的一般阻力项 (速度一次项) 能反映靶材黏性。实际上，Chen 等 (2008) 的分析已指出，靶体阻力中的速度一次项和加速度项能分别反映材料的黏性效应和应变率效应。因此，将阻力表达为速度的各次方之和，物理意义明确。

由于模型参数能先于实验获得，故具有不错的预测能力。部分金属类靶的侵彻实验结果与模型预测吻合较好，但混凝土类靶实验数据缺乏因而说服力不够。再者，金属类靶侵彻模型对头形因素考虑较粗糙，而混凝土类靶侵彻模型则直接使用了刚性弹侵彻中的头部形状因子。此外，靶体阻力与侵彻速度关系的确定仍具有经验性，需要更多实验和模拟的验证。

本章主要介绍长杆高速侵彻的基本概念、研究方法和理论模型。

参 考 文 献

陈小伟. 2009. 穿甲/侵彻问题的若干工程研究进展. 力学进展, 39(3): 316-351.

陈小伟, 陈裕泽. 2006. 脆性陶瓷靶高速侵彻/穿甲动力学的研究进展. 力学进展, 36(1): 85-102.

陈小伟, 李继承, 张方举, 陈刚. 2012. 钨纤维增强金属玻璃复合材料弹穿甲钢靶的实验研究. 爆炸与冲击, 32(4): 346-354.

蒋东, 李永池, 于少娟, 邓世春. 2010. 钨合金长杆弹侵彻约束 AD95 陶瓷复合靶. 爆炸与冲击, 30(1): 91-95.

孔祥振, 方秦, 吴昊, 龚自明. 2017. 长杆弹超高速侵彻半无限靶理论模型的对比分析与讨论. 振动与冲击, 36(20): 37-43.

兰彬. 2008. 长杆弹侵彻半无限靶的数值模拟和理论研究. 合肥: 中国科学技术大学学位论文.

兰彬, 文鹤鸣. 2008. 钨合金长杆弹侵彻半无限钢靶的数值模拟及分析. 高压物理学报, 22(3): 245-252.

兰彬, 文鹤鸣. 2009. 半球形弹头钢长杆弹侵彻半无限铝合金靶的数值模拟. 工程力学, 26(10): 183-190.

郎林, 陈小伟, 雷劲松. 2011. 长杆和分段杆侵彻的数值模拟. 爆炸与冲击, 30(2): 127-134.

李继承, 陈小伟. 2011a. 尖锥头长杆弹侵彻的界面击溃分析. 力学学报, 43(1): 63-70.

李继承, 陈小伟. 2011b. 柱形长杆弹侵彻的界面击溃分析. 爆炸与冲击, 30(2): 141-147.

李继承, 陈小伟. 2011c. 块体金属玻璃及其复合材料的压缩剪切特性和侵彻/穿甲 "自锐" 行为. 力学进展, 41(5): 480-518.

李金柱, 黄风雷, 张连生. 2014. 陶瓷材料抗长杆弹侵彻阻抗研究. 北京理工大学学报, 34(1): 1-4.

李志康, 黄风雷. 2010. 高速长杆弹侵彻半无限混凝土靶的理论分析. 北京理工大学学报, 30(1): 10-13.

焦文俊, 陈小伟. 2019. 长杆高速侵彻问题研究进展. 力学进展, 49(1): 201904.

钱伟长. 1984. 穿甲力学. 北京: 国防工业出版社.

谈梦婷, 张先锋, 包阔, 伍杨, 吴雪. 2019. 装甲陶瓷界面击溃效应研究. 力学进展, 49(1): 201905-201905.

谈梦婷, 张先锋, 葛贤坤, 刘闯, 熊玮. 2017. 长杆弹撞击装甲陶瓷界面击溃/侵彻转变速度理论模型. 爆炸与冲击, 37(6): 1093-1100.

谈梦婷, 张先锋, 何勇, 刘闯, 于溪, 郭磊. 2016. 长杆弹撞击装甲陶瓷的界面击溃效应数值模拟. 兵工学报, 37(4): 627-634.

王杰, 陈小伟, 韦利明, 雷劲松. 2014. 80%钨纤维增强锆 (Zr) 基块体金属玻璃复合材料长杆弹侵彻钢靶实验研究. 实验力学, 29(3): 279-285.

徐晨阳, 张先锋, 刘闯, 邓佳杰, 郑应民. 2018. 大着速范围长杆弹侵彻深度变化及其影响因素的数值模拟. 高压物理学报, 32(2): 1-9.

翟阳修, 吴昊, 方秦. 2017. 基于 A-T 模型的长杆弹超高速侵彻陶瓷靶体强度分析. 振动与冲击, 36(3): 183-188.

张连生, 黄风雷. 2005. 抗弹陶瓷材料抗弹性能的理论表征. 北京理工大学学报, 25(7): 651-654.

Alekseevskii V P. 1966. Penetration of a rod into a target at high velocity. Combustion, Explosion, and Shock Waves, 2(2): 63-66.

Allen W A, Rogers J W. 1961. Penetration of a rod into a semi-infinite target. Journal of the Franklin Institute, 272(4): 275-284.

Anderson Jr. C E. 1987. An overview of the theory of hydrocodes. International Journal of Impact Engineering, 5(1-4): 33-59.

Anderson Jr. C E. 2003. From fire to ballistics: a historical retrospective. International Journal of Impact Engineering, 29(1-10): 13-67.

Anderson Jr. C E. 2017. Analytical models for penetration mechanics: a review. International Journal of Impact Engineering, 108: 3-26.

Anderson Jr. C E, Chocron S, Bigger R P. 2011. Time-resolved penetration into glass: experiments and computations. International Journal of Impact Engineering, 38(8-9): 723-731.

Anderson Jr. C E, Hohler V, Walker J D, Stilp A J. 1999a. The influence of projectile hardness on ballistic performance. International Journal of Impact Engineering, 22(6): 619-632.

Anderson Jr. C E, Holmquist T J. 2013. Application of a computational glass model to compute propagation of failure from ballistic impact of borosilicate glass targets. International Journal of Impact Engineering, 56: 2-11.

Anderson Jr. C E, Littlefield D L, Walker J D. 1993. Long-rod penetration, target resistance, and hypervelocity impact. International Journal of Impact Engineering, 14(1-4): 1-12.

Anderson Jr. C E, Morris B L, Littlefield D L. 1992a. A penetration mechanics database. Final Report Southwest Research Inst.

Anderson Jr. C E, Morris B L. 1992. The ballistic performance of confined Al_2O_3 ceramic tiles. International Journal of Impact Engineering, 12(2): 167-187.

Anderson Jr. C E, Orphal D L, Behner T, Templeton D W. 2009. Failure and penetration response of borosilicate glass during short-rod impact. International Journal of Impact Engineering, 36(6): 789-798.

Anderson Jr. C E, Orphal D L, Franzen R R, Walker J D. 1999b. On the hydrodynamic approximation for long-rod penetration. International Journal of Impact Engineering, 22(1): 23-43.

Anderson Jr. C E, Orphal D L. 2003. Analysis of the terminal phase of penetration. International Journal of Impact Engineering, 29(1-10): 69-80.

Anderson Jr. C E, Orphal D L. 2008. An examination of deviations from hydrodynamic penetration theory. International Journal of Impact Engineering, 35(12): 1386-1392.

Anderson Jr. C E, Royal-Timmons S A. 1997. Ballistic performance of confined 99.5%-Al_2O_3 ceramic tiles. International Journal of Impact Engineering, 19(8): 703-713.

Anderson Jr. C E, Walker J D, Bless S J, Partom Y. 1996. On the L/D effect for long-rod penetrators. International Journal of Impact Engineering, 18(3): 247-264.

Anderson Jr. C E, Walker J D, Bless S J, Sharron T R. 1995. On the velocity dependence of the L/D effect for long-rod penetrators. International Journal of Impact Engineering, 17(1-3): 13-24.

Anderson Jr. C E, Walker J D, Hauver G E. 1992b. Target resistance for long-rod penetration into semi-infinite targets. Nuclear Engineering & Design, 138(1): 93-104.

Anderson Jr. C E, Walker J D. 1991. An examination of long-rod penetration. International Journal of Impact Engineering, 11(4): 481-501.

Behner T, Anderson Jr. C E, Holmquist T J, Wickert M, Templeton D W. 2008a. Interface defeat for unconfined SiC ceramics// Proceedings of the 24th International Symposium on Ballistics, New Orleans: 35-42.

Behner T, Anderson Jr. C E, Orphal D L, Hohler V, Moll M, Templeton D W. 2008b. Penetration and failure of lead and borosilicate glass against rod impact. International Journal of Impact Engineering, 35(6): 447-456.

Behner T, Orphal D L, Hohler V, Anderson Jr. C E, Mason R L, Templeton D W. 2006. Hypervelocity penetration of gold rods into SiC-N for impact velocities from 2.0 to 6.2 km/s. International Journal of Impact Engineering, 33(1-12): 68-79.

Belyakov L V, Vitman F F, Zlatin N A. 1963. Collision of deformable bodies and its modeling. Soviet Physics-Technical Physics, 8(8): 736-739.

Birkhoff G, Macdougall D P, Pugh E M, Taylor S G. 1948. Explosives with lined cavities. Journal of Applied Physics, 19(6): 563-582.

Bjerke T W, Silsby G F, Scheffler D R, Mudd R M. 1992. Yawed long-rod armor penetration. International Journal of Impact Engineering, 12(2): 281-292.

Chen X W, Li Q M. 2002. Deep penetration of a non-deformable projectile with different geometrical characteristics. International Journal of Impact Engineering, 27(6): 619-637.

Chen X W, Li Q M. 2004. Transition from nondeformable projectile penetration to semi-hydrodynamic penetration. Journal of Engineering Mechanics, 130(1): 123-127.

Chen X W, Li X L, Huang F L, Wu H J, Chen Y Z. 2008. Damping function in the penetration/perforation struck by rigid projectiles. International Journal of Impact Engineering, 35(11): 1314-1325.

Chen X W, Wei L M, Li J C. 2015. Experimental research on the long rod penetration of tungsten-fiber/Zr-based metallic glass matrix composite into Q235 steel target. International Journal of Impact Engineering, 79: 102-116.

Christman D R, Gehring J W. 1966. Analysis of high-velocity projectile penetration mechanics. Journal of Applied Physics, 37(4): 1579-1587.

Deshpande V S, Evans A G. 2008. Inelastic deformation and energy dissipation in ceramics: a mechanism-based constitutive model. Journal of the Mechanics and Physics of Solids, 56(10): 3077-3100.

Eichelberger R J, Gehring J W. 1962. Effects of meteoroid impacts on space vehicles. Ars Journal, 32(10): 1583-1591.

Eichelberger R J. 1956. Experimental test of the theory of penetration by metallic jets. Journal of Applied Physics, 27(1): 63-68.

Forrestal M J, J. Piekutowski A. 2000. Penetration experiments with 6061-T6511 aluminum targets and spherical-nose steel projectiles at striking velocities between 0.5 and 3.0 km/s. International Journal of Impact Engineering, 24(1): 57-67.

Forrestal M J, Longcope D B. 1990. Target strength of ceramic materials for high-velocity penetration. Journal of Applied Physics, 67(8): 3669-3672.

Forrestal M J, Piekutowski A J, Luk V K. 1989. Long-rod penetration into simulated geological targets at an impact velocity of 3.0 km/s.// Proceedings of the 11th International Symposium on Ballistics, Brussels, Belgium.

Franzen R R, Orphal D L, Anderson Jr. C E. 1997. The influence of experimental design on depth-of-penetration (DOP) test results and derived ballistic efficiencies. International Journal of Impact Engineering, 19(8): 727-737.

Gold V M, Vradis G C, Pearson J C. 1996. Concrete penetration by eroding projectiles: Experiments and Analysis. Journal of Engineering Mechanics, 122(2): 145-152.

Goldsmith W. 1999. Non-ideal projectile impact on targets. International Journal of Impact Engineering, 22(2-3): 95-395.

He Y, Wen H M. 2013. Predicting the penetration of long rods into semi-infinite metallic targets. Science China (Technological Sciences), 56(11): 2814-2820.

Herrmann W, Wilbeck J S. 1987. Review of hypervelocity penetration theories. International Journal of Impact Engineering, 5(1-4): 307-322.

Hirt C W, Amsden A A, Cook J L. 1974. An arbitrary Lagrangian-Eulerian computing method for all flow speeds. Journal of computational physics, 14(3): 227-253.

Hohler V, Stilp A J, Walker J D, Anderson C E. 1993. Penetration of long rods into steel and glass targets: experiments and computations. Annals of Clinical Psychiatry, 29(17): 211-217.

Hohler V, Stilp A J, Weber K. 1995. Hypervelocity penetration of tungsten sinter-alloy rods into aluminum. International Journal of Impact Engineering, 17(1-3): 409-418.

Hohler V, Stilp A J. 1977. Penetration of steel and high density rods in semi-infinite steel targets// Proceedings of the 3rd International Symposium on Ballistics.

Hohler V, Stilp A J. 1987. Hypervelocity impact of rod projectiles with L/D from 1 to 32. International Journal of Impact Engineering, 5(1-4): 323-331.

Holmquist T J, Johnson G R, Cook W H. 1993. A computational constitutive model for concrete subjected to large strains, high strain rates and high pressures//Proceedings of 14th International Symposium on Ballistics, Quebec, Canada.

Holmquist T J, Johnson G R. 2005. Modeling prestressed ceramic and its effect on ballistic performance. International Journal of Impact Engineering, 31(2): 113-127.

Holmquist T J, Johnson G R. 2011. A Computational constitutive model for glass subjected to large strains, high strain rates and high pressures. Journal of Applied Mechanics, 78(5): 51003.

Islam M J, Swaddiwudhipong S, Liu Z S. 2013. Penetration of concrete targets using a modified Holmquist-Johnson-Cook material model. International Journal of Computational Methods, 9(4): 185-197.

Jiao W J, Chen X W. 2018. Approximate solutions of the Alekseevskii-Tate model of long-rod penetration. Acta Mechanica Sinica, 34(2): 334-348.

Jiao W J, Chen X W. 2019. Analysis of the velocity relationship and deceleration of long-rod penetration. Acta Mechanica Sinica, 35(4): 852-865.

Jiao W J, Chen X W. 2021. Influence of the mushroomed projectile's head geometry on long-rod penetration. International Journal of Impact Engineering, 148: 103769.

Johnson G R, Cook W H. 1983. A constitutive model and data for metals subjected to large strains, high strain rates and high temperatures//Proceedings of the 7th International Symposium on Ballistics, Hauge, Netherlands: 541-547.

Johnson G R, Holmquist T J. 1994. An improved computational constitutive model for brittle materials. High Pressure Science and Technology, 309(1): 981-984.

Johnson G R, Stryk R A, Beissel S R, Holmquist T J. 2002. An algorithm to automatically convert distorted finite elements into meshless particles during dynamic deformation. International Journal of Impact Engineering, 27(10): 997-1013.

Johnson G R, Stryk R A. 2003. Conversion of 3D distorted elements into meshless particles during dynamic deformation. International Journal of Impact Engineering, 28(9): 947-966.

Kong X Z, Fang Q, Li Q M, Wu H, Crawford J E. 2017a. Modified K&C model for cratering and scabbing of concrete slabs under projectile impact. International Journal of Impact Engineering, 108: 217-228.

Kong X Z, Fang Q, Wu H, Peng Y. 2016a. Numerical predictions of cratering and scabbing in concrete slabs subjected to projectile impact using a modified version of HJC material model. International Journal of Impact Engineering, 95: 61-71.

Kong X Z, Wu H, Fang Q, Peng Y. 2017b. Rigid and eroding projectile penetration into concrete targets based on an extended dynamic cavity expansion model. International Journal of Impact Engineering, 100: 13-22.

Kong X Z, Wu H, Fang Q, Zhang W, Xiao Y K. 2017c. Projectile penetration into mortar targets with a broad range of striking velocities: test and analyses. International Journal of Impact Engineering, 106: 18-29.

Kong X, Li Q M, Fang Q. 2016b. Critical Impact Yaw for Long-Rod Penetrators. Journal of Applied Mechanics, 83(12): 121008.

Lan B, Wen H M. 2010. Alekseevskii-Tate revisited: An extension to the modified hydrodynamic theory of long rod penetration. Science China Technological Sciences, 53(5): 1364-1373.

Li J C, Chen X W, Huang F L. 2015a. FEM analysis on the "self-sharpening" behavior of tungsten fiber/metallic glass matrix composite long rod. International Journal of Impact Engineering, 86: 67-83.

Li J C, Chen X W, Huang F L. 2019. Ballistic performance of tungsten particle/metallic glass matrix composite long rod. Defence Technology, 15(2): 123-131.

Li J C, Chen X W, Ning F, Li X L. 2015b. On the transition from interface defeat to penetration in the impact of long rod onto ceramic targets. International Journal of Impact Engineering, 83: 37-46.

Li J C, Chen X W, Ning F. 2014. Comparative analysis on the interface defeat between the cylindrical and conical-nosed long rods. International Journal of Protective Structures, 5(1): 21-46.

Li J C, Chen X W. 2017. Theoretical analysis of projectile-target interface defeat and transition to penetration by long rods due to oblique impacts of ceramic targets. International Journal of Impact Engineering, 106: 53-63.

Li J C, Chen X W. 2019. Theoretical analysis on transition from interface defeat to penetration in the impact of conical-nosed long rods onto ceramic targets. International Journal of Impact Engineering, 130: 203-213.

Li J Z, Zhang L S, Huang F L. 2017. Experiments and simulations of tungsten alloy rods penetrating into alumina ceramic/603 armor steel composite targets. International Journal of Impact Engineering, 101: 1-8.

Littlefield D L, Anderson Jr C E, Partom Y, Bless S J. 1997. The penetration of steel targets finite in radial extent. International Journal of Impact Engineering, 19(1): 49-62.

Liu Y, Ma A, Huang F L. 2009. Numerical simulations of oblique-angle penetration by deformable projectiles into concrete targets. International Journal of Impact Engineering, 36(3): 438-446.

Lu Z C, Wen H M. 2018. On the penetration of high strength steel rods into semi-infinite aluminium alloy targets. International Journal of Impact Engineering, 111: 1-10.

Lundberg P, Lundberg B. 2005. Transition between interface defeat and penetration for tungsten projectiles and four silicon carbide materials. International Journal of Impact Engineering, 31(7): 781-792.

Lundberg P, Renström R, Andersson O. 2013. Influence of Length Scale on the Transition from interface defeat to penetration in unconfined ceramic targets. Journal of Applied Mechanics, 80(3): 979-985.

Lundberg P, Renström R, Lundberg B. 2000. Impact of metallic projectiles on ceramic targets: transition between interface defeat and penetration. International Journal of Impact Engineering, 24(3): 259-275.

Lundberg P, Renström R, Lundberg B. 2006. Impact of conical tungsten projectiles on flat silicon carbide targets: Transition from interface defeat to penetration. International Journal of Impact Engineering, 32(11): 1842-1856.

Lundberg P, Westerling L, Lundberg B. 1996. Influence of scale on the penetration of tungsten rods into steel-backed alumina targets. International Journal of Impact Engineering, 18(4): 403-416.

Malvar L J, Crawford J E, Wesevich J W, Simons D. 1997. A plasticity concrete material model for DYNA3D. International Journal of Impact Engineering, 19(9-10): 847-873.

Mcglaun J M, Thompson S L, Elrick M G. 1990. CTH: A three-dimensional shock wave physics code. International Journal of Impact Engineering, 10(1-4): 351-360.

Nia A, Zolfaghari M, Khodarahmi H, Nili M, Gorbankhani A. 2014. High velocity penetration of concrete targets with eroding long-rod projectiles; an experiment and analysis. International Journal of Protective Structures, 5(1): 47-64.

Orphal D L, Anderson Jr. C E, Behner T, Templeton D W. 2009. Failure and penetration response of borosilicate glass during multiple short-rod impact. International Journal of Impact Engineering, 36(10-11): 1173-1181.

Orphal D L, Anderson Jr. C E, Franzen R R, Babcock S M. 1995. Variation of crater geometry with projectile L/D for L/D ⩽ 1. International Journal of Impact Engineering, 17(4-6): 595-604.

Orphal D L, Anderson Jr. C E, Franzen R R, Walker J D, Schneidewind P N, Majerus M E. 1993. Impact and penetration by L/D ⩽ 1 projectiles. International Journal of Impact Engineering, 14(1-4): 551-560.

Orphal D L, Anderson Jr. C E. 1999. Streamline reversal in hypervelocity penetration. International Journal of Impact Engineering, 23(1, Part 2): 699-710.

Orphal D L, Franzen R R, Charters A C, Menna T L, Piekutowski A J. 1997. Penetration of confined boron carbide targets by tungsten long rods at impact velocities from 1.5 to 5.0 km/s. International Journal of Impact Engineering, 19(1): 15-29.

Orphal D L, Franzen R R, Piekutowski A J, Forrestal M J. 1996. Penetration of confined aluminum nitride targets by tungsten long rods at 1.5-4.5 km/s. International Journal of Impact Engineering, 18(4): 355-368.

Orphal D L, Franzen R R. 1990. Penetration mechanics and performance of segmented rods against metal targets. International Journal of Impact Engineering, 10(1-4): 427-438.

Orphal D L, Franzen R R. 1997. Penetration of confined silicon carbide targets by tungsten long rods at impact velocities from 1.5 to 4.6 km/s. International Journal of Impact Engineering, 19(1): 1-13.

Orphal D L, Miller C W. 1991. Penetration performance of nonideal segmented rods. International Journal of Impact Engineering, 11(4): 457-461.

Orphal D L. 1997. Phase three penetration. International Journal of Impact Engineering, 20(6-10): 601-616.

Orphal D L. 2006. Explosions and impacts. International Journal of Impact Engineering, 33(1-12): 496-545.

Partom Y, Littlefield D L. 1995. Validation and calibration of a lateral confinement model for long-rod penetration at ordnance and high velocities. International Journal of Impact Engineering, 17(4-6): 615-626.

Piekutowski A J, Forrestal M J, Poormon K L, Warren T L. 1999. Penetration of 6061-T6511 aluminum targets by ogive-nose steel projectiles with striking velocities between 0.5 and 3.0 km/s. International Journal of Impact Engineering, 23(1, Part 2): 723-734.

Piekutowski A J. 1996. Formation and Description of Debris Clouds Produced by Hypervelocity Impact. National Aeronautics and Space Administration, Marshall Space Flight Center.

Polanco-Loria M, Hopperstad O S, Børvik T, Berstad T. 2008. Numerical predictions of ballistic limits for concrete slabs using a modified version of the HJC concrete model. International Journal of Impact Engineering, 35(5): 290-303.

Rajendran A M, Grove D J. 1996. Determination of Rajendran-Grove ceramic constitutive model constants//AIP: 539-542.

Rajendran A M. 1994. Modeling the impact behavior of AD85 ceramic under multiaxial loading. International Journal of Impact Engineering, 15(6): 749-768.

Rosenberg Z, Dekel E, Hohler V, Stilp A J, Weber K. 1997a. Hypervelocity penetration of tungsten alloy rods into ceramic tiles: experiments and 2-D simulations. International Journal of Impact Engineering, 20(6-10): 675-683.

Rosenberg Z, Dekel E, Hohler V, Stilp A J, Weber K. 1998. Penetration of Tungsten-Alloy rods into composite ceramic targets: Experiments and 2-D Simulations// Proceedings of the APS conference on Shock Waves in Condensed Matter, Amherst, Mass: 917-920.

Rosenberg Z, Dekel E, Yeshurun Y, Bar-On E. 1995. Experiments and 2-D simulations of high velocity penetrations into ceramic tiles. International Journal of Impact Engineering, 17(4-6): 697-706.

Rosenberg Z, Dekel E. 1994. The relation between the penetration capability of long rods and their length to diameter ratio. International Journal of Impact Engineering, 15(2): 125-129.

Rosenberg Z, Dekel E. 1996. A computational study of the influence of projectile strength on the performance of long-rod penetrators. International Journal of Impact Engineering, 18(6): 671-677.

Rosenberg Z, Dekel E. 1998. A computational study of the relations between material properties of long-rod penetrators and their ballistic performance. International Journal of Impact Engineering, 21(4): 283-296.

Rosenberg Z, Dekel E. 1999. On the role of nose profile in long-rod penetration. International Journal of Impact Engineering, 22(5): 551-557.

Rosenberg Z, Dekel E. 2000. Further examination of long rod penetration: the role of penetrator strength at hypervelocity impacts. International Journal of Impact Engineering, 24(1): 85-102.

Rosenberg Z, Dekel E. 2001a. More on the secondary penetration of long rods. International Journal of Impact Engineering, 26(1-10): 639-649.

Rosenberg Z, Dekel E. 2001b. Material similarities in long-rod penetration mechanics. International Journal of Impact Engineering, 25(4): 361-372.

Rosenberg Z, Dekel E. 2003. Numerical study of the transition from rigid to eroding-rod penetration. Journal De Physique IV, 110(9): 681-686.

Rosenberg Z, Dekel E. 2004. On the role of material properties in the terminal ballistics of long rods. International Journal of Impact Engineering, 30(7): 835-851.

Rosenberg Z, Dekel E. 2012. Terminal Ballistics. Berlin Heidelberg: Springer.

Rosenberg Z, Kreif R, Dekel E. 1997b. A note on the geometric scaling of long-rod penetration. International Journal of Impact Engineering, 19(3): 277-283.

Rosenberg Z, Marmor E, Mayseless M. 1990. On the hydrodynamic theory of long-rod penetration. International Journal of Impact Engineering, 10(1-4): 483-486.

Segletes S B, Walters W P. 2003. Extensions to the exact solution of the long-rod penetration/erosion equations. International Journal of Impact Engineering, 28(4): 363-376.

Silsby G F. 1984. Penetration of semi-infinite steel targets by tungsten rods at 1.3 to 4.5km/s// Proceedings of the 8th International Symposium on Ballistics.

Song W J, Chen X W, Chen P. 2018a. The effects of compressibility and strength on penetration of long rod and jet. Defence Technology, 14(2): 99-108.

Song W J, Chen X W, Chen P. 2018b. A simplified approximate model of compressible hypervelocity penetration. Acta Mechanica Sinica, 34(5): 910-924.

Song W J, Chen X W, Chen P. 2018c. Effect of compressibility on the hypervelocity penetration. Acta Mechanica Sinica, 34(1): 82-98.

Sorensen B R, Kimsey K D, Silsby G F, Scheffler D R, Sherrick T M, de Rosset W S. 1991. High velocity penetration of steel targets. International Journal of Impact Engineering, 11(1): 107-119.

Steinberg D J, Cochran S G, Guinan M W. 1980. A constitutive model for metals applicable at high-strain rate. Journal of Applied Physics, 51(3): 1498-1504.

Steinberg D J, Lund C M. 1989. A constitutive model for strain rates from 0.0001 to 1,000,000/s. Journal of Applied Physics, 65(15): 1528-1533.

Steinberg D J. 1987. Constitutive model used in computer simulation of time-resolved, shock-wave data. International Journal of Impact Engineering, 5(1-4): 603-611.

Stilp A J, Hohler V. 1990. Experimental methods for terminal ballistics and impact physics//High Velocity Impact Dynamics. New York: Wiley, 515-592.

Subramanian R, Bless S J, Cazamias J, Berry D. 1995. Reverse impact experiments against tungsten rods and results for aluminum penetration between 1.5 and 4.2 km/s. International Journal of Impact Engineering, 17(4-6): 817-824.

Subramanian R, Bless S J. 1995. Penetration of semi-infinite AD995 alumina targets by tungsten long rod penetrators from 1.5 to 3.5 km/s. International Journal of Impact Engineering, 17(4-6): 807-816.

Tang Q Y, Chen X W, Deng Y J, Song W J. 2021. An approximate compressible fluid model of long-rod hypervelocity penetration. International Journal of Impact Engineering, 155: 103917.

Tate A. 1967. A theory for the deceleration of long rods after impact. Journal of the Mechanics & Physics of Solids, 15(6): 387-399.

Tate A. 1969. Further Results in the theory of long rod penetration. Journal of the Mechanics & Physics of Solids, 17(3): 141-150.

Tate A. 1986. Long rod penetration models & mdash: Part II. Extensions to the hydro-dynamic theory of penetration. International Journal of Mechanical Sciences, 28(9): 599-612.

Tu Z, Lu Y. 2010. Modifications of RHT material model for improved numerical simulation of dynamic response of concrete. International Journal of Impact Engineering, 37(10): 1072-1082.

Walker D, Anderson Jr C E. 1991. The Wilkins' computational ceramic model for CTH. SwRI Report, 4391(002).

Walker J D, Anderson Jr. C E, Goodlin D L. 2001. Tunsten into steel penetration including velocity, L/D, and impact inclination effects//Proceedings of the 19th International Symposium on Ballistics, Interlaken Switzerland: 1133-1139.

Walker J D, Anderson Jr. C E. 1994. The influence of initial nose shape in eroding penetration. International Journal of Impact Engineering, 15(2): 139-148.

Walker J D, Anderson Jr. C E. 1995. A time-dependent model for long-rod penetration. International Journal of Impact Engineering, 16(1): 19-48.

Walker J D. 1999. A model for penetration by very low aspect ratio projectiles. International Journal of Impact Engineering, 23(1, Part 2): 957-966.

Walters W P, Segletes S B. 1991. An exact solution of the long rod penetration equations. International Journal of Impact Engineering, 11(2): 225-231.

Walters W, Williams C, Normandia M. 2006. An explicit solution of the Alekseevski-Tate penetration equations. International Journal of Impact Engineering, 33(1-12): 837-846.

Weerheijm J, Van Doormaal J C A M. 2007. Tensile failure of concrete at high loading rates: new test data on strength and fracture energy from instrumented spalling tests. International Journal of Impact Engineering, 34(3): 609-626.

Wen H M, He Y, Lan B. 2010. Analytical model for cratering of semi-infinite metallic targets by long rod penetrators. Science China (Technological Sciences), 53(12): 3189-3196.

Wen H M, He Y, Lan B. 2011. A combined numerical and theoretical study on the penetration of a jacketed rod into semi-infinite targets. International Journal of Impact Engineering, 38(12): 1001-1010.

Wen H M, Lan B. 2010. Analytical models for the penetration of semi-infinite targets by rigid, deformable and erosive long rods. Acta Mechanica Sinica, 26(4): 573-583.

Westerling L, Lundberg P, Lundberg B. 2001. Tungsten long-rod penetration into confined cylinders of boron carbide at and above ordnance velocities. International Journal of Impact Engineering, 25(7): 703-714.

Zhang L S, Huang F L. 2004. Model for long-rod penetration into semi-infinite targets. Journal of Beijing Institute of Technology, 13(3): 285-289.

Zhang X F, Li Y C, Zhang N S. 2011. Numerical study on anti-penetration process of alumina ceramic (AD95) to tungsten long rod projectiles. International Journal of Modern Physics B, 25(15): 2091-2103.

Zhang X F, Li Y C. 2010. On the comparison of the ballistic performance of 10% zirconia toughened alumina and 95% alumina ceramic target. Materials & Design, 31(4): 1945-1952.

Zhou H, Wen H M. 2003. Penetration of bilinear strain-hardening targets subjected to impact by ogival-nosed projectiles. Theory and Practice of Energetic Materials, 5: 933-942.

第 2 章 长杆高速/超高速侵彻问题研究进展

2.1 引 言

本章综述长杆高速/超高速侵彻问题的最新研究进展 (焦文俊和陈小伟,2019),
结合军事应用背景,重点论述研究中关注的突出问题与应用,包括弹靶材料性质、
长杆弹头部形状,长径比效应与分段杆设计,陶瓷靶抵抗长杆侵彻与界面击溃和
非理想长杆侵彻,以及弹靶材料可压缩性等。其中部分研究成果已有相应工程应
用,而不少仍是领域内的研究热点。

2.2 弹靶材料性质对长杆高速侵彻的影响

影响长杆高速侵彻的弹靶材料因素主要有弹材密度、靶材密度、弹体强度和
靶体阻力。早期对实验数据的分析认为,弹靶密度对长杆侵彻的影响远大于强度
(Hohler & Stilp, 1987),这与流体动力学模型相契合。随后的研究发现,弹靶强
度对侵彻作用的影响不能忽视,这也直接导致了加入强度项的 Alekseevskii-Tate
模型及其改进模型的诞生。模型中强度项 R_t 和 Y_p 的取值一直是分析的重点和
难点。

2.2.1 长杆高速侵彻中的靶体阻力 R_t

在以 Alekseevskii-Tate 模型为代表的半流体模型中,靶体阻力 R_t 的取值方
法大致可分为三类: (1) 将侵彻深度数据带回理论分析模型反向拟合; (2) 通过模
拟获得相应位置的瞬时压力,再对时间积分或位置积分获得平均化的压力; (3) 用
在刚性弹侵彻中广泛使用的空腔膨胀理论进行推导。

1. 靶体阻力 R_t 与空腔膨胀理论

Tate(1967) 最初建议将 Y_p 取为弹材的 Hugoniot 弹性极限:

$$\text{HEL} = \frac{1-\nu}{1-2\nu}\sigma_{yp} \tag{2.2.1}$$

其中,σ_{yp} 为杆材的动态屈服强度,ν 为泊松比;R_t 则取为靶材弹性极限 HEL 的
3.5 倍。通过对实验数据的拟合,Tate(1986) 重新评估了 Y_p 和 R_t 取值:

$$Y_p = 1.7\sigma_{yp}, \quad R_t = \sigma_{yt}\left(\frac{2}{3} + \ln\frac{0.57E_t}{\sigma_{yt}}\right) \tag{2.2.2}$$

式中,E_t 为靶材杨氏模量,σ_{yp} 和 σ_{yt} 分别为杆材和靶材动态压缩屈服强度,此强度与材料布氏硬度相关 $\sigma_y = 4.2$ BHN。

Rosenberg 等 (1990) 将 Tate(1986) 所用球形空腔替换为柱形空腔,所得靶体阻力式 (1.4.14) 与式 (2.2.2) 略有差异。

需要说明的是,上述取值仅针对金属材料。金属靶体内,材料响应区域划分为塑性区、弹性区和未变形区;对于陶瓷等脆性材料,靶体内材料变形可划分为粉碎区、裂纹区和弹性区;而混凝土靶在长杆高速侵彻下的响应区由内向外可划分为密实区、孔隙压实区、开裂区和弹性区 (李志康和黄风雷,2010)。

Forrestal 和 Longscope(1990) 针对陶瓷靶推导出了理想塑性材料球形空腔膨胀所需的准定常压力 R_t。Anderson 和 Walker(1991) 认为上述取值方法缺乏先验性,只能作为简单近似。此外他们通过对动量方程沿对称中线积分,获得的 R_t 和 Y_p 均包含一个剪应力梯度沿响应区的积分项。

Rosenberg 和 Dekel(1994b) 通过对强度为 0,长径比为 20 的不同材质杆弹撞击钢和钨合金靶的模拟发现,靶体阻力 R_t 与弹靶密度皆无关系,R_t 与靶材屈服强度 Y_t 之间的关系近似符合空腔膨胀理论:

$$R_t = A \cdot Y_t\left(1 + \frac{1}{2}\ln\frac{2E_t}{3Y_t}\right) \tag{2.2.3}$$

其中,参数 A 是撞击速度的函数。上述关系与数值模拟存在参数上的差异,Rosenberg 和 Dekel(1994b) 认为这种差异是因为球形空腔膨胀只能近似处理长杆半流体侵彻,更合理的阻力模型应包括对称轴上的阻力加上其他因素导致的阻力衰减。

实际上,长杆高速侵彻靶体阻力 R_t 要显著高于刚性杆侵彻靶体阻力,Rosenberg 和 Dekel(2010) 通过数值模拟否认两者相同的直觉假设,两者靶材料流动状况不同导致了靶体阻力差异。Rosenberg 和 Dekel(2008) 的模拟结果表明,长杆高速侵彻的靶体阻力约为刚性杆侵彻的 1.3 倍。此外,其模拟结果还显示了靶体阻力与靶材流动情况的依赖关系,半球空腔表面受载的临界压力 P_c 值接近长杆高速侵彻的靶体阻力,两者数值上的匹配可用靶材流场的相似性加以说明。图 2.2.1 显示的是强度为 1.0 GPa 的钢靶在铜长杆以 2.0 km/s 侵彻下的弹坑周围和常值内压作用于半球空腔附近的速度场,图中几何尺寸和速度分布均有明显相似性。

2. 靶体阻力 R_t 与撞击速度

通过对侵彻深度反向拟合,Anderson 等 (1992b) 发现靶体阻力与长径比和撞击速度均有关系,其中速度影响尤为突出。图 2.2.2 即是 Anderson 等 (1993) 根据不同实验结果反向拟合得到的靶体阻力随撞击速度的变化曲线。

(a) 弹体侵彻 (b) 空腔膨胀

图 2.2.1 长杆侵彻弹坑周围和受内压半球腔附近的速度场 (Rosenberg & Dekel, 2008)

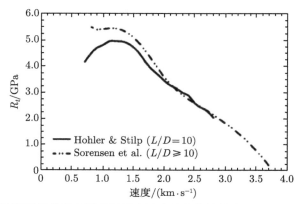

图 2.2.2 硬钢的靶体阻力随长杆撞击速度的变化情况 (Anderson et al., 1993)

由于实验和模拟均表现出靶体阻力 R_t 在侵彻过程中的剧烈变化，为了与最终的侵彻深度契合，Alekseevskii-Tate 模型中的 R_t 应取侵彻过程中的平均值。

Anderson 等 (1993) 详细比较了用侵彻深度反向拟合的理论模型中的靶体阻力 R_t 和对应的数值模拟中按时间平均的、按侵深平均的以及仅考虑准静态阶段的靶体阻力。模拟所得的各 R_t 与用侵彻深度反向拟合的理论模型中的 R_t 均表现出随速度增大而减小的趋势。在速度超过 2.5 km/s 后，前者变化缓慢，而后者依然显著下降。在 4.5 km/s 的撞击速度下，由于侵彻深度超过流体动力学极限，用侵彻深度反向拟合的 R_t 为负值，这显然与物理事实相违背。

由于 Alekseevskii-Tate 模型主要针对准静态阶段侵彻，用最终侵彻深度进行反向拟合求得 R_t 的方法不尽合理。Rosenberg 和 Dekel(1994b) 采用零强度杆，仅模拟不发生弹体减速的定常侵彻，所得 R_t 随速度的变化程度更小，在 $1 \sim 7$ km/s 撞击速度范围内 R_t 仅有 20% 变化。因此他们认为靶体阻力与速度的相关性较小。国内学者楼建锋 (2012) 和孔祥振等 (2017) 结合实验数据分析了 Alekseevskii-Tate 模型及其改进模型中靶体阻力项 R_t 随侵彻速度和弹体速度的变化规律，发现 Walker-Anderson 模型更符合实验和模拟中靶体阻力变化情况。此外，Lan-Wen

模型中在一定的速度范围内能与 Walker-Anderson 模型反映出相同的靶体阻力随撞击速度下降的趋势。通过将 Lan-Wen 模型 (式 (1.4.20)，令 $C = 1.5$) 表达为类似 Alekseevskii-Tate 模型的形式 (式 (1.4.8))，可以得到 R_t 的解析表达 (Lan & Wen, 2010)：

$$R_t = S + 2\rho_t U_{F0}^2 \exp\left[-\left(\frac{u - U_{F0}}{U_{F0}}\right)^2\right] - \rho_t u U_{F0} \exp\left[-\left(\frac{u - U_{F0}}{U_{F0}}\right)^2\right] \quad (2.2.4)$$

联立 u-v 关系式即可得到靶体阻力 R_t 与撞击速度 v 的关系。

实际上，Alekseevskii-Tate 模型的控制方程式 (1.4.8) 可以表示为

$$R_t - Y_p = \frac{1}{2}\rho_p (v - u)^2 - \frac{1}{2}\rho_t u^2 \quad (2.2.5)$$

从上式可以看出，在侵彻过程中 $(R_t - Y_p)$ 的值随速度变化而改变，Anderson 等 (1993) 的模拟也反映了上述规律。Orphal 和 Anderson(2006) 将侵彻速度与撞击速度的线性关系 $u = a + bv$ 代入式 (2.2.5) 中，得到了 $(R_t - Y_p)$ 与撞击速度的显式关系：

$$\left.\begin{array}{l} (R_t - Y_p) = \left[\left(a^2 + 2abV + b^2v^2\right)\left(\frac{1}{2}\rho_p - \frac{1}{2}\rho_t\right)\right] - a\rho_p v - \left(b\rho_p - \frac{1}{2}\rho_p\right)v^2 \\[2mm] \dfrac{\partial (R_t - Y_p)}{\partial v} = \frac{1}{2}\left(\rho_p - \rho_t\right)\left(2ab + 2b^2 v\right) - \rho_p\left(a + 2bv - v\right) \\[3mm] \dfrac{\partial^2 (R_t - Y_p)}{\partial v^2} = \rho_p\left(b - 1\right)^2 - \rho_t b^2 \end{array}\right\}$$

$$(2.2.6)$$

对于大多数材料，$a < 0$，$b > b_h > 0$，$(R_t - Y_p)$ 随撞击速度先增大后减小。在如图 2.2.3 所示的两种弹靶材料组合中，$(R_t - Y_p)$ 均随撞击速度的增加呈现先增后减的规律。图 2.2.3 中实线部分表示现有研究报道的结果，不同材料在现有研究的速度域内处在曲线的不同区域，这就解释了为何随撞击速度增加 $(R_t - Y_p)$ 在部分材料中增大 (Anderson et al., 1992b) 而在另一些材料中减小 (Anderson et al., 1993)。

在研究 R_t 与撞击速度关系时，通常将 Y_p 取为固定值 (Anderson et al., 1992b, 1993) 或零强度 (Rosenberg & Dekel, 1994b)，这样由式 (2.2.6) 可知金属靶体阻力 R_t 在侵彻过程中随侵彻速度增大而减小。

同时，由于侵彻速度积分为侵彻深度，故侵彻深度受 R_t 的影响显著。Anderson 和 Walker(1991) 发现在 Alekseevskii-Tate 模型中，无法同时匹配侵彻速度和侵彻深度。我们认为这正是由 R_t 在侵彻过程中变化所导致的，侵彻速度对应的是瞬时的 R_t，而侵彻深度应该对应积分平均化的 R_t。

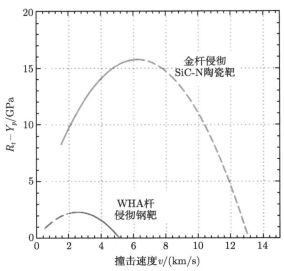

图 2.2.3　$(R_t - Y_p)$ 随撞击速度的变化曲线 (Orphal & Anderson, 2006)

　　需要特别说明，Anderson 等 (1993) 指出靶板阻力 R_t 随塑性区范围增大而增大，而后者又与弹坑直径相联系。这也是 Walker-Anderson 模型和 Lan-Wen 模型等改进的半流体侵彻模型加入靶体响应区的原因。虽然 Anderson 等 (1992b) 认为塑性区范围在不可压时与速度无关，但若考虑可压缩性，其范围将随速度增大而减小。Anderson 等 (1993) 在之后的分析中进一步认为在 1.5 km/s 的撞击速度以上应该考虑可压缩性。然而 Song 等 (2018a) 指出，在更高的速度下 (大于 4 km/s) 才能体现出可压缩性的影响，在长杆高速侵彻速度范围内 (1.5 ∼ 3 km/s) 可压缩性的影响极其微弱。

2.2.2　长杆高速侵彻中的弹体强度 Y_p

1. 弹体强度 Y_p 的物理意义与作用

　　通过对实验和模拟结果的分析，研究者们 (Hohler & Stilp, 1987; Anderson et al., 1992a, 1992b) 普遍认为弹体强度对长杆高速侵彻能力的影响较小。因此在分析强度对侵彻能力的影响时，通常取 Y_p 为定值而研究 R_t 的规律。通过 2.2.1 节分析可知，采用侵彻深度反向拟合的 R_t 不再是具有明确物理定义的参数。不同于其他研究者，Rosenberg 和 Dekel(1994b) 认为由于 R_t 与弹靶密度均无关，且与速度的相关性也比较小，故 R_t 作为半流体理论模型中的强度项是合理的。Rosenberg 和 Dekel(2000) 对不同强度长杆高速侵彻的模拟表明，Y_p 与弹靶强度、撞击速度和长径比都有关，因而可以认为 Y_p 是 Alekseevskii-Tate 模型中不能被明确定义的参数。

实际上，Anderson 和 Walker(1991) 指出，影响弹体速度和侵彻速度进而影响侵彻深度的，是模型中 R_t 与 Y_p 的差值 ($R_t - Y_p$)，而非两者本身。由于 Y_p 控制弹体侵蚀和减速，Anderson 和 Walker(1991) 建议通过实验测量弹尾的实时运动来推算 Y_p 的值。

Rosenberg 和 Dekel(1998, 2012) 指出，弹体强度对侵彻能力有对立的两方面作用：一方面通过向靶板传递更高压力增加侵彻深度，另一方面导致弹尾减速从而降低侵彻深度。Rosenberg 和 Dekel(1994a) 在对不同长径比弹体高速侵彻的模拟研究中发现，长径比影响弹体强度作用，低强度的大长径比弹体相较高强度弹反而有更高的侵彻效率，说明大长径比弹体中弹体减速作用较突出。

2. 弹体强度 Y_p 与最大侵彻深度现象

通过对 $1.4 \sim 2.2$ km/s 的速度范围内钨合金撞击装甲钢靶的模拟，Rosenberg 和 Dekel(1996) 发现侵彻深度—弹体强度曲线存在极值点，如图 2.2.4 所示。该极值点与撞击速度的相关性较大，更高的撞击速度下达到最大侵彻深度所需的弹体强度更高。

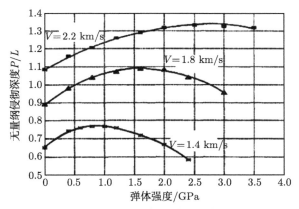

图 2.2.4 $L/D = 10$ 长杆弹的无量纲侵彻深度—弹体强度曲线 (Rosenberg & Dekel, 1996)

该极值点结合前文所述的两种对立作用不难理解。然而，现有侵彻实验中弹体强度未能覆盖模拟中 $0 \sim 2.5$ GPa 的强度分布，故尚未观察到此现象。再者，由图 2.2.4 所示的 Rosenberg 和 Dekel(1996) 的模拟结果可看出，在更高的速度下侵彻深度—弹体强度曲线更加平缓，导致极值点更难观测到。此外，诸如绝热剪切等其他因素将导致实际侵彻偏离半流体预测，也是实验中难以观测到此现象的原因。

值得注意的是，上述现象与一维半流体侵彻模型所预测的 $Y_p > R_t$ 的高强度杆弹会出现最大侵彻深度有本质差异。高强度杆的最大侵彻深度与侵彻后期的刚性侵彻有关，在 Rosenberg 和 Dekel(2000) 的模拟中观测到明显的侵彻

末端弹坑变窄 (刚性弹侵彻的标志)，该现象在高达 3 km/s 的速度下依然存在。然而，自 Alekseevskii-Tate 模型提出几十年来，众多研究者的相关实验中只有 Tate(1969) 在铝杆侵彻铅靶的实验中观测到了高强度杆的最大侵彻深度。Rosenberg 和 Dekel(2000) 整理相关实验结果并运用模拟手段分析了该现象，认为一维半流体侵彻模型所预测的 P/L-V 曲线上的极值点难以在现有的弹靶组合实验中被观测到。

此外，Rosenberg 和 Dekel(2000) 还结合数值模拟结果讨论了长杆高速侵彻中超过流体动力学极限的部分与弹体强度的关系。根据 Christman 和 Gehring(1966) 给出的半经验侵彻深度公式 (1.3.1)，额外侵彻深度主要与密度比和剩余弹体动能相关。然而 Rosenberg 和 Dekel(2000) 发现：(1) 超过流体动力学极限的额外侵彻深度与弹靶强度比的相关性超过密度比；(2) 弹体强度在高速下影响显著，侵彻效率曲线斜率与弹体强度正相关；(3) 额外侵彻深度与速度相关性小。

2.2.3 其他材料性质对长杆高速侵彻的影响

1. 密度影响与侵彻结果的无量纲化

由早期实验数据分析不难看出，弹靶密度对侵彻深度影响显著。最直观的认识就是长杆高速侵彻的流体动力学极限即为弹靶密度比 $1/\mu$ (1.4.1 节定义 $\mu = \sqrt{\rho_t/\rho_p}$)。然而 Anderson 等 (1992a, 1992b) 总结实验数据发现，弹密度和靶密度对侵彻深度的贡献是不一样的，靶体密度相比弹体密度影响较小，如图 2.2.5 所示。

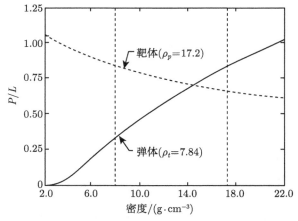

图 2.2.5   密度对无量纲侵彻深度的影响 (Anderson et al., 1992a, 1992b)

目前大量的长杆高速侵彻数据通常表示为侵彻效率—撞击速度 (P/L-V) 的形式，不同弹靶组合之间难以横向对比。为理解侵彻过程的物理本质，需要对不同杆/靶组合的侵彻结果进行无量纲化，以得到确定的相似关系并大幅减少工作量。

通过引入弹尾临界速度 $V_c = \sqrt{2|R_t - Y_p|/\rho_p}$，Rosenberg 和 Dekel(2001) 发现侵彻仅存在强度差别的不同靶的模拟结果均分布在 P/L-V/V_c 的单一曲线上，对钨合金杆撞击不同硬度钢靶的实验结果的无量纲化也得到了相同的结果 (如图 2.2.6(a) 所示)。再者，通过引入弹靶密度比 $\mu = \sqrt{\rho_t/\rho_p}$，具有不同密度比的杆/靶组合的相似关系可以清晰地展现出来。因此，Rosenberg 和 Dekel(2001) 分别运用 V_c 和 μL 来对撞击速度 V 和侵彻深度 P 进行无量纲化的方法是值得推荐的。

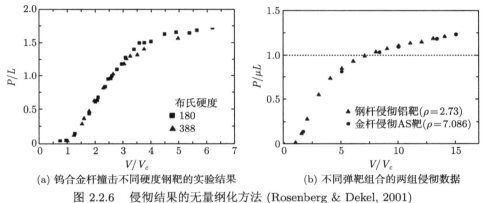

(a) 钨合金杆撞击不同硬度钢靶的实验结果 (b) 不同弹靶组合的两组侵彻数据

图 2.2.6　侵彻结果的无量纲化方法 (Rosenberg & Dekel, 2001)

Rosenberg 和 Dekel(2001) 发现，钨杆 (金杆) 侵彻钢靶和钢杆侵彻铝靶的数据有很高的相似性 (如图 2.2.6(b) 所示)，两者的弹靶密度比分别为 1.5∼1.6 和 1.7。此外，具有相似密度比的钛合金杆侵彻铝靶 ($\mu = 1.66$) 和铝杆侵彻镁靶 ($\mu = 1.64$) 的实验结果也有很高的相似性。Orphal(2006) 采用上述无量纲方法，发现 SiC、AlN 和 B_4C 三种陶瓷的侵彻实验结果近乎分布于同一曲线上。从以上对实验和模拟结果的无量纲分析可以看出，具有相似密度比的弹靶组合容易出现侵彻结果的相似性。

具有相似关系的侵彻结果一方面可以反映类似的侵彻机理，另一方面也可用于弹靶组合的选材和设计。Orphal 和 Franzen(1990) 的实验已采用密度比相近的铜撞铝来替代钨撞钢，以后更多实验也可考虑利用相似关系把难制备或成本高的材料替换为简单廉价的材料。

2. 弹/靶材料热软化、绝热剪切与失效应变

1) 弹/靶材料的热软化

Rosenberg 和 Dekel(1998) 发现，在弹体材料本构关系中增加热软化机制，则图 2.2.4 所示的侵彻深度—弹体强度曲线的极值现象消失，如图 2.2.7 所示。然而，

单独考虑靶体的热软化不会使极值现象消失。此外，考虑弹和靶的热软化均会提高侵彻深度，该现象在高强度杆侵彻中尤为突出。

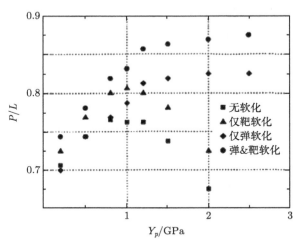

图 2.2.7   热软化对钨合金侵彻钢靶的影响 (Rosenberg & Dekel, 2004)

在数值模拟中通常用 Johnson-Cook 本构 (Johnson & Cook, 1983) 或 Steinberg 本构 (Steinberg, 1987) 考虑热软化，或是将最大失效应变 ε_f 引入 von Mises 屈服准则。Rosenberg 和 Dekel(2004) 总结了前人在数值模拟中采用的本构模型和屈服准则并对其效果进行了分析。

此外还需指出的是，软化对于陶瓷材料抗侵彻的数值模拟更加重要。由于陶瓷靶中侵彻机理比金属靶更复杂，本章将在 2.5 节对此进行讨论。

2) 弹体材料的绝热剪切与失效应变

Magness 和 Farand(1990) 发现密度与强度几乎一样的贫铀 (DU) 杆与钨合金 (WHA) 杆侵彻装甲钢靶 (RHA) 时，前者的侵彻效率高很多。如图 2.2.8 所示，1.2 ∼ 1.9 km/s 速度范围内，两种杆材的实验数据点在无量纲侵彻深度—速度曲线上分布于两条明显分开且近乎平行的直线上；更高的撞击速度下 (大于 2.0 km/s) 两组数据趋近于同一曲线。Magness 和 Farand(1990) 将上述现象归功于贫铀材料的绝热剪切失效导致的"自锐"特性。由于贫铀材料在相对较低的应变下因绝热剪切失效，故贫铀杆弹头部比钨合金杆弹更尖锐。

从图 2.2.8 可以看出，撞击速度约为 2.0 km/s 时，贫铀与钨合金杆的侵彻能力几乎相同。为解释绝热剪切效应在高速下趋于消失的问题，Rosenberg 和 Dekel(1998) 在杆弹材料本构关系中加入失效应变 ε_f 进行数值模拟。如图 2.2.9 所示，$L/D = 20$ 钨合金杆以不同速度撞击 RHA，钨合金材料的 ε_f 在 0 ∼ 5.0 范围内引起侵彻深度显著变化。由于 ε_f 对侵彻深度的影响表现出与撞击速度的强烈关系，随撞击速度提高该影响程度下降明显，故图 2.2.8 中绝热剪切效应消失的现象可由图 2.2.9 中 2.1 km/s 速度下的平缓曲线予以解释。

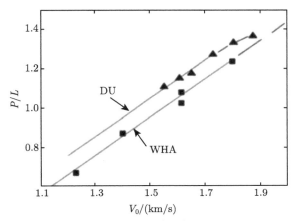

图 2.2.8　DU 和 WHA 杆侵彻 RHA 的实验数据 (Magness & Frarand, 1990)

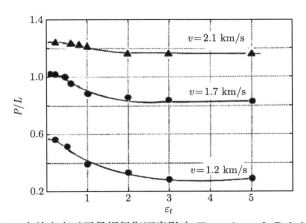

图 2.2.9　失效应变对无量纲侵彻深度影响 (Rosenberg & Dekel, 1998)

Rosenberg 和 Dekel(2004) 指出，在对长杆高速侵彻的模拟中，假设应变超过失效阈值后杆弹头部单元失去强度，可以更简单地描述侵彻过程中的材料软化效应。此外，通过引入失效应变，Rosenberg 和 Dekel(2003) 还模拟出了刚性弹向半流体侵彻转变时侵彻深度下降的典型现象。

Anderson 等 (1999) 假设单位体积的弹体材料在失效前能吸收的塑性功为常数，建立了材料强度 Y_p 与失效应变 ε_f 之间的关系式，该关系和强度较高的钢材在拉伸试验中延伸率较低的实验结果一致。此外，Anderson 等 (1999) 还建议 ε_f 应与材料在动态加载下所能承受的最大应变相关联。

2.3 长杆弹头部形状对侵彻能力的影响

众所周知，弹体头部形状对刚性弹侵彻能力有显著影响。相当多研究工作已对此展开了详细讨论：Forrestal 等 (1994, 1996) 基于空腔膨胀理论提出了分析尖卵头弹体侵彻阻力的经验公式，Chen 和 Li(Chen & Li, 2002; Li & Chen, 2003) 引入形状因子 N^* 分析了不同头形刚性弹的侵彻能力，Zhao 等 (2010) 建立了形状因子 N^* 和撞击速度的关系，Liu 等 (2015) 对双尖卵头弹体的形状因子与侵彻阻力进行了分析。相较于刚性弹侵彻，弹体头部形状对长杆侵彻的影响的研究报道较少。虽然一部分研究者认为更高速度下弹体发生侵蚀将导致头部形状因素不再重要，然而 Magness 和 Farand(1990) 的实验却发现，密度与强度几乎一样的贫铀杆与钨合金杆在 1.2 ~ 1.9 km/s 速度范围内对装甲钢靶的侵彻效率相差达 10% (如图 2.2.8 所示)。因此，长杆侵彻中弹体头部形状影响不可忽视。

由于长杆侵彻中弹体发生侵蚀，侵彻过程中头部形状与初始弹头形状可能存在差异，故相应研究应分别考虑初始弹头形状和侵彻过程中弹头形状的影响。

2.3.1 初始弹头形状对长杆侵彻能力的影响

Walker 和 Anderson(1994) 采用 CTH 程序对钝头、半球头和锥头的钨合金长杆弹侵彻 4340 钢靶进行模拟，研究了初始弹头形状对侵彻能力影响。图 2.3.1 展示了不同初始头形弹体在侵彻过程中头形变化过程以及压力和速度分布。模拟结果表明，初始弹头形状对侵彻影响仅存在于侵彻最初阶段，不同头形杆弹在侵彻约两倍杆径后侵彻速度与弹头形状均保持一致。初始弹头影响侵彻初期的界面压力大小进而导致弹体破坏程度和靶体塑性区大小的差异，并造成侵彻速度不同。锥头、半球头和钝头弹体的塑性区大小与侵彻速度依次增加。

Rosenberg 和 Dekel(1999) 通过模拟比较了五种不同头形长杆弹的侵彻能力的差异，模拟结果如图 2.3.2 所示，不同头形弹体的最终侵彻深度差异较大。程兴旺等 (2007) 的数值模拟结果与上述结果相反，弹头形状仅影响弹坑形貌而对侵彻能力影响较小。两者最大区别在于弹体材料本构。为避免 Walker 和 Anderson(1994) 提及的侵彻初期之后弹头形状趋于一致，前者选择了理想弹性本构；而后者采用长杆侵彻中最常用的 Johnson-Cook 本构。因此，Rosenberg 和 Dekel(1999) 实际上模拟反映的是侵彻过程中弹体头部形状的影响。现有的一维理论分析模型显然无法反映上述特征，故需要建立考虑弹头形状的二维理论分析模型。

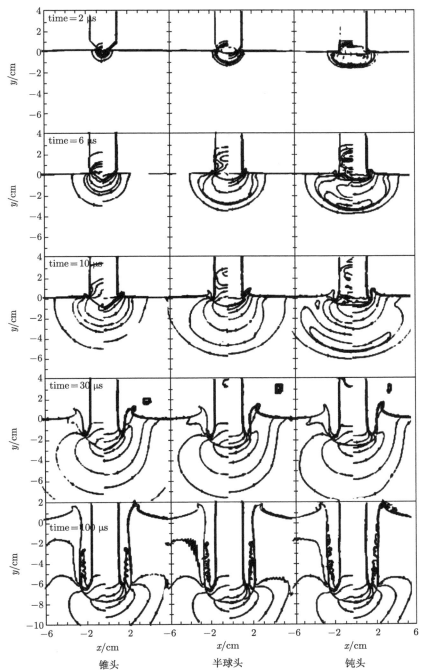

图 2.3.1　不同头形弹体在侵彻过程中的头形、压力分布和速度分布变化
(Walker & Anderson, 1994)

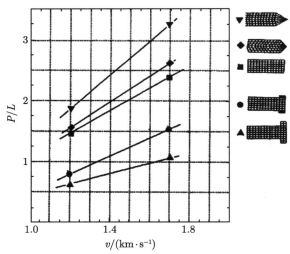

图 2.3.2   失效应变对无量纲侵彻深度影响 (Rosenberg & Dekel, 1998)

此外，初始弹头形状对长杆侵彻能力的影响还受到弹靶强度与撞击速度的制约。高光发等 (2012) 通过数值模拟认为：在较低的撞击速度下存在最佳头形，而在较高的速度下初始头形仅对开坑阶段有影响，故初始头形影响较小；在侵彻低强度的脆性靶 (如混凝土靶) 时，不同初始头形弹体出现头部扩大的阈值速度不同，对应的侵彻能力差异也十分显著。

初始头形影响还体现在界面击溃中。Lundberg 等 (2006) 开展的长杆弹对陶瓷靶的界面击溃实验分析了初始弹头形状的影响，谈梦婷等 (2016) 对不同初始头形长杆的界面击溃开展了数值模拟，Li 等 (2014, 2017) 通过建立界面击溃和斜击溃的二维理论模型进一步分析了初始弹头形状的影响。相关研究结果将在后文中加以讨论。

综上，弹体初始头形将影响初始瞬态阶段界面压力大小并导致弹体破坏程度和靶体塑性区大小的差异，进而影响侵彻性能。由于初始头形影响主要体现在长杆高速侵彻的初始瞬态阶段，故开坑直径受影响较大而侵彻深度受影响较小。然而，若计及头形在侵彻过程中演化，初始头形对侵彻能力影响将增大。因此，结合实验、模拟和理论手段，深入分析初始弹头形状在侵彻过程中的演化规律，将是下一步工作的重点。

2.3.2   侵彻过程中弹头形状对长杆侵彻能力的影响

从 2.3.1 节分析可知，侵彻过程中的不同弹体头形实际上是由材料性质的差异所导致。长杆高速侵彻实验中，使用得较多的弹体材料为钨合金、铝和钢 (Anderson et al., 1992a)，实验中观测到的侵彻过程中弹体头部形状多为蘑菇头形。

Magness 和 Farrand(1990) 的实验中，贫铀杆弹在侵彻过程中具有比钨合金杆弹更尖锐的头部形状。因此，贫铀杆与钨合金杆侵彻能力差异的本质，是两者的材料性质差异导致侵彻过程中出现不同的弹体头部形状。

Rosenberg 和 Dekel(1999) 针对钨合金/RHA、钛合金/铝、铜/铝合金三组弹靶组合开展了长杆侵彻 (贯穿) 有限厚靶的实验，进一步验证了材料性质差异导致长杆弹在侵彻过程中的不同头形。三组弹靶组合的弹靶密度比相近，而 Ti6Al4V 钛合金材料具有与贫铀材料相似的绝热剪切性质。实验采用闪光 X 射线摄影拍摄到的侵彻过程中弹头形状与和后置沙盒减速后回收的剩余弹体头部形状如图 2.3.3 所示。两者均反映出侵彻过程中的弹头形状与弹体材料性质相关：铜所代表的完全延性材料呈现出蘑菇头，钨合金所代表的半脆性材料表现为部分蘑菇头，而以 Ti6Al4V 钛合金为代表的绝热剪切材料则出现凿形尖头。

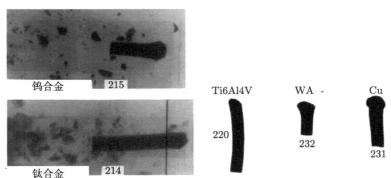

图 2.3.3　长杆侵彻有限厚靶实验中闪光 X 射线照片和回收的剩余弹体形貌 (Rosenberg & Dekel, 1999)

Magness 和 Farrand(1990) 的实验说明，贫铀杆弹由于绝热剪切性质，在侵彻过程中保持尖锐的头部形状。Rosenberg 和 Dekel(1999) 的实验则表明，Ti6Al4V 钛合金材料由于具有与贫铀材料相似的绝热剪切性质，杆弹在侵彻过程中同样具有尖锐头形。Rong 等 (2012) 和陈小伟等 (陈小伟等, 2012; Chen et al., 2015) 的实验还发现，纤维增强金属玻璃等其他材料亦具有"自锐"效应 (李继承和陈小伟, 2011c)。Li 等 (2015a, 2019) 的数值模拟和理论分析表明，这种"自锐"效应将导致弹体所受阻力降低，从而具有比 WHA 更好的侵彻能力。此外，Li 等 (2015a) 还指出，撞击速度、靶体强度和初始头形将影响"自锐"效应进而影响长杆弹侵彻能力。上述研究证明了材料性质差异导致侵彻过程中的不同头形对长杆高速侵彻性能的影响，然而对于由此带来的侵彻机理改变仍缺乏深入研究。

实际上，弹体头形对长杆高速侵彻能力的影响与最终弹坑直径有很大关系。不同于刚性弹侵彻，长杆高速侵彻的弹坑直径可达数倍于弹体直径，同时弹坑直径在高速下的增长率远超过侵彻深度的增长率。从能量耗散角度定性分析,在较高撞击速度下,弹孔横向扩张消耗部分能量,削弱了弹体的轴向侵彻能力 (Rosenberg & Dekel, 2012)。对于弹体在侵彻过程中的不同头形,横向扩孔所消耗能量存在差异,进而导致侵彻能力不同。

通过拟合实验数据,Bjerke 等 (1992) 和 Walker 等 (2001) 得到了长杆高速侵彻弹坑直径的经验公式 (式 (1.3.3) 和式 (1.3.4))。然而,上述经验公式由于缺乏物理依据,弹坑直径仅与杆弹直径和初始撞击速度有关而不包含弹靶材料参数,故仅适用于特定弹靶组合。基于能量守恒,Tate(1986) 建立了开坑的近似模型。Lee 和 Bless(1996) 根据动量守恒从理论上推导出了弹坑直径 D_c 的如下表达式:

$$D_c = D_p \sqrt{\frac{Y_p}{R_t} + \frac{2\rho_p \left(V - U\right)^2}{R_t}} \tag{2.3.1}$$

在此基础上,Lee 和 Bless(1998) 提出了两阶段式开坑模型,将侵彻过程分为蘑菇头阶段和空化阶段 (靶体惯性运动);Wen 等 (2010) 建立横向开坑计算模型,预测了弹体蘑菇头半径。然而,上述研究侧重于计算和预测最终开坑直径,缺乏从能量耗散的角度分析横向开坑对于纵向侵彻能力的影响。此外,模型中对侵彻过程中弹体头部为半球面蘑菇头的假设缺乏一般性。

为进一步研究侵彻过程中头形对长杆侵彻的影响,分析侵彻过程中弹体头形对弹坑形貌的影响以及弹坑横向尺寸与纵向尺寸 (侵彻深度) 之间的联系,需开展更多实验和模拟工作,特别是针对长杆侵彻中占比最高的准定常阶段进行分析。同时,由于一维理论分析模型无法反映弹头形状的影响,需要建立考虑弹头形状的二维理论分析模型 (Jiao & Chen, 2021),对弹坑直径和侵彻深度做出更准确预测。

2.4　长径比效应与分段杆设计

2.4.1　长径比效应及其作用机理

长径比效应是长杆侵彻中一个重要的现象,Tate 等 (1978) 用 L/D 分别为 3、6 和 12 的钨合金杆撞击装甲钢靶,发现随着长径比的增加,侵彻效率下降明显。随后,Hohler 和 Stilp(1987) 整理大量实验数据发现,大长径比杆弹的侵彻效率 P/L 低于短杆的侵彻效率,并称此现象为长径比效应。

1. 长径比效应的作用范围与影响程度

Tate 等 (1978) 以及后来的很多研究者都认为,该趋势在 $L/D = 10$ 时即饱和,即所有 $L/D \geqslant 10$ 的数据点将会落在同一条 P/L-V 的曲线上。然而,Hohler

和 Stilp(1987) 的实验数据显示，L/D 为 20、30 的长杆的侵彻效率仍有显著降低，在 1.5 km/s 的撞击速度下 L/D 为 30 的长杆的侵彻效率仅为 $L/D = 10$ 的长杆的 50%。Rosenberg 和 Dekel(1994a) 以及 Anderson(2003) 等重做了上述实验并整理了其他实验来源后，均认为 Hohler 和 Stilp(1987) 的结果对于长径比对侵彻深度的影响程度有过高估计。实际上，在兵器速度范围内，L/D 为 10 和 20 的长杆侵彻效率之间的差距仅有 15%，$L/D = 10$ 与 $L/D = 30$ 的长杆相差也不过 30%。

Rosenberg 和 Dekel(1994a) 对不同强度、不同长径比的钨合金长杆以 1.4 km/s 的速度撞击装甲钢靶的数值模拟重现长径比效应，模拟结果如图 2.4.1 所示。模拟表明：(1) 不同强度的弹体对长径比有不同的敏感度；(2) 即使是零强度的杆弹也具有长径比效应；(3) 在长径比高达 40 时长径比效应依然存在。

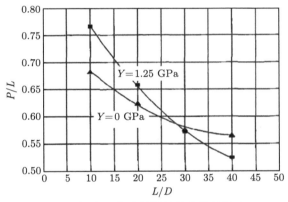

图 2.4.1   不同强度长杆的无量纲侵彻深度随长径比的变化情况 (Rosenberg & Dekel, 1994a)

Anderson 等 (1996) 模拟分析了 1.5 km/s 撞击速度下长径比从 1 ~ 30 的杆弹侵彻能力。图 2.4.2 中实心菱形表示模拟结果，空心圆、方块和菱形分别反映不同来源的实验数据点。模拟结果能反映实验数据变化趋势，通过对上述数据的最小二乘拟合，Anderson 等 (1996) 得到了经验公式 (式 (1.3.2))。图 2.4.2 中实线即为式 (1.3.2) 所算结果，该经验公式能概括兵器速度范围内 ($0.8 \text{ km/s} \leqslant \bar{V} \leqslant 1.8$ km/s) 钨合金杆侵彻装甲钢靶的结果。式中第三项系数为负，侵彻效率 P/L 随长径比 L/D 增加而减小。此外，从图 2.4.2 中还可看出，1.2 km/s、1.5 km/s 和 1.8 km/s 撞击速度下无量纲侵彻深度变化趋势一致，故 Anderson 等 (1995) 认为兵器速度范围内长径比效应与速度无关。

2. 长径比效应的无量纲分析

Anderson 等 (1996) 采用 $P/D\text{-}L_e/D$ 的形式对长径比为 3~30 的钨合金杆撞

击装甲钢靶的模拟结果进行无量纲分析, 其中 L_e/D 表示用弹体直径无量纲化的弹体侵蚀部分长度。如图 2.4.3 所示, 除了短杆在侵彻末端的偏差, 在 1.5 km/s 撞击速度下不同长径比的侵彻数据都能重合于一条曲线上。图中箭头指向不同杆弹的侵彻终点 (即最终侵彻深度), 而曲线斜率即表示侵彻效率 P/L。曲线向下弯曲, 说明侵蚀单位长度弹体对应的侵彻深度减少, 因此侵彻效率下降。

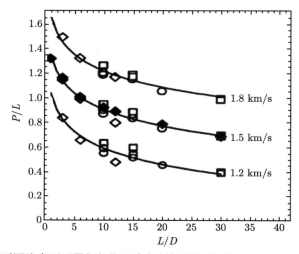

图 2.4.2　不同速度下无量纲侵彻深度与长径比的关系 (Anderson et al., 1995)

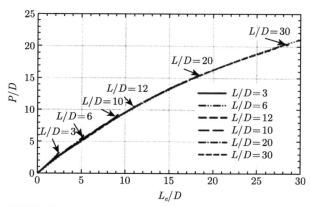

图 2.4.3　无量纲侵彻深度与无量纲弹体侵蚀长度的关系 (Anderson et al., 1996)

3. 长径比效应的作用机理

上述实验和模拟证实了长径比对侵彻效率的影响及其程度, 然而其作用机理更值得研究。根据已有研究结论, 长径比效应的原因主要可归纳为弹体减速、瞬态阶段和次级侵彻三部分。此外 Anderson 等 (1996) 还建议靶体内塑性区的增长对长径比效应有贡献。

1) 弹体减速

Anderson 等 (1996) 通过分析长径比对侵彻速度的影响，发现弹体减速是兵器速度范围内出现长径比效应的主要原因。由于弹体减速正比于弹体强度，Rosenberg 和 Dekel(1994a) 模拟结果中有强度杆比零强度杆具有更显著的长径比效应 (如图 2.4.1) 恰能说明弹体减速的作用。需特别说明的是，弹体减速和次级侵彻是耦合作用的。通常认为主要侵彻阶段准定常，弹体减速较小。因此，弹体减速作用主要体现在次级侵彻阶段。

2) 瞬态阶段

零强度的杆弹依然存在长径比效应，说明弹体减速并非唯一因素。Rosenberg 和 Dekel(1994a) 认为初始瞬态阶段较低的侵彻阻力导致侵彻深度增加进而导致长径比效应。Anderon 和 Orphal(2008) 的模拟说明，主要 (准定常) 侵彻阶段在侵彻深度达到数倍杆径后才成立。因此，通过确定初始开坑阶段的占比可以定性估计长径比效应的程度。Rosenberg 和 Dekel(2012) 指出，长杆高速侵彻的侵彻深度约为杆弹初始长度的 1.0～1.5 倍，即 $L/D = 10$ 长杆的侵彻深度为 $10D \sim 15D$。由于开坑阶段大概持续 5 倍杆径范围，这意味着 $L/D = 10$ 长杆的准定常侵彻阶段仅占总侵彻深度的 1/2，故 L/D 在 10～30 范围内长径比效应的影响不难理解。

3) 次级侵彻

Anderson 等 (1995) 分析长径比效应与撞击速度的关系，发现不同速度下作用机理有差异：兵器速度范围内，弹体减速是主要原因；更高速度下长径比效应则归因于次级侵彻。图 2.4.4 展示了五组不同撞击速度下不同长径比弹体的侵彻能力，不同速度下长径比效应存在不同特征：较低速度下 (1.5 km/s)，长径比效应主要作用于准定常阶段，弹体减速导致侵彻能力下降，在图中表现为曲线向下弯曲；然而对于更高的侵彻速度 (>2.0 km/s)，准定常阶段表现为一条直线，故该阶段内并无长径比效应，而图中侵彻末端曲线往上弯曲，说明更高速度下长径比效应归功于次级侵彻阶段。

次级侵彻阶段的侵彻深度实际上与长径比无关，而与侵彻速度相关。侵彻深度可用以下经验公式概括：

$$P = T\left[V, \rho_p, \rho_t, Y_t, Y_p\right] \cdot (L - D) + \mu V^{2/3} D \tag{2.4.1}$$

其中，$T\left[V, \rho_p, \rho_t, Y_t, Y_p\right]$ 是主要侵彻阶段无量纲侵彻深度，由半流体侵彻理论计算所得。次级侵彻深度与速度 2/3 次方成正比，故较高速度下长径比效应随撞击速度增加而增大。

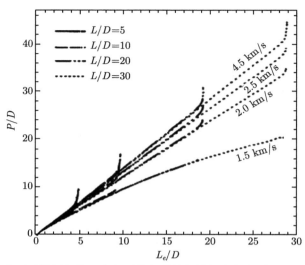

图 2.4.4　不同速度下无量纲侵彻深度与无量纲弹体侵蚀长度的关系 (Anderson et al., 1995)

综上，长径比效应主要由弹体减速、瞬态阶段和次级侵彻导致。因此，为获得更高侵彻效率，需降低杆材强度以减弱弹体减速，或改变结构以缩短主要侵彻阶段作用时间。

2.4.2　长径比效应的应用：分段杆

根据长径比效应，细长杆的侵彻效率不如短粗杆，但相同质量下细长杆由于初始弹体长度更长仍具有更强侵彻能力。针对以上特征，将连续长杆切分为相隔一定距离的分段杆弹成为一种新的弹体构型思路。

由 2.4.1 节分析，小长径比分段子杆主要侵彻阶段作用时间短，弹体主要处于初始瞬态阶段和次级侵彻阶段，因而具有很高的侵彻效率。同时由于分段杆与连续杆具有相同的有效长度，故其侵彻能力比连续杆更强。此外，根据理论预测，长杆弹的侵彻效率随速度的增加最终趋于流体动力学极限而饱和，而 $L/D=1$ 的短杆和球形弹丸的侵彻深度正比于 $v^{2/3}$ 因而在高速下亦不会饱和。因此，从理论上说，采用数段短杆间隔发射将大幅提高侵彻能力，侵彻能力的提升在高速下更加明显。

Orphal 于 1982 年率先开展的分段杆撞击小混凝土块的实验证实了上述结论 (Orphal, 2006)。Hohler 和 Stilp(1987) 总结了 20 世纪 80 年代的在分段杆方面为数不多的几个工作，认为在 2 km/s 以上的速度时分段杆的侵彻能力优于连续长杆。随着实验技术的发展和模拟计算的完善，针对分段杆的大量研究工作出现于 90 年代。其中，一部分实验采用逆向弹道的方法进行，诸如 Orphal 和 Franzen(1990)、Orphal 和 Miller(1991) 和 Westerling 等 (1997)；另一部分则采用大尺寸正向弹道实验，以 Charters 等 (1990)、Cuadros(1990)、Sorensen 等 (1991) 及 Wang 等 (1995) 为代表。由于分段杆实验复杂且昂贵，目前多采用数值模拟作为主要研究手段，以 Sorensen 等 (1991)、Wang 等 (1995)、郎林等 (2011) 和 Aly 和 Li(2008) 的工作为代表。

1. 分段杆的典型实验

运用小尺寸逆向弹道技术，Orphal 和 Franzen(1990) 开展了分段球形铜弹丸撞击铝靶的实验。实验采用 7075-T6 铝靶以 3.3 km/s 向间隔 2.4D 放置的直径为 $D = 1.59$ mm 的 8 颗球形铜弹丸，弹靶材料组合的选取考虑到铜/铝与钨/钢的密度比相近。实验中顺次拍摄到的四幅 X 光片如图 2.4.5 所示，由图可看出，该间距下各段几乎独立起作用，靶中弹孔足够大而不影响后面的分段子杆。

图 2.4.5   8 颗球形铜弹丸侵彻铝靶实验的 X 光片 (Orphal & Franzen, 1990)

Orphal 和 Franzen(1990) 还结合模拟结果考察了 4.5 km/s 撞击速度下段间距对分段铜弹丸与铝靶组合侵彻性能的影响，$L_i/D = 1$ 分段子杆的最佳间距在 $2.4 \sim 3.6$ 倍弹体直径之间。随间距增加，侵彻效率 $P/\sum L_i (\sum L_i$ 为分段子杆长度之和，即有效杆长) 接近 1.6，而对应的 $L/D = 8$ 连续杆侵彻效率 P/L 约为 1.05，分段杆侵彻效率比连续杆高 60%。Charters 等 (1990) 采用大尺寸正向弹道实验，研究了连续长杆和不同段间距分段杆的侵彻性能，实验设计与结果展示于图 2.4.6 中。从图中可以看出，2.5 km/s 速度下段间距从 $1D$ 增加到 $2D$，分段杆较侵彻能力提高约 20%。结合一系列实验结果，Charters 等 (1990) 发现分段杆和连续杆侵彻能力的优劣取决于比较标准：同质量同直径下分段杆侵彻能力更强，而同质量同总长 (大于有效杆长) 下连续杆侵彻能力更强。

虽然以上两组实验分别采用不同的发射技术，但实验结果接近，因而可信度

高。小尺寸逆向弹道实验由于需要判断剩余分段子杆数目，故不可避免地存在
15%左右的误差 (Orphal & Miller, 1991)；而大尺寸正向弹道实验可以通过回
收靶板直接测量侵彻深度，不存在上述测量误差。

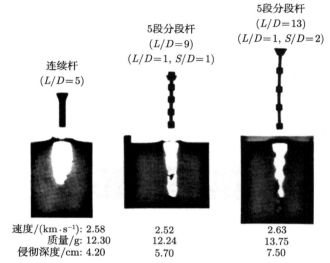

图 2.4.6　连续与分段钨杆侵彻钢靶的弹坑 X 光片 (Charters et al., 1990)

　　其他实验结果之间的差异可能是因为段间填充材料以及连接分段子杆的套筒
对侵彻效果的影响。Orphal 和 Franzen(1990) 研究的理想分段杆间无填充和连接，
而 Charters 等 (1990) 在分段杆间有不同材料制成的串联链杆，Cuadros(1990) 和
Sorensen 等 (1991) 则采用了更复杂的管状套筒加段间填充物的结构。

　　2. 连接结构对分段杆侵彻性能的影响

　　在实际应用中，为保证结构的完整性和稳定性，需要在分段子杆外加装套筒
或在子杆间加入填充材料。因此，分析连接结构对分段杆侵彻能力的影响对分段
杆武器设计具有重要意义。

　　Charters 等 (1990) 认为不同连接结构有不同作用效果：分段杆间轴线连接会
增强侵彻能力，而套筒加填充物式支撑结构则会削弱侵彻能力。Orphal 和 Miller
(1991) 研究带套筒及含填充物 (轴线连接) 的各种非理想分段杆结构，认为它们
对侵彻性能影响不大。

　　Sorensen 等 (1991) 的实验和模拟都表明，玻璃纤维填充材料对侵彻能力有显
著增强，一方面是由于增加了弹体的整体重量，另一方面则是因为次级侵彻。同
时，他们在模拟中发现，无填充分段杆的套筒材料在侵彻时流入分段杆与靶体的

中间区域，如图 2.4.7 所示，这将导致部分分段杆在侵彻过程中实际上是在侵彻铝套筒材料而非靶体材料，从而降低侵彻能力。

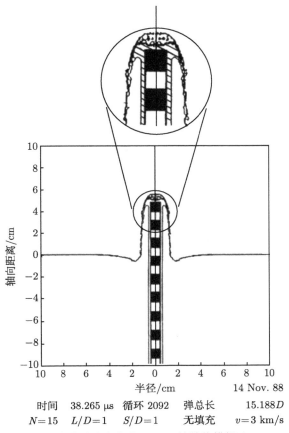

图 2.4.7 带铝套筒的钨合金分段杆侵彻 RHA 的数值模拟 (Sorensen et al., 1991)

郎林等 (2011) 通过数值模拟发现，加入套筒虽然大幅增加了整体结构动能，但侵彻深度仅略微增加，套筒的贡献主要在于扩张弹坑直径。需说明的是，郎林等 (2011) 研究的撞击速度属于低速 (2.0 km/s)，而 Wang 等 (1995) 在该速度范围内实验发现存在转变速度，在此速度之上同质量同直径的分段杆侵彻能力明显高于连续杆。

Aly 和 Li(2008) 对更宽的速度范围内的非理想分段杆 (含套筒和填充物) 进行了数值模拟，综合分析了套筒与填充物对分段杆侵彻能力的作用。通过分析能量传递和弹坑形貌他们发现，在 1.8 ~ 2.0 km/s 的速度范围内，套筒和填充物上的动能主要用于弹孔的扩大，与理想分段杆的圆齿状弹孔相比，非理想分段杆的弹孔更光滑。此外，模拟中还观测到了套筒材料向内流动 (同 Sorensen 等 (1991)) 和向外流动两种现象，如图 2.4.8 所示。在低速下，向内流动的套筒材料将导致侵彻能力下降，而填充物能阻碍套筒材料的向内流动；高速下套筒与填充物均对弹坑的深度和直径有贡献。

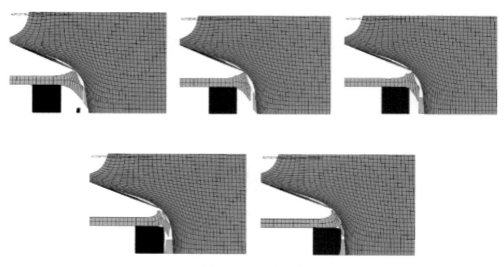

(a) 套筒材料向内流动

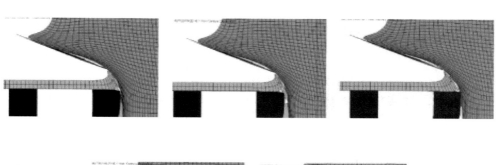

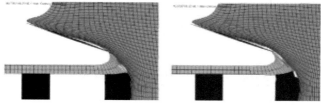

(b) 套筒材料向外流动

图 2.4.8 4.2 km/s 撞击速度下含套筒分段杆的侵彻图像 (Aly & Li, 2008)

3. 段间距的影响与 $L/D < 1$ 的短杆侵彻

Orphal 和 Franzen(1990)、Hohler 和 Stilp(2002) 都发现，虽然增加段间距能提高侵彻能力，但一定速度下存在一个段间距的最佳值，超过此值后继续增加段间距对提高侵彻能力无益。Sorensen 等 (1991) 发现段间距对侵彻能力的影响与分段子杆长径比有关，段间距对 $L_i/D = 1$ 分段杆的影响小于 $L_i/D = 1.5$ 分段杆。

我们认为，上述现象可以解释为最佳段间距需保证各分段子杆独立作用，满足 $L_i/D = 1$ 的分段子杆独立作用所需的段间距相较 $L_i/D = 1.5$ 更短，因而最佳段间距更小，故段间距的影响更小。据此推测，低速下段间距的影响也应更小。Wang 等 (1995) 发现，在 $1.9 \sim 2.1$ km/s 的撞击速度下 $L_i/D = 1$ 分段杆的段间距从 $0.5D$ 增加至 $1D$，侵彻深度仅提高了 $2\% \sim 5\%$，符合上述推测。

Orphal 和 Franzen(1990) 发现 $L_i/D = 1$ 分段杆侵彻深度正比于 $v^{2/3}$，而 $L_i/D < 1$ 分段杆侵彻深度随速度增幅大于 $v^{2/3}$，因此他们建议将连续长杆分成更多 $L_i/D < 1$ 分段杆以提高侵彻能力。Franzen 等 (1994) 发现，不同撞击速度下存在不同最佳长径比。Walker(1999a) 建立 $L/D < 1$ 短杆侵彻理论模型，较好地解释了相关实验数据。

2.5 陶瓷靶抵抗长杆侵彻与界面击溃

陶瓷材料具有高强度和低密度的特点，被广泛应用于防护装甲设计。近几十年来，国内外学者对陶瓷靶装甲各方面特性已展开广泛研究，本节重点关注陶瓷靶在抵抗长杆侵彻以及界面击溃方面的研究工作。

2.5.1 陶瓷靶抵抗长杆侵彻

陈小伟和陈裕泽 (2006) 已对于陶瓷靶高速侵彻/穿甲动力学的研究进行了较全面的综述，重点关注了单质陶瓷靶和陶瓷复合靶的侵彻机理、空腔膨胀模型的应用和失效波效应。本节侧重介绍陶瓷靶抵抗长杆侵彻的防护效率和靶体阻力：前者关注防护效率值的范围和影响因素，对于装甲设计工程师有重要的指导意义；对后者的分析能体现出陶瓷靶靶体阻力与金属靶的差异。

1. 陶瓷靶抵抗长杆侵彻的防护效率

Yaziv 等 (1986) 将陶瓷靶抵抗长杆侵彻的弹道防护效率定义为：抵抗给定威胁时所需的面密度 (防护结构材料密度乘以厚度，单位为 kg/m^2) 与参考靶板需要的面密度之比。为消除背面厚度对防护效率的影响，厚度 h_c、密度 ρ_c 的陶瓷板粘贴在作为参考材料的厚金属块上 (如图 1.3.1 所示)，通过弹体对厚衬板的剩

余侵彻深度来反映陶瓷材料的防护效率。以铝做参考材料为例，陶瓷靶的防护效率可表示为

$$\eta = \frac{\rho_{\text{Al}} \left(P_{\text{Al}} - P_{\text{res}} \right)}{\rho_c h_c} \tag{2.5.1}$$

式中，P_{res} 和 P_{Al} 分别为弹体对厚衬板的剩余侵彻深度和对无陶瓷覆盖铝块的侵彻深度。式 (2.5.1) 可继续外推至剩余侵彻深度 $P_{\text{res}} = 0$，即

$$\eta = \frac{\rho_{\text{Al}} P_{\text{Al}}}{\rho_c h_c^*} \tag{2.5.2}$$

式中，h_c^* 为剩余侵彻深度为零所需的最小陶瓷厚度。上式说明，若实验结果用面密度表示，则防护效率即为通过实验数据点的拟合直线斜率。

Bless 等 (1987) 最早报道的陶瓷材料抵抗长杆侵彻的 DOP 实验将氧化铝陶瓷粘贴在厚铝衬块上，Mellgard 等 (1989) 建议用装甲钢作为衬板材料以降低剩余侵彻深度，Hauver 等 (1992) 将陶瓷板嵌于钢衬板内以提供更好的约束条件同时削弱横向稀疏波效应。

Hohler 等 (1995) 分析了以硬钢为背衬的厚度为 10~80 mm 的氧化铝陶瓷抵抗 $L/D = 12$ 钨合金杆侵彻的实验，实验结果如图 2.5.1 所示。Rosenberg 等 (1997) 整理上述实验数据，发现在 1.25 km/s、1.7 km/s 和 3.0 km/s 的撞击速度下剩余侵彻深度—陶瓷厚度数据分布于近乎平行的三条直线上，证明陶瓷材料抵抗长杆侵彻的效率与撞击速度无关。然而，Madhu 等 (2005) 对穿甲弹以 $0.5 \sim 0.83$ km/s 的速度侵彻氧化铝陶瓷靶的实验则表现出弹道防护效率与速度的相关性。Zhang 等 (2011) 通过数值模拟复现了 Madhu 等 (2005) 的实验，并认为在低于 1.3 km/s 的速度下陶瓷的防护效率随速度提高而增加，高于 1.3 km/s 后弹道防护效率无明显差异。

值得注意的是，Hohler 等 (1995) 实验得到的氧化铝陶瓷抵抗长杆侵彻的防护效率 $\eta = 1.7$ 略低于典型值 $\eta = 2$，这是由于实验所用的钢衬块强度比普通 RHA 更高。因此，陶瓷的防护效率与背衬材料相关，对于特定的陶瓷材料，提高背衬材料强度会降低防护效率值。Rosenberg 等 (1998) 开展了以高硬度钢为背衬的不同陶瓷材料的 DOP 实验，实验采用 $L/D = 12.5$ 的钨合金杆以 1.7 km/s 撞击靶体，得到的剩余侵彻深度—陶瓷面密度曲线如图 2.5.2 所示。不同陶瓷材料的实验数据分布于两条直线之间，高强陶瓷相对高硬度钢衬的典型防护效率值 η 为 1.7~2.7。Reaugh 等 (1999) 采用 $L/D = 4$ 的钨合金短杆以同样速度撞击高强度钢为衬板的不同陶瓷靶得到了类似结果，不同材料的防护效率值为 2.0~3.1。从图 2.5.2 中还能看出，横向尺寸小的陶瓷板的防护效率值 η 更低，这是由于横向稀疏波衰减了长杆/陶瓷界面附近的高压。为了提高陶瓷防护效率，一方面需要避

免上述横向边界影响，采用更大的陶瓷板或将陶瓷板嵌于衬板内；另一方面还需注意靶体内部陶瓷板与衬板的声阻匹配。此外，使用盖板等约束和提供合适的预应力也可提升陶瓷的防护性能。

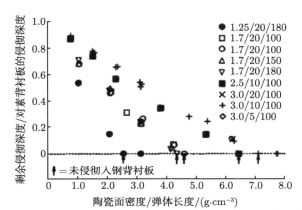

图 2.5.1　$L/D = 12$ 的钨合金杆侵彻氧化铝陶瓷的剩余侵彻深度—陶瓷厚度曲线
(Hohler et al., 1995)

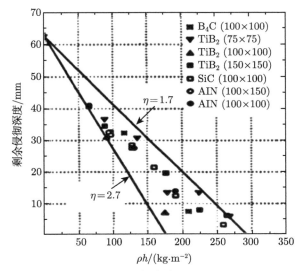

图 2.5.2　不同陶瓷的 DOP 实验结果 (Rosenberg et al., 1998)

2. 陶瓷靶抵抗长杆侵彻的靶体阻力 R_t

在陶瓷靶抵抗长杆侵彻的理论分析中，最常用的是 Alekseevskii-Tate 模型。Rosenberg 和 Tsaliah(1990) 发现陶瓷与金属一样存在开始侵彻的阈值速度 V_c，进而论证了 Alekseevskii-Tate 模型用于分析长杆侵彻陶瓷靶的适用性。Hohler 等

(1995) 运用闪光 X 射线照相发现钨合金杆在侵彻陶瓷时侵蚀情况与金属靶类似，且准定常模式下杆弹侵蚀速率与金属靶中相近。因此，Alekseevskii-Tate 模型适用于分析陶瓷靶抵抗长杆侵彻。然而，由于陶瓷属于脆性材料，模型中靶体阻力 R_t 的描述与确定比金属靶更加困难，下面对此进行详细讨论。

Rosenberg 和 Yeshurun(1988) 最早发现靶体阻力 R_t 与陶瓷压缩强度有关。Rosenberg 和 Tsaliah(1990) 通过实验得到陶瓷开始侵彻的阈值速度 V_c，结合杆弹材料强度 Y_p 和阈值速度关系式 $V_c = \sqrt{2|R_t - Y_p|/\rho_p}$，计算获得陶瓷靶体阻力 R_t，发现 AD85 和 BC90G 两组陶瓷的 R_t 值非常接近平板撞击实验所测的材料 Hugoniot 弹性极限 (HEL)，进而认为在分析陶瓷靶抵抗长杆侵彻时可取 $R_t \approx$ HEL。Subramanian 和 Bless(1995) 利用闪光 X 射线照片分析钨杆在 AD995 陶瓷靶中侵彻速度得到的 R_t 值同样接近其 HEL 值。Behner 等 (2008a) 用金杆撞击 SiC 陶瓷得到开始侵彻阈值速度对应的压力显著低于 SiC 的 HEL 值，此速度附近由于发生界面击溃向长杆侵彻的转变导致靶体阻力降低。需说明的是，Rosenberg(1993) 建议，陶瓷等脆性材料的 Hugoniot 弹性极限需基于 Griffith 失效准则而非 Tresca 或 von Mises 屈服准则推导，陶瓷 HEL 与屈服强度 σ_{yt} 的关系为

$$\text{HEL} = \frac{1-\nu}{(1-2\nu)^2}\sigma_{yt} \tag{2.5.3}$$

虽然存在不同程度的差异，但不难看出陶瓷的靶体阻力 R_t 与其 Hugoniot 弹性极限相近。与之相比较的是，金属靶的 R_t 大约是其 HEL 值 (由式 (2.2.1) 求得) 的 $3 \sim 4$ 倍 (Tate, 1967)。Strenberg(1989) 认为该差异主要是由材料的韧性导致，陶瓷材料更容易在弹头前端形成破坏，故靶体阻力更小。Hauver 等 (1992) 指出，陶瓷靶阻力受靶体破坏形式影响：高速下侵彻速度超过主要裂纹 (锥裂纹) 传入陶瓷速度，故在弹体前端未产生破坏；而在低于 2 km/s 时，主要裂纹与次要裂纹 (翼型裂纹) 共同削弱陶瓷靶防护性能。

准静态空腔膨胀模型和动态空腔膨胀理论在岩石、金属、混凝土和玻璃等靶材的高速侵彻问题中已有广泛应用。由于存在裂纹和破碎，陶瓷靶的动态响应理论分析更加复杂。陶瓷材料拉伸强度显著低于其压缩强度，故当环向应力达到其拉伸强度时有径向裂纹产生。Forrestal 和 Longscope(1990) 考虑拉伸裂纹，在陶瓷靶的弹性区和塑性区之间加入了破碎区，推导出了球形空腔膨胀所需的准定常压力 R_t。Satapathy 和 Bless(2000) 利用双曲线压剪关系 (Johnson-Holmquist 类型本构 (Johnson & Holmquist, 1994)) 同时考虑拉伸裂纹生成，推导了脆性陶瓷的准静态空腔膨胀压力。Satapathy(2001) 进一步利用动态空腔膨胀理论研究半无限脆性陶瓷靶的动态响应，将陶瓷靶内响应区由内向外划分为空腔区、粉碎区、

径向裂纹区、弹性区和未扰动区，如图 2.5.3 所示。Galanov 等 (2008) 在球形空腔膨胀模型的基础上考虑材料的可压缩气孔和粉末，用更一般的材料孔隙率表达各区体积应变率，从而避免了 Mohr-Coulomb 准则中较难确定的破碎材料参数。

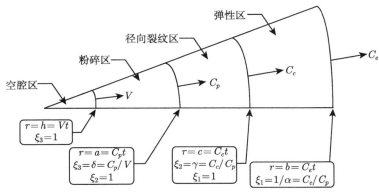

图 2.5.3　空腔膨胀模型在陶瓷靶抗长杆侵彻中的响应区示意图 (Satapathy, 2001)

基于准静态空腔膨胀模型和 Alekseevskii-Tate 模型，魏雪英和俞茂宏 (2002)、李金柱等 (2014) 和翟阳修等 (2017) 分析了陶瓷靶体阻力 R_t 与撞击速度 V 的关系。分析表明：在较低的撞击速度下 (<1.5 km/s)，陶瓷靶体强度可取 HEL 值；撞击速度在一定范围内 (1.5~3.0 km/s)，陶瓷靶体阻力接近恒值；在更高的速度范围内 (3.0~5.0 km/s)，靶体阻力随撞击速度近似线性衰减。

2.5.2　界面击溃

长杆侵彻陶瓷靶的一个典型现象为长杆与陶瓷靶接触时形成陶瓷锥，锥裂纹迅速延伸到陶瓷靶与背衬板的界面处，导致陶瓷靶在长杆尚未穿透时已经破碎飞溅而丧失防护能力。但当撞击速度低于某一速度时，弹体材料在陶瓷表面径向流动、弹体发生质量侵蚀同时速度下降、陶瓷保持结构完整无明显侵彻破坏。

Hauver 等 (1992) 最早将上述现象称为界面击溃 (Interface Defeat)，而 Rosenberg 和 Tsaliah(1990) 早前发现的陶瓷开始侵彻的阈值速度被定义为界面击溃向长杆侵彻转变的临界速度。此后，Lundberg 等 (Andersson et al., 2007; Lundberg & Lundberg, 2005; Lundberg et al., 2000, 2006, 2013) 分别对界面击溃转变速度，以及不同陶瓷材料、长杆弹头部形状和尺寸效应对界面击溃效应的影响开展了一系列实验、理论和模拟研究。Johnson 和 Holmquist(Holmquist & Johnson, 2003, 2005; Johnson & Holmquist, 1994; Johnson et al., 2003) 提出了描述陶瓷材料动力学响应的本构模型，并运用 CTH 程序模拟了陶瓷靶界面击溃。Anderson 等 (Anderson & Walker, 2005; Anderson et al., 2006, 2008, 2011; Behner et al.,

2006, 2008a, 2011; Holmquist et al., 2010) 对界面击溃的理论分析模型、约束、失效波和预破坏对界面击溃的影响，以及界面斜击溃进行了分析。李继承和陈小伟 (2011a, 2011b) 和 Li 等 (Li et al., 2014, 2015b; Li & Chen, 2017, 2019) 针对不同弹体头形和斜击溃提出了理论分析模型并对界面击溃转变速度进行了分析。谈梦婷等 (2016) 通过数值模拟研究了不同弹体头形、盖板厚度和预应力对界面击溃的影响。Zhang 等 (2017) 结合陶瓷锥裂纹模型和翼型裂纹扩展模型建立了陶瓷靶界面击溃的损伤演化模型。

谈梦婷等 (2019) 从实验、理论和数值模拟三方面全面介绍了界面击溃领域的最新研究进展，然而对于研究中的部分突出问题和研究热点未展开深入讨论。因此，本节重点讨论界面击溃转变速度、界面击溃的影响因素和斜界面击溃三个问题。

1. 界面击溃转变速度

通过对钨和钼长杆侵彻不同陶瓷的实验与对应的数值模拟，Lundberg 等 (Lundberg et al., 2000; Westerling et al., 2001) 发现在无明显侵彻发生的低速区和侵彻速度与撞击速度呈线性的高速区之间，存在狭窄的转变速度区。转变区内弹体先驻留 (Dwell) 一段时间 (如图 2.5.4)，之后以更低的速度侵彻靶体。

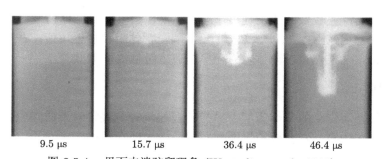

| 9.5 μs | 15.7 μs | 36.4 μs | 46.4 μs |

图 2.5.4　界面击溃驻留现象 (Westerling et al., 2001)

Anderson 等 (Anderson & Walker, 2005; Behner et al., 2008, 2011; Holmquist et al., 2010) 在实验和模拟中也发现了上述现象。Li 等 (2015b) 由此定义了长杆撞击陶瓷靶的三种变形模式，撞击过程中弹体头部和尾部速度的典型变化方式如图 1.2.2 所示。

Westerling 等 (2001) 结合 Alekseevskii-Tate 模型对上述现象进行了初步解释：Alekseevskii-Tate 模型中 $(R_t - Y_p)$ 与侵彻速度 U 的关系可由式 (2.2.5) 表示，侵彻速度的变化可以理解为由靶体阻力的变化所导致。对应在图 2.5.5 中，阴影部分为转变区，曲线由 Alekseevskii-Tate 模型计算得。根据图中的实验结果，$(R_t - Y_p)$ 在转变区内由 16.5 GPa 突降至 4.2 GPa 而后保持恒定，故侵彻速度也对应地表现为在转变区内显著变化而在高速下保持恒定。Behner 等 (2008) 用金杆撞击 SiC 陶瓷的实验恰好证实了转变速度附近靶体阻力的突降。

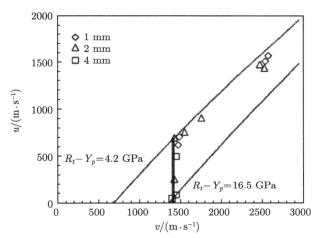

图 2.5.5　不同约束下侵彻速度随撞击速度变化的实验结果 (Westerling et al., 2001)

Lundberg 等 (2000) 通过讨论转变现象发生时轴向应力的可能范围从而确定转变区的速度范围。假设弹体为具有密度 ρ_p、屈服强度 σ_{yp}、体积模量 K_p 的理想弹塑性材料，忽略初始瞬态阶段的压力陡峰，Lundberg 等 (2000) 建立了界面击溃时陶瓷靶表面的压力分布模型，其中最大压力可表示为

$$p_0 \approx q_p \left(1 + \frac{1}{2\alpha} + 3.27\beta \right) \tag{2.5.4}$$

其中，$q_p = \dfrac{1}{2}\rho_p v_p^2$ 为动压，$\alpha = K_p/q_p$ 和 $\beta = \sigma_{yp}/q_p$ 分别为压缩性和强度项的系数。

Lundberg 和 Lundberg (2005) 用钨杆撞击不同 SiC 陶瓷的实验表明，陶瓷靶表面的最大压力与撞击速度的二次方以及剪切强度均成正比，从而验证了上述压力分布模型的合理性。值得注意的是，当忽略材料压缩性时 $(\alpha \to \infty)$，式 (2.5.4) 变为 $p_0 \approx q_p (1 + 3.27\beta)$，而由 Alekseevskii-Tate 模型可得 $p_0 = q_p (1 + \beta)$，因此界面击溃时强度影响比长杆侵彻大 3.27 倍。此外，Anderson 等 (2011) 认为消除初始冲击的高应力将提高转变速度，这也是采用前置金属盖板的原因。

此外，Lundberg 等 (2000) 建议从界面击溃向侵彻转变对应的最大压力 p_0 的范围为

$$(1.30 + 1.03\nu)\,\sigma_y \leqslant p_0 \leqslant 2.85\sigma_y \tag{2.5.5}$$

式中，ν 和 σ_y 分别为陶瓷材料的泊松比与屈服强度。其中，下边界通过 Boussinesq 弹性压力方程求得，上边界由塑性滑移线方程确定，联立式 (2.5.4) 和式 (2.5.5) 即可得到界面击溃转变速度的区间。

Li 等 (2015b) 认为，当撞击压力小于 Hugoniot 弹性极限时陶瓷材料仅发生弹性变形，故建议将下边界修改为 HEL，即转变对应的最大压力 p_0 的范围变为 HEL $\leqslant p_0 \leqslant 2.85\sigma_y$，转变速度的区间对应可表示为

$$\sqrt{\frac{2\mathrm{HEL} - 6.54\sigma_{yp}}{\rho_p}} \leqslant v_0 \leqslant \sqrt{\frac{5.7\sigma_{y0} - 6.54\sigma_{yp}}{\rho_p}} \tag{2.5.6}$$

在此基础上，Li 等 (2015b) 还分析了界面击溃转变过程中靶体强度和弹体速度的变化情况，得到了界面击溃向侵彻转变时间的表达式。

2. 界面击溃的影响因素

进一步研究发现，影响界面击溃转变速度的主要因素包括：弹体与靶体的材料性质、靶体结构和约束、尺度效应以及弹体几何。

1) 弹体与靶体的材料性质

Lundberg 和 Lundberg (2005) 分析不同 SiC 陶瓷侵彻实验结果后认为，不同弹靶材料组合对应一个特定的界面击溃转变速度。控制其他变量而靶材料不同的四组实验，转变速度从 1500 m/s (SiC-N) 变化到 1600 m/s (SiC-HPN)。Lundberg 和 Lundberg (2005) 认为，陶瓷靶硬度 (对应剪切屈服强度) 对转变速度影响不明显，相对而言陶瓷靶断裂韧性对界面击溃更为重要。这可能是因为陶瓷等脆性材料的主要失效方式为破碎而非塑性流动。

对于弹体材料，Behner 等 (2013) 以及 Aydelotte 和 Schuster(2015) 等通过实验分析认为，弹体材料的强度和密度对界面击溃的影响显著。

2) 靶体结构

金属盖板是界面击溃实验中常用的靶体结构。Holmquist 等 (2010) 的实验表明，增加铜盖板能使金杆撞击 SiC-N 陶瓷转变速度从 822 m/s 增加至 1538 m/s。Behner 等 (2016) 的正向弹道实验也表明增加盖板能显著提高 SiC 陶瓷对钨合金杆界面击溃的转变速度。

Lundberg 等 (Lundberg & Lundberg, 2005; Lundberg et al., 2000, 2006; Westerling et al., 2001) 和 Anderson 等 (Anderson et al., 2011; Behner et al., 2011) 讨论了金属盖板对提高界面击溃转变速度的作用：盖板一方面扩大杆弹头部面积从而分散初始载荷，另一方面增加杆弹材料对陶瓷靶的作用时间从而避免撞击面产生的拉伸应力导致靶板过早失效。

对于盖板尺寸，Holmquist 等 (2010) 通过模拟发现盖板直径对转变速度和转变时间有轻微影响。谈梦婷等 (2016) 的模拟结果表明转变速度随盖板厚度增加而增大，但 Behner 等 (2016) 的实验结果表明最佳盖板厚度为弹体直径的一半。

3) 靶体约束

大量实验均采用过盈配合的约束对陶瓷施加预应力，由于陶瓷材料的强度和破碎性能皆存在应力相关性，因此推测界面击溃转变速度受约束力影响。

Holmquist 和 Johnson(2003) 的模拟结果显示，转变速度随约束力增大而增加。Anderson 等 (2007) 通过实验对比了钨合金长杆撞击有约束和无约束 SiC-B 陶瓷的界面击溃速度，与无约束陶瓷的转变速度 (1027 m/s) 相比，有约束陶瓷的转变速度 (1549 m/s) (Lundberg & Lundberg, 2005) 有明显提升。此外，转变速度增加与陶瓷表面最大压力改变相联系 (1027 m/s 对应 13 GPa，而 1549 m/s 对应 26 GPa)，增加 200 MPa 的约束力让界面击溃时陶瓷表面荷载翻倍。

然而，Holmquist 等 (2010) 实验得到的无预应力附加盖板的 SiC-N 陶瓷阻力 (~24 GPa) 与 Lundberg 等 (Andersson et al., 2007; Lundberg & Lundberg, 2005) 有预应力附加盖板的 SiC-B 陶瓷阻力 (~26 GPa) 相近，进而认为预应力影响较小。Lundberg 等 (2013) 认为尺度效应导致预应力和约束影响减弱，故强约束大尺寸靶和无约束小尺寸靶可能得到相近的转变速度。

4) 尺度效应

Anderson 等 (2007)、Holmquist 等 (2010)、Behner 等 (2011) 和 Lundberg 等 (2013) 的研究中都关注了界面击溃的尺度效应。实验结果表明，相同弹靶材料组合下，较大靶体的界面击溃转变速度更低。

Anderson 等 (2007) 对此作了初步的理论解释：假设转变速度的上限受锥裂纹形成和发展的控制，由于裂纹阻力随尺度减小而增加，故小尺寸靶中裂纹延伸更加困难，因而发生侵彻所需撞击速度越大。Lundberg 等 (2013) 根据该假设建立了包含界面击溃条件下锥裂纹发展的理论分析模型，模型预测转变速度与尺寸的 $-1/2$ 次方成正比。小尺寸靶的实验结果支持上述模型，而大尺寸靶实验则表现出转变速度与尺寸无关。因此，实际应用中应谨慎考虑尺寸效应的影响。

5) 弹体头部形状

Lundberg 等 (2006) 通过实验研究了弹体头部形状对界面击溃的影响，锥头弹对有盖板陶瓷靶的界面击溃转变速度低于平头弹/柱形弹。然而，谈梦婷等 (2016) 的模拟结果则显示，平头、球头和锥头长杆弹界面击溃转变速度依次升高，同时驻留时间也依次增加。

Li 等 (2014) 基于 Alekseevskii-Tate 模型建立了不同头形界面击溃模型，模型预测锥头弹体动能损失速度比平头弹更慢，但模型未能反映弹体头部形状对转变速度的影响。

3. 界面斜击溃

以上研究均针对长杆正碰撞陶瓷靶的界面击溃现象，实际应用中斜碰撞更加普遍，不少研究者已对陶瓷靶斜撞击进行了一系列的研究 (Anderson et al., 2011; Hetherington & Lemieux, 1994; Hohler et al., 2001; Lee, 2003; Li & Chen, 2017; Sadanandan & Hetherington, 1997; Zaera & Sánchez-Gálvez, 1998)。

Anderson 等 (2011) 对斜界面击溃进行了实验和理论研究，其中金杆以 900 ～ 1650 m/s 的速度撞击倾角范围为 30°～60° 的素陶瓷和含盖板陶瓷。实验结果表明，杆弹斜撞击素陶瓷发生驻留时的速度高于正撞时的速度，素陶瓷驻留时间随倾角的增加而增大。

Li 和 Chen(2017) 提出了斜界面击溃的理论分析模型。如图 2.5.6，斜撞条件下弹靶接触面形状变为半长轴为 $R/\cos\theta$ 的椭圆，根据 Alekseevskii-Tate 模型进行简单近似，可以得到弹尾速度随时间变化与倾角 θ 之间的关系：

$$v = v_0 - \frac{1}{\cos\theta}\frac{\sigma_{yp}}{\rho_p l_0}t \tag{2.5.7}$$

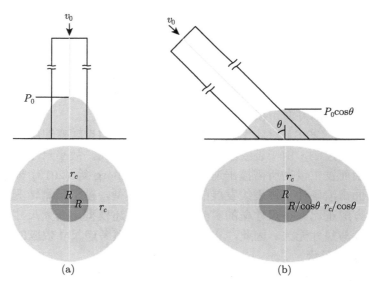

图 2.5.6   正撞 (a) 和斜撞 (b) 下界面击溃及其压力分布意图 (Li & Chen, 2017)

忽略式 (2.5.4) 中的可压缩项，图 2.5.6 中的压力分布可以近似表示为

$$P_r = P_0\sqrt{1 - (r/r_c)^2} \tag{2.5.8}$$

根据正撞和斜撞的能量守恒关系 $P_0'\pi r_c\left(r_c\cos\theta\right) = P_0\pi r_c^2$，故斜撞击的最大压力

P_0' 为

$$P_0' = P_0/\cos\theta \qquad (2.5.9)$$

代入 Li 等 (2015b) 提出的转变速度确定式 (2.5.6) 和式 (2.5.3) 可知，界面斜击溃转变速度与倾角 θ 近似呈 $1/\sqrt{\cos\theta}$ 的关系，而非 Anderson 等 (2011) 所认为的 $1/\cos\theta$ 的关系。

2.6 非理想长杆侵彻

前文关注了长杆弹垂直侵彻半无限厚靶板这一理想状态。然而，在实际的武器研制与装甲设计中，非理想长杆侵彻问题更普遍从而更有研究价值。Goldsmith(1999) 对弹/靶非对称作用的诸多研究成果进行了综述，但其论述对象主要为刚性弹和短粗弹体。本节将重点关注非理想长杆侵彻的研究工作，包括长杆侵彻有限厚靶和非对称长杆侵彻。

为避免混淆，本书论述采用与 Goldsmith(1999) 综述中相同的弹/靶作用姿态角定义，如图 2.6.1 所示。其中，攻角 α 定义为弹体速度矢量与弹体轴线方向的夹角，斜角 β 定义为弹体速度矢量与靶体表面法线方向的夹角 (部分文献中定义的速度矢量与靶体表面夹角为倾角 $\bar{\beta}$，即斜角 β 的余角)。

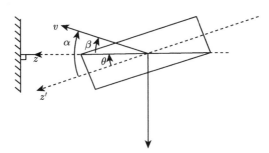

图 2.6.1　弹靶作用姿态角的定义 (Goldsmith, 1999)

2.6.1　长杆侵彻有限厚靶

长杆对有限厚靶的侵彻由于涉及非定常侵彻、靶板后表面导致的侵彻阻力下降以及弹体到达后表面前靶内不同失效机制等问题，较半无限厚靶侵彻更为复杂。Stilp 和 Hohler(1990) 拍摄到的 $L/D = 10$ 的钢杆以 2.03 km/s 的速度侵彻有限厚钢板的弹坑如图 2.6.2 所示。图中靶板背面的鼓胀以及拉伸失效的特征体现出与无限厚靶侵彻的显著差异，此外还能从图中观察到弹坑壁上残留的反向流动的弹体材料以及靠近靶板背面时弹坑直径的轻微增大。长杆侵彻有限厚靶问题的复杂性大大增加了理论分析的难度。Walker(1999b) 和 Chocron 等 (2003) 提出的长杆侵彻有限厚靶的分析模型对靶板背面鼓起的现象进行了解释，然而模型强烈依赖数值模拟结果因而不具有预测能力。

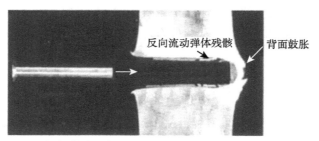

反向流动弹体残骸   背面鼓胀

图 2.6.2   钢杆撞击钢板形成的弹坑形貌 (Stilp & Hohler, 1990)

武器设计者和装甲工程师最关心的问题，一个是长杆侵彻一定厚度靶后的剩余速度 V_r，另一个是长杆贯穿一定厚度靶所需的最低速度 (弹道极限速度) V_{bl}。因此，相关研究也可对应地分成两类：一类重点关注弹体剩余速度 V_r 与初始撞击速度 V_0 的关系，另一类则旨在获得靶厚与弹道极限速度 V_{bl} 的关系。

1. 弹体剩余速度 V_r

Gragarek(1971) 对长杆侵彻有限厚装甲钢板的大量实验数据进行整理，提出如下剩余速度的经验公式：

$$\frac{V_r}{V_{bl}} = \frac{1.1y^2 + 0.8y + 2y^{0.5}}{1 + y} \qquad (2.6.1)$$

式中，$y = V_0/V_{bl} - 1$。该式的适用范围为 $1 < V_0/V_{bl} < 2.5$，在更高的撞击速度下 ($V_0/V_{bl} > 2.5$)，剩余速度几乎等于撞击速度，这时由于贯穿靶板所用时间很短，速度降低可以忽略。

Anderson 等 (1999) 对不同强度钢杆贯穿装甲钢板的实验数据的拟合与 Gragarek(1971) 经验公式具有相同形式，但 y^2、y 和 $y^{0.5}$ 三项系数分别为 0.9、1.3 和 1.6。

Lambert(1978) 基于解析分析提出了另一种长杆侵彻剩余速度的半经验公式：

$$\frac{V_r}{V_{bl}} = k_0 \cdot \left[\left(\frac{V_0}{V_{bl}} \right)^m - 1 \right]^{1/m} \qquad (2.6.2)$$

式中，k_0 和 m 为根据弹靶组合确定的经验参数，对钢杆侵彻装甲钢靶，可取 $k_0 = 1$ 和 $m = 2.5$。Burkins 等 (1996) 测量钨合金与贫铀杆弹侵彻 Ti6Al4V 发现，式 (2.6.2) 中取 $k_0 = 1$ 和 $m = 2.6$ 能较好地拟合实验数据。Rosenberg 和 Deke(2012)

通过模拟进一步验证了上述公式的可靠性,他们还发现:参数 m 决定了撞击速度靠近弹道极限速度 V_{bl} 时曲线的陡峭程度,高速下弹体剩余速度 V_r 接近初始撞击速度 V_0,曲线对 m 值不敏感。

图 2.6.3 比较了 Grabarek(1971)、Anderson 等 (1999) 和 Lambert(1978) 三组经验公式对钢杆贯穿装甲钢板的描述,三组曲线均表现出低速时陡峭,高速时趋近 $V_r = V_0$ 的趋势。三组曲线在低速时较接近,但在高速时 Lambert 的曲线更迅速趋近 $V_r = V_0$。考虑到经验公式的物理描述和参数数量,推荐使用 Lambert 关系。

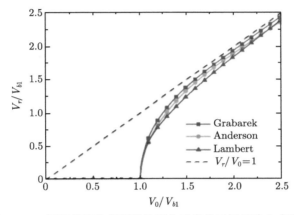

图 2.6.3　钢杆贯穿装甲钢板的剩余速度的三组经验公式比较

Anderson 等 (1992a) 编纂的侵彻实验数据库对不同来源的长杆侵彻有限厚靶的剩余弹体速度实验进行了总结,讨论了弹体剩余速度、长度、质量之间的相互关系以及材料参数对它们的影响。其中三个现象值得关注:(1) 虽然随剩余速度增加弹体剩余长度将增长,然而在很高的剩余速度下弹体仍有相当部分被侵蚀 ($V_r/V_0 = 0.9$ 时最硬的弹体仍有 50% 被侵蚀);(2) 相同情况下,弹体的相对剩余质量高于相对剩余长度,这可能是由于弹体在侵彻过程中的头形钝化为蘑菇头导致弹体直径增大;(3) 部分实验反映出弹体剩余速度与弹体硬度无关,然而弹体剩余长度和质量均表现出与弹体硬度有关。

2. 弹道极限速度 V_{bl}

确定长杆贯穿一定厚度靶所需的弹道极限速度 V_{bl} 有两种方法,一种是采用上述剩余弹体速度实验,通过实验数据的拟合曲线推测弹道极限速度;另一种则是进行多组重复实验 (至少六组),取贯穿率为 50% 的速度 V_{50} 为弹道极限速度 V_{bl}。

Anderson 等 (1992a) 整理了不同弹靶组合下弹道极限速度 V_{bl} 的实验数据，发现 $H/L \sim V_{bl}$ 曲线 (即 $H_{bl}/L \sim V_0$ 曲线，H_{bl} 为阻止给定撞击速度的杆弹所需的最小靶板厚度) 与半无限厚靶侵彻的 $P/L \sim V_0$ 曲线相似。由于靶板后表面失效的影响，H_{bl}/L 略高于 P/L，在 1~3 km/s 速度范围内，H_{bl} 约比 P 高出 1~2 倍杆径。根据上述特征，Anderson 等 (2015) 结合对长杆侵彻无限厚靶实验数据的拟合结果，提出了如下的长杆侵彻有限厚靶经验公式：

$$\left.\begin{array}{l} \dfrac{H_{bl}}{L} = \dfrac{P}{L} + \dfrac{k_1 D}{L} \\[3mm] \dfrac{P}{\mu L} = a_1 + \dfrac{a_2}{1 + 10^{a_3 \times (a_4 - \bar{V})}}, \quad \bar{V} = \left(\dfrac{\rho_p V^2}{\sigma_t}\right)^{0.20} \mu^{-0.14} \end{array}\right\} \quad (2.6.3)$$

式中，a_i 是根据实验结果拟合的参数，σ_t 为靶板的等效流动应力，k_1 通常取 1.2。Rosenberg 和 Dekel(2012) 认为，长杆侵彻有限厚靶与无限厚靶的差异随撞击速度增大而减小，但即使是在 3 km/s 速度下该差异仍存在。因此，式 (2.6.3) 中取 k_1 为撞击速度的函数更为恰当。Anderson 等 (2015) 指出，式 (2.6.3) 仅是对长杆侵彻有限厚靶中多种失效模式的简单平均，对薄板的花瓣形破坏和厚靶的绝热剪切带等一些失效模式不能准确描述。

2.6.2　非对称长杆侵彻

非对称长杆侵彻主要包括：长杆斜侵彻、长杆跳飞、长杆侵彻运动靶以及带攻角长杆侵彻。姿态角和相对速度变化将直接影响侵彻能力，同时作用于弹体头部的非对称力将使弹体轨迹和弹体本身发生弯曲，甚至引起弹体跳飞从而大幅降低侵彻能力。

1. 长杆斜侵彻/贯穿

Hohler 等 (1978) 研究了 $L/D = 10$ 钨合金杆撞击不同厚度的倾斜钢板，考虑到长杆侵彻斜靶板时沿撞击速度方向的厚度为 $H/\cos\beta$，长杆斜贯穿有限厚靶板后剩余长度和剩余速度随无量纲靶厚 $H/\cos\beta$ 的变化规律与正撞击相似，同时斜撞击的 $H_{bl}/\cos\beta$ 高于正撞击的 H_{bl}。从图 2.6.4 所示的钨合金杆撞击倾斜钢板的 X 射线照片中能明显观察到，长杆穿透斜钢板后发生部分断裂，未断裂部分发生弯曲，弯曲长杆在撞向后面靶板时具有较大偏航角导致其侵彻能力显著降低。因此，将靶板倾斜放置能有效提高其抗侵彻性能。此外，Hohler 等 (2001) 和 Lee(2003) 进一步研究了陶瓷/金属复合靶抵抗长杆斜侵彻的性能。

图 2.6.4 钨合金杆撞击倾斜钢板的 X 射线照片 (Hohler et al., 1978)

2. 长杆跳飞

随着斜角 β 增大，作用于长杆头部的非对称力可能导致弹体跳飞。Tate(1979) 将此过程看作是撞击面对杆弹头部的非对称力导致长杆绕质心转动，进而结合 Alekseevskii-Tate 模型建立力矩关系求出了如下跳飞条件：

$$\tan^3 \beta > \frac{2\rho_p V^2}{3Y_p} \cdot \left(\frac{L^2 + D^2}{LD} \right) \cdot \frac{V}{V - U} \tag{2.6.4}$$

Tate(1979) 跳飞模型的最大缺陷在于假设弹体不发生弯曲变形，然而长杆在斜撞击时变形严重，弹靶接触区形成塑性铰。Senf 等 (1981) 在长径比为 10 的低碳钢杆从装甲钢板上跳飞的实验中发现，速度为 968 m/s、斜角为 75° 时长杆发生跳飞，实验中高速摄影照片和数值模拟结果均能看到明显的塑性铰与弹体弯曲。

Rosenberg 等 (1989) 建议非对称力仅作用在弹体被侵蚀的质量上，因此假设非对称力等于靶体阻力 R_t 与弹靶接触面的乘积，分析得到的跳飞最小斜角的判据为

$$\tan^2 \beta > \frac{\rho_p V^2}{R_t} \cdot \frac{V + U}{V - U} \tag{2.6.5}$$

Rosenberg 等 (1989) 的跳飞模型由于考虑塑性铰而非转动惯量，因而模型中无杆长度项，这与 Tate(1979) 跳飞模型所预测的最小跳飞角随长径比增加而增大的结论有本质差异。此外，模型中强度控制参数为靶体阻力 R_t 而非 Tate(1979) 模型中采用的杆强度 Y_p。

Rosenberg 等 (1989) 开展了 $L/D = 10$ 的 WHA 杆以 $0.65 \sim 1.3$ km/s 撞击 $\beta = 55° \sim 75°$ 的 RHA 靶板的实验，实验数据与模型预测结果如图 2.6.5 所示。模型较好地解释了实验结果，临界跳飞角 (临界跳飞角 β_c 定义为不等式 (2.6.5) 取等号时对应的角度值) 确定了长杆跳飞的边界，侵彻和跳飞的数据点分布在曲线两侧。

由于临界跳飞角随撞击速度减小而减小，故理论上必存在一个最小临界跳飞角。Rosenberg 等 (2007) 引入 Alekseevskii-Tate 模型中的弹尾临界速度 $V_c =$

$\sqrt{2\left(R_t - Y_p\right)/\rho_p}$，提出了对应于零侵彻 $(U = 0, V_0 = V_c)$ 的最小斜角 $\beta_c^{\min}$：

$$\tan^2 \beta_c^{\min} = \frac{\rho_p V_c^2}{R_t} = 2\left(1 - \frac{Y_p}{R_t}\right) \tag{2.6.6}$$

该式说明，最小斜角 $\beta_c^{\min}$ 仅依赖于弹靶强度之比。对 Y_p/R_t 取典型值 $1/3$，则 $\beta_c^{\min} = 49°$。

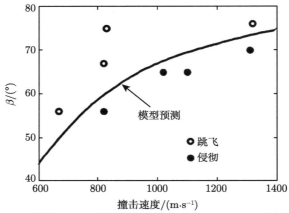

图 2.6.5　WHA 杆撞击 RHA 靶板的实验数据以及 Rosenberg 跳飞模型预测结果
(Rosenberg et al., 1989)

　　Lee 等 (2002) 通过实验和模拟研究了薄靶上的长杆跳飞。由于薄靶后表面的影响，杆弹更倾向于侵彻入靶体，因此薄靶的临界跳飞角相比半无限厚靶更大。同时，Lee 等 (2002) 的模拟结果与 Rosenberg 跳飞模型的预测结果存在相似性，薄靶的临界跳飞角 β_c 比模型预测大 $3°$ 左右。

　　3. 长杆侵彻运动靶

　　由前文分析可知，长杆的临界跳飞角强烈依赖于撞击速度。由此可以推测，与长杆运动相同的方向推动靶板从而降低弹/靶相对速度，可以使长杆更容易发生跳飞。图 2.6.6 展示了 Rosenberg 等 (2009) 开展的长杆在运动钢板上的跳飞实验。钨合金长杆以 1.0 km/s 的速度和 $63°$ 的斜角撞向用一层炸药驱动的以 270 m/s 的速度运动的装甲钢板并发生跳飞，而相同条件下的长杆对静止钢板的撞击将发生穿透。

　　反应装甲对长杆弹的抵抗正是利用了上述机制。虽然爆炸反应装甲由于对聚能射流的有效抵抗已应用于坦克的附加装甲，但反应装甲抵抗长杆侵彻的研究仍处于初期。Shin 和 Yoo(2003) 通过模拟发现薄板以低至 200 m/s 的速度背离长杆运动方向运动将导致长杆显著破坏，而与长杆相向运动的薄板与静止薄板均对长杆造成轻微破坏。Rosenberg 和 Dekel(2004) 综合运用实验、数值模拟和解析模型对运动钢板抵抗长杆侵彻的机制进行了较系统的研究。

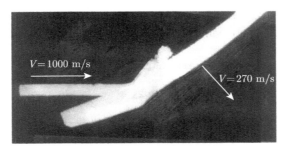

图 2.6.6   钨合金长杆从运动钢板上跳飞 (Rosenberg et al., 2009)

Rosenberg 和 Dekel(2004) 将钨合金长杆分别以不同的倾角和 $V_p = 1.4$ km/s 的速度撞向以 $V_t = 0.43$ km/s 运动的厚 4.3 mm 的装甲钢板，发现撞击倾角仅相差 5° 的两长杆出现了完全不同的两种破坏情况：倾角 $\bar{\beta} = 35°$ 的长杆发生严重破坏，而 $\bar{\beta} = 40°$ 的长杆则发生轻微破坏。根据模拟图像中看到的剪切钢带的不同方向，Rosenberg 和 Dekel(2004) 推测长杆的破坏程度与长杆对靶板的临界撞击速度有关，进而提出了如下考虑弹靶相对运动的理论分析模型。

假设钢板运动速度 V_t 垂直于钢板表面，故弹靶相对速度 V_{rel} 即可表示为

$$V_{\mathrm{rel}} = V_p - \frac{V_t}{\sin \bar{\beta}} \tag{2.6.7}$$

通过弹靶相对速度 V_{rel} 大于 0 而小于临界撞击速度 V_c，Rosenberg 和 Dekel(2004) 提出的移动靶板使长杆严重破坏的条件为

$$\sin \bar{\beta} > \frac{V_t}{V_p} > \left(1 - \frac{V_c}{V_p}\right) \cdot \sin \bar{\beta} \tag{2.6.8}$$

上述条件在 $(V_t/V_p, \bar{\beta})$ 平面上表现为两条曲线之间的"破坏区"，包含导致长杆严重破坏的所有实验条件。"破坏区"上边界固定 $(V_t/V_p = \sin \bar{\beta})$，下边界根据弹靶组合的临界撞击速度 V_c 变化。Rosenberg 和 Dekel(2004) 用更高硬度的钢板重复 $\bar{\beta} = 40°$ 的实验，长杆由轻微破坏变为严重破坏，这与高硬度钢板 V_c 更高导致破坏区下边界降低相对应。此外，运动靶板的厚度对其抗侵彻性能亦有影响，越薄的板其后表面影响越大，故引起长杆严重破坏所需的靶板速度也越高。

4. 带攻角长杆侵彻

实际的侵彻实验中，弹体受扰动后会以一定攻角 α 撞击靶体。Bless 等 (1978) 和 Silby 等 (1983) 的实验数据表明，存在一个临界攻角 α_c，在低于此值时攻角对侵彻深度几乎没有影响。Silby 等 (1983) 提出，当长杆尾部不与弹坑壁碰撞时长杆侵彻能力不受攻角影响，因此控制临界攻角 α_c 的几何约束条件为

$$\alpha_c = \arcsin\left[(D_c - D_p)/2L\right] \tag{2.6.9}$$

式中，D_c 和 D_p 分别为弹坑和杆弹的直径。

应用式 (2.6.9) 预估临界攻角 α_c 所需的弹坑直径 D_c，可通过经验公式 (式 (1.3.3) 和式 (1.3.4)) 或理论预测 (式 (2.3.1)) 获得。实际上，在侵彻过程中弹坑直径会发生变化。如图 2.6.7 所示，长杆在侵彻过程中对弹坑壁产生挤压而形成挖槽，弹尾在弹坑内来回反弹导致弹坑扩大，导致侵彻能力显著降低。

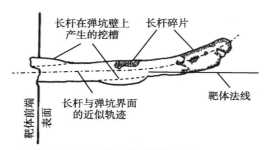

图 2.6.7　中等攻角长杆侵彻的典型弹坑形状 (Bjerke et al., 1992)

根据式 (2.6.9)，对于长径比 L/D 为 10~20 的长杆，临界攻角约为 $1.5° \sim 3°$。因此，对于装甲设计师来说，采用附加装甲使长杆产生几度的攻角，是提高装甲抗长杆侵彻能力的一个重要的设计思路。

Bless 等 (1978)，Yaziv 等 (1992)，Bukharev 和 Zhurkov(1995)，Hohler 和 Behner(1999) 的实验表明，当攻角大于某临界值后，长杆侵彻深度随攻角增大而急速下降。为解释上述实验结果，Yaziv 等 (1992) 利用 Alekseevskii-Tate 模型来预测带攻角长杆的侵彻深度，Bukharev 和 Zhurkov(1995) 在 Alekseevskii-Tate 模型的基础上同时考虑了弹体转动和弹坑对弹体的横向作用力。根据上述模型，攻角接近临界值时侵彻深度受其有效长度 ($L_{eff} \propto L\cos\alpha$) 影响；而攻角超过临界值时侵彻深度由等效直径 ($D_{eff} \propto D_p/\sin\alpha$) 控制。

Lee(2000) 将带攻角的长杆离散为一系列圆盘，建立了带攻角长杆侵彻的几何模型。其中，弹坑直径 D_c 由式 (2.3.1) 确定，长杆侵彻能力的下降与圆盘直径和弹坑重叠部分成正比。Rosenberg 等 (2006) 采用相似思路，根据 n 等分的每一

小段与弹坑壁的几何关系确定等效直径 D_{eff} 和有效长度 L_{eff}，将 D_{eff} 和 L_{eff} 代入 Walker 等 (2001) 关于长杆无量纲侵彻深度的拟合经验公式求得侵彻深度。

Yaziv 等 (1992) 与 Bukharev 和 Zhurkov(1995) 的唯象模型优势在于侵彻深度的预测，然而模型中不包含弹坑尺寸的计算，因而无法预测临界攻角。Lee(2000) 和 Rosenberg 等 (2006) 的几何模型基于几何关系推导，能同时预测临界攻角和侵彻深度。两类模型中均忽略了前文中提及的侵彻过程中弹坑直径的变化，同时除 Bukharev 和 Zhurkov(1995) 模型外均未考虑弹体转动的影响。Kong 等 (2016) 建立的理论分析模型和数值求解方法考虑了上述两个因素，对临界攻角能进行合理预测，但却未能预测大攻角长杆的侵彻深度。

2.7　长杆超高速侵彻的弹靶可压缩性

长杆弹是利用自身动能直接撞击的一种动能武器，具有出色侵彻能力，是未来武器发展的热点之一。随着新的发射系统 (电磁轨道炮)、超高含能材料的不断研发，甚至 "上帝之杖" (天基动能武器系统，由位于低轨道的卫星平台发射长杆金属棒，攻击速度达 5 km/s 左右 (Steele, 2008)，百公斤级质量的 "上帝之杖" 与吨级 TNT 当量产生的破坏能量基本相当) 的提出，未来的长杆弹将拥有更高的撞击速度，长杆弹超高速侵彻理论有重要的研究及应用背景。

长杆弹常用的撞击速度范围在 1~3 km/s，为高速侵彻，此时弹/靶界面处接近流体而在远处仍可视作刚体，也称半流体侵彻 (Chen & Li, 2004)。一般认为当撞击速度超过 3 km/s (不同弹/靶材料对应的侵彻速度范围存在差异) 属于超高速侵彻，此时整个弹/靶行为均类似于流体，也称流体侵彻。

长杆弹侵彻问题研究的核心是通过建立侵彻速度 u 与撞击速度 v 的关系来描述弹/靶相互作用，进而获得侵彻过程中各参量随时间的变化规律。而 $u\text{-}v$ 关系的建立与侵彻模式直接相关。

对于长杆弹超高速流体侵彻，虽然其侵彻模式与高速半流体侵彻有所不同，但已有 (Rosenberg & Dekel, 2001a; 宋文杰, 2018) 的数值模拟研究表明，长杆超高速侵彻过程中也存在一个瞬态高压阶段，然后压力迅速衰减，随后进入准定常阶段，如图 2.7.1。其准定常侵彻阶段也是整个侵彻过程中持续时间最长的部分，这与半流体侵彻相类似。

对于超高速侵彻，弹/靶界面压力极大，材料将产生不可忽略的体积应变，因此必须考虑材料可压缩性对侵彻的影响。相关研究尚未得到广泛关注。

Anderson 和 Orphal(2008) 数值模拟研究了超高速侵彻时可压缩性对弹/靶界面压力的影响，发现撞击速度越大，可压缩性导致的弹/靶界面压力提升越高。弹/靶界面高压力时，弹/靶材料所产生的体积应变不可忽略，此时，半流体侵彻中的不可压 Bernoulli 方程已不再适用，应使用适当的状态方程，需考虑弹/靶材料的可压缩性和冲击波等因素。

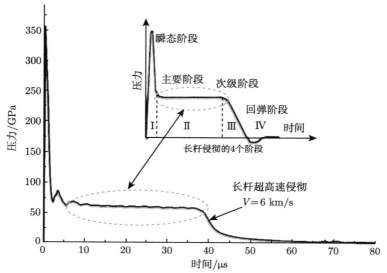

图 2.7.1　长杆弹超高速侵彻 ($V = 6$ km/s) 与高速侵彻的弹/靶界面压力对比
(Rosenberg & Dekel, 2001a; 宋文杰, 2018)

　　Allison 和 Vitali(1963) 理论研究了铜射流侵彻钛靶，若取驻点压力为 50 GPa，则可压缩模型所得侵彻速度和撞击速度分别为 4.12 km/s 和 7.26 km/s。而在不可压模型中，若侵彻速度为 4.12 km/s，则相应的撞击速度为 7.2 km/s，几乎与可压缩模型相同。所以他们认为可压缩性对侵彻速度影响很小。Harlow 和 Pracht(1966) 数值模拟了速度为 15 km/s 的铝射流侵彻铝靶和速度为 10 km/s 的铁射流侵彻铁靶，发现可压缩性对侵彻稳定阶段的侵彻速度影响很小。

　　但他们研究的弹/靶材料可压缩性是相当的，所以才会认为可压缩性对侵彻速度影响很小。实际上，对超高速侵彻，当弹和靶的可压缩性存在差异时，可压缩性才会对侵彻速度产生影响。

　　Haugstad(1981) 和 Haugstad 和 Dullum(1981) 第一次提出了完整的可压缩侵彻模型，他们考虑了冲击波与内能的作用，采用 Murnaghan 状态方程描述压强与密度的关系。铜射流在 $V \geqslant 10$km/s 侵彻铝靶和铅靶时，所得侵彻深度比流体动力学极限低 10%~20%；侵彻树脂玻璃靶时，所得侵彻深度比流体动力学极限低 35%。

　　Flis 和 Chou(1983) 在可压缩侵彻模型中采用 Mie-Grüneisen 状态方程，并将其应用于拉伸射流 (射流内部速度呈线性分布)。对于速度均匀分布的铜射流，靶板材料分别为铂、钢、铝、铅、树脂玻璃和聚乙烯，结果如图 2.7.2 所示，弹和靶的可压缩性差异越大，则可压缩性对侵彻效率的影响越大。对于拉伸铜射流，当靶可压缩性很大时，所得侵彻深度与流体动力学极限差异可达 50%。

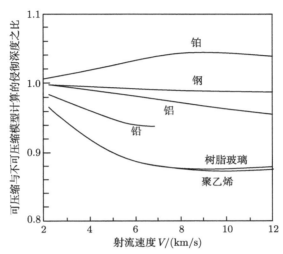

图 2.7.2　可压缩性对侵彻效率的影响 (Flis & Chou, 1983)

此处使用的 Mie-Grüneisen 状态方程为

$$p = \left(k_1\mu + k_2\mu^2 + k_3\mu^3\right)\left(1 - \frac{\Gamma\mu}{2}\right) + \frac{\Gamma}{v}\left(E - E_0\right) \tag{2.7.1}$$

其中，p、E 和 $v \equiv 1/\rho$ 分别为压力、内能和比体积；$\mu \equiv \rho/\rho_0 - 1$ 为体积应变；$\Gamma \equiv v\left(\partial P/\partial E\right)_v$ 为 Grüneisen 系数；k_1、k_2 和 k_3 为材料参数，由 Hugoniot 曲线拟合而来；所以该 Mie-Grüneisen 状态方程与冲击波阵面上间断条件并不完全一致。

Backofen(1989) 在材料流动为超音速时，也考虑了材料的可压缩性，采用冲击波速—粒子速度线性相关的 Hugoniot 关系。Anderson 和 Orphal(2008) 数值模拟研究了超高速侵彻时可压缩性对弹/靶界面压力的影响，发现撞击速度越大，可压缩性导致的弹/靶界面压力提升越高。Grove(2006) 简单地将材料初始密度替换为压缩后的密度，发现可压缩杆弹的侵彻深度更大。Shi 等 (2015) 对刚性弹和销蚀弹侵彻沙靶提出一个半解析模型，他们将沙靶划分为弹性区、塑性区和流体区，用球型空腔膨胀理论处理弹—塑性区，且在流体区使用材料压缩后的密度，而非初始密度，考虑了沙靶的可压缩性。

Federov 和 Bayanova(2011) 提出一种简化模型，在处理冲击波时采用冲击波速—粒子速度线性相关的 Hugoniot 关系，而处理从冲击波到驻点的等熵流场时采用修正的 Tate 方程 (实际上就是 Murnaghan 状态方程)。他们将相关方程组代入驻点压力平衡得到一个关于侵彻速度的方程。他们还对弹中出现冲击波而靶中不出现冲击波、弹/靶中均出现冲击波和弹/靶中均不出现冲击波这些情形都做了分析，但出现冲击波时，其表达式过于复杂，不便使用 Taylor 展开得到近似解，需要用数值方法求解。

Osipenko 和 Simonov(2009) 在可压缩侵彻模型中采用的 Mie-Grüneisen 状态方程为

$$p = \frac{\rho_0 C_0^2 \eta}{(1 - S_1 \eta)^2} \left(1 - \frac{\Gamma \mu}{2}\right) + \frac{\Gamma}{v}(E - E_0) \tag{2.7.2}$$

其中，C_0 为初始波速，$\eta \equiv (v_0 - v)/v_0$ 为体积应变，S_1 为冲击波速—粒子速度线性关系中的斜率。该 Mie-Grüneisen 状态方程以 Hugoniot 曲线的解析表达式为基础，而不是对其拟合，所以与冲击波阵面上的间断条件完全一致。

上述状态方程使用的 Hugoniot 曲线均是建立在冲击波速和粒子速度呈线性关系的假设上的，而 Flis(2011) 将 Osipenko 和 Simonov(2009) 的可压缩侵彻模型推广到冲击波速和粒子速度呈二次关系的情形下，且在计算温度时使用的比热不是常数，而是温度和比容的函数。Flis(2011) 还利用 CTH 软件进行了相应的数值模拟，结果如图 2.7.3 所示，可压缩侵彻模型所得结果与数值模拟吻合得很好，表明了可压缩侵彻模型的准确性。

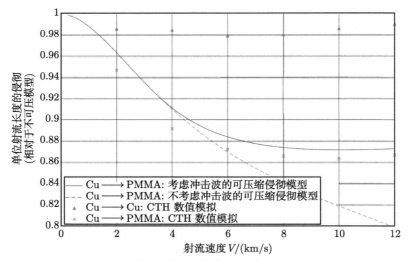

图 2.7.3　可压缩侵彻模型与数值模拟结果对比 (Flis, 2011)

Flis(2013a) 在 Flis(2011) 的可压缩侵彻模型基础上，以初始压力的形式加入了靶体侵彻阻力 R_t，取为靶屈服应力的数倍。Flis(2011) 还利用 CTH 软件进行了相应的数值模拟，并与考虑冲击波的可压缩侵彻模型、不考虑冲击波的可压缩侵彻模型和不可压模型所得结果比较，当弹/靶可压缩性存在差异时，只有考虑冲击波的可压缩侵彻模型得到了准确的结果。图 2.7.4 为 Al 射流侵彻 PMMA 靶和 PMMA 射流侵彻 Al 靶时侵彻效率与流体动力学极限之比。表明在超高速侵彻时，不能忽略材料的可压缩性以及冲击波的影响。

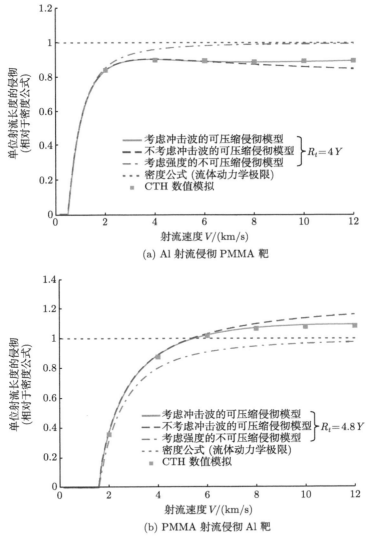

(a) Al 射流侵彻 PMMA 靶

(b) PMMA 射流侵彻 Al 靶

图 2.7.4　侵彻效率与流体动力学极限之比 (Flis, 2013a)

Song 等 (2018a) 在 Flis(2013a) 可压缩侵彻模型基础上考虑弹体的强度，研

究了 $3\,\text{km/s} < V < 12\,\text{km/s}$ 范围内可压缩性对超高速长杆侵彻的影响，详细分析强可压缩弹侵彻弱可压缩靶、弹侵彻可压缩性相当的靶和弱可压缩弹侵彻强可压缩靶三种工况。弹/靶可压缩性相当时，仅仅是弹/靶界面压力上升，而对侵彻速度和侵彻效率影响很小。弹/靶可压缩性差异较大时，弹/靶界面压力上升，对侵彻速度和侵彻效率也有影响。例如，强可压缩弹侵彻弱可压缩靶时，弹的体积应变会提高侵彻效率，而内能则降低侵彻效率，但体积应变的影响更大，最终侵彻效率会向体积应变决定的方向改变，而不是趋近于不考虑体积应变的流体动力学极限。

Flis(2013b) 提出了一种简化的超高速射流侵彻理论模型，在该模型中他做了两个简化的假设：忽略冲击波，用 Hugoniot 冲击曲线近似材料的压力—比体积等熵线。该模型最终简化为一个关于驻点压力的方程，只需要数值求根方法，而避免了对原有模型中复杂方程组的数值迭代过程。但是，Flis 并未讨论忽略冲击波带来的影响。Song 等 (2018b) 分析和总结了前人的可压缩模型；并在忽略冲击波和使用 Murnaghan 状态方程的条件下，推导了近似可压缩模型，并得到近似解，讨论了近似模型的精度以及适用范围。此外，Song 等 (2018b) 还阐明了冲击波对超高速侵彻的影响——减弱材料的可压缩性，降低材料的驻点压力，减弱材料侵彻 (或抗侵彻) 能力；而冲击波影响大小是由弹/靶材料速度与其初始波速的比值决定的，此比值较小时才可忽略冲击波的影响。Flis(2017) 还考察了超高速射流侵彻时弹/靶温度的改变。

鉴于长杆弹流体侵彻与半流体侵彻的相似性，故可在准定常侵彻基础上，引入材料可压缩性。以 Song 等 (2018b) 提出的近似可压缩模型为基础，Song 等 (2018c) 进一步将其应用于长杆超高速侵彻和射流侵彻的分析，获得更符合实际的分析结果。针对长杆弹超高速 (>3 km/s) 侵彻问题，参考 Song 等 (2018b) 的工作，Tang 等 (2021) 结合弹体准定常质量侵蚀的特征，建立了长杆弹超高速的近似可压缩流体侵彻理论模型。同时，解耦弹/靶界面平衡方程的强度项，得到动态可压缩性流体动力学极限。

2.8　研究展望

长杆高速侵彻问题具有强大的军事应用背景，是穿甲侵彻领域的研究热点。经过半个多世纪尤其是近二十年国内外同行的不懈努力，已取得丰富的研究成果。通过对相关文献的调研，针对长杆高速侵彻问题的研究，作者认为近期可以在以下方面开展工作：

(1) 发展实验技术。利用更先进的设备和技术对传统弹靶组合的实验进行验证，同时针对新弹靶材料、不同弹头形状、撞击姿态和靶体结构开展大速度范围的实验，验证已发现的实验现象 (如侵彻模式转变、界面击溃、弹体自锐)，并发现新的侵彻现象和变形失效机制。值得注意的是，目前实验主要关注长杆高速侵彻的侵彻深度，对开坑直径和残余弹体长度 (质量) 等问题还需要进一步关注和研究。

(2) 发展模拟技术。结合并行计算、多尺度模拟等新兴计算技术，开发更优的网格划分技术和计算方法，提高计算规模、效率和精度。改进材料本构，建立更符合长杆高速侵彻过程中弹靶变形失效和材料特性的三维数值模拟模型。针对弹靶材料性质影响、长径比效应、侵彻末端作用机理、陶瓷靶和混凝土靶抗长杆侵彻机理等方面继续开展数值模拟，力图加深对侵彻机理的认识，为构建更完善的理论模型提供依据。

(3) 深入分析弹靶材料性质对长杆高速侵彻的影响。进一步研究靶体阻力 R_t 随撞击速度的变化关系，比较陶瓷靶等脆性材料和其他材料的靶体阻力与金属靶体阻力的差异，找寻适用于不同撞击速度和材料性质的具有明确物理意义的靶体阻力表达；再者，探讨弹体强度 Y_p 的物理意义和影响，在更宽弹体强度范围内开展侵彻实验和模拟，分析最大侵彻深度现象；此外，探究密度、热软化、绝热剪切等多种材料性质对侵彻能力的影响，考虑其在本构模型和屈服准则中的描述，在理论模型和数值模拟中反映上述性质的影响；最后，运用无量纲方法整理已有实验和模拟结果，分析之间的相似关系，对侵彻实验设计具有指导意义。

(4) 研究初始头形和侵彻过程中头形对长杆高速侵彻性能的影响。构造长杆高速侵彻中的弹头形状函数，建立二维理论分析模型，对长杆弹高速侵彻能力进行更合理的预测；分析侵彻过程中不同头形的形成机理，讨论不同头形在能量变化上的差异，获得对长杆高速侵彻物理机制的新认识；研究长杆高速侵彻过程中的弹体头形变化，分析头形演化现象和规律，提出头形演化的临界条件。

(5) 继续研究长径比效应及其作用机理，建立能反映长径比效应的二维分析模型；对分段杆开展实验、模拟和理论分析工作，分析连接结构对分段杆侵彻性能的影响，探索分段杆的最优结构；分析变密度 (梯度变化/周期性变化) 杆等新弹体构型的侵彻性能。

(6) 开展更多陶瓷靶抗侵彻实验，深入分析影响陶瓷靶防护效率的各因素，找寻防护效率高的陶瓷材料和靶体结构；建立考虑裂纹和破碎的陶瓷靶动态空腔膨胀理论与靶体阻力 R_t 之间的联系；改善陶瓷材料本构，考虑损伤演化和动态破坏，更准确地模拟陶瓷靶抗侵彻过程和界面击溃效应；深入研究界面击溃的宏微观机理，分析影响界面击溃的各因素，建立各因素与转变速度之间的定量关系。

(7) 开展有限厚靶、斜侵彻、跳飞、侵彻运动靶和带攻角长杆侵彻等非理想侵彻问题的研究。这部分问题涉及多种失效机制，分析难度较大，可以考虑结合实验和模拟对典型现象进行分析，同时建立一系列物理意义明确的理论模型对上述现象做出合理解释和预测。

(8) 开展长杆弹超高速侵彻的研究,全面认识长杆弹超高速侵彻过程及侵彻机理。需着重考虑弹靶材料的可压缩性对侵彻效率的影响,同时关注冲击波效应等。

对以上问题的研究一方面能发展和完善长杆高速/超高速侵彻理论,有助于正确认识长杆高速/超高速侵彻机理,更准确地分析和预测长杆弹的侵彻能力,另一方面也能为长杆武器的研制以及防护装甲的设计提供科学的指导,值得科研工作者们共同努力。

<h1 style="text-align:center">参 考 文 献</h1>

陈小伟, 陈裕泽. 2006. 脆性陶瓷靶高速侵彻/穿甲动力学的研究进展. 力学进展, 36(1): 85-102.

陈小伟, 李继承, 张方举, 陈刚. 2012. 钨纤维增强金属玻璃复合材料弹穿甲钢靶的实验研究. 爆炸与冲击, 32(4): 346-354.

高光发, 李永池, 黄瑞源, 李平. 2012. 杆弹头部形状对侵彻行为的影响及其机制. 弹箭与制导学报, 32(6): 51-54.

焦文俊, 陈小伟. 2019. 长杆高速侵彻问题研究进展. 力学进展, 49(1): 201904.

孔祥振, 方秦, 吴昊, 龚自明. 2017. 长杆弹超高速侵彻半无限靶理论模型的对比分析与讨论. 振动与冲击, 36(20): 37-43.

郎林, 陈小伟, 雷劲松. 2011. 长杆和分段杆侵彻的数值模拟. 爆炸与冲击, 30(2): 127-134.

李继承, 陈小伟. 2011a. 柱形长杆弹侵彻的界面击溃分析. 爆炸与冲击, 31(2): 141-147.

李继承, 陈小伟. 2011b. 尖锥头长杆弹侵彻的界面击溃分析. 力学学报, 43(1): 63-70.

李继承, 陈小伟. 2011c. 块体金属玻璃及其复合材料的压缩剪切特性和侵彻/穿甲"自锐"行为. 力学进展, 41(5): 480-518.

李金柱, 黄风雷, 张连生. 2014. 陶瓷材料抗长杆弹侵彻阻抗研究. 北京理工大学学报, 34(1): 1-4.

李志康, 黄风雷. 2010. 高速长杆弹侵彻半无限混凝土靶的理论分析. 北京理工大学学报, 30(1): 10-13.

楼建锋. 2012. 侵彻半无限厚靶的理论模型与数值模拟研究. 绵阳: 中国工程物理研究院学位论文.

宋文杰. 2018. 弹/靶材料可压缩性对超高速侵彻影响的研究. 北京: 北京大学学位论文.

谈梦婷, 张先锋, 包阔, 伍杨, 吴雪. 2019. 装甲陶瓷界面击溃效应研究. 力学进展, 49(1): 201905-201905.

谈梦婷, 张先锋, 何勇, 刘闯, 于溪, 郭磊. 2016. 长杆弹撞击装甲陶瓷的界面击溃效应数值模拟. 兵工学报, 37(4): 627-634.

魏雪英, 俞茂宏. 2002. 钨杆弹高速侵彻陶瓷靶的理论分析. 兵工学报, 23(2): 167-170.

翟阳修, 吴昊, 方秦. 2017. 基于 A-T 模型的长杆弹超高速侵彻陶瓷靶体强度分析. 振动与冲击, 36(3): 183-188.

Allison F, Vitali R. 1963. A new method of computing penetration variables for shaped charge jets. Ballistic Research Laboratories Internal Report.

Aly S Y, Li Q M. 2008. Numerical investigation of penetration performance of non-ideal segmented-rod projectiles. Transactions of Tianjin University, 14(6): 391-395.

Anderson Jr. C E, Behner T, Holmquist T J, King N L, Orphal D L. 2011. Interface defeat of long rods impacting oblique silicon carbide. Southwest Research Institute, San Antonio, TX, USA.

Anderson Jr. C E, Behner T, Orphal D L, Nicholls A E, Holmquist T J, Wickert M. 2008. Long-rod penetration into intact and pre-damaged SiC ceramic. Southwest Research Institute, San Antonio, TX, USA.

Anderson Jr. C E, Hohler V, Walker J D, Stilp A J. 1999. The influence of projectile hardness on ballistic performance. International Journal of Impact Engineering, 22(6): 619-632.

Anderson Jr. C E, Littlefield D L, Walker J D. 1993. Long-rod penetration, target resistance, and hypervelocity impact. International Journal of Impact Engineering, 14(1-4): 1-12.

Anderson Jr. C E, Morris B L, Littlefield D L. 1992a. A penetration mechanics database. Final Report Southwest Research Inst.

Anderson Jr. C E, Orphal D L, Behner T, Hohler V, Templeton D W. 2006. Reexamination of the evidence for a failure wave in SiC penetration experiments. International Journal of Impact Engineering, 33(1-12): 24-34.

Anderson Jr. C E, Orphal D L. 2008. An examination of deviations from hydrodynamic penetration theory. International Journal of Impact Engineering, 35(12): 1386-1392.

Anderson Jr. C E, Riegel Iii J J P. 2015. A penetration model for metallic targets based on experimental data. International Journal of Impact Engineering, 80: 24-35.

Anderson Jr. C E, Walker J D, Bless S J, Partom Y. 1996. On the L/D effect for long-rod penetrators. International Journal of Impact Engineering, 18(3): 247-264.

Anderson Jr. C E, Walker J D, Bless S J, Sharron T R. 1995. On the velocity dependence of the L/D effect for long-rod penetrators. International Journal of Impact Engineering, 17(1-3): 13-24.

Anderson Jr. C E, Walker J D, Hauver G E. 1992b. Target resistance for long-rod penetration into semi-infinite targets. Nuclear Engineering & Design, 138(1): 93-104.

Anderson Jr. C E, Walker J D. 1991. An examination of long-rod penetration. International Journal of Impact Engineering, 11(4): 481-501.

Anderson Jr. C E, Walker J D. 2005. An analytical model for dwell and interface defeat. International Journal of Impact Engineering, 31(9): 1119-1132.

Andersson O, Lundberg P, Renström R. 2007. Influence of confinement on the transition velocity of silicon carbide// Proceedings of the 23rd International Symposium on Ballistics, Tarragona, Spain: 16-20.

Aydelotte B, Schuster B. 2015. Impact and penetration of SiC: The role of rod strength in the transition from dwell to penetration. Procedia Engineering, 103: 19-26.

Backofen J. 1989. Supersonic compressible penetration modeling for shaped charge jets. Proceedings of the 11-th International Symposium on Ballistics, Brussels, Belgium.

Behner T, Anderson Jr. C E, Holmquist T J, Wickert M, Templeton D W. 2008. Interface defeat for unconfned SiC ceramics// Proceedings of the 24th International Symposium on Ballistics, New Orleans: 35-42.

Behner T, Anderson Jr. C E, Holmquist T J, Orphal D L, Wickert M, Templeton D W. 2011. Penetration dynamics and interface defeat capability of silicon carbide against long Rod impact. International Journal of Impact Engineering, 38(6): 419-425.

Behner T, Heine A, Wickert M. 2013. Protective properties of finite-extension ceramic targets against steel and copper projectiles//Proceedings of the 27th International Symposium on Ballistics, Freiburg, Germany.

Behner T, Heine A, Wickert M. 2016. Dwell and penetration of tungsten heavy alloy long-rod penetrators impacting unconfined finite-thickness silicon carbide ceramic targets. International Journal of Impact Engineering, 95: 54-60.

Bjerke T W, Silsby G F, Scheffler D R, Mudd R M. 1992. Yawed long-rod armor penetration. International Journal of Impact Engineering, 12(2): 281-292.

Bless S J, Barber J P, Bertke R S, Swift H F. 1978. Penetration mechanics of yawed rods. International Journal of Engineering Science, 16(11): 829-834.

Bless S J, Rosenberg Z, Yoon B. 1987. Hypervelocity penetration of ceramics. International Journal of Impact Engineering, 5(1-4): 165-171.

Bukharev Y I, Zhukov V I. 1995. Model of the penetration of a metal barrier by a rod projectile with an angle of attack. Combustion, Explosion, and Shock Waves, 31(3): 362-367.

Burkins M S, Paige J I, Hansen J S. 1996. A ballistic evaluation of Ti-6Al-4V vs. long rod penetrators. Army Research Laboratory Report ARL-TR-1146.

Charters A C, Menna T L, Piekutowski A J. 1990. Penetration dynamics of rods from direct ballistic tests of advanced armor components at 2-3 km/s. International Journal of Impact Engineering, 10(1-4): 93-106.

Chen X W, Li Q M. 2002. Deep penetration of a non-deformable projectile with different geometrical characteristics. International Journal of Impact Engineering, 27(6): 619-637.

Chen X W, Li Q M. 2004. Transition from nondeformable projectile penetration to semi-hydrodynamic penetration. Journal of Engineering Mechanics, 130(1): 123-127.

Chen X W, Wei L M, Li J C. 2015. Experimental research on the long rod penetration of tungsten-fiber/Zr-based metallic glass matrix composite into Q235 steel target. International Journal of Impact Engineering, 79: 102-116.

Chocron S, Anderson Jr. C E, Walker J D, Ravid M. 2003. A unified model for long-rod penetration in multiple metallic plates. International Journal of Impact Engineering, 28(4): 391-411.

Christman D R, Gehring J W. 1966. Analysis of high-velocity projectile penetration mechanics. Journal of Applied Physics, 37(4): 1579-1587.

Cuadros J H. 1990. Monolithic and segmented projectile penetration experiments in the 2 to 4 kilometers per second impact velocity regime. International Journal of Impact Engineering, 10(1-4): 147-157.

Fedorov S, Bayanova Y M. 2011. Penetration of long strikers under hydrodynamic conditions with allowance for the material compressibility. Technical Physics, 56(9): 1266-1271.

Flis W J. 2013a. A jet penetration model incorporating effects of compressibility and target strength. Procedia Engineering, 58: 204-213.

Flis W J. 2013b. A simplified approximate model of compressible jet penetration. Proceedings of the 27-th International Symposium on Ballistics, Freiburg, Germany.

Flis W J. 2017. On temperatures in shaped-charge jet penetration. Proceedings of the 30-th International Symposium on Ballistics, Long Beach, California, USA.

Flis W, Chou P. 1983. Penetration of compressible materials by shaped-charge jets. Proceedings of the 7-th International Symposium on Ballistics, The Hague, The Netherlands.

Flis W. 2011. A model of compressible jet penetration. Proceedings of the 26-th International Symposium on Ballistics, Miami, FL.

Forrestal M J, Altman B S, Cargile J D, Hanchak S J. 1994. An empirical equation for penetration depth of ogive-nose projectiles into concrete targets. International Journal of Impact Engineering, 15(4): 395-405.

Forrestal M J, Frew D J, Hanchak S J, Brar N S. 1996. Penetration of grout and concrete targets with ogive-nose steel projectiles. International Journal of Impact Engineering, 18(5): 465-476.

Forrestal M J, Longcope D B. 1990. Target strength of ceramic materials for high-velocity penetration. Journal of Applied Physics, 67(8): 3669-3672.

Franzen R R, Walker J D, Orphal D L, Anderson Jr C E. 1994. An upper limit for the penetration performance of segmented rods with segment-L/D $\leqslant$ 1. International Journal of Impact Engineering, 15(5): 661-668.

Galanov B A, Kartuzov V V, Ivanov S M. 2008. New analytical model of expansion of spherical cavity in brittle material based on the concepts of mechanics of compressible porous and powder materials. International Journal of Impact Engineering, 35(12): 1522-1528.

Goldsmith W. 1999. Non-ideal projectile impact on targets. International Journal of Impact Engineering, 22(2-3): 95-395.

Grabarek C L. 1971. Penetration of Armor by Steel and High Density Penetrators (U). Ballistic Research Laboratories.

Grove B. 2006. Theoretical considerations on the penetration of powdered metal jets. International Journal of Impact Engineering, 33(1): 316-325.

Harlow F H, Pracht W E. 1966. Formation and penetration of high-speed collapse jets. The Physics of Fluids, 9(10): 1951-1959.

Haugstad B, Dullum O. 1981. Finite compressibility in shaped charge jet and long rod penetration—the effect of shocks. Journal of Applied Physics, 52(8): 5066-5071.

Hauver G, Gooch W, Netherwood P, Benck R, Perciballi W, Burkins M. 1992. Variation of target resistance during long-rod penetration into ceramics//Proceedings of the 13th International Symposium on Ballistics, Sundyberg, Sweden: 257-264.

Hetherington J G, Lemieux P F. 1994. The effect of obliquity on the ballistic performance of two component composite armours. International Journal of Impact Engineering, 15(2): 131-137.

Hohler V, Behner T. 1999. Influence of the yaw angle on the performance reduction of long rod projectiles// Proceedings of the 18th International Symposium on Ballistics, Antonio, TX: 931-938.

Hohler V, Rothenhausler H, Schneider E, Senf H, Stilp A J, Tham R. 1978. Untersuchung der Shockwirkung auf Panzerfahrzeuge. Ernst Mach Institute Report.

Hohler V, Stilp A J, Walker J D, Anderson C E. 1993. Penetration of long rods into steel and glass targets: experiments and computations. Annals of Clinical Psychiatry, 29(17): 211-217.

Hohler V, Stilp A J, Weber K. 1995. Hypervelocity penetration of tungsten sinter-alloy rods into aluminum. International Journal of Impact Engineering, 17(1-3): 409-418.

Hohler V, Stilp A J. 1987. Hypervelocity impact of rod projectiles with L/D from 1 to 32. International Journal of Impact Engineering, 5(1-4): 323-331.

Hohler V, Stilp A. 2002. Penetration performance of segmented rods at different spacing—comparison with homogeneous rods at 2.5-3.5 km/s. Journal of Neuroscience the Official Journal of the Society for Neuroscience, 22(7): 2541-2549.

Hohler V, Weber K, Tham R, James B, Barker A, Pickup I. 2001. Comparative analysis of oblique impact on ceramic composite systems. International Journal of Impact Engineering, 26(1-10): 333-344.

Holmquist T J, Anderson C E, Behner T, Orphal D L. 2010. Mechanics of dwell and post-dwell penetration. Advances in Applied Ceramics, 109(8): 467-479.

Holmquist T J, Johnson G R. 2003. Modeling projectile impact onto prestressed ceramic targets. Journal De Physique IV, 110(9): 597-602.

Holmquist T J, Johnson G R. 2005. Modeling prestressed ceramic and its effect on ballistic performance. International Journal of Impact Engineering, 31(2): 113-127.

Jiao W J, Chen X W. 2021. Influence of the mushroomed projectile's head geometry on long-rod penetration. International Journal of Impact Engineering, 148: 103769.

Johnson G R, Cook W H. 1983. A constitutive model and data for metals subjected to large strains, high strain rates and high temperatures//Proceedings of the 7th International Symposium on Ballistics, Hauge, Netherlands: 541-547.

Johnson G R, Holmquist T J, Beissel S R. 2003. Response of aluminum nitride (including a phase change) to large strains, high strain rates, and high pressures. Journal of Applied Physics, 94(3): 1639-1646.

Johnson G R, Holmquist T J. 1994. An improved computational constitutive model for brittle materials. High Pressure Science and Technology, 309(1): 981-984.

Kong X, Li Q M, Fang Q. 2016. Critical impact yaw for long-rod penetrators. Journal of Applied Mechanics, 83(12): 121008.

Lambert J P. 1978. A residual velocity predictive model for long rod penetrators. Aberdeen Proving Ground, BRL, Report No. ARBRL-MR-02828.

Lan B, Wen H M. 2010. Alekseevskii-Tate revisited: an extension to the modified hydro-dynamic theory of long rod penetration. Science China Technological Sciences, 53(5): 1364-1373.

Lee M, Bless S. 1996. Cavity Dynamics for Long Rod Penetration. The Univercity of Texas at Austin Institute for Advanced Technology.

Lee M. 2000. An engineering impact model for yawed projectiles. International Journal of Impact Engineering, 24(8): 797-807.

Lee M. 2003. Hypervelocity impact into oblique ceramic/metal composite systems. International Journal of Impact Engineering, 29(1-10): 417-424.

Lee W, Lee H, Shin H. 2002. Ricochet of a tungsten heavy alloy long-rod projectile from deformable steel plates. Journal of Physics D: Applied Physics, 35(20): 2676.

Li J C, Chen X W, Huang F L. 2015a. FEM analysis on the "self-sharpening" behavior of tungsten fiber/metallic glass matrix composite long rod. International Journal of Impact Engineering, 86: 67-83.

Li J C, Chen X W, Huang F L. 2019. Ballistic performance of tungsten particle / metallic glass matrix composite long rod. Defence Technology, 15(2): 123-131.

Li J C, Chen X W, Ning F, Li X L. 2015b. On the transition from interface defeat to penetration in the impact of long rod onto ceramic targets. International Journal of Impact Engineering, 83: 37-46.

Li J C, Chen X W, Ning F. 2014. Comparative analysis on the interface defeat between the cylindrical and conical-nosed long rods. International Journal of Protective Structures, 5(1): 21-46.

Li J C, Chen X W. 2017. Theoretical analysis of projectile-target interface defeat and transition to penetration by long rods due to oblique impacts of ceramic targets. International Journal of Impact Engineering, 106: 53-63.

Li J C, Chen X W. 2019. Theoretical analysis on transition from interface defeat to penetration in the impact of conical-nosed long rods onto ceramic targets. International Journal of Impact Engineering, 130: 203-213.

Li Q M, Chen X W. 2003. Dimensionless formulae for penetration depth of concrete target impacted by a non-deformable projectile. International Journal of Impact Engineering, 28(1): 93-116.

Liu J C, Pi A G, Huang F L. 2015. Penetration performance of double-ogive-nose projectiles. International Journal of Impact Engineering, 84: 13-23.

Lundberg P, Lundberg B. 2005. Transition between interface defeat and penetration for tungsten projectiles and four silicon carbide materials. International Journal of Impact Engineering, 31(7): 781-792.

Lundberg P, Renström R, Andersson O. 2013. Influence of Length Scale on the Transition from interface defeat to penetration in unconfined ceramic targets. Journal of Applied Mechanics, 80(3): 979-985.

Lundberg P, Renström R, Lundberg B. 2000. Impact of metallic projectiles on ceramic targets: transition between interface defeat and penetration. International Journal of Impact Engineering, 24(3): 259-275.

Lundberg P, Renström R, Lundberg B. 2006. Impact of conical tungsten projectiles on flat silicon carbide targets: transition from interface defeat to penetration. International Journal of Impact Engineering, 32(11): 1842-1856.

Lundberg P, Westerling L, Lundberg B. 1996. Influence of scale on the penetration of tungsten rods into steel-backed alumina targets. International Journal of Impact Engineering, 18(4): 403-416.

Madhu V, Ramanjaneyulu K, Balakrishna Bhat T, Gupta N K. 2005. An experimental study of penetration resistance of ceramic armour subjected to projectile impact. International Journal of Impact Engineering, 32(1-4): 337-350.

Magness L S, Frarand T G. 1990. Deformation behavior and its relationship to the penetration performance of high-velocity KE penetrator material//Proceedings of the 1990 Army Science Conference, Durham: 465-479.

Mellgrad I, Holmberg L, Olsson G L. 1989. An experimental method to compare the ballistic efficiencies of different ceramics against long rod projectiles// Proceedings of the 11th International Symposium on Ballistics, Bruseels, Belgium: 323-331.

Orphal D L, Anderson Jr. C E. 2006. The dependence of penetration velocity on impact velocity. International Journal of Impact Engineering, 33(1-12): 546-554.

Orphal D L, Franzen R R. 1990. Penetration mechanics and performance of segmented rods against metal targets. International Journal of Impact Engineering, 10(1-4): 427-438.

Orphal D L, Miller C W. 1991. Penetration performance of nonideal segmented rods. International Journal of Impact Engineering, 11(4): 457-461.

Osipenko K Y, Simonov I. 2009. On the jet collision: general model and reduction to the Mie-Grüneisen state equation. Mechanics of Solids, 44(4): 639-648.

Reaugh J E, Holt A C, Welkins M L, Cunningham B J, Hord B L, Kusubov A S. 1999. Impact studies of five ceramic materials and pyrex. International Journal of Impact Engineering, 23(1, Part 2): 771-782.

Rong G, Huang D W, Yang M C. 2012. Penetrating behaviors of Zr-based metallic glass composite rods reinforced by tungsten fibers. Theoretical and Applied Fracture Mechanics, 58(1): 21-27.

Rosenberg Z, Ashuach Y, Dekel E. 2007. More on the ricochet of eroding long rods— validating the analytical model with 3D simulations. International Journal of Impact Engineering, 34(5): 942-957.

Rosenberg Z, Ashuach Y, Yeshurun Y, Dekel E. 2009. On the main mechanisms for defeating AP projectiles, long rods and shaped charge jets. International Journal of Impact Engineering, 36(4): 588-596.

Rosenberg Z, Dekel E, Ashuach Y. 2006. More on the penetration of yawed rods. Journal De Physique IV, 134(9-10): 397-402.

Rosenberg Z, Dekel E, Hohler V, Stilp A J, Weber K. 1997a. Hypervelocity penetration of tungsten alloy rods into ceramic tiles: experiments and 2-D simulations. International Journal of Impact Engineering, 20(6-10): 675-683.

Rosenberg Z, Dekel E, Hohler V, Stilp A J, Weber K. 1998. Penetration of tungsten-alloy rods into composite ceramic targets: experiments and 2-D simulations// Proceedings of the APS conference on Shock Waves in Condensed Matter, Amherst, Mass: 917-920.

Rosenberg Z, Dekel E. 1994a. The relation between the penetration capability of long rods and their length to diameter ratio. International Journal of Impact Engineering, 15(2): 125-129.

Rosenberg Z, Dekel E. 1994b. A critical examination of the modified Bernoulli equation using two-dimensional simulations of long rod penetrators. International Journal of Impact Engineering, 15(5): 711-720.

Rosenberg Z, Dekel E. 1996. A computational study of the influence of projectile strength on the performance of long-rod penetrators. International Journal of Impact Engineering, 18(6): 671-677.

Rosenberg Z, Dekel E. 1998. A computational study of the relations between material properties of long-rod penetrators and their ballistic performance. International Journal of Impact Engineering, 21(4): 283-296.

Rosenberg Z, Dekel E. 1999. On the role of nose profile in long-rod penetration. International Journal of Impact Engineering, 22(5): 551-557.

Rosenberg Z, Dekel E. 2000. Further examination of long rod penetration: the role of penetrator strength at hypervelocity impacts. International Journal of Impact Engineering, 24(1): 85-102.

Rosenberg Z, Dekel E. 2001a. More on the secondary penetration of long rods. International Journal of Impact Engineering, 26: 639-649.

Rosenberg Z, Dekel E. 2001b. Material similarities in long-rod penetration mechanics. International Journal of Impact Engineering, 25(4): 361-372.

Rosenberg Z, Dekel E. 2003. Numerical study of the transition from rigid to eroding-rod penetration. Journal De Physique IV, 110(9): 681-686.

Rosenberg Z, Dekel E. 2004. On the role of material properties in the terminal ballistics of long rods. International Journal of Impact Engineering, 30(7): 835-851.

Rosenberg Z, Dekel E. 2008. A numerical study of the cavity expansion process and its application to long-rod penetration mechanics. International Journal of Impact Engineering, 35(3): 147-154.

Rosenberg Z, Dekel E. 2010. On the deep penetration of deforming long rods. International Journal of Solids & Structures, 47(2): 238-250.

Rosenberg Z, Dekel E. 2012. Terminal Ballistics. Berlin Heidelberg: Springer.

Rosenberg Z, Marmor E, Mayseless M. 1990. On the hydrodynamic theory of long-rod penetration. International Journal of Impact Engineering, 10(1-4): 483-486.

Rosenberg Z, Tsaliah J. 1990. Applying Tate's model for the interaction of long rod projectiles with ceramic targets. International Journal of Impact Engineering, 9(2): 247-251.

Rosenberg Z, Yeshurun Y, Mayseless M. 1989. On the ricochet of long rod projectiles// Proceedings of the 11th International Symposium on Ballistics, Brussels: 501-506.

Rosenberg Z. 1993. On the relation between the Hugoniot elastic limit and the yield strength of brittle materials. Journal of Applied Physics, 1(74): 752-753.

Rozenberg Z, Yeshurun Y. 1988. The relation between ballastic efficiency and compressive strength of ceramic tiles. International Journal of Impact Engineering, 7(3): 357-362.

Sadanandan S, Hetherington J G. 1997. Characterisation of ceramic/steel and ceramic/ aluminium armours subjected to oblique impact. International Journal of Impact Engineering, 19(9-10): 811-819.

Satapathy S S, Bless S J. 2000. Cavity expansion resistance of brittle materials obeying a two-curve pressure-shear behavior. Journal of Applied Physics, 88(7): 4004-4012.

Satapathy S. 2001. Dynamic spherical cavity expansion in brittle ceramics. International Journal of Solids & Structures, 38(32-33): 5833-5845.

Senf H, Rothenhausler H, Scharpf F, Both A, Pfang W. 1981. Experimental and numerical investigation of the ricocheting of projectiles from metallic surfaces// Proceedings of the 6th International Symposium on Ballistics, Orlando: 510-521.

Shi C, Wang M, Zhang K, Cheng Y, Zhang X. 2015. Semi-analytical model for rigid and erosive long rods penetration into sand with consideration of compressibility. International Journal of Impact Engineering, 83: 1-10.

Shin H, Yoo Y. 2003. Effect of the velocity of a single flying plate on the protection capability against obliquely impacting long-rod penetrators. Combustion, Explosion, and Shock Waves, 39(5): 591-600.

Silsby G F, Roszak R J, Giglio-Tos L. 1983. BRL's 50 mm high pressure powder gun for terminal ballistic testing-the first year's experience. Ballistic Research Laboratory Report No. BRL-MR-03236.

Song W J, Chen X W, Chen P. 2018a. Effect of compressibility on the hypervelocity penetration. Acta Mechanica Sinica, 34(1): 82-98.

Song W J, Chen X W, Chen P. 2018b. A simplified approximate model of compressible hypervelocity penetration. Acta Mechanica Sinica, 34(5): 910-924.

Song W J, Chen X W, Chen P. 2018c. The effects of compressibility and strength on penetration of long rod and jet. Defence Technology, 14(2): 99-108.

Sorensen B R, Kimsey K D, Silsby G F, Scheffler D R, Sherrick T M, de Rosset W S. 1991. High velocity penetration of steel targets. International Journal of Impact Engineering, 11(1): 107-119.

Steele D. 2008. The weaponisation of space: the next arms race? Australian Defence Force Journal, 177: 17-31.

Steinberg D J. 1987. Constitutive model used in computer simulation of time-resolved, shock-wave data. International Journal of Impact Engineering, 5(1-4): 603-611.

Sternberg J. 1989. Material properties determining the resistance of ceramics to high velocity penetration. Journal of Applied Physics, 65(9): 3417-3424.

Stilp A J, Hohler V. 1990. Experimental methods for terminal ballistics and impact physics//High Velocity Impact Dynamics. New York: Wiley, 515-592.

Subramanian R, Bless S J, Cazamias J, Berry D. 1995. Reverse impact experiments against tungsten rods and results for aluminum penetration between 1.5 and 4.2 km/s. International Journal of Impact Engineering, 17(4-6): 817-824.

Subramanian R, Bless S J. 1995. Penetration of semi-infinite AD995 alumina targets by tungsten long rod penetrators from 1.5 to 3.5 km/s. International Journal of Impact Engineering, 17(4-6): 807-816.

Tang Q Y, Chen X W, Deng Y J, Song W J. 2021. An approximate compressible fluid model of long-rod hypervelocity penetration. International Journal of Impact Engineering, 155: 103917.

Tate A, Green K E B, Chamberlain P G, Baker R G. 1978. Model Scale Experiments on Long Rod Penetrators. Monterey.

Tate A. 1967. A theory for the deceleration of long rods after impact. Journal of the Mechanics & Physics of Solids, 15(6): 387-399.

Tate A. 1969. Further results in the theory of long rod penetration. Journal of the Mechanics & Physics of Solids, 17(3): 141-150.

Tate A. 1979. A simple estimate of the minimum target obliquity required for the ricochet of a high speed long rod projectile. Journal of Physics. D. Applied Physics, 12(11): 1825-1829.

Tate A. 1986. Long rod penetration models&mdash: Part II. Extensions to the hydrodynamic theory of penetration. International Journal of Mechanical Sciences, 28(9): 599-612.

Walker J D, Anderson Jr. C E, Goodlin D L. 2001. Tunsten into steel penetration including velocity, L/D, and impact inclination effects//Proceedings of the 19th International Symposium on Ballistics, Interlaken Switzerland: 1133-1139.

Walker J D, Anderson Jr. C E. 1994. The influence of initial nose shape in eroding penetration. International Journal of Impact Engineering, 15(2): 139-148.

Walker J D. 1999a. A model for penetration by very low aspect ratio projectiles. International Journal of Impact Engineering, 23(1, Part 2): 957-966.

Walker J D. 1999b. An analytical velocity field for back surface bulging//Proceedings of the 18th International Symposium on Ballistics, Lancaster: Technomic Publishing Co.: 1239-1246.

Wang X M, Zhao G Z, Shen P H, Zha H Z. 1995. High velocity impact of segmented rods with an aluminum carrier tube. International Journal of Impact Engineering, 17(4-6): 915-923.

Weerheijm J, Van Doormaal J C A M. 2007. Tensile failure of concrete at high loading rates: new test data on strength and fracture energy from instrumented spalling tests. International Journal of Impact Engineering, 34(3): 609-626.

Wen H M, He Y, Lan B. 2010. Analytical model for cratering of semi-infinite metallic targets by long rod penetrators. Science China (Technological Sciences), 53(12): 3189-3196.

Westerling L, Lundberg P, Holmberg L, Lundberg B. 1997. High velocity penetration of homogeneous, segmented and telescopic projectiles into alumina targets. International Journal of Impact Engineering, 20(6-10): 817-827.

Westerling L, Lundberg P, Lundberg B. 2001. Tungsten long-rod penetration into confined cylinders of boron carbide at and above ordnance velocities. International Journal of Impact Engineering, 25(7): 703-714.

Yaziv D, Rosenberg G, Patrtom Y. 1986. Differential Ballistic Efficiency of Applique Armour. Shriveham, UK.

Yaziv D, Walker J D, Riegel J P. 1992. Analytical model of yawed penetration in the 0 to 90 degrees range// Proceedings of the 13th International Symposium on Ballistics, Stockholm: 1-3.

Zaera R, Sánchez-Gálvez V. 1998. Analytical modelling of normal and oblique ballistic impact on ceramic/metal lightweight armours. International Journal of Impact Engineering, 21(3): 133-148.

Zhang X F, Li Y C, Zhang N S. 2011. Numerical study on anti-penetration process of alumina ceramic (AD95) to tungsten long rod projectiles. International Journal of Modern Physics B, 25(15): 2091-2103.

Zhang X, Serjouei A, Sridhar I. 2018. Criterion for interface defeat to penetration transition of long rod projectile impact on ceramic armor. Thin-Walled Structures, 126: 266-284.

Zhao J, Chen X W, Jin F N, Xu Y. 2010. Depth of penetration of high-speed penetrator with including the effect of mass abrasion. International Journal of Impact Engineering, 37(9): 971-979.

第 3 章　长杆高速侵彻的 Alekseevskii-Tate 模型求解

3.1　引　　言

Alekseevskii-Tate 模型是研究长杆高速侵彻问题的经典理论模型。方程组的求解通常由 Tate (1967, 1969) 得到的理论解直接数值积分或采用由 Walters 等 (1991) 和 Segletes 和 Walters (2003) 发展出的精确解。但是，由于方程组的非线性，弹体 (弹尾) 速度、侵彻速度、弹体长度和侵彻深度关于时间函数都是隐式的，最终仍需数值求解。Forrestal 等 (1989) 和 Walters 等 (2006) 先后使用了无量纲 Alekseevskii-Tate 方程组的一阶和三阶摄动解，得到了上述物理量关于时间的显式表达。其中，Forrestal 等 (1989) 的一阶摄动解仅适用于低强度靶，且与精确解的吻合时间相对较短；Walters 等 (2006) 同时考虑弹靶强度，发展出了适用于高强度靶的一阶和三阶摄动解，并结合算例分析表明三阶摄动解比一阶摄动解更贴近精确解。由于摄动解尤其是三阶摄动解的数学表达相当复杂，且无法准确给出侵彻末端的情况，并不适用于工程应用。

本章研究旨在得到 Alekseevskii-Tate 方程组的理论近似解，使方程组无需使用数值积分即可求解，大大简化理论分析。另一方面基于近似解获得相关定性分析，加深对长杆半流体侵彻的物理过程的直观认识，能为工程应用提供简单而快速的指导 (Jiao & Chen, 2018)。

3.2　Alekseevskii-Tate 模型的理论解

Alekseevskii-Tate 模型的控制方程已由式 (1.4.8) ∼ 式 (1.4.11) 给出。其中，式 (1.4.9) 可表示为牛顿第二定律表达式：

$$m'\frac{\mathrm{d}v}{\mathrm{d}t} = -Y_pS \qquad (3.2.1)$$

式中，m' 为弹体剩余质量，S 是长杆横截面积。

以侵蚀长度 l 代替 l' 作为主要分析变量，由 $l' + l = L$，式 (1.4.10) 变为

$$\frac{\mathrm{d}l}{\mathrm{d}t} = v - u \qquad (3.2.2)$$

所以，式 (1.4.9) 中的 $\mathrm{d}v/\mathrm{d}t$ 可表示为

$$\frac{\mathrm{d}v}{\mathrm{d}t} = \frac{\mathrm{d}v}{\mathrm{d}l/(v-u)} = (v-u)\frac{\mathrm{d}v}{\mathrm{d}l} \tag{3.2.3}$$

下面求解 Alekseevskii-Tate 模型的控制方程，以求得侵彻速度、弹尾速度、侵彻深度及弹体侵蚀长度 (质量) 等物理量随时间的变化情况。

首先，侵彻速度 u 与弹尾速度 v 的关系已由式 (1.4.12) 得到；其次，式 (3.2.2) 和式 (1.4.11) 分别给出了弹体侵蚀长度 l 和侵彻深度 p 与速度 u 和 v 的关系，故只要联立方程求解得到弹尾速度 v 随时间 t 的变化关系，其他物理量的变化就迎刃而解了。另一方面，利用式 (3.2.3) 把式 (3.2.1) 中的 $\dfrac{\mathrm{d}v}{\mathrm{d}t}$ 替换为 $\dfrac{\mathrm{d}v}{\mathrm{d}l}$，积分后即可得到弹体侵蚀长度 l 与弹尾速度 v 的关系，运用此关系替换式 (3.2.1) 中隐藏的弹体侵蚀长度 l，即可得到弹尾速度 v 随时间 t 的变化关系。

柱形长杆弹结构如图 3.2.1 所示，其中 R 为弹身半径，L 为弹体总长度，l 为弹体侵蚀长度。弹体初始质量为 M，柱形弹截面面积 S 在侵彻过程中保持不变，恒为 πR^2。

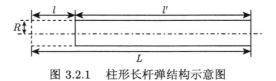

图 3.2.1　柱形长杆弹结构示意图

代入上述弹体结构参数，将式 (3.2.1) 用式 (3.2.3) 进行变量替换，可得

$$\left(M - \rho_p \pi R^2 l\right)(v-u)\frac{\mathrm{d}v}{\mathrm{d}l} = -Y_p \pi R^2 \tag{3.2.4}$$

对式 (3.2.4) 积分可得

$$\left(M - \rho_p \pi R^2 l\right)(v-u)\frac{\mathrm{d}v}{\mathrm{d}l} = -Y_p \pi R^2 \tag{3.2.5}$$

引入弹尾相对速度 $v_* = v/V_0$ 和弹尾相对临界速度 $V_{c*} = V_c/V_0$，将式 (1.4.12) 代入式 (3.2.5)，积分即得到弹体侵蚀长度 l 与相对弹尾速度 v_* 的关系

$$l = \frac{M}{\rho_p \pi R^2}\left\{1 - \exp\left[A\left(-\mu\left(v_*^2 - 1\right) + v_*\sqrt{v_*^2 + B^2}\right.\right.\right.$$
$$\left.\left.\left. - \sqrt{1+B^2} + B^2 \ln\frac{v_* + \sqrt{v_*^2 + B^2}}{1 + \sqrt{1+B^2}}\right)\right]\right\} \tag{3.2.6}$$

式中, A 和 B 为两个无量纲参量:

$$A = \frac{\mu}{(1 - \mu^2)} \cdot \frac{\rho_p V_0^2}{2Y_p}, \quad B = \frac{\sqrt{1 - \mu^2}}{\mu} \cdot V_{c*} \tag{3.2.7}$$

由式 (3.2.6) 亦可推得弹体剩余质量 m' 与相对弹尾速度 v_* 的关系

$$m' = M \left\{ \exp \left[A \left(-\mu \left(v_*^2 - 1 \right) + v_* \sqrt{v_*^2 + B^2} \right. \right. \right.$$
$$\left. \left. \left. - \sqrt{1 + B^2} + B^2 \ln \frac{v_* + \sqrt{v_*^2 + B^2}}{1 + \sqrt{1 + B^2}} \right) \right] \right\} \tag{3.2.8}$$

将式 (3.2.8) 再代入式 (3.2.1) 可得

$$\mathrm{d}t = -\frac{MV_0}{Y_p \pi R^2} \exp \left[A \left(-\mu \left(v_*^2 - 1 \right) + v_* \sqrt{v_*^2 + B^2} - \sqrt{1 + B^2} \right. \right.$$
$$\left. \left. + B^2 \ln \frac{v_* + \sqrt{v_*^2 + B^2}}{1 + \sqrt{1 + B^2}} \right) \right] dv_* \tag{3.2.9}$$

定义一个时间量纲的系数 C

$$C = \frac{MV_0}{\pi R^2 Y_p} = \frac{\rho_p V_0^2}{Y_p} \cdot \frac{L}{V_0} \tag{3.2.10}$$

对式 (3.2.9) 等号两边同时积分, 即可得到弹尾相对速度 v_* 和时间 t 的关系

$$t = C \left(1 + \sqrt{1 + B^2} \right)^{-AB^2} \exp \left[A \left(\mu - \sqrt{1 + B^2} \right) \right]$$
$$\cdot \int_{v_*}^{1} \left(v_* + \sqrt{v_*^2 + B^2} \right)^{AB^2} \exp \left[A \left(-\mu v_*^2 + v_* \sqrt{v_*^2 + B^2} \right) \right] \mathrm{d}v_* \tag{3.2.11}$$

由于式 (3.2.11) 中积分项无法得到解析表达式, 所以不能得到弹尾相对速度 v_* 随时间 t 变化的解析关系。但可以运用诸如 Matlab 等数值计算软件得到相应时间序列 t 的弹尾相对速度 v_* (或弹尾速度 v)。

结合弹尾速度 v 随时间 t 的变化序列和式 (1.4.12) 可求得侵彻速度 u 随时间的变化情况, 进而根据式 (1.4.11) 求得侵彻深度 p 的变化。

结合弹尾相对速度 v_* 随时间 t 的变化序列和式 (3.2.6)(亦可结合得到的弹尾速度 v 和弹头速度 u 随时间的变化, 再根据式 (3.2.2) 积分) 可求得弹体侵蚀长度 l 随时间的变化情况。

根据式 (3.2.8) 并结合弹尾速度 v_* 随时间 t 的变化序列可求得弹体剩余质量 m' 随时间的变化。

至此，我们得到了几个主要物理量关于时间的变化规律，由式 (1.4.11)、式 (1.4.12)、式 (3.2.6)、式 (3.2.8)、式 (3.2.11) 即获得其完全理论解。但它们都是非显式的，需借助如 Matlab、Mathmatics 等常用数值计算软件分析其变化规律。

Walker 和 Anderson(1991) 利用 CTH 程序对长杆侵彻半无限钢靶进行了数值模拟，得到了弹头和弹尾速度随时间的变化曲线并与 Alekseevskii-Tate 模型计算得到的速度曲线进行对比。此外，Walters 等 (2006) 采用摄动法求解 Alekseevskii-Tate 方程，给出了弹体速度、侵彻速度、弹体剩余长度和弹体侵彻深度随时间变化的一阶和三阶表达式，并与数值理论解作对比。上述文献中对比分析所用算例的相关参数如表 3.2.1 所列。其中，Case A 为 Walker 和 Anderson(1991) 采用的长径比为 10 的钨合金长杆弹撞击 4340 钢靶，而 Case B 为 Walters 等 (2006) 引用的美国陆军研究实验室 (US Army Research Laboratory, ARL) 命名为"重金属 (钨合金或贫铀) 长杆弹侵彻半无限厚装甲钢靶"的实验。以下结合上述文献的分析结果来验证式 (3.2.4) ∼ 式 (3.2.11) 的正确性。

表 3.2.1　　分析算例中的相关参数

	$V_0/(km/s)$	L/mm	$\rho_p/(g/cm^3)$	$\rho_t/(g/cm^3)$	Y_p/GPa	R_t/GPa	参考文献
Case A	1.5	81.7	17.4	7.8	2.0	4.94	Walker & Anderson, 1991
Case B	2.0	500	17.6	7.8	1.0	5.5	Walters et al., 2006

运用式 (1.4.12) 和式 (3.2.11)，结合相关参数，可以得到弹尾速度 v 和侵彻速度 u 随时间 t 变化的曲线。计算结果与文献 (Walker & Anderson, 1991; Walters et al., 2006) 中的速度曲线对比如图 3.2.2 和图 3.2.3 所示。

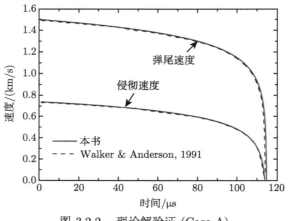

图 3.2.2　理论解验证 (Case A)

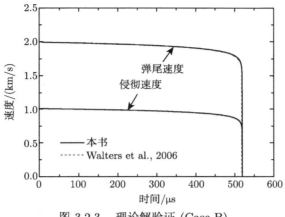

图 3.2.3 理论解验证 (Case B)

从上面两图中可以看出，基于前文理论公式的数值计算结果与文献中的分析结果一致，速度曲线完全重合。因此，对于柱形长杆弹的高速侵彻，式 (3.2.4) ~ 式 (3.2.11) 的正确性得到了验证。

3.3 理论解的简化近似

注意到，式 (3.2.6) 中的指数项为弹尾相对速度 v_* 的一元函数，可设为 $y(v_*)$

$$y(v_*) = -\mu\left(v_*^2 - 1\right) + v_*\sqrt{v_*^2 + B^2} - \sqrt{1 + B^2} + B^2 \ln\left(\frac{v_* + \sqrt{v_*^2 + B^2}}{1 + \sqrt{1 + B^2}}\right) \tag{3.3.1a}$$

由式 (3.2.6) 及 $y(v_*)$ 的定义可得

$$A \cdot y\left(v_*\right) = \ln\left(1 - \frac{l}{L}\right) = \ln\left(\frac{l'}{L}\right) \tag{3.3.1b}$$

即指数项函数的物理实质为剩余弹体相对长度的对数。可以看到，$y(v_*)$ 的非线性导致式 (3.2.11) 无法积分得到解析表达式，故考虑对它进行简化。

代入表 3.2.1 中 Case A 和 Case B 的弹靶参数画出函数 $y(v_*)$ 的图像分别如图 3.3.1 和图 3.3.2 所示。不同的弹靶条件下，指数项函数 $y(v_*)$ 在自变量 v_* 所在区间 $[V_{c*}, 1]$ 上都表现出弱非线性，其中 V_{c*} 为弹尾相对临界速度。很自然地，考虑用一次函数 $\tilde{y}(v_*) = K(v_* - 1)$ 近似替代，其中 K 定义为无量纲线性系数，后面分析将给出其近似解析表达式。

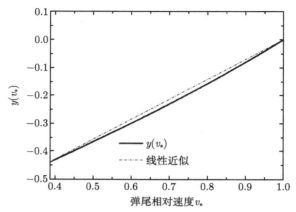

图 3.3.1　Case A 的指数项函数 $y(v_*)$

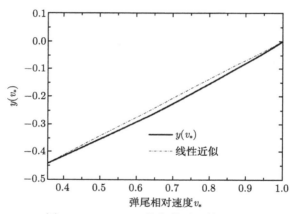

图 3.3.2　Case B 的指数项函数 $y(v_*)$

以 $\tilde{y}(v_*)$ 替代 $y(v_*)$，对式 (3.2.9) 积分可得

$$t = \frac{C}{AK}\left(1 - \exp\left[AK\left(v_* - 1\right)\right]\right) \tag{3.3.2}$$

特别地，长杆侵彻的终态时间 T 可以求出

$$T = \frac{C}{AK}\left(1 - \exp\left[AK\left(V_{c*} - 1\right)\right]\right) \tag{3.3.3}$$

针对上述 Walker 和 Anderson(1991) 和 Walters 等 (2006) 中的两组算例开展量纲分析，可知，$\mu \approx 2/3$，$A \in (10, 40)$，$V_{c*} \in (0.3, 0.4)$，$K \sim 2/3$，故 $\exp\left[AK\left(V_{c*} - 1\right)\right] \sim 0.01$，即上式中指数项与 1 相比为小量。故长杆侵彻终态时

间可近似表示为

$$T \approx \tilde{T} = \frac{C}{AK} = \frac{2\bar{\mu}}{K} \cdot T_0 \tag{3.3.4}$$

其中，$\bar{\mu} = \dfrac{1-\mu^2}{\mu}$ 是一个与弹靶密度比相关的无量纲参数，$T_0 = \dfrac{L}{V_0}$ 为一个特征时间。再引入一个 Johnson 破坏数 $\Phi_{Jp} = \dfrac{\rho_p V_0^2}{Y_p}$，则前文定义的 A、B 和 C 即可改写为 $A = \dfrac{\Phi_{Jp}}{2\bar{\mu}}$，$B = \sqrt{\dfrac{\bar{\mu}}{\mu}} \cdot V_{c*}$，$C = \Phi_{Jp} \cdot T_0$。

3.3.1 近似解 1

由式 (3.3.2) 可推得弹尾速度 v 可以显式地表达为时间 t 的函数

$$\frac{v}{V_0} = 1 + \frac{2\bar{\mu}}{\Phi_{Jp}K} \ln\left(1 - \frac{K}{2\bar{\mu}}\frac{t}{T_0}\right) \tag{3.3.5}$$

将式 (3.3.5) 代入式 (1.4.12)，即可得到弹体侵彻速度 u 关于时间 t 的显式表达式

$$\frac{u}{V_0} = \frac{1 + \dfrac{2\bar{\mu}}{\Phi_{Jp}K}\ln\left(1 - \dfrac{K}{2\bar{\mu}}\cdot\dfrac{t}{T_0}\right) - \mu\sqrt{\left(1 + \dfrac{2\bar{\mu}}{\Phi_{Jp}K}\ln\left(1 - \dfrac{K}{2\bar{\mu}}\cdot\dfrac{t}{T_0}\right)\right)^2 + \dfrac{\bar{\mu}}{\mu}\cdot V_{c*}^2}}{1 - \mu^2} \tag{3.3.6}$$

该式虽是显式的，但形式不够简单，故考虑对它进行进一步简化。回到式 (1.4.12)，可将之化简为

$$\frac{u}{v} = \frac{1 - \mu\sqrt{1 + \dfrac{(1-\mu^2)}{\mu^2}\dfrac{V_c^2}{v^2}}}{1 - \mu^2} \tag{3.3.7}$$

注意到，在远离侵彻末端时，弹尾速度 v 远大于弹尾临界速度 V_c，对于高速情况尤为如此。故式 (3.3.7) 中的根号项内第二项为小项，可对上式中的根号项作二阶泰勒展开，忽略高阶小项即得 $\dfrac{u}{v} = \dfrac{1}{1+\mu} - \dfrac{1}{2\mu}\dfrac{V_c^2}{v^2}$，化简后即为

$$\frac{u}{V_0} = \frac{1}{1+\mu}\cdot v_* - \frac{1}{2\mu}\cdot V_{c*}^2\cdot\frac{1}{v_*} \tag{3.3.8}$$

考虑到准定常侵彻阶段侵彻速度在远离侵彻末端时减速较慢，因此可忽略式 (3.3.8) 等号右端第二项的变化并用常数近似代替之。该常数取值需保证弹体侵彻速度的初始值 U_0 与近似前相等，即满足式 $\dfrac{U_0}{V_0} = \dfrac{1}{1+\mu} - \dfrac{V_{c*}^2}{2\mu}$，因此可令第二项恒为 $\dfrac{V_{c*}^2}{2\mu}$

$$\frac{U_0}{V_0} = \frac{1}{1+\mu} \cdot v_* - \frac{V_{c*}^2}{2\mu} \tag{3.3.9}$$

虽然这一步在数学上并不严密，但很多实验结果都表明侵彻速度与弹尾速度呈线性关系 (Orphal et al., 1996, 1997, 2009; Orphal & Franzen, 1997; Subramanian & Bless, 1995; Subramanian et al., 1995; Behner et al., 2006, 2008)，因此，式 (3.3.9) 的近似是可取的。速度线性关系问题将在本书第 4 章中详细讨论。

将式 (3.3.5) 代入式 (3.3.9) 即得弹体侵彻速度 u 关于时间 t 的更简单的显式表达式

$$\frac{u}{V_0} = \frac{1}{1+\mu} \cdot \left(1 + \frac{2\bar{\mu}}{\Phi_{Jp}K} \ln\left(1 - \frac{K}{2\bar{\mu}} \cdot \frac{t}{T_0}\right)\right) - \frac{1}{2\mu} \cdot V_{c*}^2 \tag{3.3.10}$$

运用式 (3.2.2) 积分，并结合式 (3.3.5) 和式 (3.3.10)，可以得到弹体侵蚀长度 l 关于时间 t 的显式表达式

$$l = \frac{\mu V_0}{1+\mu}\left[\left(1 + \frac{1+\mu}{2\mu^2}V_{c*}^2 - \frac{2\bar{\mu}}{\Phi_{Jp}K}\right)t + \frac{2\bar{\mu}}{\Phi_{Jp}K}\ln\left(1 - \frac{K}{2\bar{\mu}} \cdot \frac{t}{T_0}\right)\left(t - \frac{2\bar{\mu}}{K}T_0\right)\right] \tag{3.3.11}$$

同样地，可以得到弹体剩余质量 m' 关于时间 t 的显式表达式

$$m' = M - \frac{\mu V_0 \rho_p \pi R^2}{1+\mu}$$
$$\cdot \left[\left(1 + \frac{1+\mu}{2\mu^2}V_{c*}^2 - \frac{2\bar{\mu}}{\Phi_{Jp}K}\right)t + \frac{2\bar{\mu}}{\Phi_{Jp}K}\ln\left(1 - \frac{K}{2\bar{\mu}} \cdot \frac{t}{T_0}\right)\left(t - \frac{2\bar{\mu}}{K}T_0\right)\right] \tag{3.3.12}$$

由式 (3.3.10) 结合式 (1.4.11) 并积分，还可以得到侵彻深度 p 关于时间 t 的显式表达式

$$p = \frac{V_0}{1+\mu}\left[\left(1 - \frac{1+\mu}{2\mu}V_{c*}^2 - \frac{2\bar{\mu}}{\Phi_{Jp}K}\right)t + \frac{2\bar{\mu}}{\Phi_{Jp}K}\ln\left(1 - \frac{K}{2\bar{\mu}} \cdot \frac{t}{T_0}\right)\left(t - \frac{2\bar{\mu}}{K}T_0\right)\right] \tag{3.3.13}$$

至此，我们得到了弹尾速度、侵彻速度、弹体侵蚀长度、弹体剩余质量、侵彻深度等主要物理量关于时间的显式表达式，由式 (3.3.5)、式 (3.3.10) ∼ 式 (3.3.13) 即可得到其完全的近似解析解。

3.3.2 近似解 2

前面我们利用对剩余弹体相对长度的对数的线性近似，基于式 (3.2.9) 积分得到了弹尾速度 v 关于时间 t 的函数，并通过简化近似得到了侵彻速度与时间的函数，最后结合控制方程得到了弹体侵蚀长度、弹体剩余质量、侵彻深度关于时间的显式表达。下面换一种思路，得到一组新的近似解。

直接用线性近似后的 $\tilde{y}(v_*)$ 替代式 (3.2.6) 和式 (3.2.8) 指数项中的 $y(v_*)$，并代入式 (3.3.2)，即可得到弹体侵蚀长度 l 及弹体剩余质量 m' 关于时间 t 的更简单的显式表达式

$$l = \frac{M}{\rho_p \pi R^2} \cdot \frac{AK}{C} t = \frac{KV_0}{2\bar{\mu}} t \tag{3.3.14}$$

$$m' = M \left(1 - \frac{AK}{C} t \right) = M - \frac{K\pi R^2 \rho_p V_0}{2\bar{\mu}} t \tag{3.3.15}$$

把式 (3.3.13) 与式 (3.3.11) 相减，并代入式 (3.3.14) 亦可得到侵彻深度 p 关于时间 t 的更简单的显式表达式

$$p = \frac{l}{\mu} - \frac{(1+\mu) v_{c*}^2 V_0}{2\mu^2} t = \frac{\left[\mu K - \bar{\mu} (1+\mu) v_{c*}^2 \right] V_0}{2\mu^2 \bar{\mu}} t \tag{3.3.16}$$

由式 (1.4.11)，我们可以将式 (3.3.16) 对时间求导，可反向求得侵彻速度 u:

$$\frac{u}{V_0} = \frac{\mu K - \bar{\mu} (1+\mu) V_{c*}^2}{2\mu^2 \bar{\mu}} \tag{3.3.17}$$

当然，我们还可以根据式 (3.2.2)，即 $\mathrm{d}l/\mathrm{d}t = v - u$，代入上式得到弹尾速度 v:

$$\frac{v}{V_0} = \frac{\mu K - \bar{\mu} V_{c*}^2}{2\mu (1 - \mu)} \tag{3.3.18}$$

可以看到，由以上两式得到的侵彻速度和弹尾速度是与时间无关的，即常侵彻速度和常弹尾速度。对比图 3.2.2 和图 3.2.3 可以看到，在长杆侵彻作用时间内，表 3.2.1 中 Case B 比 Case A 更接近常速度的情况。这可能与弹/靶的材料性质相关，也可能与初始撞击速度有关，第 4 章将对此作进一步讨论。

由式 (3.3.14) ∼ 式 (3.3.18)，我们又得到了一组关于长杆侵彻几个主要物理量的近似的理论解。为与前面一组解区别，我们将由式 (3.3.5)、式 (3.3.10) ∼ 式

(3.3.13) 构成的一组解命名为近似解 1，而把由式 (3.3.14) ~ 式 (3.3.18) 构成的一组解命名为近似解 2。可以看到，近似解 2 显然较近似解 1 更为简单，尤其是弹尾速度和侵彻速度为常数，但这并不能适用于长杆侵彻所有的工况。所以，我们将在 3.4 节专门讨论近似解 1 和近似解 2 的区别及适用范围。

3.3.3　无量纲线性系数 K

以上两个近似解都有一个无量纲线性系数 K 未知，下面来求解其近似解析表达式。

根据式 (3.3.4) 定义的长杆侵彻的终态时间近似值 $\tilde{T} = \dfrac{2\bar{\mu}}{K}T_0$，令式 (3.3.11) 和式 (3.3.14) 所得侵蚀长度 l 在初始时刻 $t = 0$（自动满足）和终态时刻 $t = \tilde{T}$ 均分别相等，即可解出无量纲线性系数 K 的值：

$$K = 1 - \mu + \frac{\bar{\mu}}{\mu} \cdot \frac{V_{c*}^2}{2} + \sqrt{\left(1 - \mu + \frac{\bar{\mu}}{\mu} \cdot \frac{V_{c*}^2}{2}\right)^2 - \frac{4\bar{\mu}(1 - \mu)}{\Phi_{Jp}}} \tag{3.3.19}$$

针对表 3.2.1 中 Case A 和 Case B 两例，代入相应参数得到无量纲线性系数 K 分别为 0.77 和 0.81。将 K 值代回式 (3.3.4) 得到长杆侵彻的终态时间近似值 $\tilde{T}$ 分别为 116 μs 和 517 μs，与图 3.2.2 和图 3.2.3 给出长杆侵彻的终态时间理论解 113 μs 和 518 μs 几乎完全一致，从而证明了无量纲线性系数 K 取值的正确性，同时也证明了式 (3.3.4) 的合理性。

在得到了无量纲线性系数 K 的值后，我们就得到了所有的近似解。值得说明的是，由于无量纲线性系数 K 的取值，式 (3.3.11) 与 (3.3.14)、式 (3.3.12) 与 (3.3.15) 及式 (3.3.13) 与 (3.3.16) 在 $t = 0$ 和 $t = \tilde{T}$ 时刻对应的值均相等，即近似解 1 和近似解 2 得到的侵蚀长度、剩余质量和侵彻深度在长杆侵彻的初、终态时刻的值都一致。

3.4　近似解的进一步讨论

3.3 节基于对剩余弹体相对长度对数的速度函数的线性近似，运用不同的思路得到了两组近似的理论解析解。下面针对近似解中各主要物理量进一步分析得到一些简单的推论，并结合相关推论讨论两组解的区别和适用条件。

3.4.1　弹尾速度

在弹尾速度函数式 (3.3.5) 中对时间 t 求导，可求得弹尾减加速度

$$\frac{\mathrm{d}v}{\mathrm{d}t} = \frac{2\bar{\mu}}{\Phi_{Jp}} \cdot \frac{V_0}{Kt - 2\bar{\mu}T_0} = \frac{2\bar{\mu}}{K\Phi_{Jp}} \cdot \frac{V_0}{t - T} \tag{3.4.1}$$

由上式可知，弹尾速度在侵彻过程中的减加速度是变化的，刚开始减加速度小，而在接近终态时间时减加速度趋近无穷大，故弹尾速度急速下降，对应在弹尾速度图上出现一个陡峭的下降沿。

对比式 (3.3.5) 和式 (3.3.18) 可以看到，近似解 1 与近似解 2 在弹尾速度上的差异可以理解为随时间对数变化的弹尾速度和常弹尾速度的区别。当弹体减加速度较大时，常弹尾速度显然与实际情况相去甚远。由于理论解中其他物理量可完全由弹尾速度随时间的变化关系结合长杆侵彻的控制方程推导得到，故弹尾减加速度 $\mathrm{d}v/\mathrm{d}t$ 的大小直接决定了近似解 2 适用与否。

此外，将长杆侵彻终态时间 (3.3.4) 代入式 (3.4.1)，可以得到初始时刻的弹尾减加速度 (同时还可直接由长杆侵彻控制方程式 (1.4.9) 得到)

$$\left(\frac{\mathrm{d}v}{\mathrm{d}t}\right)_{t=0} = -\frac{V_0}{T_0\Phi_{Jp}} = -\frac{Y_p}{\rho_p L} \tag{3.4.2}$$

由上式可以看到，初始弹尾减加速度与初始撞击速度 V_0 无关，而仅与弹材流动强度 Y_p、弹材密度 ρ_p 及初始弹体长度 L 有关。表 3.2.1 中 Case B 相比 Case A 弹材流动强度更小 (前者仅为后者的一半)、初始弹体长度更大 (前者为后者的 6 倍)，而两者的弹材密度相差无几，故前者初始弹尾减加速度仅为后者的 8%，这就解释了为何图 3.2.3 相较图 3.2.2 更接近常速。

3.4.2　侵彻速度

由式 (3.3.10) 对时间 t 求导，可得

$$\frac{\mathrm{d}u}{\mathrm{d}t} = \frac{1}{1+\mu} \cdot \frac{\mathrm{d}v}{\mathrm{d}t} \tag{3.4.3}$$

即侵彻速度的减加速度与弹尾速度的减加速度有相同规律，即在侵彻过程中的侵彻速度的减加速度是变化的，刚开始较小而在接近侵彻终态时趋于无穷大，故侵彻速度急速下降，对应在侵彻速度图上出现一个陡峭的下降沿。

由式 (3.3.10)，侵彻速度可以进一步表示为

$$u = U_0 + \frac{2\bar{\mu}V_0}{(1+\mu)\Phi_{Jp}K} \ln\left(1 - \frac{K}{2\bar{\mu}} \cdot \frac{t}{T_0}\right) \tag{3.4.4}$$

其中，

$$U_0 = \left(\frac{1}{1+\mu} - \frac{V_{c*}^2}{2\mu}\right)V_0 \tag{3.4.5}$$

式 (1.4.12)、式 (3.4.4)(式 (3.3.10)) 和式 (3.3.17) 都有侵彻速度 u，下面对他们进行对比分析。

由式 (1.4.12) 所得的瞬时侵彻速度与瞬时弹尾速度相联系, 是由长杆侵彻控制方程直接解得的, 代入初始撞击速度 V_0 得到的初始侵彻速度 U_0 是完全的理论值。由式 (3.4.4) 所得的瞬时侵彻速度是与时间相关的, 完整描述了侵彻速度随时间的变化情况, 但中间经历了一些假设与简化, 即式 (3.4.5) 中代入 V_0 求得的初始侵彻速度 U_0 是简化后的近似值。

不同于式 (1.4.12) 和式 (3.4.4), 由式 (3.3.17) 求得的侵彻速度为一个常数。由于无量纲线性系数 K 取值的物理意义, 近似解 1 与近似解 2 的侵彻速度关于时间积分在侵彻终止时刻相等, 即最终侵彻深度一致, 故此常速度可以理解为平均侵彻速度。由于侵彻速度在侵彻过程中逐渐变小, 平均侵彻速度的值应小于 U_0。

代入表 3.2.1 中 Case A 和 Case B 中的参数, 可对比三种不同的侵彻速度。Case A 中, 由式 (1.4.12) 和式 (3.4.5) 所得的无量纲初始侵彻速度 U_0/V_0 分别为 0.4916 和 0.4868, 而由式 (3.3.17) 求得的无量纲常侵彻速度 u/V_0 为 0.4216; Case B 中, 这三个无量纲侵彻速度分别为 0.5079、0.5043 和 0.4867。可以看到, 初始侵彻速度的理论值和由近似解 1 得到的初始侵彻速度近似相等, 而由近似解 2 求得的常侵彻速度低于初始侵彻速度, 这与前文分析的结果是一致的。需同时指出的是, 针对 Case B, 近似解 2(即常侵彻速度或平均侵彻速度) 与初始侵彻速度的理论解或近似解 1 接近, 表明其更适合常速度假设。

3.4.3　两组近似解的适用条件

由初始侵彻速度 $U_0 \geqslant 0$, 我们可以得到近似解的速度下限。

在理论解中, 由式 (1.4.12) 可知, 当弹体初始撞击速度 $V_0 \geqslant V_c$ 时, 才有 $U_0 \geqslant 0$, 才能发生半流体侵彻, 即理论解的速度下限为 V_c。

对于近似解 1, 在式 (3.3.8) 中令 $U_0 \geqslant 0$, 此时有 $V_0 = \sqrt{\dfrac{1+\mu}{2\mu}} V_c$。对应高密度弹撞低密度靶有 $\mu < 1$, 故 $\sqrt{\dfrac{1+\mu}{2\mu}} V_c > V_c$, 所以近似解 1 的速度下限为 $V_{\text{low}1} = \sqrt{\dfrac{1+\mu}{2\mu}} V_c$。

同理, 可由式 (3.3.17) 求得近似解 2 速度下限为 $V_{\text{low}2} = \sqrt{\dfrac{\bar{\mu}(1+\mu)}{\mu K}} V_c$。

代入表 3.2.1 中工况参数, 我们可以更直观地看到两组近似解的速度下限与理论解的速度下限的大小关系。Case A 中, 近似解 1 的许用速度下限为 0.65 km/s, 近似解 2 的许用速度下限为 0.67 km/s, 均大于弹尾临界速度 0.58 km/s; Case B 中, 近似解 1 和近似解 2 的许用速度下限分别为 0.80 km/s 和 0.83 km/s, 同样均大于弹尾临界速度 0.72 km/s。

此外，由于近似解 2 隐含了常速度的假定，故其适用条件还包括一个弹体减加速度 $\mathrm{d}v/\mathrm{d}t$ 大小的判据：在弹体初始减加速度较小时，有接近常数的弹尾速度和侵彻速度，近似解 2 适用。所以，只要满足 $V_0 \geqslant V_{\mathrm{low1}}$，近似解 1 即可用；而近似解 2 除满足 $V_0 \geqslant V_{\mathrm{low2}}$ 外，还需满足准定常 (弹尾/侵彻) 速度的假定 (参见本书 4.5 节对减速的分析)。

3.4.4 侵蚀速率

下面分别讨论两组解中的弹体侵蚀速率。由于本章关注的是平头长杆弹，在侵彻过程中截面积保持不变，故弹体长度变化规律与弹体质量变化规律相同。

首先来看近似解 1，由式 (3.3.11) 弹体长度侵蚀速率可表达为

$$\frac{\mathrm{d}l}{\mathrm{d}t} = \frac{\mu}{1+\mu}v + \frac{V_{c*}^2}{2\mu}V_0 \tag{3.4.6}$$

由上式可以看出，在长杆侵彻过程中弹体长度侵蚀速率随弹尾速度的减小而减小。而结合前文分析，若弹体初始长度较大或弹材密度较大，或弹材流动应力较小，则弹体减加速度较小，弹尾速度接近常速，这样弹体长度侵蚀速率趋近常值。

由近似解 2 可以得到一个常弹体长度侵蚀速率

$$\frac{\mathrm{d}l}{\mathrm{d}t} = \frac{KV_0}{2\bar{\mu}} = \frac{\mu KV_0}{2(1-\mu^2)} \tag{3.4.7}$$

上式形式简单且意义明确，在满足近似解 2 适用条件的情况下用此式分析将非常方便。

3.4.5 侵彻效率

最后，基于近似解 2 我们可以继续讨论在长杆侵彻中最常讨论的侵彻效率问题，即无量纲侵彻深度与速度的关系。由式 (3.3.14) 和式 (3.3.16) 可推得

$$\frac{p}{l} = \frac{1}{\mu} - \frac{V_{c*}^2(1+\mu)\bar{\mu}}{\mu^2 K} = \frac{1}{\mu} - \frac{2|R_t - Y_p|(1+\mu)\bar{\mu}}{\mu^2 K \rho_p V_0^2} \tag{3.4.8}$$

上式表达了在准定常侵彻过程中，侵彻深度与侵蚀掉的弹体长度的比值在给定的初始撞击速度下是定值，亦即 p/l 是初始撞击速度 v_0 的函数而与时间 t 无关。同时，由于在 $R_t > Y_p$ 时，弹体最后完全侵蚀，p/l 即是用初始弹体长度无量纲化的侵彻深度 P/L，即

$$\frac{P}{L} = \frac{1}{\mu} - \frac{2(R_t - Y_p)(1+\mu)\bar{\mu}}{\mu^2 K \rho_p V_0^2} \tag{3.4.9}$$

上式表示的无量纲侵彻深度对撞击速度的函数反映在图中为起点在近似解 2 的速度下限 $V_{\text{low2}} = \sqrt{\dfrac{\bar{\mu}(1+\mu)}{\mu K}}V_c$，高速时趋近流体动力学极限 $1/\mu$ 的 S 型侵彻曲线。运用上述公式可绘出钨合金杆撞击钢靶的侵彻深度曲线如图 3.4.1 所示，为讨论弹靶强度对侵彻效率的影响，对钨合金的 Y_p 分别取 1.0 GPa 和 2.0 GPa，而钢靶的 R_t 分别取 3.0 GPa 和 5.0 GPa。

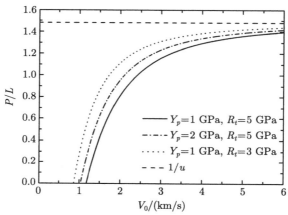

图 3.4.1   钨合金杆以 1.5 km/s 撞击钢靶的无量纲侵彻深度曲线

需要特别说明的是，图 3.4.1 中的无量纲侵深曲线并非起点在 $V_0 = V_c$，而是近似解 2 的许用速度下限 V_{low2}。在 1.0 GPa/5.0 GPa，2.0 GPa/5.0 GPa 和 1.0 GPa/3.0 GPa 三种 Y_p/R_t 弹靶强度组合下，V_{low2} 分别比 V_c 大 71%、74% 和 78%。所以运用式 (3.4.9) 将在低速下带来偏差，若需定量分析还要对其进行进一步修正。

由图 3.4.1 可以观察到下列定性认识：侵彻深度当撞击速度在兵器速度范围 (1.0~2.0 km/s) 内陡峭地上升，并在更高的速度下渐趋于流体动力学极限 $1/\mu$。其次，侵彻深度显著依赖于靶材料强度。对于 Y_p 为 1.0 GPa 的钨合金杆以 1.5 km/s 的撞击速度撞击钢靶，靶强度从 3.0 GPa 提高到 5.0 GPa，导致侵彻深度下降了 50%。按照 Alekseevskii-Tate 模型的预测，在更高的撞击速度下，靶强度 R_t 对侵彻深度的影响逐渐消失。其他不同杆/靶组合的实验结果 (Hohler & Stilp, 1987; Orphal & Franzen, 1997; Orphal et al., 1997; Sternberg & Orphal, 1997; Anderson & Riegel, 2015) 也都表现出相同特征。

不同的是，由前文分析可知，长杆弹材料强度对侵彻深度亦有影响，在靶强度 R_t 取 5.0 GPa 的情况下，Y_p 从 1.0 GPa 提高到 2.0 GPa，导致侵彻深度上升了 46%。然而实验和数值模拟的结果都表明，杆材强度对侵深影响要小得多。

Rosenberg 和 Dekel(2012) 认为，这是由于高强度的弹材导致杆弹后部减加速度大，于是提高杆材料强度可能获得的侵彻深度增加又被增加的减加速度减小了，从而降低了它的侵彻能力。

此外，由式 (3.4.9) 可以看出，长杆弹的侵彻效率 P/L 与长径比 L/D 无关，这是 Alekseevskii-Tate 模型的一维假设条件下的固有特性。然而实验和数值模拟结果显示 (Hohler & Stilp, 1987; Rosenberg & Dekel, 1994; Anderson et al., 1996)，P/L 强烈地依赖于 L/D，尤其在兵器速度范围内，侵彻效率随长径比的增大而显著下降。

由前文分析可知，较多侵彻实验与数值模拟结果都支持式 (3.4.9) 所反映的规律，故运用式 (3.4.9) 对侵彻深度进行定性分析的合理性得到验证。此外，对比可知，基于 Alekseevskii-Tate 模型预测的侵彻深度低于实验数据和数值模拟结果，而且在高撞击速度下的数据点都倾向于越过流体动力学极限。这是因为，Alekseevskii-Tate 模型仅能反应主要侵彻阶段 (准定常阶段)，而那些超过流体动力学极限的额外侵彻深度，来自于侵彻过程的后续阶段以及弹靶材料的可压缩性等。对此，Rosenberg 和 Dekel(2000, 2012)、Anderson 等 (1993)、Anderson 和 Orphal (2003)、Sternberg(1989) 和 Orphal(1997) 均有讨论。

3.5 近似解与一阶摄动解对比

在超高速侵彻中，由于初始撞击速度 V_0 较高，导致 V_{c*}^2 和 $1/\Phi_{Jp}$ 皆为小量，忽略式 (3.3.19) 中的小量可以近似地得到

$$K \approx \tilde{K} = 2\left(1 - \mu\right) \tag{3.5.1}$$

将式 (3.5.1) 中的 $\tilde{K}$ 分别代入式 (3.3.5)、式 (3.3.10)、式 (3.3.11) 和式 (3.3.13) 以替换其中的 K，即可由近似解 1 完全地推导出 Walters 等 (2006) 得到的一阶摄动解：

$$V = 1 + \varepsilon \Theta \ln \Pi \tag{3.5.2}$$

$$U = \frac{1}{1 + \mu} + \frac{\varepsilon}{\mu}\left(\ln \Pi - \alpha\right) \tag{3.5.3}$$

$$\lambda = \Pi + \varepsilon \Theta \left[\Omega \left(1 - \Pi\right) + \Pi \ln \Pi\right] \tag{3.5.4}$$

$$P = \frac{1 - \Pi}{\mu} - \frac{\varepsilon \Theta}{\mu}\left[\left(1 - \Pi\right)\left(\alpha + 1\right) + \Pi \ln \Pi\right] \tag{3.5.5}$$

其中，$V = v/V_0$，$U = u/V_0$，$\lambda = l'/L$，$P = p/L$，$\varepsilon = Y_p/\rho_p V_0^2$，$\Theta = (1 + \mu)/\mu$，$\Pi = 1 - \left(\dfrac{\mu}{1 + \mu}\right)\dfrac{V_0}{L}t$，$\alpha = \dfrac{R_t - Y_p}{Y_p}$，$\Omega = 1 - \dfrac{\alpha}{\mu}$。

反观一阶摄动解我们看到，要使它适用，初始撞击速度 $V_0 \geqslant V_{\text{low1}}$ 是远远不够的。在给定弹靶组合下，初始撞击速度需足够大以便保证式 (3.3.19) 中的 V_{c*}^2 和 $1/\Phi_{Jp}$ 皆为小量。远离了此适用条件，特别是当初始撞击速度较小时，则 V_{c*}^2 趋近于 1 而且 $1/\Phi_{Jp}$ 也不能作为小量，使用一阶摄动解将导致较大的偏差。

至此，我们可以得到结论，Walters 等 (2006) 经过复杂分析和计算而获得的一阶摄动解是本章近似解 1 的特殊形式，而本章分析数学简单，物理明确，获得的公式显式且简单，易于实际应用。

3.6　模型参数分析

由前文分析可知，影响长杆侵彻中各物理量随时间变化规律的主要参量主要包括弹靶材料参数，弹体几何参数及初始撞击速度。以上参量在近似解中主要表现为特征时间 T_0、Johnson 破坏数 Φ_{Jp}、与弹靶密度比相关的 μ 和 $\bar{\mu}$、弹尾相对临界速度 V_{c*} 及无量纲线性系数 K。下面对此开展参数分析。

特征时间 T_0 取决于初始弹体长度 L 和初始撞击速度 V_0，显而易见，弹体越长而初始撞击速度越小，则特征时间越大。由式 (3.3.4)，与特征时间 T_0 直接相关的是长杆侵彻的终态时间 $T(\tilde{T})$，$\tilde{T}$ 正比于 T_0。

μ 和 $\bar{\mu}$ 是与弹靶密度比相关的两个无量纲参量，由 $\mu = \sqrt{\rho_t/\rho_p}$ 和 $\mathrm{d}\bar{\mu}/\mathrm{d}\mu = -(1+1/\mu^2)$ 可得，μ 和 $\bar{\mu}$ 变化趋势相反，弹材密度与靶材密度的比值越大，则 μ 越小而 $\bar{\mu}$ 越大。在式 (3.3.4) ~ 式 (3.3.19) 的众多式中都有 μ 和 (或) $\bar{\mu}$ 的存在，即长杆侵彻的各物理量随时间的变化规律中都包含弹靶密度比，故弹靶密度比在长杆侵彻中是很重要的参数。

Johnson 破坏数 Φ_{Jp} 是表征结构破坏程度的无量纲参量，与初始撞击速度 V_0、弹材密度 ρ_p 和弹材流动应力 Y_p 相关。由式 (3.4.1) ~ 式 (3.4.3)，Johnson 破坏数 Φ_{Jp} 直接影响弹尾减加速度和弹体侵彻减加速度，Johnson 破坏数越大减速越慢。

弹尾相对临界速度 V_{c*} 是弹尾临界速度 V_c 和初始撞击速度 V_0 的比值。V_c 与弹材密度 ρ_p、弹材流动应力 Y_p 和靶体侵彻阻力 R_t 相关，弹靶强度差异越大而弹体密度越小则 V_c 越大。对于给定的弹靶组合 V_c 是个定值，故弹尾相对临界速度 V_{c*} 随初始撞击速度 V_0 的增加而减小。由式 (3.4.4) 和式 (3.4.5) 可得，V_{c*} 通过影响初始侵彻速度 U_0 进而影响弹体侵彻速度 u，对于给定的初始撞击速度，弹靶强度差异越大，V_{c*} 越大，U_0 越小。

由式 (3.3.19) 可知，本书定义的无量纲线性系数 K 是一个包含弹靶密度 ρ_p 和 ρ_t、初始撞击速度 V_0、弹材流动强度 Y_p 及靶板阻力 R_t 的参数。K 值随初始撞击速度增大而减小，其他参数中弹靶密度比对 K 值影响显著。K 在长杆侵彻的各物理量随时间的变化中都有体现, 在近似解 2 中可以明显地看到, 弹体侵蚀长度 (质量) 和侵彻深度均与 K 成正比。

结合表 3.2.1 中 Case A 和 Case B 两组工况, 我们可以对上述参数的量纲作进一步分析。两组工况中弹靶密度差异不大, μ 均为 0.67, 而 $\bar{\mu}$ 均为 0.84。Case A 和 Case B 中, Johnson 破坏数 Φ_{Jp} 分别为 19.58 和 70.4, 弹尾相对临界速度 V_{c*} 分别为 0.39 和 0.36, 无量纲线性系数 K 分别为 0.77 和 0.81。

此外, 由 3.5 节分析可知, Φ_{Jp} 和 V_{c*} 的大小还决定了 Walters 等 (2006) 一阶摄动解的适用性。对比两组工况参数可知, Case B 中 Φ_{Jp} 值更大而 V_{c*} 值更小, 因此在该工况下, 一阶摄动解较为适用。

由式 (3.5.1), 在较高的撞击速度下, 有 $K \approx 2(1-\mu)$, 即可近似认为无量纲线性系数 K 仅与弹靶密度比相关, 而与其他参数无关。这种假设虽然在较低的速度下将产生较大偏差, 但亦基本能反映长杆侵彻中各主要物理量随时间的变化规律, 故在定性分析中是可取的。

在对上述参数的决定因素与影响讨论的基础上, 我们再来审视近似解。由前文分析可知, 在较高初始撞击速度下, 可取 $K \approx \tilde{K} = 2(1-\mu)$, 由此可以简化前文的一些推论。

由式 (3.3.4), 我们可以近似地认为长杆侵彻准定常阶段持续时间为 $T = \dfrac{2\bar{\mu}}{K} T_0$, 此时间正比于特征时间 T_0 和弹靶密度参数 $\bar{\mu}$, 而反比于无量纲线性系数 K。若取 $K = 2(1-\mu)$, 则此作用时间可表示为 $\tilde{T}$

$$\tilde{T} = \frac{1+\mu}{\mu} \cdot T_0 = \left(1 + \frac{1}{\mu}\right) \cdot \frac{L}{V_0} \tag{3.6.1}$$

用上式可以得到一个显而易见的结论: 长杆侵彻准定常阶段持续时间与初始杆长成正比而与初始撞击速度成反比, 且弹靶密度之比 μ 越大则此作用时间越长。

对应表 3.2.1 中 Case A 和 Case B 两组工况, 特征时间 T_0 分别为 54.5 μs 和 250 μs; 由式 (3.3.3) 计算出的侵彻终态时间大约是特征时间的两倍, 分别为 116 μs 和 517 μs, 与理论侵彻时间 113 μs 和 518 μs 非常接近; 由式 (3.3.4) 计算出的近似侵彻终态时间 $\tilde{T}$ 分别为 119 μs 和 519 μs, 亦与理论时间非常接近; 而由式 (3.6.1) 计算出的近似侵彻终态时间 $\tilde{T}$ 分别为 136 μs 和 626 μs。

考虑弹尾减速, 在近似解 1 中若取 $K = 2(1-\mu)$, 则式 (3.4.1) 还可化简为

$$\frac{\mathrm{d}v}{\mathrm{d}t} = \frac{1+\mu}{\mu \Phi_{Jp}} \cdot \frac{V_0}{t - \tilde{T}} = \frac{(1+\mu) Y_p}{\mu \rho_p V_0} \cdot \frac{1}{t - \tilde{T}} \tag{3.6.2}$$

上式可以较清楚地看到, 弹尾减加速度仅主要与初始撞击速度 V_0、初始弹体长度 L (隐含在 $\tilde{T}$ 中)、弹材流动应力 Y_p、弹靶密度 ρ_p 及 ρ_t 有关。其中最显然

地，弹尾减加速度与弹体流动应力成正比。由式 (3.6.2) 我们依然可以得到，对于给定的弹靶组合，弹尾初始加速度为 $\left(\dfrac{\mathrm{d}v}{\mathrm{d}t}\right)_{t=0} = -\dfrac{Y_p}{\rho_p L}$，与式 (3.4.2) 相同，与初始撞击速度 V_0 无关。

最后我们来看弹体长度侵蚀速率。由前文分析可知，近似解 1 中弹体长度侵蚀速率与 K 的取值无关。而在近似解 2 中，若取 $K = 2(1 - \mu)$，则由式 (3.4.7) 有

$$\frac{\mathrm{d}l}{\mathrm{d}t} = \frac{\mu V_0}{1 + \mu} \tag{3.6.3}$$

显然，弹体长度侵蚀速率仅主要与弹靶密度之比 μ 和初始撞击速度 V_0 相关，且与初始撞击速度成正比关系。换言之，弹、靶的强度影响有限。

3.7　算　例　分　析

下面，将近似解、一阶摄动解与理论解 (精确解) 进行对比分析，弹靶参数如表 3.2.1 所示。

图 3.7.1 ~ 图 3.7.3 表示钨合金长杆弹以 1.5 km/s 侵彻半无限厚装甲钢靶 (Case A)；图 3.7.4 ~ 图 3.7.6 为钨合金长杆弹以 2.0 km/s 侵彻半无限厚装甲钢靶 (CaseB)。图 3.7.1 和图 3.7.4 是弹尾速度 v 和侵彻速度 u 随时间 t 的变化曲线；图 3.7.2 和图 3.7.5 为剩余弹体长度 l' 随时间 t 的变化曲线；图 3.7.3 和图 3.7.6 表示侵彻深度 p 随时间 t 的变化曲线。各图中，近似解 1、近似解 2、一阶摄动解和理论解均分别用点画线、虚线、点线和实线表示。

在 Case A 中，理论解的侵彻时间约为 113 μs；近似解 1 和一阶摄动解的侵彻时间分别为 116 μs 和 136 μs。由图 3.7.1 可以看出，本文所得到的近似解 1 在弹尾速度、侵彻速度和侵彻时间上都比一阶摄动解更接近理论值。在侵彻过程尾段，例如 100 μs 时，由近似解 1 和一阶摄动解得到的弹尾速度与理论解的偏差分别为 3.05% 和 9.06%；而近似解 1 和一阶摄动解在侵彻速度上与理论解的偏差分别为 12.12% 和 20.71%。

类似地，由图 3.7.4 可以看出，在 Case B 中，近似解 1 在弹尾速度、侵彻速度和侵彻时间上都非常贴近理论值，而一阶摄动解在时间上与理论解有较大差异。理论解的侵彻时间约为 518 μs，而近似解与一阶摄动解的侵彻时间分别为 517 μs 和 626 μs。在侵彻过程尾段，例如 500 μs 时，由近似解 1 和一阶摄动解得到的弹尾速度与理论解的偏差分别为 0.19% 和 5.07%，而由近似解 1 和一阶摄动解得到的侵彻速度与理论解的偏差分别为 1.63% 和 7.66%。

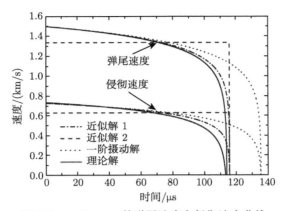

图 3.7.1 Case A 的弹尾速度和侵彻速度曲线

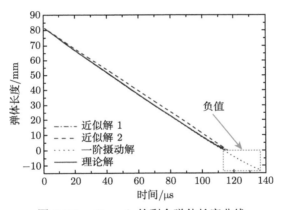

图 3.7.2 Case A 的剩余弹体长度曲线

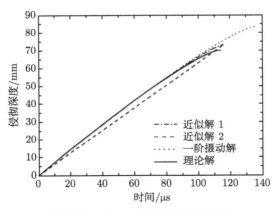

图 3.7.3 Case A 的侵彻深度曲线

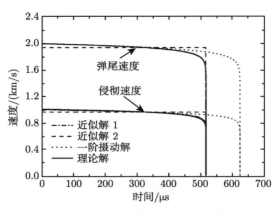

图 3.7.4   Case B 的弹尾速度和侵彻速度曲线

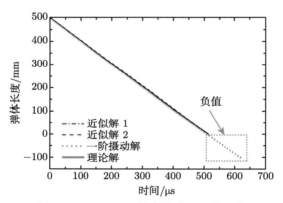

图 3.7.5   Case B 的剩余弹体长度曲线

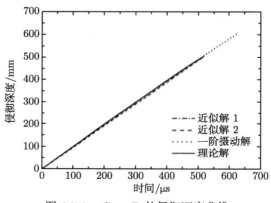

图 3.7.6   Case B 的侵彻深度曲线

综上，对于弹尾速度和侵彻速度，在侵彻之初，近似解 1 和一阶摄动解都与理论解十分吻合，在图中几乎无法分别。两者的差异主要体现在侵彻过程后期，近似解 1 比一阶摄动解更接近 Aleksrecvskii-Tate 模型的理论值。

由图 3.7.1 和图 3.7.4 我们还可看到，近似解 1 与近似解 2 的侵彻时间相等。近似解 2 给出了常侵彻速度和常弹尾速度，下面结合速度的积分意义探讨此常速度。由长杆侵彻的控制方程式 (1.4.11) 可得，侵彻速度关于时间积分，即侵彻速度与时间坐标轴所围成的面积即为侵彻深度。由于无量纲线性系数 K 取值的物理意义，近似解 1 与近似解 2 的最终侵彻深度一致，故上述两个面积相等。由式 (3.2.2) 可得，弹尾速度与侵彻速度的差关于时间的积分，即弹尾速度与侵彻速度之间的面积即为弹体侵蚀长度。同理，由于无量纲线性系数 K 取值使近似解 1 与近似解 2 的最终弹体侵蚀长度一致，故这两个面积相等。由上述积分意义和积分的可加性，近似解 2 的常弹尾速度和常侵彻速度可理解为在长杆侵彻时间内的平均弹尾速度和平均侵彻速度。

由图 3.7.2 可以清楚地看到，式 (3.3.11) 所得近似解 1 的弹体剩余长度与理论值更贴近，而式 (3.3.14) 得到的近似解 2 的弹体剩余长度随时间线性变化的，且在侵彻终点时刻的值与近似解 1 的值相等；在图 3.7.5 中也有类似现象，只是在弹体理论侵彻时间内几条线都十分接近，只能看出一阶摄动解相较其他解在侵彻终点时刻的侵蚀量与理论值差异较大。在 Case A 中，由近似解 1、近似解 2 和一阶摄动解得到的弹体最终侵蚀长度与理论解的偏差分别为 0.61%、0.51% 和 15.91%；在 Case B 中，由近似解 1、近似解 2 和一阶摄动解与理论解的偏差分别为 0.02‰、0.02‰ 和 20.4%。在两个图中都能发现，一阶摄动解在侵彻末端出现了负值的剩余弹体长度，这严重偏离实际情况，故 Walters 等 (2006) 在其论文中截掉了在理论解的侵彻时间之后的数据。

从图 3.7.3 和图 3.7.6 中可以看出，在弹体理论侵彻时间内的各时刻，由式 (3.3.13) 所得的近似解 1 和一阶摄动解得到侵彻深度与理论值都非常接近；而式 (3.3.16) 所得的线性变化的近似解 2 的侵彻深度亦能得到与理论值相近的最终侵彻深度。在图 3.7.3 中，由近似解 1、近似解 2 和一阶摄动解得到的最终侵彻深度与理论解的偏差分别为 4.53%、4.34% 和 19.19%；而在图 3.7.6 中，此偏差分别为 0.31%、0.31% 和 19.79%。

对比图 3.7.1 和图 3.7.4、图 3.7.2 和图 3.7.5，以及图 3.7.3 和图 3.7.6 可以看出，对于弹尾速度、侵彻速度、侵蚀长度和侵蚀深度，近似解 1 和一阶摄动解在侵彻初期都与理论解吻合得非常好；在侵彻过程后期，两者与理论解都有一些差距。在 Case A 中，近似解 1 在各主要物理量上都比一阶摄动解更接近理论解；而在 Case B 中，近似解 1 与理论解非常接近，而一阶摄动解与理论解在侵彻时间上相去甚远。近似解 2 的侵彻时间与近似解 1 相同，给出的常值的弹尾速度和侵彻速度以及随时间线性变化的弹体侵蚀长度和侵彻深度与理论解有一定的偏差，且在 Case B 中偏差较小。

需要指出的是，在侵彻末期，近似解 1 与理论解的偏差可理解为是由于式 (3.3.5) $\sim$ 式 (3.3.13) 中都含有对数项 $\ln\left(1 - \dfrac{K}{2\bar{\mu}} \cdot \dfrac{t}{T_0}\right)$，当 $t = \tilde{T} = \dfrac{2\bar{\mu}}{K} \cdot T_0$ 时数学上有奇点产生。所以，在靠近奇点时，近似解 1 与理论解产生偏差。而在远离奇点处，近似解 1 是较准确的。考虑到其显式性和简洁性，将近似解 1 运用于长杆侵彻的分析是非常合理而有效的。而近似解 2 所阐释的长杆侵彻的规律更加直观而简单，我们可以在讨论其适用条件的基础上用它较快地进行一些定性分析。

3.8　本 章 小 结

本章首先推导了 Aleksevskii-Tate 方程组的理论解，得到了几个主要物理量关于时间的变化规律，这些规律是非显式的，需要借助数值计算软件才能进行分析。通过对理论解中剩余弹体相对长度的对数的简化近似得到了两组近似解，显式且数学表达简单：近似解 1 中弹体速度和侵彻速度随时间对数变化，侵蚀长度、剩余质量和侵彻深度都是在此基础上积分得到的；近似解 2 侵蚀长度、剩余质量和侵彻深度随时间线性变化，微分得到的弹体速度和侵彻速度都是常数。

在此基础上，本章进一步分析得到了关于弹体速度、侵彻速度、侵蚀速率和侵蚀效率的物理意义明确而简单的推论，并讨论了两组近似解的区别和适用范围：近似解 1 只需满足初始撞击速度高于速度下限 $V_0 \geqslant V_{\text{low1}}$ 即可适用；近似解 2 除满足 $V_0 \geqslant V_{\text{low2}}$ 外，还需满足弹体减加速度甚小，即准定常 (弹尾/侵彻) 速度的假定。

同时，在高速下忽略无量纲线性系数 K 中的小量，可以由近似解 1 完全地推导获得 Walters 等 (2006) 给出的一阶摄动解。因此，该一阶摄动解仅是近似解 1 的特殊形式，其成立条件被重新审视。此外，我们还就文中涉及的相关参数作了一般性地讨论并在此基础上简化了一些推论。

结合两个从初始撞击速度到弹靶参数都不同的算例，进一步比较分析了两组近似解和一阶摄动解与理论解的差异。近似解 1 在两组算例中都比一阶摄动解更接近 Aleksevskii-Tate 方程组的理论解，是我们在工程应用中更推荐的一组解；近似解 2 给我们提供了准定常长杆半流体侵彻更加直观的认识，方便我们进行定性分析，且在合适的条件下能提供更快速的工程指导。

值得提醒的是，由于 Aleksevskii-Tate 模型本身的局限性，本章所提出的近似解仅针对长杆侵彻的主要侵彻阶段。因此，运用近似解所得的理论预测与实验和数值结果的偏差不可避免。这是在工程运用中需要特别注意的。

参 考 文 献

Anderson Jr. C E, Littlefield D L, Walker J D. 1993. Long-rod penetration, target re-
    sistance, and hypervelocity impact. International Journal of Impact Engineering,
    14(1-4): 1-12.

Anderson Jr. C E, Orphal D L. 2003. Analysis of the terminal phase of penetration.
    International Journal of Impact Engineering, 29(1-10): 69-80.

Anderson Jr. C E, Riegel Iii J J P. 2015. A penetration model for metallic targets based
    on experimental data. International Journal of Impact Engineering, 80: 24-35.

Behner T, Anderson Jr. C E, Orphal D L, Hohler V, Moll M, Templeton D W. 2008.
    Penetration and failure of lead and borosilicate glass against rod impact. International
    Journal of Impact Engineering, 35(6): 447-456.

Forrestal M J, Piekutowski A J, Luk V K. 1989. Long-rod penetration into simulated
    geological targets at an impact velocity of 3.0 km/s// Proceedings of the 11th Inter-
    national Symposium on Ballistics, Brussels, Belgium.

Hohler V, Stilp A J. 1987. Hypervelocity impact of rod projectiles with L/D from 1 to 32.
    International Journal of Impact Engineering, 5(1-4): 323-331.

Jiao W J, Chen X W. 2018. Approximate solutions of the Alekseevskii-Tate model of
    long-rod penetration. Acta Mechanica Sinica, 34(2): 334-348.

Orphal D L, Anderson Jr. C E, Behner T, Templeton D W. 2009. Failure and penetration
    response of borosilicate glass during multiple short-rod impact. International Journal
    of Impact Engineering, 36(10-11): 1173-1181.

Orphal D L, Franzen R R, Charters A C, Menna T L, Piekutowski A J. 1997. Penetration
    of confined boron carbide targets by tungsten long rods at impact velocities from 1.5
    to 5.0 km/s. International Journal of Impact Engineering, 19(1): 15-29.

Orphal D L, Franzen R R, Piekutowski A J, Forrestal M J. 1996. Penetration of confined
    aluminum nitride targets by tungsten long rods at 1.5-4.5 km/s. International Journal
    of Impact Engineering, 18(4): 355-368.

Orphal D L, Franzen R R. 1997. Penetration of confined silicon carbide targets by tungsten
    long rods at impact velocities from 1.5 to 4.6 km/s. International Journal of Impact
    Engineering, 19(1): 1-13.

Orphal D L. 1997. Phase three penetration. International Journal of Impact Engineering,
    20(6-10): 601-616.

Rosenberg Z, Dekel E. 1994. The relation between the penetration capability of long rods
    and their length to diameter ratio. International Journal of Impact Engineering, 15(2):
    125-129.

Rosenberg Z, Dekel E. 2000. Further examination of long rod penetration: the role of
    penetrator strength at hypervelocity impacts. International Journal of Impact Engi-
    neering, 24(1): 85-102.

Rosenberg Z, Dekel E. 2012. Terminal Ballistics. Berlin Heidelberg: Springer.

Segletes S B, Walters W P. 2003. Extensions to the exact solution of the long-rod penetration/erosion equations. International Journal of Impact Engineering, 28(4): 363-376.

Subramanian R, Bless S J, Cazamias J, Berry D. 1995. Reverse impact experiments against tungsten rods and results for aluminum penetration between 1.5 and 4.2 km/s. International Journal of Impact Engineering, 17(4-6): 817-824.

Subramanian R, Bless S J. 1995. Penetration of semi-infinite AD995 alumina targets by tungsten long rod penetrators from 1.5 to 3.5 km/s. International Journal of Impact Engineering, 17(4-6): 807-816.

Tate A. 1967. A theory for the deceleration of long rods after impact. Journal of the Mechanics & Physics of Solids, 15(6): 387-399.

Tate A. 1969. Further results in the theory of long rod penetration. Journal of the Mechanics & Physics of Solids, 17(3): 141-150.

Walker D, Anderson Jr. C E. 1991. The Wilkins' computational ceramic model for CTH. SwRI Report, 4391(002).

Walters W P, Segletes S B. 1991. An exact solution of the long rod penetration equations. International Journal of Impact Engineering, 11(2): 225-231.

Walters W, Williams C, Normandia M. 2006. An explicit solution of the Alekseevski-Tate penetration equations. International Journal of Impact Engineering, 33(1-12): 837-846.

第 4 章 长杆高速侵彻的速度关系与控制参量

4.1 引　　言

近期对于长杆高速侵彻实验中，平均侵彻速度 $\bar{U}$ 与初始撞击速度 V_0 的线性关系比较突出。Subramanian 和 Bless(1995) 在钨长杆 1.5~3.5 km/s 速度范围内侵彻半无限厚 AD995(氧化铝) 陶瓷靶的实验中最早报道了这一现象，此后 Orphal 等 (Orphal et al., 1996, 1997; Orphal & Franzen, 1997) 开展的钨长杆侵彻不同陶瓷靶的一系列实验也发现了速度线性关系。除了钨长杆和陶瓷靶的组合，其他弹靶组合的实验 (Subramanian & Bless, 1995; Behner et al., 2006, 2008; Orphal et al., 2009) 亦存在同样的现象。Orphal 和 Anderson(2006) 对速度线性关系进行了细致分析，并结合数值模拟研究了更多弹靶组合下的速度线性关系。

对于实验和模拟中表现出的上述速度线性关系，目前尚未给出较为合理的理论解释。Orphal 和 Anderson(2006) 仅粗略地比较了线性系数与流体动力学模型参数之间的差异，缺乏对机理的深入分析。同时，由于流体动力学模型未考虑材料强度的影响，对于长杆侵彻问题的预测能力远低于 Alekseevskii-Tate 模型。然而，由于 Alekseevskii-Tate 模型的非线性，不能得到瞬时侵彻速度随时间变化的显示表达式，因而无法得出平均侵彻速度与初始撞击速度的关系。因此，本章借助第 3 章推导出的 Alekseevskii-Tate 模型近似解，对实验数据和模拟结果进行深入分析，给出 $\bar{U}$-V_0 线性关系的理论解释 (Jiao & Chen, 2019)。

长杆高速侵彻过程中，弹靶作用力与速度不会发生显著变化，故可认为是准定常状态。不少研究者观察并讨论了侵彻过程与定常状态之间的差异 (Anderson et al., 1993; Orphal & Anderson, 2006; Anderson & Orphal, 2008)。实际上，该差异的主要因素即是长杆高速侵彻过程中的速度衰减，通过定义一个减速指标 α，给出量化的衰减程度和不同侵彻状态的判据。进一步提出，Johnson 破坏数 Φ_{Jp} 和特征时间系数 β(或 α 和 β)，共同控制并完全表征着长杆高速侵彻的弹尾速度变化；若进一步引入长杆弹相对临界速度 V_{c*}，三个无量纲数就可完全表征长杆侵彻的准定常阶段，对实验设计具有重要的指导意义 (Jiao & Chen, 2019; 尹志勇和陈小伟, 2021)。

4.2   长杆高速侵彻中的 $\bar{U}$-V_0 线性关系

4.2.1   实验数据与模拟结果

在逆向弹道实验中,加速靶体反向撞击弹体,通过记录靶体和弹体的位置与对应的时间,即可得到一条 p-t (瞬时侵彻深度—时间) 曲线。根据 Orphal 等 (Orphal et al., 1996, 1997; Orphal & Franzen, 1997) 的实验观测,p-t 曲线非常接近通过坐标原点的直线,曲线斜率所代表的侵彻速度 u 可视为常数。因此,通过对 p-t 曲线的线性拟合即可得到平均侵彻速度 $\bar{U}$,进而得到初始侵彻速度 V_0 与平均侵彻速度 $\bar{U}$ 之间的关系。

采用逆向弹道技术和多组闪光 X 摄影,Subramanian 和 Bless(1995) 加速半无限厚 AD995 陶瓷并撞向 $L/D = 20$ 的钨长杆,发现在 1.5~3.5 km/s 的速度范围内平均侵彻速度与初始撞击速度呈线性关系。同时,钨长杆侵彻铝靶的实验 (Subramanian et al., 1995) 得到了同样的速度线性关系。Orphal 等 (Orphal et al., 1996, 1997; Orphal & Franzen, 1997) 开展了钨长杆侵彻 AlN、SiC 和 B$_4$C 陶瓷靶的一系列实验,不同陶瓷靶材料均表现出相似的速度线性关系。Behner 等 (2006) 采用强度较小的金杆在更大的速度范围内侵彻 SiC 陶瓷靶,进一步证实了速度线性关系现象。此外,Behner 等 (2008) 和 Orphal 等 (2009) 在研究玻璃靶抗侵彻性能的实验中也报道了速度线性现象。

因此,长杆高速侵彻实验观测到的平均侵彻速度 $\bar{U}$ 与初始撞击速度 V_0 的线性关系可表述为

$$\bar{U} = a + bV_0 \tag{4.2.1}$$

式中,a 和 b 为两个由弹靶材料决定的常数。

表 4.2.1 汇总了目前公开报道的侵彻实验中的速度线性关系,这些实验涵盖了多种弹靶组合 (金属/陶瓷、金属/金属、金属/玻璃) 和较宽的速度范围。然而受限于闪光 X 射线技术的能力,实验均采用高密度弹侵彻低密度靶。需要说明的是,作为弹体材料的金和铜的强度相对较小,因而被近似认为是零强度。此外,Orphal 等 (1997) 和 Behner 等 (2008) 的实验采用了两种弹体长度,而其他实验均采用单一弹体长度。

此外,Orphal 和 Anderson(2006) 采用数值模拟分析了更多弹靶组合和更宽速度范围内的速度线性关系。模拟所得的速度线性关系如表 4.2.2 所列,不同于实验数据,模拟结果中线性系数 a 和 b 差异较大。

表 4.2.1　侵彻实验中的速度线性关系

弹材/靶材	L/mm	ρ_p/(g/cm³)	ρ_t/(g/cm³)	Y_p/GPa	R_t/GPa	$\bar{R}_t$/GPa	$\bar{U}=a+bV_0$	V_0/(km/s)	参考文献
钨/Al₂O₃ 陶瓷 (AD995)	15.2	19.3	3.89	2.0	7.0~9.0	8.0	$\bar{U}=-0.742+0.836V_0$	1.5~3.5	Subramanian & Bless, 1995
钨/6061-T651 铝	15.24	19.3	2.70	—	—	—	$\bar{U}=-0.211+0.778V_0$	1.5~4.2	Subramanian et al., 1995
钨/AlN 陶瓷	15.24	19.3	3.25	2.0	5.0~9.0	7.0	$\bar{U}=-0.524+0.792V_0$	1.5~4.5	Orphal et al., 1996
钨/SiC-B 陶瓷	15.24	19.3	3.22	2.0	5.0~9.0	7.0	$\bar{U}=-0.510+0.781V_0$	1.5~4.6	Orphal & Franzen, 1997
钨/B₄C 陶瓷	15.24/20.4	19.3	2.51	2.0	5.0~9.0	7.0	$\bar{U}=-0.406+0.757V_0$	1.5~5.0	Orphal et al., 1997
金/SiC-N 陶瓷	50	19.3	3.21	0	10~16	13	$\bar{U}=-0.584+0.755V_0$	2.0~6.2	Behner et al., 2006
金/铝玻璃 (DEDF)	50/70	19.3	5.19	0	0.75~3.45	2.10	$\bar{U}=-0.129+0.661V_0$	0.6~2.8	Behner et al., 2008
金/BS 玻璃	50/70	19.3	2.20	0	1.10~3.70	2.40	$\bar{U}=-0.216+0.754V_0$	0.4~2.4	Behner et al., 2008
铜/BS 玻璃	13.5	8.9	2.20	0	1.53~3.04	2.29	$\bar{U}=-0.437+0.749V_0$	1.0~2.0	Orphal et al., 2009

表 4.2.2　　数值模拟中的速度线性关系 (Orphal & Anderson, 2006)

弹材/靶材	$\rho_p/(\text{g/cm}^3)$	$\rho_t/(\text{g/cm}^3)$	$\bar{U} = a + bV_0$	$V_0/(\text{km/s})$
水/水	1.0	1.0	$\bar{U} = 0.000 + 0.500V_0$	2.0~8.0
金 (无强度)/金 (无强度)	19.3	19.3	$\bar{U} = 0.000 + 0.500V_0$	2.0~8.0
6061-T6 铝/4340 钢	2.7	7.85	$\bar{U} = -0.454 + 0.423V_0$	3.0~8.0
4340 钢/钨合金	7.85	18.6	$\bar{U} = -0.264 + 0.424V_0$	2.0~8.0
钨合金/4340 钢	17.4	7.85	$\bar{U} = -0.153 + 0.628V_0$	2.0~4.5
6061-T6 铝/钨合金	2.7	18.6	$\bar{U} = -0.476 + 0.335V_0$	3.0~8.0
金/水	19.3	1.0	$\bar{U} = 0.070 + 0.804V_0$	2.0~8.0
6061-T6 铝/金	2.7	19.3	$\bar{U} = 0.021 + 0.269V_0$	2.0~8.0

需要特别指出的是，主要侵彻阶段中弹尾速度和侵彻速度变化十分缓慢，故该阶段侵彻过程可采用平均侵彻速度 $\bar{U}$ 近似表征。实际上，主要侵彻阶段内压力水平和侵彻速度均接近常数 (Christman & Gehring, 1966; Rosenberg & Dekel, 2012)，即为准定常状态 (Quasi-steady State)。特别地，当弹体无强度时侵彻过程可视为定常状态 (Steady State)。4.5 节将定义长杆侵彻过程与定常状态之间的偏差并讨论其对 $\bar{U}$-V_0 的影响。

此外，由于初始瞬态阶段和次要侵彻阶段的影响，整个侵彻过程中侵彻速度变化十分显著，采用直接弹道实验所得的最终侵彻深度反向推导平均侵彻速度来研究 $\bar{U}$-V_0 关系是没有意义的。因此，$\bar{U}$-V_0 关系的研究必须限定在主要侵彻阶段。实验中应选择大长径比弹体以保证侵彻主要发生在主要侵彻阶段，削弱初始瞬态阶段和次要侵彻阶段的影响。

4.2.2　基于流体动力学模型的理论分析

流体动力学模型是最早用来分析金属射流和长杆高速侵彻的理论模型。由于弹和靶在高速作用时产生极高压力，该模型假设可忽略弹靶材料的强度影响，采用 Bernoulli 方程来描述侵彻过程中弹/靶界面两端的压力平衡关系，如式 (1.4.1) 所示。值得说明的是，式中 V 和 U 分别为瞬时撞击速度和瞬时侵彻速度。

由于流体动力学模型忽略强度影响的假设，侵彻速度和撞击速度将不会发生变化，即 $u = \bar{U}$, $v = V_0$，因此侵彻过程为定常过程。由此，式 (1.4.2) 可以进一步表示为

$$\bar{U} = \frac{V_0}{1 + \mu} \tag{4.2.2}$$

上式即给出了平均侵彻速度与初始撞击速度的关系。将式 (4.2.1) 代入式 (4.2.1)，可得 $a = 0$，$b = (1 + \mu)^{-1} \equiv b_{\text{hydro}} \equiv b_h$($b_h$ 为流体动力学曲线 $\bar{U} = b_h V_0$ 的斜率)。即流体动力学模型可以视作是速度线性关系的一种特殊形式。

对比表 4.2.1 和表 4.2.2 中系数 a 和 b 与流体动力学模型的线性系数 b_h 可以发现,除表 4.2.2 的最后两组弹靶组合外,均符合 $a \leqslant 0$、$b \geqslant b_h > 0$。实际上,由式 (4.2.1) 可得,$\bar{U} = 0$ 时 $V_0 = -a/b \geqslant 0$,即弹体需具备足够大的初始撞击速度才能侵彻入靶体。因此,$a \leqslant 0$、$b > 0$ 是符合物理实际的。同时,$b > b_h$ 意味着 $\bar{U}$-V_0 曲线从下方接近流体动力学曲线 $\bar{U} = b_h V_0$。相反地,对于金杆侵彻水和铝杆侵彻金靶两组弹靶组合,存在 $a > 0$、$b_h > b > 0$,$\bar{U}$-V_0 曲线从上方接近流体动力学曲线 $\bar{U} = b_h V_0$。由于 $V_0 = 0$ 时 $\bar{U} > 0$,这显然违背物理事实。Orphal 和 Anderson(2006) 发现,上述两组弹靶组合中弹体强度均远大于靶体强度,然而其物理原因尚未被解释。

流体动力学模型忽略强度的影响,然而对于实际的侵彻过程,特别是在较低的速度下,强度的影响不可忽略。图 4.2.1 对比了不同弹靶组合的实验数据和流体动力学模型预测 (式 (4.2.2)),其中实心散点表示实验数据,点画线表示模型预测结果。从图中可以观察到,对于不同的弹靶组合,实验数据与模型预测之间存在不同程度的差距。其中,钨杆侵彻 Al_2O_3 (AD995) 陶瓷靶的差距相对较大,而钨杆侵彻 6061-T651 Al 靶的差距相对较小。同时,钨杆侵彻 SiC-B 陶瓷靶与金杆侵彻 SiC-N 陶瓷靶两组实验数据可知:两种弹靶组合具有相同的弹/靶密度比,故两者具有相同的流体动力学曲线 $\bar{U} = b_h V_0$;然而由于两组弹靶组合的材料强度不同,导致两者的 $\bar{U}$-V_0 曲线实际上存在明显差异。

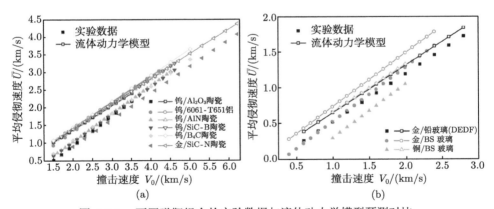

图 4.2.1　不同弹靶组合的实验数据与流体动力学模型预测对比

因此,线性系数 a 和 b 应与弹靶材料强度相关,采用忽略强度影响的流体动力学模型只能粗略地定性分析,准确解释甚至预测 $\bar{U}$-V_0 关系需采用其他更复杂的理论模型。

4.3　基于 Alekseevskii-Tate 模型的理论分析

流体动力学理论忽略弹靶材料强度影响的假设使其不能较好地解释长杆弹高速侵彻中的速度线性关系，故采用考虑强度的 Alekseevskii-Tate 模型对此现象作进一步的理论分析。

Alekseevskii-Tate 模型的控制方程及其有效性已在 1.4.2 节论述，需要强调的是，控制方程式 (1.4.8)~ 式 (1.4.11) 描述的是长杆高速侵彻的主要侵彻阶段，其中 u 和 v 分别表示瞬时侵彻速度与瞬时弹体速度。

因此，式 (1.4.12) 给出的 u-v 关系是瞬时速度之间的关系，而实验报道的速度线性关系实际上是主要侵彻阶段平均侵彻速度 $\bar{U}$ 与初始撞击速度 V_0 的关系。实际上，将式 (1.4.12) 中的瞬时撞击速度 v 替换为初始撞击速度 V_0，则瞬时侵彻速度 u 也应对应地替换为初始侵彻速度 U_0。因此，初始速度之间的关系 U_0-V_0 即可表示为

$$U_0 = \frac{V_0 - \sqrt{\mu^2 V_0^2 + (1 - \mu^2) V_c^2}}{1 - \mu^2} \tag{4.3.1}$$

然而，由于主要侵彻阶段内瞬时速度 u 和 v 均存在衰减，实验报道中的 $\bar{U}$-V_0 关系不能完全等同于式 (4.3.1) 给出的 U_0-V_0 关系。

主要侵彻阶段平均侵彻速度 $\bar{U}$ 可由 u 对时间积分再对主要侵彻阶段总历时 T 平均获得，即

$$\bar{U} = \int_0^T u \mathrm{d}t / T \tag{4.3.2}$$

然而，由于 Alekseevskii-Tate 模型控制方程式 (1.4.8)~ 式 (1.4.11) 的非线性，无法得到 $u(t)$ 的解析表达式，导致式 (4.3.2) 亦没有解析表达式。因此，应用 Alekseevskii-Tate 模型分析 $\bar{U}$-V_0 关系需借助数值计算手段。

为对比验证上述理论预测结果，这里选用了表 4.2.1 所列多组实验数据。需要说明的是，靶体阻力 R_t 将随初始撞击速度 V_0 的变化而变化。这里为简化讨论，忽略上述变化，取 R_t 的中间值，即表 4.2.1 所列的 $\bar{R}_t$。由于钨杆侵彻 6061-T651 铝靶的实验未给出推荐的 Y_p 和 R_t 值，这里未选用该组实验数据。

图 4.3.1 对比了不同弹靶组合的长杆侵彻实验数据与不同理论模型预测结果，其中实验数据 (实心方块) 满足速度线性关系式 (4.2.2)，流体动力学模型预测结果 (黑色点画线) 由式 (4.2.2) 给出。此外，Alekseevskii-Tate 模型预测结果由两组速度关系分别表示：显式的 U_0-V_0 关系 (蓝色点画线) 由式 (4.3.1) 给出，而隐式的 $\bar{U}$-V_0 关系 (红色点画线) 需结合式 (1.4.8)~ 式 (1.4.11) 和式 (4.3.2) 并通

过数值计算得到。此外，由绿色点画线表示的显式 $\bar{U}$-V_0 关系将在 4.4 节中推导并分析。

通过对比可以看出，对于不同弹靶组合，流体动力学模型预测与实验结果均存在明显差距，Alekseevskii-Tate 模型预测的 U_0-V_0 关系和 $\bar{U}$-V_0 关系与实验结果比较接近。在前四个算例中，U_0-V_0 曲线在整个撞击速度范围内均位于 $\bar{U}$-V_0 曲线上方，低速下两者差距更大；在后四个算例中，U_0-V_0 和 $\bar{U}$-V_0 两条曲线重合。

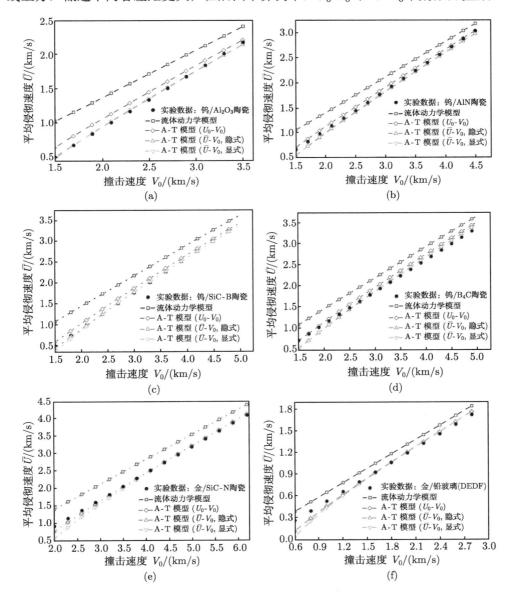

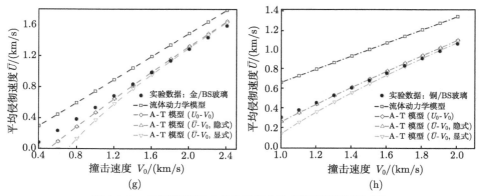

图 4.3.1　不同弹靶组合的实验数据与不同模型预测对比

需要再次强调的是，$\bar{U}\text{-}V_0$ 关系更符合实验数据的物理意义，然而由于 Alekseevskii-Tate 模型的非线性，无法得到其解析表达式。因此，一些研究者采用具有解析表达式的 $U_0\text{-}V_0$ 关系 (式 (4.3.1)) 来解释实验数据实为一种近似的方法。实际上，主要侵彻阶段内瞬时侵彻速度 u 的衰减导致平均侵彻速度 $\bar{U}$ 低于初始侵彻速度 U_0，因此 $U_0\text{-}V_0$ 关系和 $\bar{U}\text{-}V_0$ 关系的差异程度由 u 的衰减决定。特别地，在图 4.3.1 的后四组算例中，弹体强度为零，故无减速作用，因此 $U_0\text{-}V_0$ 和 $\bar{U}\text{-}V_0$ 两条曲线重合。后面将进一步分析速度衰减的决定因素和影响，以分析采用由式 (4.3.1) 给出的 $U_0\text{-}V_0$ 关系近似地解释和预测实验数据所反映的 $\bar{U}\text{-}V_0$ 关系的合理性。

由于强度项 R_t 的取值通过实验所得 $U_0\text{-}V_0$ 关系和 Alekseevskii-Tate 模型共同确定，为消除循环论证之嫌，需进一步讨论本节理论预测的 $\bar{U}\text{-}V_0$ 关系与实验结果之间吻合情况的独立性。实际上，在本书基于 Alekseevskii-Tate 模型预测的 $\bar{U}\text{-}V_0$ 关系中，采用平均靶体强度 $\bar{R}_t$ 来削弱理论预测的 $\bar{U}\text{-}V_0$ 关系与 R_t 取值之间的相关性。图 4.3.2 显示了理论预测 $\bar{U}\text{-}V_0$ 与 R_t 取值之间的相关性。在各组算

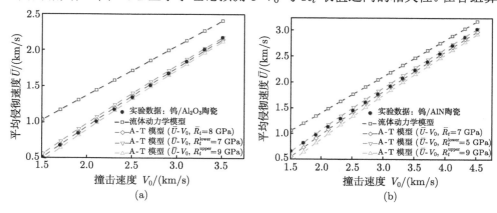

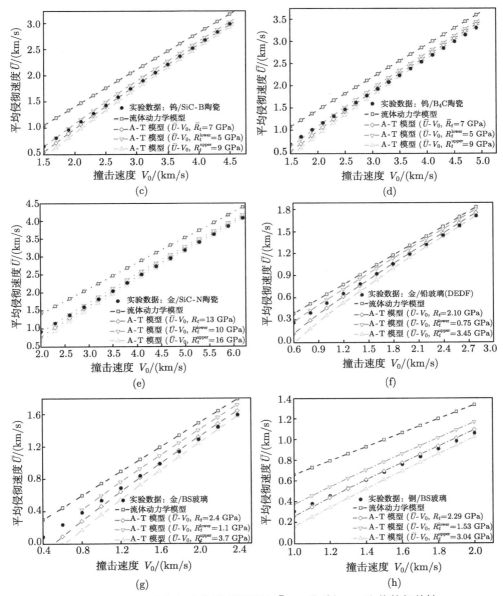

图 4.3.2　不同弹靶组合中模型预测的 $\bar{U}$-V_0 关系与 R_t 取值的相关性

例中, 取 $R_t = R_t^{\text{lower}}$ 时理论预测的 $\bar{U}$-V_0 曲线更接近高速下的实验结果, 而取 $R_t = R_t^{\text{upper}}$ 时曲线更接近低速下的实验结果。因此, $R_t = \bar{R}_t$ 可作为一种合理的靶体强度近似取值。同时, 虽然 R_t 取值对理论预测 $\bar{U}$-V_0 曲线和实验结果之间差距的影响对于各组算例各不相同, 但所有算例均能表现出 Alekseevskii-Tate 模型预测比流体动力学模型预测更接近，该现象在低速下尤甚。

4.4 Alekseevskii-Tate 模型近似解与 $\bar{U}$-V_0 关系

由于 Alekseevskii-Tate 模型控制方程的非线性，无法得到弹尾速度、侵彻速度、弹体长度和侵彻深度等瞬时物理量随时间的解析表达式，只能通过数值求解。第 3 章中，Jiao 和 Chen(2018) 在对 Alekseevskii-Tate 模型中剩余弹体相对长度的对数表达式 $\ln(l'/L)$ 进行线性近似的基础上，获得了两组显式的理论解析解。近似解给出了 $u(t)$ 的解析表达式，解决了由 Alekseevskii-Tate 模型控制方程非线性带来的无法获得 $\bar{U}$-V_0 关系解析表达的问题。

将式 (3.3.10) 代入式 (4.3.2)，即可由近似解 1 得到长杆高速侵彻的 $\bar{U}$-V_0 关系：

$$\bar{U} = \left(\frac{1}{1+\mu} - \frac{2(1-\mu)}{\mu \Phi_{Jp} K} \right) V_0 - \frac{V_c^2}{2\mu} V_0^{-1} \tag{4.4.1}$$

同时，由于近似解 2 本身即具有平均速度的概念，可由式 (3.3.17) 直接得到 $\bar{U}$-V_0 关系：

$$\bar{U} = \frac{K}{2(1-\mu^2)} V_0 - \frac{(1+\mu) V_c^2}{2\mu^2} V_0^{-1} \tag{4.4.2}$$

因此，对应两组近似解，我们分别得到了两组 $\bar{U}$-V_0 关系的解析表达式 (4.4.1) 和式 (4.4.2)。

实际上，由于无量纲系数 K 的取值依据，近似解 1 和 2 在终态时刻 $t = \tilde{T}$ 时具有相同的侵彻深度。由式 (1.4.11) 和式 (4.3.2)，相同初始撞击速度下，近似解 1 和近似解 2 应具有相同的平均侵彻速度。因此，式 (4.4.1) 和式 (4.4.2) 等价，该结论可通过将式 (3.3.19) 分别代入两式验证。

至此，基于 Alekseevskii-Tate 模型的两组近似解，我们得到了相同的 $\bar{U}$-V_0 关系。为分析上述公式的准确性和合理性，这里选用表 4.2.1 所列的实验数据进行算例分析。由式 (4.4.1) 或式 (4.4.2) 给出的显式 $\bar{U}$-V_0 关系在图 4.3.1 中以绿色点画线表示。由图 4.3.1 可以看出，由近似解推导出的显式 $\bar{U}$-V_0 关系与数值计算得出的隐式 $\bar{U}$-V_0 关系 (红色点画线) 在几乎所有算例中均十分吻合，两者仅在最后两组算例中的低速情况下出现明显偏差。因此，式 (4.4.1) 或式 (4.4.2) 能较准确地近似给出 Alekseevskii-Tate 模型预测的 $\bar{U}$-V_0 关系，采用上述解析表达式对实验报道的 $\bar{U}$-V_0 关系进行理论分析是合理的。

式 (4.4.1) 和式 (4.4.2) 中均有无量纲线性系数 K。在较高的初始撞击速度下，无量纲线性系数 K 表达式中的小量可忽略，可利用式 (3.5.1) 对式 (4.4.1) 进行简化，得到更简单的 $\bar{U}$-V_0 关系：

$$\bar{U} = \frac{1}{1+\mu}V_0 - \frac{R_t}{\mu\rho_p}V_0^{-1} \tag{4.4.3}$$

式中，平均侵彻速度 $\bar{U}$ 表示为初始撞击速度 V_0 的一次项与负一次项之和。同时，V_0 一次项系数为 $(1+\mu)^{-1}$，与流体动力学模型线性系数 b_h 相等，此项即为流体动力学项；V_0 负一次项系数包含靶强度 R_t，故此项为强度项。因此，式 (4.4.3) 将平均侵彻速度 $\bar{U}$ 表示为流体动力学项与强度项之和。

随着初始撞击速度的增加，流体动力学项增大而强度项减小，后者占比下降。在极高的速度下，强度项可以忽略，式 (4.4.3) 将退化为的流体动力学模型给出的 $\bar{U}$-V_0 关系式 (4.2.2)。上述特征与图 4.3.1 相对应——Alekseevskii-Tate 模型预测在高速下接近流体动力学模型预测，同时 Alekseevskii-Tate 模型在高达 6 km/s 的速度下仍适用。

由图 4.3.1 还可以发现，无论是式 (4.4.1) 和式 (4.4.2)，还是更简单的式 (4.4.3)，均表现出近似线性的 $\bar{U}$-V_0 关系，这与他们的方程形式均为 $\bar{U} = aV_0 - bV_0^{-1}$ 相关。实际上，V_0 的负一次项小于一次项，尤其是在较高的初始撞击速度下，两者差异明显，因而更接近线性。以式 (4.4.3) 为例，V_0 的负一次项与一次项之比为：$\lambda = \frac{R_t}{\mu\rho_p}V_0^{-1}/\frac{1}{1+\mu}V_0 = \frac{(1+\mu)R_t}{\mu\rho_p V_0^2}$。代入 Orphal 和 Franzen(1997) 的实验参数（钨合金长杆侵彻 SiC 陶瓷靶），在 1.5~4.6 km/s 的初始撞击速度范围内，两项之比 $0.059 \leqslant \lambda \leqslant 0.556$。在最大初始撞击速度 $V_0 = V_{0\,\max}$ 处，λ 值很小，可对式 (4.4.3) 进行一阶泰勒展开得

$$\bar{U} = \left(\frac{1}{1+\mu} + \frac{R_t}{\mu\rho_p V_{0\,\max}^2}\right)V_0 - \frac{2R_t}{\mu\rho_p V_{0\,\max}} \tag{4.4.4}$$

上式即给出了 Alekseevskii-Tate 模型预测的 $\bar{U}$-V_0 线性关系。该式与实验报道的线性关系 $\bar{U} = a + bV_0$ 具有相同的形式，其中，

$$a = -2R_t/\mu\rho_p V_{0\,\max}, \quad b = 1/(1+\mu) + R_t/\mu\rho_p V_{0\,\max}^2 \tag{4.4.5}$$

式中，$a < 0$，$b > b_h = 1/(1+\mu)$，与表 4.2.1 和表 4.2.2 所示的实验和模拟数据一致。其中，$a < 0$ 导致 Alekseevskii-Tate 模型预测的 $\bar{U}$-V_0 曲线在流体动力学曲线的基础上整体向下移动，$b > b_h$ 导致曲线斜率高于流体动力学曲线。在图 4.3.1 中能对应地观察到上述曲线特征。此外，由 (4.4.4) 和式 (4.4.5) 还可看出，上述变化主要受靶体阻力的影响。

　　为进一步验证式 (4.4.4) 的准确性，这里再次使用表 4.2.1 所列的多组弹靶组合的实验数据。实验数据和 Alekseevskii-Tate 模型预测 (式 (4.4.4)) 的对比结果如图 4.4.1 所示，其中实心散点表示实验数据，点画线表示模型预测结果。

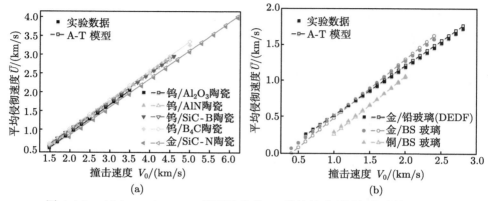

图 4.4.1　Alekseevskii-Tate 模型显式 $\bar{U}$-V_0 线性关系预测与实验数据对比

　　由图 4.4.1 可以看出，对于不同的弹靶组合，式 (4.4.4) 给出的 Alekseevskii-Tate 模型预测与实验报道的线性关系 $\bar{U} = a + bV_0$ 均非常接近。对比图 4.4.1 和图 4.2.1 可知，与流体动力学模型相比，采用 Alekseevskii-Tate 模型能更准确地分析和预测实验结果。特别地，对比钨杆侵彻 SiC-B 陶瓷靶与金杆侵彻 SiC-N 陶瓷靶两组弹/靶密度比相同强度不同的弹靶组合可发现：式 (4.4.4) 的预测结果表现出了两者明显的差异性，与实验结果一致；而流体动力学模型预测 (式 (4.2.2)) 未能反映两者的差异。由前面分析可知，这是由于流体动力学模型未考虑材料强度所导致的。

　　因此，式 (4.4.4) 给出的 $\bar{U}$-V_0 线性关系揭示了实验和模拟结果中的速度线性关系的物理实质，同时兼具定性分析和工程预测能力。

4.5　长杆高速侵彻的减速分析

　　长杆高速侵彻是准定常过程，侵彻速度与弹尾速度在侵彻过程中存在衰减。下面对速度衰减展开细致分析和深入讨论。

4.5.1　瞬时速度衰减速率

　　由于近似解给出了瞬时速度关于时间的显示表达，我们可以进一步分析长杆高速侵彻过程中的速度衰减。

　　在 3.4.1 节和 3.4.2 节中，我们讨论了瞬时弹尾速度和瞬时侵彻速度的衰减速率,得到如下推论:弹尾速度的衰减速率在侵彻过程中逐渐增加,在接近终点时趋近无穷大 (式 (3.4.1));弹尾速度的初始衰减速率仅与弹体强度、密度和长度相关 (式 (3.4.2));瞬时侵彻速度衰减率正比于瞬时弹尾速度衰减率,两者在侵彻过程中具有相同变化规律 (式 (3.4.3))。此外,由式 (3.4.2) 和式 (3.4.3) 还可推导得到瞬时侵彻速度的初始衰减速率:

$$\left.\frac{\mathrm{d}u}{\mathrm{d}t}\right|_{t=0} = -\frac{Y_p}{(1+\mu)\,\rho_p L} \tag{4.5.1}$$

上式说明瞬时侵彻速度的初始衰减速率除与弹体强度、密度和长度相关外,还与靶体密度有关。

由图 3.7.1 和图 3.7.2 可以看出,两组算例中瞬时弹尾速度和瞬时侵彻速度的衰减速率随着时间的增加而增大,且在接近终点时出现陡峭的下降沿,上述观察符合式 (3.4.1) 和式 (3.4.4) 的描述。Case A 中瞬时弹尾速度和瞬时侵彻速度的初始衰减率分别为 1406.9 km/s² 和 842.7 km/s²,Case B 中两者分别为 113.6 km/s² 和 68.2 km/s²。因此,在初始时刻,Case A 的瞬时弹尾速度和瞬时侵彻速度的衰减均比 Case B 更快。

4.5.2 长杆高速侵彻过程的速度衰减程度

值得注意的是,由式 (3.4.2) 和式 (4.5.1) 分别给出的瞬时弹尾速度和瞬时侵彻速度在初始时刻的衰减速率 $\mathrm{d}v/\mathrm{d}t|_{t=0}$ 和 $\mathrm{d}u/\mathrm{d}t|_{t=0}$ 与初始撞击速度 V_0 无关。然而,通过观察大量侵彻实验数据发现,侵彻过程的总减速程度实际上与初始撞击速度 V_0 关系密切。此外,$\mathrm{d}v/\mathrm{d}t|_{t=0}$ 和 $\mathrm{d}u/\mathrm{d}t|_{t=0}$ 具有加速度的量纲,无法通过其数值衡量弹体减速对长杆高速侵彻的影响程度。因此,我们有必要定义一个无量纲衰减系数作为衡量减速程度的特征指标。

在如图 3.7.1 和图 3.7.2 所示的速度—时间关系中,在近似解 1 给出的瞬时弹尾速度曲线上,作 A$(0, V_0)$ 点的切线并与直线 BD$(t = \tilde{T})$ 交于点 C,如图 4.5.1 所示。图中,AB $= \tilde{T}$,BD $= V_0$。由瞬时弹尾速度的初始衰减速率的物理意义以及几何关系,可得

$$\left|\left.\frac{\mathrm{d}v}{\mathrm{d}t}\right|_{t=0}\right| = \tan\angle\mathrm{BAC} = \frac{\mathrm{BC}}{\mathrm{AB}} \tag{4.5.2}$$

即 $\mathrm{d}v/\mathrm{d}t|_{t=0}$ 反映了瞬时弹尾速度曲线在初始时刻的切线与直线 $v = V_0$ 的夹角大小。该夹角只能反映初始时刻的速度衰减快慢,但不能反映侵彻过程中弹尾速度的总衰减程度。

由式 (3.4.2),$\mathrm{d}v/\mathrm{d}t|_{t=0}$ 与初始撞击速度 V_0 无关。然而,对于相同的初始弹体长度 L,V_0 越大,侵彻过程总历时 $\tilde{T}$ 越短。对应在图 4.5.1 中,当 V_0 增大时,BD 变长而 AB 变短,同时 BC 也变短。

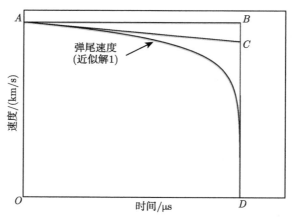

图 4.5.1   长杆高速侵彻过程中的速度衰减示意图

线段 BC 值的物理意义为：忽略瞬时弹尾速度的衰减速率在侵彻过程中的变化，假设其以初始衰减速率衰减，在接近侵彻终点时弹尾速度的衰减值。线段 BC 与 BD 的比值能反映长杆高速侵彻的弹尾速度衰减程度，我们将之定义为无量纲衰减系数 α：

$$\alpha = \frac{\mathrm{BC}}{\mathrm{BD}} = \frac{\tilde{T} \cdot |\mathrm{d}v/\mathrm{d}t|_{t=0}|}{V_0} = \frac{2\bar{\mu}}{K\Phi_{Jp}} \tag{4.5.3}$$

将式 (4.5.3) 代入近似解 1 的瞬时弹尾速度表达式 (3.3.5)，易得 α 的物理意义：

$$\frac{v}{V_0} = 1 + \alpha \ln\left(1 - \frac{t}{\tilde{T}}\right) \tag{4.5.4}$$

由于瞬时侵彻速度和瞬时弹尾速度在侵彻过程中变化规律相同 (式 (3.4.4))，故无量纲衰减系数 α 也能反映侵彻速度的衰减程度。因此，α 是长杆高速侵彻的减速程度指标。

当 $\alpha = 0$ 时，瞬时弹尾速度和瞬时侵彻速度在侵彻过程中不发生变化，此即定常侵彻，采用近似解 2 能无偏差地描述各主要物理量在侵彻过程中的变化。当 $\alpha > 0$ 时，侵彻过程偏离定常侵彻，α 的值实际上刻画了该偏离程度。因此，减速程度指标 α 可作为近似解 2 的适用性判据。

对应在以图 3.7.1 和图 3.7.2 为代表的速度—时间图上，α 的值能反映瞬时速度曲线与坐标轴所围成区域的形状特征。当 $\alpha = 0$ 时，该区域为矩形，对应定常侵彻；α 值越趋近于 0，图形越接近矩形，代表侵彻过程越接近定常侵彻。Case A 与 Case B 的 α 值分别为 10.879% 和 2.935%，故图 3.7.2 中的速度—时间曲线与坐标轴所围成区域比图 3.7.1 更接近矩形，说明 Case B 更接近定常侵彻，可采用具有常速的近似解 2 近似描述该侵彻过程。

4.5.3 速度衰减程度对 $\bar{U}$-V_0 关系的影响

为进一步分析速度衰减程度对 $\bar{U}$-V_0 关系的影响，将减速程度指标 α 的表达式 (4.5.3) 代入 $\bar{U}$-V_0 关系的解析表达式 (4.4.3)，可以推导得到

$$\bar{U} = \frac{1-\alpha}{1+\mu}V_0 - \frac{V_c^2}{2\mu}V_0^{-1} \tag{4.5.5}$$

上式说明，减速程度指标 α 越小，V_0 一次项系数越大，$\bar{U}$-V_0 曲线的斜率越大。此外，速度衰减程度越小，其中 V_0 一次项占比越大，$\bar{U}$-V_0 曲线的线性程度越明显。因此，速度衰减程度一方面影响 $\bar{U}$-V_0 曲线的斜率，另一方面影响曲线的线性程度。

将 Orphal 和 Franzen(1997) 的相关实验参数代入式 (4.5.3)，可以计算得减速程度指标 $\alpha =2.60\%$，故该组实验的速度衰减程度较小。观察表 4.2.1 中的相关实验参数可以看出，这些实验具有弹体密度大而强度小的共同特点，这些特点导致 α 较小，故速度衰减程度较小。结合式 (4.5.5) 所得出的推论可知，实验中采用大密度和小强度的弹体可使其更容易出现速度线性现象。

4.6 长杆高速侵彻的特征控制参量

将式 (4.5.4) 改写，或将 α 代入 3.3.1 节近似解 1 的式 (3.3.5)，可得

$$\frac{v}{V_0} = 1 + \alpha \ln\left(1 - \frac{K}{2\bar{\mu}}\frac{t}{T_0}\right) \tag{4.6.1}$$

可知，在无量纲弹尾速度 $\frac{v}{V_0}$ 与无量纲时间 $\frac{t}{T_0}$ 的关系中，除无量纲速度衰减系数 α 之外，还有无量纲系数 $\frac{K}{2\bar{\mu}}$。当 α 一定时，系数 K 和 $\bar{\mu}$ 均可发生变化。因此仅由 α 无法控制长杆高速侵彻的速度变化 (尹志勇和陈小伟，2021)。

3.3 节已定义 Johnson 破坏数 $\Phi_{Jp} = \rho_p V_0^2/Y_p$，$\Phi_{Jp}$ 值大小表征撞击事件的严重程度。若引入无量纲特征时间系数 $\beta = \frac{2\bar{\mu}}{K}$，$\beta$ 实质是长杆高速侵彻过程的无量纲时间，则近似解 1 的式 (3.3.5)、式 (3.3.10)、式 (3.3.11) 和式 (3.3.13) 可简化为

$$\frac{v}{V_0} = 1 + \frac{\beta}{\Phi_{Jp}}\ln\left(1 - \frac{1}{\beta}\frac{t}{T_0}\right) \tag{4.6.2}$$

$$\frac{u}{V_0} = \frac{1}{1+\mu}\cdot\left[1 + \frac{\beta}{\Phi_{Jp}}\ln\left(1 - \frac{1}{\beta}\cdot\frac{t}{T_0}\right)\right] - \frac{1}{2\mu}\cdot V_{c*}^2 \tag{4.6.3}$$

$$\frac{l'}{L} = 1 - \frac{\mu t}{(1+\mu)T_0}\left[\left(1 + \frac{1+\mu}{2\mu^2}V_{c*}^2 - \frac{\beta}{\Phi_{Jp}}\right) + \frac{\beta}{\Phi_{Jp}}\ln\left(1 - \frac{1}{\beta}\cdot\frac{t}{T_0}\right)\left(1 - \beta\frac{T_0}{t}\right)\right]$$
$$(4.6.4)$$

$$\frac{p}{L} = \frac{t}{(1+\mu)T_0}\left[\left(1 - \frac{1+\mu}{2\mu}V_{c*}^2 - \frac{\beta}{\Phi_{Jp}}\right) + \frac{\beta}{\Phi_{Jp}}\ln\left(1 - \frac{1}{\beta}\cdot\frac{t}{T_0}\right)\left(1 - \beta\frac{T_0}{t}\right)\right]$$
$$(4.6.5)$$

注意，以上无量纲公式引入了特征时间 $T_0 = \dfrac{L}{V_0}$，已在 3.3 节已定义，同时由式 (4.5.3) 可知 $\alpha = \dfrac{\beta}{\Phi_{Jp}}$。

　　由式 (4.6.2) 可知，区别于无量纲速度衰减系数 α 的单一表达，Johnson 破坏数 Φ_{Jp} 和特征时间系数 β 共同控制并决定着长杆高速侵彻的弹尾速度变化。

　　由式 (4.6.3) 可知，在控制无量纲侵彻速度 u/V_0 与无量纲时间 t/T_0 的关系中，除无量纲系数 Φ_{Jp} 与 β 外，还有无量纲系数 $1/(1+\mu)$ 和 $V_{c*}^2/(2\mu)$。由式 (3.5.1) 可知，在较高的撞击速度下，μ 与 β 存在关系式：

$$\mu = \frac{1}{\beta - 1} \tag{4.6.6}$$

上式说明 μ 可由 β 单一表达。

　　由于无量纲系数 Φ_{Jp} 与 β 均不含靶体强度项，所以无法对长杆弹相对临界速度 V_{c*} 进行表征。这里主要论述通过控制无量纲系数 Φ_{Jp} 与 β 对弹尾速度 v 进行描述，故在此对 V_{c*} 不作过多论述。事实上，可将长杆弹相对临界速度 V_{c*} 作为第三个无量纲数引入，其与 Φ_{Jp} 与 β 可以共同控制长杆侵彻过程侵彻速度变化。

　　类似地也可对式 (4.6.4) 和式 (4.6.5) 进行分析，通过 V_{c*}，Φ_{Jp} 和 β 三个无量纲数可以实现对长杆剩余长度 (或弹体侵蚀长度) 和侵彻深度的完全表征。

　　事实上，Φ_{Jp} 与 β 在无量纲化瞬时弹尾速度曲线中均有明确的物理意义。对式 (4.6.2) 求导可得

$$\frac{\mathrm{d}\dfrac{v}{V_0}}{\mathrm{d}\dfrac{t}{T_0}} = \frac{1}{\Phi_{Jp}}\cdot\frac{1}{\dfrac{1}{\beta}\cdot\dfrac{t}{T_0} - 1} \tag{4.6.7}$$

$t = 0$ 时，

$$\left.\frac{\mathrm{d}\dfrac{v}{V_0}}{\mathrm{d}\dfrac{t}{T_0}}\right|_{\frac{t}{T_0}=0} = -\frac{1}{\Phi_{Jp}} \tag{4.6.8}$$

由式 (4.6.8) 可知，$\dfrac{1}{\Phi_{Jp}}$ 反映了无量纲化瞬时弹尾速度曲线在初始时刻的斜率，即 Φ_{Jp} 控制着无量纲瞬时弹尾速度曲线在初始时刻的衰减速率，图 4.5.1 中 $\dfrac{1}{\Phi_{Jp}}$ 即为线段 BC 与 AB 的比值。由式 (4.6.7) 可知 $\dfrac{t}{T_0} = \beta$ 时，无量纲弹尾速度曲线斜率为正无穷，即图 4.5.1 中 D 点坐标为 $\beta = \dfrac{2\bar{\mu}}{K}$，因此 β 控制着长杆侵彻过程完整的无量纲时间。

简言之，Johnson 破坏数 Φ_{Jp} 控制着弹尾速度曲线初始斜率，特征时间系数 β 控制着侵彻时间，因此 Φ_{Jp} 和 β 可以实现对长杆高速侵彻过程中弹尾速度的完全表征。而 Jiao 和 Chen(2019) 定义的速度衰减程度 α 在图 4.5.1 中为线段 BC 与 BD 的比值，无法控制侵彻时间，因此仅由 α 无法完全表征长杆高速侵彻过程。

实际上，在特征时间系数 β(OD) 确定的情况下，α 和 β 能够反映弹尾速度曲线初始斜率 $\left(\dfrac{BC}{OD} = \dfrac{\alpha}{\beta}\right)$。因此，长杆侵彻过程弹尾速度既可通过 Φ_{Jp} 和 β 完全表征，也可通过 α 和 β 完全表征。若考虑弹体侵彻速度以及长杆剩余长度 (或弹体侵蚀长度) 和侵彻深度，则还需引入长杆弹相对临界速度 V_{c*}，就可完全表征长杆侵彻的准定常阶段。

4.7 长杆高速侵彻的控制参量参数分析

下面采用表 3.2.1 的 Case A 算例分析 V_0、ρ_p、ρ_t、Y_p 和 R_t 对无量纲速度衰减系数 α 以及 Johnson 破坏数 Φ_{Jp} 和特征时间系数 β 的影响。由前述分析可知，两个无量纲参数 Φ_{Jp} 和 β(或 α 和 β)，可完全表征长杆侵彻过程的弹尾速度。若进一步引入长杆弹相对临界速度 V_{c*}，就可完全表征长杆侵彻的准定常阶段。因此，通过对三个无量纲控制参量的分析，可确定弹靶的相关参数，进而针对攻防需求对长杆弹侵彻设计进行指导。为简单起见，这里仅讨论无量纲参数 Φ_{Jp} 和 β 的影响。

由 Jiao 和 Chen(2019) 分析可知，无量纲速度衰减系数 α 与初始撞击速度、弹靶密度以及靶体强度负相关，而与弹体强度正相关，且靶体材料性质对 α 的影响显著小于弹体材料性质。

由 $\Phi_{Jp} = \rho_p V_0^2 / Y_p$ 可知，无量纲数 Φ_{Jp} 与弹体密度、初始撞击速度的平方成正比，与弹体强度成反比。

图 4.7.1 表示了 β 随相关参数的变化情况，其中可以看出，β 与初始撞击速度、弹体密度以及弹体强度正相关，而与靶体密度、靶体强度负相关。且从图 4.7.1(b) 和 (c) 两图可以看出，当弹、靶密度或强度在相同范围变化时，无量纲数 β 的变

化相近，也即弹、靶的强度和密度分别对 β 影响程度相当。

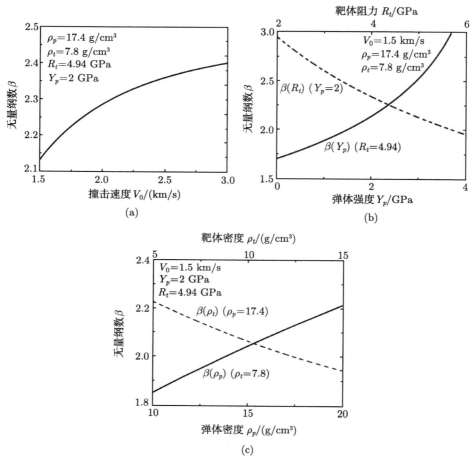

图 4.7.1　无量纲系数 β 随 V_0、ρ_p、ρ_t、Y_p 和 R_t 的变化情况

　　在后续实验中，可在确定两个无量纲控制参数 Φ_{Jp} 和 β(或 α 和 β) 前提下，通过改变 V_0、ρ_p、ρ_t、Y_p 和 R_t 等参数，设计出需要的工况。由式 (3.5.1)可知在较高初始撞击速度下 K 可用 $\tilde{K} = 2(1-\mu)$ 代替。例如表 3.2.1 的 Case A 算例，初始撞击速度分别为 1.5 km/s、2.25 km/s 和 3 km/s 时，$\tilde{K}/K$ 对应分别为 85.41%、93.33% 和 96.22%，因此可用 $\tilde{K}$ 代替 K，此时 $\alpha \approx \tilde{\alpha} = Y_p \rho_p^{-1/2} \left(\rho_p^{-1/2} + \rho_t^{-1/2} \right) V_0^{-2}$，$\beta \approx \tilde{\beta} = \sqrt{\dfrac{\rho_p}{\rho_t}} + 1$，即忽略靶体强度 R_t 对长杆高速侵彻过程速度衰减的影响。

　　为进一步说明无量纲参数 Φ_{Jp} 和 β，以及无量纲速度衰减系数 α 的影响因素及相互关系，这里根据 Jiao 和 Chen(2019) 的参数设计出 9 组具有不同侵彻状态的工况。相关参数列于表 4.7.1，侵彻过程中各组工况的瞬时弹尾速度变化情况如图 4.7.2 所示。

表 4.7.1　设计工况中相关参数

	V_0/(km/s)	L/mm	ρ_p/(g/cm³)	ρ_t/(g/cm³)	Y_p/GPa	α	Φ_{Jp}	β
工况 1	1.5	100	19	9	2	11.48%	21.375	2.453
工况 2	1.5	50	19	9	2	11.48%	21.375	2.453
工况 3	3	100	19	9	2	2.87%	85.5	2.453
工况 4	3	100	13	9	2	3.76%	58.5	2.202
工况 5	3	100	13	5	2	4.47%	58.5	2.612
工况 6	1.5	100	19	9	1	5.74%	42.75	2.453
工况 7	1.5	100	23.75	5.56	2	11.48%	26.719	3.067
工况 8	1.5	100	19	12.56	2.2	11.48%	19.432	2.23
工况 9	1.5	100	19	9	0	0	∞	2.453

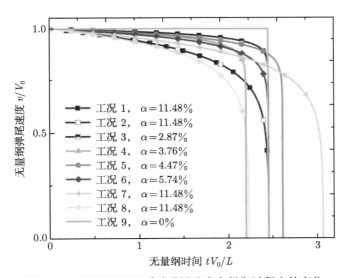

图 4.7.2　不同工况下瞬时弹尾速度在侵彻过程中的变化

图 4.7.2 中，工况 1 和工况 2 两条曲线完全重合，说明弹体长度对速度衰减程度无影响；对比工况 1 与工况 3 可看出，提高撞击速度，侵彻过程趋近定常状态；对比工况 3、工况 4 与工况 5 可看出，速度衰减程度与 ρ_p、ρ_t 正相关；对比工况 1 与工况 6 可看出，速度衰减程度与 Y_p 负相关。

特别需要指出的是，对比工况 1、工况 7 与工况 8 可看出，在 α 不变的前提下，通过选取合适的参数可以改变 Φ_{Jp} 与 β，即在无量纲速度衰减系数不变的情况下，可改变无量纲弹尾速度的初始衰减速率和无量纲衰减时间。这也进一步表明：无量纲速度衰减系数 α 只能判定侵彻过程偏离定常侵彻的程度，无法完全表征长杆高速侵彻过程。而无量纲数 Φ_{Jp} 和 β(或 α 和 β) 通过分别控制初始衰减速率和衰减时间，完全决定着长杆高速侵彻中弹尾速度的变化。

对于 $Y_p = 0$ 的极端情况 (工况 9)，侵彻过程为定常状态。

4.8 本 章 小 结

本章整理了实验数据和模拟结果中的 $\bar{U}$-V_0 线性关系，并运用流体动力学模型进行了初步分析。由于没有考虑强度，流体动力学模型预测结果与实验和模拟结果有不小的差距。此后，运用考虑强度的 Alekseevskii-Tate 模型，得到了更接近实验和模拟结果的预测结果。同时，通过理论分析发现，由于侵彻过程中存在速度衰减，故初始侵彻速度 U_0 和平均侵彻速度 $\bar{U}$ 存在差异。

由于 Alekseevskii-Tate 模型控制方程的非线性，导致无法获得 $\bar{U}$-V_0 关系的解析表达式，为此我们引入了 Alekseevskii-Tate 模型近似解。运用近似解，推导出了 $\bar{U}$-V_0 关系的解析表达式，并利用简化和近似进一步获得了线性的 $\bar{U}$-V_0 关系式。通过代入多组实验的相关参数，上述公式的合理性和准确性得到了检验。

在近似解的基础上，讨论了长杆高速侵彻过程中的速度衰减率和衰减程度。其中定义的减速程度指标 α 能判定侵彻过程偏离定常侵彻状态的程度，给出了判定长杆高速侵彻不同状态的依据。减速程度指标 $\alpha = 2\bar{\mu}/K\Phi_{Jp} \approx Y_p\rho_p^{-1/2} \left(\rho_p^{-1/2} + \rho_t^{-1/2}\right) V_0^{-2}$ 主要与撞击速度、弹体强度和弹靶密度相关。

在此基础上进一步提出，Johnson 破坏数 Φ_{Jp} 和特征时间系数 β(或 α 和 β)，共同控制并完全表征着长杆高速侵彻的弹尾速度变化；若进一步引入长杆弹相对临界速度 V_{c*}，三个无量纲数就可完全表征长杆侵彻的准定常阶段。最后结合参数讨论 V_0、ρ_p、ρ_t、Y_p 和 R_t 等对 Φ_{Jp} 和 β 以及 α 的影响，指出通过确定无量纲数 Φ_{Jp} 和 β(或 α 和 β)，可针对攻防需求对长杆弹侵彻设计进行指导。

参 考 文 献

尹志勇, 陈小伟. 2021. 长杆高速侵彻的特征控制参量分析. 爆炸与冲击, 41(2): 023302.

Anderson Jr. C E, Littlefield D L, Walker J D. 1993. Long-rod penetration, target resistance, and hypervelocity impact. International Journal of Impact Engineering, 14(1-4): 1-12.

Anderson Jr. C E, Orphal D L. 2008. An examination of deviations from hydrodynamic penetration theory. International Journal of Impact Engineering, 35(12): 1386-1392.

Behner T, Anderson Jr. C E, Orphal D L, Hohler V, Moll M, Templeton D W. 2008. Penetration and failure of lead and borosilicate glass against rod impact. International Journal of Impact Engineering, 35(6): 447-456.

Behner T, Orphal D L, Hohler V, Anderson Jr. C E, Mason R L, Templeton D W. 2006. Hypervelocity penetration of gold rods into SiC-N for impact velocities from 2.0 to 6.2 km/s. International Journal of Impact Engineering, 33(1-12): 68-79.

Christman D R, Gehring J W. 1966. Analysis of high-velocity projectile penetration mechanics. Journal of Applied Physics, 37(4): 1579-1587.

Jiao W J, Chen X W. 2018. Approximate solutions of the Alekseevskii-Tate model of long-rod penetration. Acta Mechanica Sinica, 34(2): 334-348.

Jiao W J, Chen X W. 2019. Analysis of the velocity relationship and deceleration of long-rod penetration. Acta Mechanica Sinica, 35(4): 852-865.

Orphal D L, Anderson Jr. C E. 2006. The dependence of penetration velocity on impact velocity. International Journal of Impact Engineering, 33(1-12): 546-554.

Orphal D L, Anderson Jr. C E, Behner T, Templeton D W. 2009. Failure and penetration response of borosilicate glass during multiple short-rod impact. International Journal of Impact Engineering, 36(10-11): 1173-1181.

Orphal D L, Franzen R R. 1997. Penetration of confined silicon carbide targets by tungsten long rods at impact velocities from 1.5 to 4.6 km/s. International Journal of Impact Engineering, 19(1): 1-13.

Orphal D L, Franzen R R, Charters A C, Menna T L, Piekutowski A J. 1997. Penetration of confined boron carbide targets by tungsten long rods at impact velocities from 1.5 to 5.0 km/s. International Journal of Impact Engineering, 19(1): 15-29.

Orphal D L, Franzen R R, Piekutowski A J, Forrestal M J. 1996. Penetration of confined aluminum nitride targets by tungsten long rods at 1.5-4.5 km/s. International Journal of Impact Engineering, 18(4): 355-368.

Rosenberg Z, Dekel E. 2012. Terminal Ballistics. Berlin Heidelberg: Springer.

Subramanian R, Bless S J. 1995. Penetration of semi-infinite AD995 alumina targets by tungsten long rod penetrators from 1.5 to 3.5 km/s. International Journal of Impact Engineering, 17(4-6): 807-816.

第 5 章　长杆高速侵彻的二维模型

5.1　引　　言

长杆高速侵彻问题具有显著的军事应用背景，自 20 世纪 60 年代起，前人对此开展了一系列实验、数值和理论研究。其中，理论分析基于对实验和模拟所得到的结果与现象的分析和认识，进行抽象和近似，进而建立具有简单数学表达的物理模型，能反映实验和模拟中观察到的典型物理特征并具有一定的预测能力，对于认识侵彻机理具有非常重要的核心作用。

长杆高速侵彻的理论模型经历了从早期简单的流体动力学理论到经典的 Alekseevskii-Tate 模型再到更复杂模型的发展。Alekseevskii(1966) 和 Tate(1967, 1969) 通过在 Bernoulli 方程中加入弹靶的强度项进行修正，提出了经典的 Alekseevskii-Tate 模型。该模型反映了弹体减速、质量侵蚀等典型物理特征，能较好地解释实验数据，同时控制方程形式简单，至今为止仍是长杆高速侵彻最成功的理论模型。在 Alekseevskii-Tate 模型的基础上，国内外学者提出了诸多改进的理论分析模型。本书 1.4 节已详细评述上述理论模型，此处不再赘述。

长杆高速侵彻具有典型的二维特征。弹体头部在侵彻过程中可能出现不同形状，进而影响长杆弹的侵彻性能。Magness 和 Farrand(1990) 的实验发现，密度与强度几乎一样的贫铀杆与钨合金杆在 1.2~1.9 km/s 的速度范围内对装甲钢靶的侵彻效率相差 10%。贫铀杆与钨合金杆侵彻能力差异的本质，是两者的材料性质差异导致侵彻过程中出现了不同的弹体头部形状：贫铀材料存在绝热剪切导致 "自锐"，故贫铀杆弹的头部比钨合金杆弹的头部更尖锐。Rosenberg 和 Dekel(1999) 的实验发现 Ti6Al4V 钛合金材料具有与贫铀材料相似的绝热剪切性质，故 Ti6Al4V 钛合金杆同样具有尖锐的头形。Rong 等 (2012) 和 Chen 等 (Chen et al., 2015; 陈小伟等，2012) 的实验发现，纤维增强金属玻璃等其他材料亦具有 "自锐" 效应。Li 等 (2015, 2019) 的数值模拟和理论分析表明，这种自锐效应将导致弹体所受阻力降低，从而具有比 WHA 更好的侵彻能力。

由上述实验和模拟结果可以发现，钨合金等传统材料制成的长杆弹在侵彻过程中出现蘑菇头 (如图 5.1.1(a) 和 (b) 所示)，而贫铀合金、钨纤维增强金属玻璃制成的长杆弹在侵彻过程中保持尖锐头部形状而形成 "自锐"(如图 5.1.1(c)~(e) 所示)。长杆弹在侵彻过程中出现的这些不同头形将影响其侵彻性能，对该效应缺乏理论研究。目前的理论模型一般为一维模型或粗略的二维模型，无法分析头形因素，故需建立考虑侵彻过程中不同弹体头形的二维模型。

本章拟通过构造头形函数，确定侵彻过程中不同头形长杆所受阻力，从而建立长杆高速侵彻的二维理论分析模型。基于二维模型进行算例分析，研究长杆弹在侵彻过程中的头形差异对侵彻性能的影响 (Jiao & Chen, 2021)。

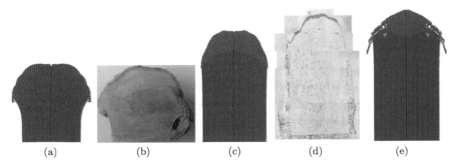

图 5.1.1　不同长杆侵彻 Q235 靶后的剩余弹体形貌 (Li et al., 2015)
(a) 和 (b) 为钨合金长杆弹 1300 m/s 侵彻数值模拟和实验结果；(c) 和 (d) 为钨纤维增强金属玻璃长杆弹
1313 m/s 侵彻数值模拟和实验结果；(e) 为钨纤维增强金属玻璃长杆弹 1766 m/s 侵彻数值模拟结果

5.2　模型构建

5.2.1　基本思路

根据 Christman 和 Gehring(1966) 对大量实验的总结，长杆高速侵彻过程可分为：初始瞬态阶段、主要侵彻阶段、次要侵彻阶段和弹靶回弹阶段。其中主要侵彻阶段占比最高，是理论分析的核心，本章建立二维理论模型即针对此阶段。

在主要侵彻阶段内，由于弹靶作用面上的压力远高于材料强度，弹靶发生严重的质量侵蚀；弹靶变形模式为半流体，即在弹靶界面处接近流体而在远处仍可视作刚体；长杆弹头部在侵彻过程中不断侵蚀，弹体长度缩短。以 Alekseevskii-Tate 模型为代表的一维理论分析模型均对上述特征进行了描述，并给出了相应的数学表达。

值得说明的是，主要侵彻阶段为准定常阶段，即弹靶作用面上的压力、弹体尾部速度 v 和侵彻速度 u 均接近常数。该阶段内，弹体长度缩短速度 $v-u$ 接近常数，即弹体具有准定常质量侵蚀率。考虑到质量侵蚀发生在弹体头部，为维持准定常质量侵蚀率，我们可以认为在此过程中长杆弹体头部形状基本保持不变。

本章建立二维理论模型的基础即为长杆弹体头形在高速侵彻过程中保持不变的假设。根据该假设，我们可以假设侵彻过程中的弹体头形，如图 5.2.1 所示。为描述其几何形状，需要引入两个无量纲特征参量：头形因子 N^* 和头杆径比 η。

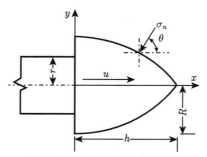

图 5.2.1   长杆高速侵彻过程中的弹体头部示意图

参考 Chen 和 Li(2002) 对刚性弹头部形状的几何描述，对于如图 5.2.1 所示的任意头形，设头形函数 $y = y(x)$，弹头在 x 方向长度为 h，在 y 方向最大宽度为 $2R$，则头形因子 N^* 可表达为

$$N^* = -\frac{2}{R^2} \int_0^h \frac{yy'^3}{1 + y'^2} \mathrm{d}x \tag{5.2.1}$$

观察图 5.2.1 可发现，不同于刚性弹头部形状，长杆高速侵彻过程中弹头最大半径 R 大于 (尾部) 杆半径 r，即出现典型的蘑菇头形状。R 与 r 之比为头杆径比 η，即

$$\eta = R/r \tag{5.2.2}$$

在 Rosenberg-Marmor-Mayseless 模型 (Rosenberg et al., 1990) 和 Zhang-Huang 模型 (Zhang & Huang, 2004) 建立的粗略的二维模型中，η 取值为 $\eta = \sqrt{2}$；Wen 等 (2010) 基于质量、动量和能量守恒，从理论上推导了 η 的取值，其表达式极其复杂，其取值除与弹靶密度、强度等材料参数相关外，还与撞击速度以及靶体阻力相关。

值得说明的是，本章二维模型中定义为代表参量的弹头最大半径 R 与最终弹坑半径有显著区别。根据 Lee 和 Bless(1998) 提出的两阶段式开坑模型，长杆高速侵彻过程中弹体头部与靶体相互作用，弹体材料流动形成蘑菇头，靶材料流动开坑并具有动能；同时，靶体惯性运动导致进一步开坑，最终弹坑半径将显著大于弹头最大半径 R。实验 (Slisby, 1984; Holer & Stilp, 1987) 和数值模拟 (Mchenry et al., 1999) 已表明，高速侵彻下弹坑半径通常为长杆半径 r 的数倍。这里仅研究弹体侵彻深度，即沿速度方向的弹坑尺寸，故未考虑靶体惯性运动，因而不涉及最终弹坑半径。

头形因子 N^* 和头杆径比 η 能刻画侵彻过程中的弹体头形，是反映长杆高速侵彻行为二维特征的特征参量，也是二维理论模型的核心。基于对侵彻过程中的弹体头形的几何描述，进一步确定靶体阻力，即可建立二维模型 (Jiao & Chen, 2021)。

5.2.2 基本方程

在刚性弹侵彻中，根据动态空腔膨胀理论 (Forrestal et al., 1994, 1996)，靶体阻力可以表述为静阻力与动阻力之和。其中，前者由靶体强度决定，而后者与径向运动速度的平方成正比。Chen 等 (2008) 给出了刚性弹侵彻靶体阻力的一般形式，其中若忽略黏性效应和应变率效应，靶体阻力由靶材强度项与流动应力项 (与速度平方相关) 构成。

实际上，在描述长杆高速侵彻的 Alekseevskii-Tate 模型的力平衡方程中，靶体阻力同样具有常数项与速度平方项之和的形式。因此，在二维模型中考虑弹体头部所受阻力时采用相同的形式。

在如图 5.2.1 所示的弹体头部，任意位置处所受径向压应力 σ_n 可以表示为静阻力与动阻力之和，其中静阻力由靶体屈服应力 σ_{yt} 决定，动阻力与该处径向流动速度 u_n 的平方成正比，即

$$\sigma_n = A\sigma_{yt} + B\rho_t u_n^2 \tag{5.2.3}$$

其中，A 和 B 为两个待定参数，后面将专门讨论其取值；径向流动速度 u_n 与弹体侵彻速度 u 的关系为

$$u_n = u\cos\theta \tag{5.2.4}$$

同时，不考虑弹体头部与靶体之间的摩擦，即令切向应力 $\tau_n = 0$。

对整个弹体头部曲面积分，轴线方向侵彻阻力可以表示为

$$F_x = \pi R^2 \left(A\sigma_{yt} + B\rho_t u^2 N^*\right) \tag{5.2.5}$$

基于长杆高速侵彻过程中 (主要侵彻阶段) 弹体头形保持不变的假设，弹体头部的力平衡关系可表示为 $\pi R^2 \left(A\sigma_{yt} + B\rho_t u^2 N^*\right) = \pi r^2 \left(\dfrac{1}{2}\rho_p \left(v - u\right)^2 + Y_p\right)$，代入式 (5.2.2) 可进一步化简为

$$A\sigma_{yt} + B\rho_t u^2 N^* = \left(\frac{1}{2}\rho_p \left(v - u\right)^2 + Y_p\right)/\eta^2 \tag{5.2.6}$$

上式等号左端为靶体对弹体施加的侵彻阻力，由于作用于弹体头部，需要对整个曲面积分，故包含弹头最大半径 R；等号右端为弹体刚性部分对弹体头部施加的压力，作用面积为杆截面积 πr^2。因此，等式两端作用面积的差异，实际上隐含

了弹体头部为塑性流动区的假设,对应在图 5.2.1 上,塑性流动区与弹体刚性部分的分界面为 $x = 0$ 截面。

根据牛顿第二定律,减速方程可表示为

$$(M - m) \frac{\mathrm{d}v}{\mathrm{d}t} = -\pi r^2 Y_p \tag{5.2.7}$$

式中,$m = \pi r^2 l \rho_p$ 为侵蚀掉的弹体质量,l 为弹体侵蚀长度。

弹体质量侵蚀速率为

$$\frac{\mathrm{d}m}{\mathrm{d}t} = \pi r^2 \rho_p (v - u) \tag{5.2.8}$$

上式可看出,由于主要侵彻阶段内弹体尾部速度 v 和侵彻速度 u 均变化十分缓慢,质量侵蚀速率基本保持不变。实际上,由上式可化简得到弹体侵蚀长度的变化率:

$$\frac{\mathrm{d}l}{\mathrm{d}t} = v - u \tag{5.2.9}$$

此外,弹体侵彻速度可表示为

$$\frac{\mathrm{d}p}{\mathrm{d}t} = u \tag{5.2.10}$$

由式 (5.2.6)～ 式 (5.2.10) 能计算得到弹尾速度、侵彻速度、弹体侵蚀长度 (质量) 和侵彻深度随时间的变化规律,故上述方程即构成长杆高速侵彻二维模型控制方程。

5.2.3　典型弹体头形与头形因子

本节假设侵彻过程中可能出现的五种典型头形 (如图 5.2.2 所示),给出对应的头形因子 N^* 的表达式。

首先,参考 Chen 和 Li(2002),定义一个无量纲头形参数 $\psi = S/2R$,S 为头形曲率半径。对于尖卵头弹,ψ 即为曲径比 (CRH)。

对于如图 5.2.2 (a) 所示的球面钝头,采用式 (5.2.1) 可计算得

$$N^* = 1 - \frac{1}{8\psi^2}, \quad 1/2 \leqslant N^* \leqslant 1 \tag{5.2.11}$$

可以看出,对于给定的弹头最大半径 R,随着头形曲率半径 S 的减小,ψ 减小,导致头形因子 N^* 减小,反之亦然。

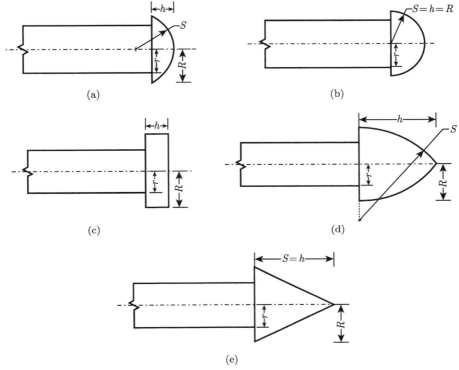

图 5.2.2　五种假设的高速侵彻过程中长杆弹体头形

特别地，当头形曲率半径达到最小值时，有 $S = R = h$，此时 $\psi = 1/2$，$N^* = 1/2$，对应如图 5.2.2(b) 所示的半球头；当 $S \to \infty$ 时 $\psi \to \infty$，故 $N^* = 1$，对应如图 5.2.2 (c) 所示的平头。对于如图 5.2.2 (d) 所示的尖卵头，由式 (5.2.1) 可计算得

$$N^* = \frac{1}{3\psi} - \frac{1}{24\psi^2}, \quad 0 \leqslant N^* \leqslant 1/2 \tag{5.2.12}$$

同样地，对于给定的弹头最大半径 R，ψ 随着头形曲率半径 S 的减小而减小，ψ 的最小值为 1/2。对式求导可知，当 $\psi \geqslant 1/2$ 时，头形因子 N^* 随 ψ 减小而增大，故 N^* 随 S 的减小而增大，该变化规律与球面钝头相反。特别地，当 $\psi = 1/2$ 时，$N^* = 1/2$，对应半球头。

对于如图 5.2.2 (e) 所示的尖锥头，S 需重新定义为弹头沿侵彻方向的长度，即 $S = h$。将之代入无量纲头形参数 $\psi = S/2R$，即可由式 (5.2.1) 计算得

$$N^* = \frac{1}{1 + 4\psi^2}, \quad 0 \leqslant N^* \leqslant 1 \tag{5.2.13}$$

上式说明，对于给定的弹头最大半径 R，随着 S 的减小，ψ 减小，头形因子 N^* 增大。特别地，当 $S=0$ 时，$\psi=0$，故 $N^*=1$，对应平头。

对比图 5.2.2 中的五种弹体头形和式 (5.2.11)~ 式 (5.2.13) 可以看出，头形因子 N^* 在反映弹体头形尖锐程度上表现出一致性，即头形越尖锐，N^* 值越小；反之，则 N^* 值越大。特别地，$N^*_{\min}=0$，对应非常尖锐的尖锥头或尖卵头；$N^*_{\max}=1$，对应平头。因此，头形因子 N^* 是长杆高速侵彻二维模型中表征了头形尖锐程度的特征参量。

5.2.4　模型参数 A 和 B 的取值

当不考虑头形因素时，二维模型将退化为一维，此时有 $N^*=1$ 和 $R=r(\eta=1)$。一维的 Alekseevskii-Tate 模型对弹靶界面的应力平衡描述式 (1.4.8) 与式 (5.2.6)(代入 $N^*=1$ 和 $\eta=1$) 对比，即有

$$A\sigma_{yt} + B\rho_t u^2 = R_t + \frac{1}{2}\rho_t u^2 \tag{5.2.14}$$

根据 Tate(1986) 对实验数据的拟合，有 $R_t = \left(\dfrac{2}{3} + \ln\dfrac{0.57E}{\sigma_{yt}}\right)\sigma_{yt}$。若取 $A\sigma_{yt} = R_t$，则有 $A = \dfrac{2}{3} + \ln\dfrac{0.57E}{\sigma_{yt}}$，$B = \dfrac{1}{2}$。

对于一般头形，有 $N^*<1$，故式 (5.2.14) 可对应表达为靶体阻力 R_t 的表达式，即

$$R_t = A\sigma_{yt} - \frac{1}{2}\rho_t u^2\left(1 - N^*\right) \tag{5.2.15}$$

上式说明，靶体阻力 R_t 随弹体头部尖锐度的增加 (N^* 的减小) 而减小，符合物理规律。同时，靶体阻力 R_t 随速度增加而降低，与长杆高速侵彻实验中观测到的现象相符。因此，本章中二维模型参数 A 和 B 的取值建议取为

$$A = \frac{R_t}{\sigma_{yt}} = \frac{2}{3} + \ln\frac{0.57E}{\sigma_{yt}}, \quad B = \frac{1}{2} \tag{5.2.16}$$

至此，本节以长杆弹体头形在高速侵彻过程中保持不变的假设为基础，通过对弹体头形几何的合理描述来确定靶体阻力，从而建立了长杆高速侵彻二维模型。其中，模型控制方程已由式 (5.2.6)~ 式 (5.2.10) 给出，模型中反映二维行为特征的无量纲参数 N^* 和 η 已分别由式 (5.2.1) 和式 (5.2.2) 分别定义，参数 A 和 B 取值已由式 (5.2.16) 建议。模型接下来即可求解。

5.3 模型求解

在长杆高速侵彻二维模型控制方程中，减速方程 (式 (5.2.7))、弹体侵蚀方程 (式 (5.2.8) 或式 (5.2.9)) 和侵彻深度方程 (式 (5.2.10)) 与一维的 Alekseevskii-Tate 模型本质上相同；同时，力平衡方程 (式 (5.2.6)) 实际上是在 Alekseevskii-Tate 模型的力平衡方程式 (1.4.8) 中加入了头形因子 N^* 和头杆径比 η 这两个反映长杆高速侵彻行为二维特征的特征参量。

由于二维模型控制方程与一维的 Alekseevskii-Tate 模型比较相似，故考虑采用与第 3 章文中求解 Alekseevskii-Tate 模型相同的思路 (Jiao & Chen, 2018)，求解二维模型控制方程，获得弹尾速度、侵彻速度、弹体长度 (质量) 和侵彻深度随时间的变化规律。

首先求解瞬时侵彻速度 u 与瞬时弹尾速度 v 的关系，由式 (5.2.6) 可推导得

$$u = \frac{v - \sqrt{2BN^*\mu^2\eta^2v^2 - 2\left(1 - 2BN^*\mu^2\eta^2\right)\left(\dfrac{Y_p - A\sigma_{yt}\eta^2}{\rho_p}\right)}}{1 - 2BN^*\mu^2\eta^2} \tag{5.3.1}$$

其中，$\mu = \sqrt{\rho_t/\rho_p}$ 为弹靶密度比。式 (5.3.1) 可进一步化简为

$$u = \frac{v - \sqrt{\lambda^2v^2 - (1 - \lambda^2)V_c^2}}{1 - \lambda^2} \tag{5.3.2}$$

式中，

$$\lambda = \mu\eta\sqrt{2BN^*}, \quad V_c = \sqrt{\frac{2\left|Y_p - A\sigma_{yt}\eta^2\right|}{\rho_p}} \tag{5.3.3}$$

其中，λ 为修正的弹靶密度比；V_c 为弹尾临界速度，即长杆弹侵彻入靶体所需的最小初始撞击速度。

由式 (5.2.7)~ 式 (5.2.9)，应用变量代换，可推得

$$\left(M - \pi r^2 l\rho_p\right)(v - u)\frac{\mathrm{d}v}{\mathrm{d}l} = -\pi r^2 Y_p \tag{5.3.4}$$

对上式积分可得

$$\int_{V_0}^{v}(v - u)\mathrm{d}v = \frac{Y_p}{\rho_p}\ln\left(1 - \frac{\pi r^2 l\rho_p}{M}\right) \tag{5.3.5}$$

引入弹尾相对速度 $v_* = v/V_0$ 和弹尾相对临界速度 $V_{c*} = V_c/V_0$，将式 (5.3.2) 代入式 (5.3.5)，积分即得到弹体侵蚀长度 l 与相对弹尾速度 v_* 的关系：

$$
l = \frac{M}{\pi r^2 \rho_p} \left\{ 1 - \exp\left[\frac{\Phi_{Jp}}{2\bar{\lambda}} \left(-\lambda \left(v_*^2 - 1 \right) + v_* \sqrt{v_*^2 + \bar{V}_{c*}^2} \right. \right. \right.
$$
$$
\left. \left. \left. - \sqrt{1 + \bar{V}_{c*}^2} + \bar{V}_{c*}^2 \ln \frac{v_* + \sqrt{v_*^2 + \bar{V}_{c*}^2}}{1 + \sqrt{1 + \bar{V}_{c*}^2}} \right) \right] \right\} \tag{5.3.6}
$$

式中，$\bar{\lambda}$ 和 $\bar{V}_{c*}$ 为两个无量纲参数：

$$
\bar{\lambda} = \left(1 - \lambda^2 \right)/\lambda, \quad \bar{V}_{c*} = V_{c*}\sqrt{\bar{\lambda}/\lambda} \tag{5.3.7}
$$

由式 (5.3.6)，亦可得到弹体剩余质量 $m' = M - \pi r^2 l \rho_p$ 与相对弹尾速度 v_* 的关系：

$$
m' = M \exp\left[\frac{\Phi_{Jp}}{2\bar{\lambda}} \left(-\lambda \left(v_*^2 - 1 \right) + v_* \sqrt{v_*^2 + \bar{V}_{c*}^2} \right. \right.
$$
$$
\left. \left. - \sqrt{1 + \bar{V}_{c*}^2} + \bar{V}_{c*}^2 \ln \frac{v_* + \sqrt{v_*^2 + \bar{V}_{c*}^2}}{1 + \sqrt{1 + \bar{V}_{c*}^2}} \right) \right] \tag{5.3.8}
$$

将上式代回减速方程式 (5.2.7)，可得

$$
\mathrm{d}t = -\frac{MV_0}{\pi r^2 \rho_p} \exp\left[\frac{\Phi_{Jp}}{2\bar{\lambda}} \left(-\lambda \left(v_*^2 - 1 \right) + v_* \sqrt{v_*^2 + \bar{V}_{c*}^2} \right. \right.
$$
$$
\left. \left. - \sqrt{1 + \bar{V}_{c*}^2} + \bar{V}_{c*}^2 \ln \frac{v_* + \sqrt{v_*^2 + \bar{V}_{c*}^2}}{1 + \sqrt{1 + \bar{V}_{c*}^2}} \right) \right] \mathrm{d}v_* \tag{5.3.9}
$$

对上式等号两边同时积分，即可得到相对弹尾速度 v_* 随时间 t 的变化关系

$$
t = \frac{MV_0}{\pi r^2 Y_p} \left(1 + \sqrt{1 + \bar{V}_{c*}^2} \right)^{-\frac{\Phi_{Jp}\bar{V}_{c*}^2}{2\bar{\lambda}}} \exp\left[\frac{\Phi_{Jp}}{2\bar{\lambda}} \left(\lambda - \sqrt{1 + \bar{V}_{c*}^2} \right) \right]
$$
$$
\times \int_{v_*}^{1} \left(v_* + \sqrt{v_*^2 + \bar{V}_{c*}^2} \right)^{-\frac{\Phi_{Jp}\bar{V}_{c*}^2}{2\bar{\lambda}}} \exp\left[\frac{\Phi_{Jp}}{2\bar{\lambda}} \left(-\lambda v_*^2 + v_* \sqrt{v_*^2 + \bar{V}_{c*}^2} \right) \right] \mathrm{d}v_*
$$
$$
\tag{5.3.10}
$$

式 (5.3.10) 中积分项无法得到解析表达式，因此不能得到弹尾相对速度 v_* 随时间 t 变化的解析关系。但可以运用诸如 Matlab 等数值计算软件得到相应时间序列 t 的弹尾相对速度 v_*(弹尾速度 v)。

结合弹尾速度 v 随时间 t 的变化序列和式 (5.3.2) 可求得侵彻速度 u 随时间的变化情况，进而根据式 (5.2.10) 求得侵彻深度 p 的变化；结合式 (5.3.10) 和式 (5.3.6) 可求得弹体侵蚀长度 l 随时间的变化情况 (亦可结合得到的 v 和 u 随时间的变化，再根据式 (5.2.9) 积分)；同理，结合式 (5.3.10) 和式 (5.3.8) 求得弹体剩余质量 m' 随时间的变化。

上述求解过程与一维的 Alekseevskii-Tate 模型的求解过程 (Jiao & Chen, 2018) 相似；二维模型引入了头形因子 N^* 和头杆径比 η 这两个无量纲参数，将一维模型中的弹靶密度比 μ 修正为 λ，同时弹尾临界速度 V_c 也相应改变。其中，由式 (5.3.3) 可知，头形因子 N^* 的影响仅体现于参数 λ 中，而头杆径比 η 在 λ 和 V_c 中均有体现。

5.4 长杆高速侵彻过程中头形的影响

由前文所述，在二维模型中，头杆径比 η 和弹体头形因子 N^* 这两个特征参量通过刻画侵彻过程中头形，反映长杆高速侵彻行为二维特征。因此，本节将通过这两个无量纲参量来分析长杆高速侵彻过程中头形的影响。

本节讨论均结合 Anderson 和 Walker(1991) 算例进行，该算例采用长径比为 10 的钨合金长杆弹撞击 4340 钢靶，相关参数见表 3.2.1 中 Case A。该算例不考虑长杆高速侵彻过程中的头形，即侵彻过程中长杆头部保持与杆身相同，即 $\eta = 1$ 和 $N^* = 1$。本节为讨论头形的影响，将改变参数 η 和 N^* 的取值设计算例。二维模型中参数 A 和 B 的取值已由式 (5.2.16) 给出，其中 $\sigma_{yt} = 0.735\text{GPa}$，其他参数如表 3.2.1 中 Case A 所列。

还需特别说明的是，在二维模型取 $\eta = 1$ 和 $N^* = 1$ 时，即不考虑长杆高速侵彻过程中的头形，则二维模型的控制方程 (5.2.6)~ 式 (5.2.10) 即全部还原为一维的 Alekseevskii-Tate 模型相关控制方程。代入 Anderson 和 Walker(1991) 算例，采用二维模型的计算结果与 Jiao 和 Chen(2018) 采用 Alekseevskii-Tate 模型对相同算例的计算结果相同。因此，可以在该算例的基础上，改变头形参数设计算例，研究侵彻过程中头形的影响。

5.4.1 头杆径比 η 的影响

下面结合 Anderson 和 Walker(1991) 算例，讨论头杆径比的影响。为控制变量，取弹体头形因子 $N^* = 1$(即平头)，头杆径比分别取为 $\eta = 1$、$\eta = \sqrt{2}$、$\eta = \sqrt{3}$ 和 $\eta = 2$。采用上节所述的求解方法，借助数值计算软件 Matlab，首先给出不同头杆径比弹体的弹尾速度、侵彻速度、剩余弹体长度 (质量) 和侵彻深度随时间的变化情况，其次分析不同初始撞击速度下头杆径比对剩余弹体长度和侵彻深度的影响。

从如图 5.4.1 所示的速度—时间图中可以看出，随着头杆径比 η 的增加，侵彻速度大幅度减小，同时侵彻时间大幅缩短。对应地，由图 5.4.2 可以看出，侵彻深度随着弹体头杆径比 η 的增加而降低。实际上，反映到二维模型控制方程中，η 的增加将导致初始侵彻速度 (将 $v = V_0$ 代入式 (5.3.2) 计算得) 降低，从而造成侵彻能力下降。上述特征反映的物理机制为：弹体材料径向流动增加将导致沿轴向侵彻所需的动能损失，从而降低侵彻能力。

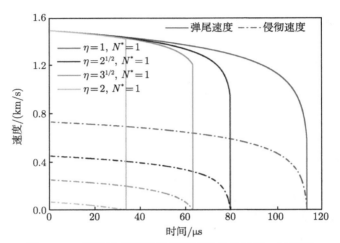

图 5.4.1   不同头杆径比长杆高速侵彻的速度—时间图

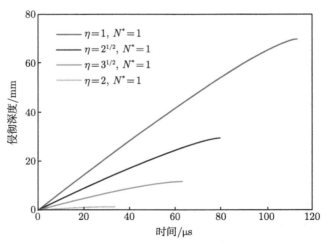

图 5.4.2   不同头杆径比长杆高速侵彻的侵彻深度—时间图

此外，由如图 5.4.1 还可看出，各条弹尾速度曲线在起始附近重合，说明不同

头杆径比弹体的弹尾速度在初始时刻的变化几乎一致，即弹尾减速速率相同。根据 Jiao 和 Chen(2019) 基于一维的 Alekseevskii-Tate 模型对长杆高速侵彻过程减速的分析，初始减速速率 $\mathrm{d}v/\mathrm{d}t|_{t=0}$ 和速度衰减程度 α 均与弹体强度和密度有关。此外，前者与弹体长度相关而与初始撞击速度和靶材无关；后者与初始撞击速度、靶材密度和强度相关而与弹体长度相关。然而，弹体长度、初始撞击速度和弹靶材料参数均相同的各组算例，采用二维模型计算结果却表现出相同初始减速速率和不同速度衰减程度。上述特征恰好说明，由头杆径比带来的二维效应会影响速度衰减程度。

图 5.4.3 显示了不同头杆径比长杆在高速侵彻过程中的弹体剩余长度变化规律。值得说明的是，二维模型建立在侵彻过程中弹体头形保持不变的假设基础上，侵蚀仅发生在弹体头部，弹身截面积保持恒定，故侵蚀质量与侵蚀长度具有相同的变化规律。因此，这里只用分析侵蚀长度变化即可，后面分析亦复如是。

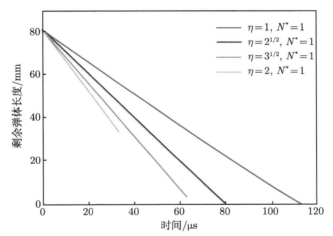

图 5.4.3　不同头杆径比长杆高速侵彻的剩余弹体长度—时间图

由图 5.4.3 可知，长杆侵蚀速率随头杆径比的增加而增大，其主要原因仍为 η 增加导致的初始侵彻速度下降。这里值得注意的是，随着头杆径比的增加，弹体最终剩余长度 L_r 出现明显增加；特别是 $\eta = 2$ 时，弹体最终剩余长度 L_r 为初始长度 L 的 41.25%，与典型长杆高速侵彻中弹体几乎完全侵蚀有显著差异。事实上，在采用一维的 Alekseevskii-Tate 模型进行分析时，我们观察到在低速下剩余弹体长度随着 μ 的增加而增加，当靶体密度大于弹体密度（即 $\mu > 1$，$\bar{\mu} < 0$），可能出现剩余弹体长度较多的情况。对应到二维模型中，η 的增加将导致 $\lambda > 1$，$\bar{\lambda} < 0$，同样会造成上述现象。随着初始撞击速度的增加，大头杆径比弹体的最终剩余长度将大幅降低。

图 5.4.4 展示了不同头杆径比长杆的无量纲最终剩余弹体长度 (弹体最终剩余长度 L_r 与初始长度 L 之比) 随初始撞击速度的变化情况。随初始撞击速度的增加，不同头杆径比弹体的 L_r/L 均呈现先大幅下降而后趋于 0 的现象。随着头杆径比的增加，无量纲最终剩余弹体长度开始下降的初始撞击速度阈值增加，导致在典型实验速度范围内 (1.5~2.0 km/s)，不同头杆径比弹体的 L_r/L 出现显著差异。例如，在 1.5 km/s 的速度下，$\eta = 1$ 和 $\eta = \sqrt{2}$ 弹体的无量纲最终剩余弹体长度 L_r/L 均为 0，而 $\eta = \sqrt{3}$ 和 $\eta = 2$ 弹体的 L_r/L 分别为 0.047 和 0.414。在超过 2 km/s 的高速下，不同头杆径比弹体的最终剩余长度 L_r 均趋近于 0，即接近完全侵蚀。

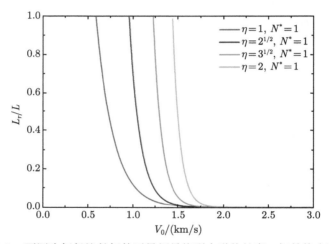

图 5.4.4　不同头杆径比长杆的无量纲最终剩余弹体长度—初始撞击速度图

图 5.4.5 给出了主要侵彻阶段的无量纲侵彻深度与初始撞击速度的关系。由图中可以看出，随着头杆径比 η 的增加，弹尾临界速度 $V_c = \sqrt{2\,|Y_p - A\sigma_{yt}\eta^2|/\rho_p}$ 增大，导致曲线起点向右移动。上述现象的物理机制为：头杆径比越大，弹尾临界速度 V_c 越大。

由图 5.4.5 还可看出，各组侵彻深度曲线在高速下均趋于平缓，长杆弹的侵彻深度极限随头杆径比 η 的增加而明显降低。$\eta = 1$ 时曲线趋近于流体动力学极限 $1/\mu$，$\eta > 1$ 时曲线远低于流体动力学极限。

综上所述，侵彻过程中头杆径比 η 对长杆高速侵彻会产生显著影响。一方面，侵彻过程中头部材料的径向流动导致弹体动能损失，从而降低侵彻能力；另一方面，头杆径比越大，弹尾临界速度 V_c 越大。因此，相同撞击速度下，随头杆径比的增加，长杆弹的初始侵彻速度降低同时侵彻时间缩短，导致侵彻深度明显降低。

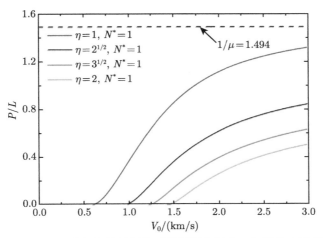

图 5.4.5 不同头杆径比长杆的无量纲侵彻深度—初始撞击速度图

5.4.2 头形因子 N^* 的影响

在二维模型中，除头杆径比 η 外，弹体头形因子 N^* 是反映侵彻过程中头形的主要因素。由 5.2.3 节分析可知，弹体头形因子 N^* 能反映侵彻过程中弹头尖锐程度，N^* 值越小，头形越尖锐；反之头形越钝。下面同样结合 Anderson 和 Walker(1991) 算例，讨论头形因子的影响。

为控制变量，需要确定头杆径比的取值。事实上，在 Rosenberg 等 (1990) 和 Zhang 等 (2004) 的理论模型中，均假设 $\eta = \sqrt{2}$ 以粗略考虑长杆高速侵彻的二维效应。这里我们参考上述建议，取头杆径比为 $\eta = \sqrt{2}$。

为分析头形因子的影响，我们设计了头杆径比相同、头形因子不同的五组头形，分别为平头、钝头、半球头、尖卵头和尖锥头，其几何参数如表 5.4.1 所列。

表 5.4.1 不同设计头形的几何参数

头形	η	S/R	h/R	ψ	N^*
平头	$\sqrt{2}$	—	—	—	1
钝头	$\sqrt{2}$	2	$\sqrt{3}/3$	1	7/8
半球头	$\sqrt{2}$	1	1	1/2	1/2
尖卵头	$\sqrt{2}$	2	$\sqrt{3}$	1	7/24
尖锥头	$\sqrt{2}$	$\sqrt{3}$	$\sqrt{3}$	$\sqrt{3}/2$	1/4

采用 5.3 节所述的求解方法，借助数值计算软件 Matlab，即可得到不同头形弹体的弹尾速度、侵彻速度、剩余弹体长度 (质量) 和侵彻深度随时间的变化情况。

从如图 5.4.6 所示的速度—时间图中可以看出，随着弹体头形因子 N^* 的减小，初始侵彻速度小幅增加，同时侵彻时间小幅增长。对应地，侵彻深度随着弹

体头形因子 N^* 的减小而增加，如图 5.4.7 所示。值得说明的是，相比于头杆径比 η，弹体头形因子 N^* 对侵彻速度、时间和深度上的影响明显较小。

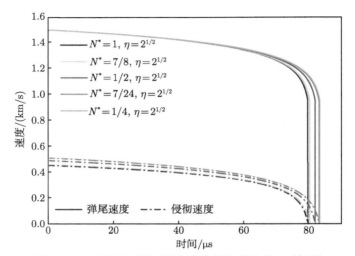

图 5.4.6   不同头形因子长杆高速侵彻的速度—时间图

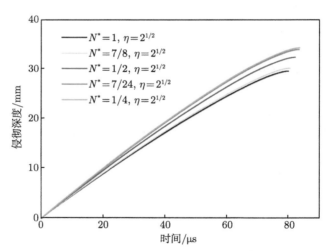

图 5.4.7   不同头形因子长杆高速侵彻的侵彻深度—时间图

此外，图 5.4.6 中各条弹尾速度曲线在相当长的时间内近乎重合，仅在侵彻末端出现差异，说明不同头形弹体的弹尾速度变化几乎一致，即弹尾减速速率相同。然而，不同头形造成侵彻时间上的微小差异，进而呈现出不同速度衰减程度：头形越尖锐 (头形因子 N^* 越小)，侵彻时间越长，速度衰减程度越大。

图 5.4.8 展示了侵彻过程中头部尖锐程度不同 (头形因子 N^* 不同) 的弹体剩余长度随时间的变化情况。从图中可以看出，各条曲线非常接近，说明头形因子对于弹体侵蚀速率的影响较小。同时从图 5.4.8 还可看出，弹体侵蚀速度随头形尖锐度的增加 (头形因子 N^* 的减小) 而略微降低。值得说明的是，不同头形弹体最终剩余长度几乎一致，均接近完全侵蚀，这与头杆径比 η 的影响有明显不同。

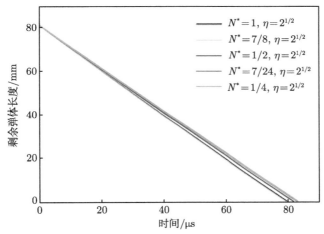

图 5.4.8　不同头形因子长杆高速侵彻的剩余弹体长度—时间图

接下来研究不同初始撞击速度下头形因子对侵彻能力的影响，无量纲侵彻深度曲线如图 5.4.9 所示。头形因子不同的弹体在低速下 (<1.5 km/s) 侵彻能力几乎相同；在高速下 (>1.5 km/s)，侵彻过程中头部越尖锐的弹体侵彻能力越强。随着头形因子的减小，典型的 S 形无量纲侵彻深度曲线向右上方拉长，即尖头弹的侵彻能力极限将出现在更高速度下。特别地，在 3.0 km/s 的高速下，平头弹 (N^*=1) 无量纲侵彻深度曲线已趋于平缓，说明侵彻能力已接近极限；而尖锥头弹 (N^*=1/4) 和尖卵头弹 (N^*=7/24) 的无量纲侵彻深度曲线在 3.0 km/s 时仍较陡峭，说明更高速度下侵彻能力仍有较大提升空间。

综上，在本章建立的二维模型中，侵彻过程中长杆弹体头部尖锐程度由头形因子 N^* 来表征。在 Anderson 和 Walker(1991) 算例中，随着 N^* 的减小，侵彻速度、时间和深度均有小幅增加，侵蚀速率和最终剩余长度变化极小。此外，不同速度下头形因子对侵彻能力的影响差异显著：低速下侵彻能力相同，高速下弹体侵彻能力随头形尖锐度增加而提升。

在本章二维理论模型中，刻画侵彻过程中弹体头形的头杆径比 η 和头形因子 N^* 是反映长杆高速侵彻行为二维特征的特征参量。通过本节分析可知，两者的影响程度有明显差异，头杆径比 η 的影响远大于头形因子 N^*。

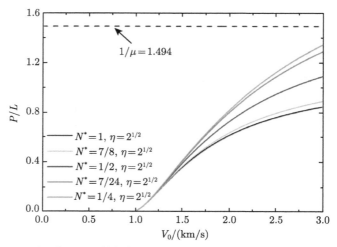

图 5.4.9　不同头形因子长杆高速侵彻的无量纲侵彻深度—初始撞击速度图

5.5　本 章 小 结

本章通过构造头形函数，确定了侵彻过程中不同头形长杆所受阻力，从而建立了长杆高速侵彻的二维理论分析模型。在二维模型中，长杆弹在侵彻过程中的头形主要反映于头杆径比 η 和弹体头形因子 N^* 这两个无量纲参量。为研究头形对侵彻性能的影响，本章基于二维模型进行了算例分析，分析表明：

(1) 头杆径比 η 的影响相对较大，头杆径比越大的弹体侵彻能力越低，其主要机理为头部材料的径向流动导致弹体动能损失从而降低侵彻能力；

(2) 弹体头形因子 N^* 的影响相对较小，低速下其影响可以忽略，高速下尖锐头形弹体的侵彻能力提升明显。

二维模型的建立对于研究长杆高速侵彻的二维效应提供了强有力的理论武器。然而该模型仍有待完善，特别是头形参数 η 和 N^* 与弹靶材料参数以及侵彻速度的关系仍需结合大量实验和模拟数据进一步确定。下一步可进行验证性实验和数值模拟来细化模型，确定参数取值，使模型兼具定性分析和定量预测的能力。

参 考 文 献

陈小伟, 李继承, 张方举, 陈刚. 2012. 钨纤维增强金属玻璃复合材料弹穿甲钢靶的实验研究. 爆炸与冲击, 32(4): 346-354.

Alekseevskii V P. 1966. Penetration of a rod into a target at high velocity. Combustion, Explosion, and Shock Waves, 2(2): 63-66.

Anderson Jr. C E, Walker J D. 1991. An examination of long-rod penetration. International Journal of Impact Engineering, 11(4): 481-501.

Chen X W, Li Q M. 2002. Deep penetration of a non-deformable projectile with different geometrical characteristics. International Journal of Impact Engineering, 27(6): 619-637.

Chen X W, Li X L, Huang F L, Wu H J, Chen Y Z. 2008. Damping function in the penetration/perforation struck by rigid projectiles. International Journal of Impact Engineering, 35(11): 1314-1325.

Chen X W, Wei L M, Li J C. 2015. Experimental research on the long rod penetration of tungsten-fiber/Zr-based metallic glass matrix composite into Q235 steel target. International Journal of Impact Engineering, 79: 102-116.

Christman D R, Gehring J W. 1966. Analysis of high-velocity projectile penetration mechanics. Journal of Applied Physics, 37(4): 1579-1587.

Forrestal M J, Altman B S, Cargile J D, Hanchak S J. 1994. An empirical equation for penetration depth of ogive-nose projectiles into concrete targets. International Journal of Impact Engineering, 15(4): 395-405.

Forrestal M J, Frew D J, Hanchak S J, Brar N S. 1996. Penetration of grout and concrete targets with ogive-nose steel projectiles. International Journal of Impact Engineering, 18(5): 465-476.

Hohler V, Stilp A J. 1987. Hypervelocity impact of rod projectiles with L/D from 1 to 32. International Journal of Impact Engineering, 5(1-4): 323-331.

Jiao W J, Chen X W. 2018. Approximate solutions of the Alekseevskii-Tate model of long-rod penetration. Acta Mechanica Sinica, 34(2): 334-348.

Jiao W J, Chen X W. 2021. Influence of the mushroomed projectile's head geometry on long-rod penetration. International Journal of Impact Engineering, 148: 103769

Lee M, Bless S J. 1998. Cavity models for solid and hollow projectiles. International Journal of Impact Engineering, 21(10): 881-894.

Li J C, Chen X W, Huang F L. 2015. FEM analysis on the "self-sharpening" behavior of tungsten fiber/metallic glass matrix composite long rod. International Journal of Impact Engineering, 86: 67-83.

Li J C, Chen X W, Huang F L. 2019. Ballistic performance of tungsten particle / metallic glass matrix composite long rod. Defence Technology, 15(2):123-131.

Mchenry M R, Choo Y, Orphal D L. 1999. Numerical simulations of low L/D rod aluminum into aluminum impacts compared to the tate cratering model. International Journal of Impact Engineering, 23(1, Part 2): 621-628.

Rong G, Huang D W, Yang M C. 2012. Penetrating behaviors of Zr-based metallic glass composite rods reinforced by tungsten fibers. Theoretical and Applied Fracture Mechanics, 58(1): 21-27.

Rosenberg Z, Dekel E. 1999. On the role of nose profile in long-rod penetration. International Journal of Impact Engineering, 22(5): 551-557.

Rosenberg Z, Marmor E, Mayseless M. 1990. On the hydrodynamic theory of long-rod penetration. International Journal of Impact Engineering, 10(1-4): 483-486.

Silsby G F. 1984. Penetration of semi-infinite steel targets by tungsten rods at 1.3 to 4.5km/s// Proceedings of the 8th International Symposium on Ballistics.

Tate A. 1967. A theory for the deceleration of long rods after impact. Journal of the Mechanics & Physics of Solids, 15(6): 387-399.

Tate A. 1969. Further results in the theory of long rod penetration. Journal of the Mechanics & Physics of Solids, 17(3): 141-150.

Wen H M, He Y, Lan B. 2010. Analytical model for cratering of semi-infinite metallic targets by long rod penetrators. Science China (Technological Sciences), 53(12): 3189-3196.

Zhang L S, Huang F L. 2004. Model for long-rod penetration into semi-infinite targets. Journal of Beijing Institute of Technology, 13(3): 285-289.

第 6 章 钨纤维增强金属玻璃复合材料
长杆弹侵彻试验

6.1 引　　言

　　穿甲弹 (Armor Piercing Projectile) 是一种典型的动能弹，其特点为初速高、直射距离大、射击精度高，主要依靠弹丸强度、质量和速度穿透装甲。目前主要采用高密度钨合金、贫铀合金作穿甲弹弹芯材料。钨合金弹芯在穿甲过程中易钝粗形成蘑菇头，从而降低其穿甲性能。尽管贫铀弹高速撞击靶板可保持较好的 "自锐" 头形而有较高穿甲性能，但因为对人员和环境有放射性危害而为国际社会所不齿。因此，兵器同行正在寻找更好的弹芯材料，其中，钨纤维增强金属玻璃基复合材料就是一种可行选择 (Conner et al., 1998, 2000)。

　　块体金属玻璃 (Bulk Metallic Glass, BMG)，是合金液体深度过冷到玻璃转变温度 T_g 时结构突然 "冻结" 而形成的非晶态合金材料 (Choi-Yim et al., 2001)。该材料在微观上接近无序的密排堆积，长程无序、短程有序，不存在位错、晶界等缺陷，因而具有优异的力学、物理和化学性能。在玻璃转变温度以下 $(T < T_g)$ 以及高应力或高应变率条件下变形时，极易发生局域剪切带，具有类似贫铀合金的高剪切敏感性和剪切 "自锐"(Self-Sharpening) 现象 (Dai & Bai, 2008)。而钨合金具有高密度、高强度和良好韧性等特点。两者复合形成钨纤维增强金属玻璃基复合材料，可保证该材料既具有高强度、高密度、高硬度以及剪切 "自锐" 等特性，同时降低整体脆性，可满足穿甲动能弹的要求，大大提高穿甲弹的侵彻性能。

　　Conner 等 (2000) 和 Choi-Yim 等 (2001) 开展了钨纤维增强金属玻璃复合材料弹的高速侵彻试验，以研究其在高应变率条件下的力学特性。Rong 等 (2010)，陈小伟等 (2012)，Chen 等 (2015) 也开展了相应侵彻试验研究，研究金属玻璃复合材料弹体在侵彻、穿甲等状态下的变形和破坏特征。上述研究表明：复合材料弹体头部区域为局域剪切破坏，始终保持尖头构形，也即发生剪切 "自锐" 行为，其侵彻性能较钨合金弹体可提高 $10\% \sim 20\%$。

　　本章利用钨纤维体积分数为 80% 的增强锆 (Zr) 基金属玻璃复合材料长杆弹进行侵彻 Q235 钢靶的穿甲试验，对残余弹体进行宏、细观形貌分析，特别对钨纤维增强 Zr 基金属玻璃基复合材料长杆弹头部的 "自锐" 失效模式进行分析，对 "自锐" 穿甲合适的速度范围进行识别。

6.2　穿甲实验描述

利用 H100 滑膛火炮开展针对 Q235 钢靶的钨纤维增强锆 (Zr) 基金属玻璃复合材料长杆弹 (以下简称钨纤维非晶弹) 的高速"自锐"穿甲实验研究。总共 10 发弹体,其中包括 2 发 93W 钨合金弹,以比较钨纤维非晶弹的穿甲实验。穿甲实验的速度范围为 765~1809 m/s。

钨纤维非晶弹体材料密度约为 17 g/cm^3,其中钨纤维体积分数为 80%,钨纤维方向与弹轴平行,弹材基体为锆基合金金属玻璃;钨合金弹材为 93W 钨合金,密度为 17.45 g/cm^3。柱形长杆弹形状如图 6.2.1(a) 所示,头部为半球头形,弹径 19.0 mm。由于弹体直径远小于火炮口径,需借助弹托进行次口径发射。装上弹托后的弹体如图 6.2.1(b) 所示。表 6.2.1 给出 10 发弹体的速度、质量和几何尺寸,同时也给出靶体厚度和侵彻深度。

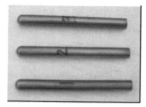

(a) 实际弹体照片　　　　　　　　　(b) 穿甲实验弹托及弹体

图 6.2.1　长杆弹及穿甲实验用弹托

表 6.2.1　弹靶参数及侵彻深度

弹体材料	撞击速度 $v/(m/s)$	弹体外径 d/mm	弹体长度 L/mm	质量 M/g	靶板厚度 H/mm	侵彻深度 P/mm
93W 钨合金	939	19	200.8	964.0	250	120
	1300	19	201.2	963.0	250	215
钨纤维增强锆基金属玻璃复合材料	765	19	188.9	884.0	125	跳飞
	828	19	206.1	957.4	250	105
	939	19	206.4	966.2	250	135
	1177	19	206.3	956.5	250	225
	1313	19	205.5	952.6	250	270
	1766	19	206.5	961.7	250	穿透
	1159	19	188.9	884.0	125	穿透
	1809	19	188.9	884.0	125	穿透

穿甲实验共进行两轮,其中首轮实验安排 3 发长杆弹穿甲厚度 125 mm Q235 钢靶,第 2 轮实验则进行 7 发长杆弹穿甲厚度 250 mm Q235 钢靶。Q235 钢靶几何尺寸为 1200 mm×300 mm,后者由两层焊接叠合而成,后背顶靠于混凝土基座以保证其固定,通过在钢架上平移可实现 3~4 次撞击实验。

6.3 实 验 情 况

穿甲实验后的靶板正视和背视分别如图 6.3.1 和图 6.3.2 所示。除撞击速度为 765 m/s 的钨纤维非晶弹未形成有效侵彻而发生跳飞外，其余弹丸均对靶板形成有效侵彻。速度 1159 m/s 和 1809 m/s 的钨纤维弹穿透单层 125 mm 厚的 Q235 钢靶，而速度为 1766 m/s 的钨纤维非晶弹穿透两层总厚度为 250 mm 的靶板。上述 3 发弹实验后没有找到最终的靶塞及残余弹体，但在靶室掩体钢板墙上可发现少量的残余弹体撞击痕迹。这表明残余弹体在撞击钢靶后已解体，可产生一定撞击后效。

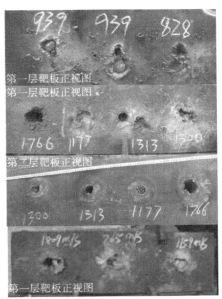

图 6.3.1　不同速度长杆侵彻 Q235 钢靶正视图

由速度为 1766 m/s 和 1809 m/s 钨纤维非晶弹撞靶的正视图可知，弹托底座硬铝 2Al2 在通过弹托分离器后，尾随撞击在前靶孔附近，由于超高速而融化；而较低速度如 1177 m/s、1159 m/s、1300 m/s、1313 m/s 时，弹托底座硬铝 2Al2 在通过弹托分离器后，尾随正撞击在前靶孔附近并堵塞靶孔，仅有少量融化痕迹。更低速度撞击时 (如 828 m/s、939 m/s)，弹托底座硬铝 2Al2 几乎没有融化，还保持原来形状并嵌入靶体，现场可找到较完整的弹托底座。

由图 6.3.1 和图 6.3.2 可知，当侵彻速度大于 1000 m/s 时，所有钨纤维非晶弹和钨合金弹均完全穿透 125 mm 厚第一层靶板，并在第二层靶板形成穿透

(1766 m/s) 或有效侵彻。所有弹孔均为圆形通孔，钨合金弹穿甲形成的弹孔稍大。另外，从前后正视图还可以看出，弹体垂直入射，侵彻弹道稳定。特别地，如图6.3.2，钨纤维非晶弹以 1313 m/s 侵彻时在第二层靶板背面形成显著鼓包，表明已接近临界穿透；而钨合金弹以 1300 m/s 侵彻时在第二层靶板背面没有任何变化，清晰表明其穿甲能力小于前者。另当侵彻速度小于 1000 m/s 时，钨纤维非晶弹和钨合金弹没有穿透第一层靶板，靶板背面未见有明显变形。

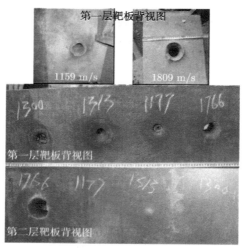

图 6.3.2　不同速度长杆弹侵彻 Q235 钢靶背视图

　　针对形成有效侵彻且未穿透的 6 发侵彻实验，对靶体切割和测量获得弹体对Q235 钢靶的侵彻深度，如表 6.2.1 所列，可有效比较钨合金弹和钨纤维非晶弹侵彻能力。该 6 发侵彻实验中各弹体质量和弹径相同，因此弹体长度略有差异。

　　图 6.3.3 给出不同撞击速度下钨纤维非晶弹和钨合金弹的标准侵彻深度 (P/L)。

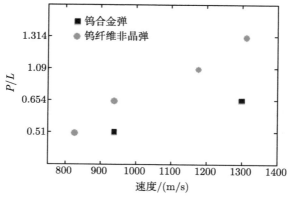

图 6.3.3　钨合金弹和钨纤维非晶弹标准侵彻深度与撞击速度关系

由图可知，钨纤维非晶弹侵彻深度与撞击速度呈近似线性关系，其侵彻能力在速度为 939 m/s 时比钨合金弹高约 10%，在 1313 m/s 时比钨合金弹高约 23%。换言之，钨纤维非晶弹在 1177 m/s 时的侵彻能力与钨合金弹在 1300 m/s 时相当。明显地，钨纤维非晶弹比钨合金弹拥有更高的侵彻能力，尤其是在高速侵彻时 (例如 $v > 1000$ m/s)，这种优势将更加突出。

6.4　侵彻弹道和残余弹体宏观形貌分析

6.4.1　钨合金弹

图 6.4.1(a) 和 (b) 分别给出两发 93W 钨合金弹不同速度撞击 Q235 钢靶的弹孔纵剖面照片，可知钨合金弹侵彻深度在速度 1300 m/s 时显著高于速度 939 m/s 情形。速度为 939 m/s 时，钨合金弹侵彻深度约为 120 mm，形成的弹孔形状不规则，弹孔表面起伏较大且发生偏转或颈缩，弹孔底端部钝粗且不平滑，弹材表现为流动形变而少有侵蚀特征，并充满整个弹道。

(a) v=939 m/s　　　　(b) v=1300 m/s

图 6.4.1　钨合金弹体有效侵彻的 Q235 钢靶纵剖面宏观形貌

而速度 1300 m/s 时钨合金弹侵彻深度约为 215 mm，形成较为笔直、光滑的弹孔，孔径约 42 mm，在底端弹孔直径逐渐缩小形成较平滑尖削的孔底，弹孔表面淬火发蓝，表明弹孔表面温度高于 1000 ℃，显示在高速条件下绝热高温摩擦特征。需指出的是，弹孔后部填塞的是弹托底座硬铝 2Al2。

与之对应的，速度 1300 m/s 的钨合金弹发生显著质量侵蚀，长 201 mm 的弹体绝大部分已侵蚀掉，仅留存高度为 25 mm、最大直径 30 mm 的"蘑菇头"和少量钨合金碎块，后者是侵蚀后回流凝固而成。如图 6.4.2，"蘑菇头"有明显的钝粗翻边现象，尾部直径为 19 mm，与侵彻前相比无明显变化。

 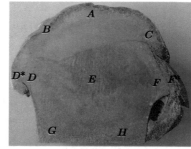

(a) 整体形貌　　　　　　　　　　　　(b) 纵截面照片

图 6.4.2　钨合金弹侵蚀后形成"蘑菇头"残余弹体

6.4.2　钨纤维非晶弹

图 6.4.3(a)~(h) 分别给出 8 发典型的钨纤维非晶弹以不同速度撞击 Q235 钢靶的弹孔剖面照片。

在撞击速度为 765 m/s 时，钨纤维非晶弹未能形成有效侵彻而发生跳飞。在撞击速度为 828 m/s 和 939 m/s 时，钨纤维非晶弹侵彻深度分别约为 105 mm 和 135 mm，弹道与钨合金弹 939 m/s 侵彻时相似，弹孔形状不规则，弹孔表面起伏较大且发生鼓胀，弹道发生偏转，弹材表现为流动形变而少有侵蚀特征，并充满整个弹道。稍不同的是，弹孔底端部钝粗但相对平滑，且在 939 m/s 时，钨纤维非晶弹几乎已侵彻穿透第一层钢靶，但靶板背面没有隆起现象。以上表明，在小于 1000 m/s 速度侵彻时，尽管钨纤维非晶弹表现出比钨合金弹更好的侵彻能力，仍可认为，钨纤维非晶弹和钨合金弹两者都不适合用于该速度范围的侵彻。

而在更高速度侵彻时，钨纤维非晶弹表现出非常优秀的侵彻能力。在首轮穿甲实验中，速度为 1159 m/s 和 1809 m/s 的钨纤维弹都穿透了单层 125 mm 厚度的 Q235 钢靶。因此，第 2 轮实验安排两层总厚 250 mm Q235 钢靶。其中，速度 1766 m/s 的钨纤维非晶弹完整穿透两层总厚 250 mm Q235 钢靶；1313 m/s 的钨纤维非晶弹临近穿透两层靶板，第二层靶背面已现显著隆起；速度 1177 m/s 的钨纤维非晶弹未穿透第二层靶板。由于靶板弹着点有显著弯曲变形，1313 m/s 和 1177 m/s 的钨纤维非晶弹实际侵彻深度分别为 270 mm 和 225 mm，前者大于靶厚。

　　总体而言，在大于 1000 m/s 侵彻时，钨纤维非晶弹侵彻隧道都非常笔直，全弹孔孔径约为 40 mm，几乎形成近似等直径通道，但在弹孔底部附近其孔径沿侵彻方向逐渐变小。弹孔表面淬火发蓝，并有弹材侵蚀后回流痕迹，表明弹孔表面温度高于 1000 ℃，显示在高速条件下绝热高温摩擦特征。

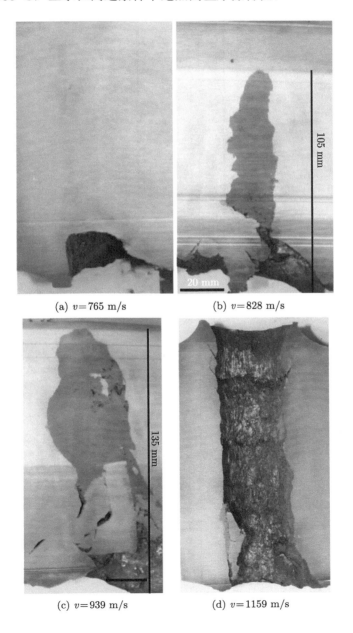

(a) $v=765$ m/s (b) $v=828$ m/s

(c) $v=939$ m/s (d) $v=1159$ m/s

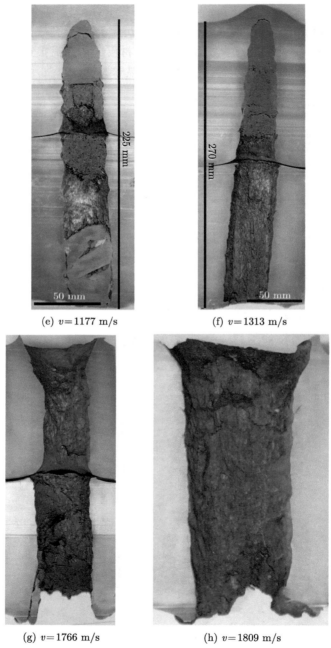

(e) $v=1177$ m/s　　　　　　　　　(f) $v=1313$ m/s

(g) $v=1766$ m/s　　　　　　　　　(h) $v=1809$ m/s

图 6.4.3　不同速度下钨纤维非晶弹侵彻 Q235 钢靶的靶孔剖面

下面主要针对速度分别为 1177 m/s 和 1313 m/s 的钨纤维非晶弹侵彻后的

残余弹体开展宏观形貌分析，如图 6.4.3(e) 和 (f)。

首先，两者头部都形成尖削形，弹径较原型弹径变小，与通常的钨合金弹穿甲实验后残弹头部的"蘑菇头"形成鲜明对比，"蘑菇头"形将导致钨合金弹穿甲阻力增加，从而降低侵彻深度而增加弹孔直径，降低其侵彻能力。钨纤维非晶弹头部在侵彻过程中始终维持尖削形，即拥有头形自锐能力，将有利于提高其侵彻能力。钨纤维非晶弹具有上述特征的根本原因在于钨纤维材料在非晶基体作用下，发生剪切而形成自锐 (陈小伟等，2012)。这从材料特性表明，钨纤维非晶弹较常规钨合金弹更利于侵彻。

其次，钨纤维非晶残弹体积和质量都较大，这表明钨纤维弹穿甲钢靶后有更强的毁伤能力。速度为 1177 m/s 时，钨纤维非晶残弹及弹后堆积物总长度约为 120 mm，其中包括两部分，尾部为材料侵蚀后沿弹道回流后遇冷凝固形成的残渣堆积物，长度约 70 mm，前部为尚未侵蚀的钨纤维非晶残弹，长度约 50 mm。速度为 1313 m/s 时，钨纤维残弹总长度约为 110 mm，同样包括两部分，尾部为材料侵蚀后回流形成的残渣堆积物，长度约 70 mm，前部为尚未侵蚀的钨纤维非晶残弹，长度约 40 mm。显然 1313 m/s 时钨纤维弹侵蚀较 1177 m/s 时更严重，这符合长杆弹侵彻的基本特性，但同等条件下其材料侵蚀又比钨合金弹材料少。这表明，由于非晶基体的作用，有助于减少钨纤维弹侵彻时弹材的质量侵蚀，进一步从材料特性证明了钨纤维弹更利于侵彻。

6.5　残余弹体微细观形貌及金相分析

6.5.1　钨合金残弹

高速侵彻冲击作用下，钨合金弹头部受到靶体的轴向挤压，经历变形、断裂、破碎、摩擦、熔化和质量侵蚀等一系列过程，将显著变形钝粗。图 6.4.2(b) 给出速度 1300 m/s 的钨合金残弹头部纵剖面，呈明显的"蘑菇头"形。在靶体挤压作用下，弹体头部质量侵蚀，其残留物沿侧向回流将形成"蘑菇头"外侧的帽檐，如图中 D^* 和 F^* 所示。

图 6.5.1 分别给出按图 6.4.2 (b) 标记位置的"蘑菇头"各部位金相照片。"蘑菇头"中心部位 (位置 E) 呈现出驻点效应，钨合金晶粒未受撞击影响，其形状和几何尺寸未发生明显变化，近似等轴晶粒，尺寸约为 50~60 μm。与之类似，钨合金残弹后部 (位置 G 和 H) 也没受到高速撞击影响，晶粒形状和尺寸与初始状态相同。

显著不同的是，"蘑菇头"顶端 (位置 A) 钨合金晶粒经强碰撞后变形为长约 80 μm、宽约 20 μm、长细比 4 的扁平颗粒，拉长后的晶粒长轴方向与侵彻方向大体垂直。可比较的是，"蘑菇头"头部侧面与靶体相近部位受撞击影响，钨合金晶粒均发生挤压变形，离"蘑菇头"头部越近，挤压影响越明显，拉长后的晶粒呈纤维状，纤维状晶粒长轴方向与"蘑菇头"外形流线方向相同。

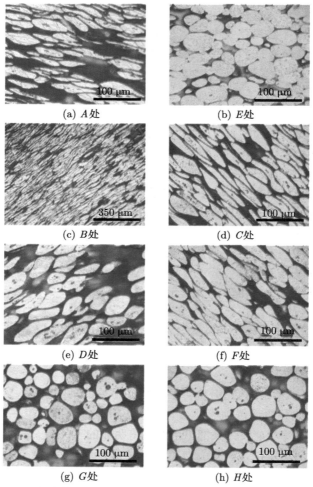

图 6.5.1　速度为 1300 m/s 的钨合金残弹"蘑菇头"各处金相照片

　　分析图 6.5.1 还可看出，钨合金残弹"蘑菇头"形前端部表面与靶体接触部位受挤压变形晶粒没有发生破碎，缘于晶粒在最大剪应力方向出现位错移动，导致晶粒塑性变形。这说明钨合金在高速侵彻下表现出良好塑性，且头部侧面比头部顶端明显。进一步比较图 6.5.1 (b) 与 (g)、(h) 可知，"蘑菇头"上 E 位置和 G、H 位置的晶粒形状和尺寸虽都没有受到挤压影响，然而不同部位的晶粒间距却明显不同。E 位置晶粒间距几乎为零，晶粒之间紧密接触；而 G、H 位置的晶粒之间存在一定距离, 其晶粒形态更接近原始钨合金特征。这也进一步证明 "蘑菇头"
中心部位 (位置 E) 存在驻点效应, 即该位置承受均匀的静水压力, 导致晶粒密排
但不变形。

整体而言, "蘑菇头" B、C 处晶粒塑性变形最大, 其次是 A 处, D、F 处较
A 处弱, "蘑菇头" 中心位置 (E 处) 有轻微塑性变形, 而 "蘑菇头" 尾部 (G、H
处) 几乎未发生塑性变形, 这说明穿甲过程中钨合金弹体的变形和质量侵蚀主要
发生在 "蘑菇头" 头部区域, 弹体中后部未发生变形和质量消耗。

图 6.5.2 给出速度为 1300 m/s 的钨合金弹残余弹体 "蘑菇头" D-D^* 部位的
局部放大图。从图中可看出沿 "蘑菇头" 外沿覆盖有一层由于弹体头部质量销蚀、
变形、流动形成的帽檐, "蘑菇头" 与帽檐间存在明显的界面孔隙, 孔隙左右两侧
钨合金晶粒塑性变形较 "蘑菇头" 其他部位严重。其中, 帽檐内部晶粒变形尤其明
显, 变形后纤维状晶粒呈流线型。

图 6.5.2 "蘑菇头" D-D^* 部位局部放大形貌

从图 6.5.2 所示 "蘑菇头" 帽檐内部合金晶粒被横向拉长, 且帽檐与 "蘑菇
头" 间明显的界面可以推断随着钨合金穿甲弹侵彻深度的增加, 弹芯头部所形成
的 "蘑菇头" 不断增大, 并在弹芯头部产生了一条亮白色宽带。随着头部轴向载荷

的进一步作用, 钨合金穿甲弹芯头部沿着亮白色宽带断裂。脱落的弹芯残块, 由于弹芯的不断侵彻产生的轴向挤压和高温, 部分发生塑性变形和熔化, 最后附着在弹孔壁上, 如图 6.4.1 (b) 所示。

6.5.2　钨纤维非晶残弹

这里选取侵彻速度为 1177 m/s 及 1313 m/s 钨纤维非晶残余弹体及靶体进行金相分析和细观观察, 分析其侵彻特征。

图 6.5.3 分别给出撞击速度为 1177 m/s 和 1313 m/s 的钨纤维非晶残余弹体纵剖面金相照片。钨纤维非晶残弹实际就是原柱形长杆弹的尾部, 其尾部轮廓清晰可见, 与原型弹相比无任何变化。材料侵蚀后沿隧道回流遇冷凝固形成的残渣物堆积在未变形残弹后面, 且填满未变形残弹与弹孔之间的间隙, 间隙间的残渣回流痕迹明显, 出现涡流卷积等现象。1177 m/s 和 1313 m/s 的钨纤维非晶残余弹的弹孔直径相当。

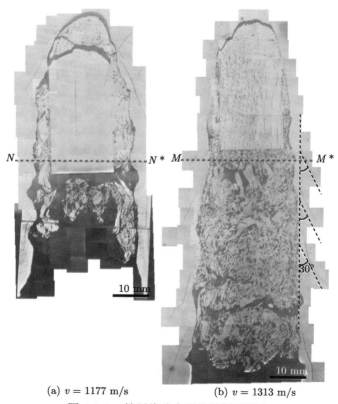

(a) $v = 1177$ m/s　　　　　　(b) $v = 1313$ m/s

图 6.5.3　钨纤维残余弹体纵剖面照片

钨纤维非晶残弹长度分别为 50 mm 和 40 mm，显然 1313 m/s 时钨纤维弹侵蚀较 1177 m/s 时更严重，这符合长杆弹侵彻的基本特性。钨纤维非晶残弹实际包括杆体和弹尖两部分。

杆体与原型弹一致，钨纤维密致纵向排布且无明显塑性变形，基体材料也未发生明显的损伤或破坏，头部呈近似半球头形。1313 m/s 和 1177 m/s 的钨纤维残弹杆体最大长度分别约为 30 mm 和 40 mm。

弹尖部分头形尖削近似为 60°，高度约 10 mm。这表明，钨纤维非晶弹在侵彻 Q235 钢靶过程中，初始的半球头形因为高速侵蚀变为尖头构形，也即发生"自锐"。弹体头部"自锐"有效锐化了弹芯头部，提高了弹体的侵彻能力。

由图 6.5.3 可以看到，两种速度下的钨纤维非晶弹体头部"自锐"形成尖削形弹尖，但弹尖形状仍都稍有轻微不对称，这是由于质量侵蚀不均而导致。另外，两者"自锐"形成的尖削形弹尖与杆体间分别呈现断开和连接的不同。其中，速度为 1177 m/s 的钨纤维残弹弹尖与杆体之间存在一条宽约 1~2 mm 的裂缝，而速度为 1313 m/s 的钨纤维残弹弹尖与杆体之间有明显的分界，但没有出现裂缝。显然，钨纤维残弹的弹尖部分可以附着在杆体头部，也可与之分离。其判据即是塑性大变形的弹尖中钨纤维强度是否可承受穿甲过程中的冲击载荷。若弹尖中的钨纤维塑性变形过大，可承受的最大冲击载荷阈值变小，则易发生与杆体的断裂分离。因此，由实验表明，钨纤维残弹头部的弹尖和杆体两部分存在明显的界限。

可定义钨纤维非晶残弹的弹尖部分为钨纤维残弹头部的边缘层。该区域的主要特征是头形尖削细长，钨纤维弯曲大变形或断裂，且排列方向零乱，非晶基体破碎或熔融软化，且破碎基体和变形断裂钨纤维在高速冲击和摩擦下不断从弹体头部脱离并从弹尖侧逆向流逝，即质量侵蚀。边缘层厚度在整个高速穿甲过程中保持动态平衡，体现了钨纤维增强非晶基体复合材料锐化和破坏的局部化效应。

在尚未侵蚀的钨纤维弹后面是材料侵蚀后沿弹孔逆向流动后遇冷凝固形成的残渣堆积物，主要包括断裂、熔化后的钨纤维及非晶基体，以及部分熔融后的靶材。总体而言，钨纤维呈无序状分布；但仍可看出，以弹轴为中心，残渣堆积物呈现多个大涡流卷积，类似糖葫芦串分布。这表明其存在逆向并向弹孔中心流动的趋势。另外，弹孔中心部位的钨纤维多呈圆形排列，表明断裂钨纤维已是与弹轴垂直的横向分布；而弹孔壁附近的钨纤维则近似沿孔壁方向分布，部分还有涡流卷积，显现出沿弹孔壁逆向流动趋势。从大量散乱的钨纤维分布，以及断裂和熔化可推断钨纤维弹体在高速冲击过程中产生了大量的热，致使非晶基体软化甚至发生熔化，导致钨纤维束分离。

观察图 6.5.3 还可发现，靶板内弹孔直径大小基本不变，但侵彻孔洞变得粗糙呈锯齿形，留有高温熔化、摩擦和质量消耗等痕迹。沿弹孔方向，靶板还较规则地出现多个贯穿性"八字形"脆性裂纹，与弹轴近似呈 30°。

　　高速侵彻过程中钨纤维非晶弹的变形和破坏主要发生于弹体头部边缘层，呈局域化和尖锐化特点，而且边缘层厚度在整个高速穿甲过程中保持动态平衡。未发生侵蚀变形的杆体区域内，钨纤维无明显塑性变形且排列方向仍与弹轴平行，基体材料也未发生明显的损伤或破坏。下面将重点对边缘层进行金相分析。

6.6　钨纤维残余弹体头部边缘层金相分析

　　钨纤维非晶弹在高速穿甲钢靶过程中，弹体"自锐"发生在头部边缘层。"自锐"将导致弹体材料的侵蚀，也即钨纤维的断裂、弯折、劈裂、熔融等及非晶基体的断裂、破碎和熔融等均发生在头部边缘层。对该区域开展较细致的金相观察和细观分析，有助于详细分析其"自锐"机理。

　　图 6.6.1 为原型钨纤维非晶弹体横/纵剖面形貌。其中，横剖面上钨纤维有序而紧致密排，并与锆合金基体紧密结合，纤维端面呈标准圆形；纵剖面上钨纤维排列方向与弹轴方向一致，呈细长椭圆形，这是由于纵剖面与弹轴呈一定夹角所致。

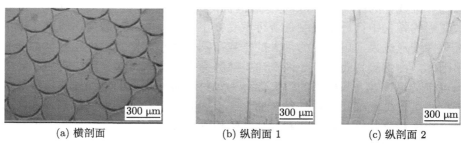

(a) 横剖面　　　　　　　　　(b) 纵剖面 1　　　　　　　　(c) 纵剖面 2

图 6.6.1　实验前钨纤维增强锆基金属玻璃复合材料弹体的横/纵剖面

　　图 6.6.2 分别给出撞击速度为 1177 m/s 和 1313 m/s 的钨纤维非晶残余弹体头部边缘层纵剖面金相照片。正如前述分析，1313 m/s 的钨纤维残弹杆体与弹尖未分离，而 1177 m/s 的钨纤维残弹杆体与弹尖完全分离且断口干净。弹尖区域大部分钨纤维通过基体仍然连接在一起。但在部分纤维之间存在孔洞，在孔洞附近钨纤维有熔融痕迹。另外，部分纤维断裂而表现离散，或在纤维与基体界面处出现裂纹。其微观图如图 6.6.3(a) 和 (b)，显示钨纤维残弹弹尖区域部分非晶基体材料已经破碎或因高温而软化甚至融熔。

　　头部边缘层的钨纤维分布有一定规律。宏观上，钨纤维已不与弹轴方向平行，钨纤维直径大小不均匀，发生了明显的塑性变形。图 6.6.4(a)～(c) 对应于边缘层从里到外，纤维形状依次为"圆形"、"椭圆形"、"细长形"。

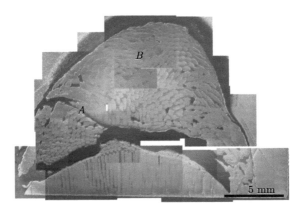

(a) $v = 1177$ m/s

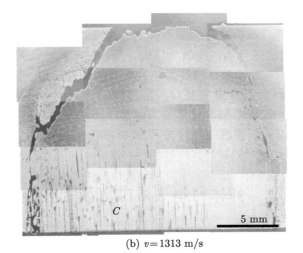

(b) $v = 1313$ m/s

图 6.6.2 钨纤维非晶残余弹体头部显微形貌

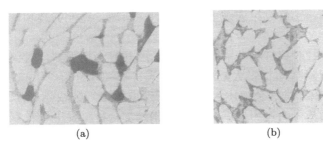

(a)   (b)

图 6.6.3 弹芯头部变形微观纵剖面

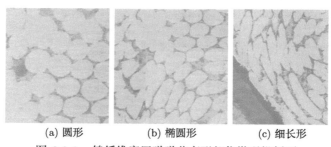

(a) 圆形　　　　　　　(b) 椭圆形　　　　　　(c) 细长形

图 6.6.4　钨纤维穿甲弹弹芯变形部位微观纵剖面

边缘层前缘的 "细长形" 纤维明显呈向两侧流动的弯曲分布,类似流场驻点之外的流体迹线分布。观察可知弹头侵蚀部位的钨纤维分别沿与侵彻方向成约 60° 方向在两边发生剪切和弯曲变形,两个剪切面间形成一个尖头,具有使弹头锐化的趋势。

边缘层后部的钨纤维排布近似原型弹的纤维横端面,即 "圆形" 或 "椭圆形" 排列,表明此处纤维已完全由纵向改为横向,因无法流动而呈现驻点效应。这也说明在穿甲侵彻过程中,弹体头部钨纤维将发生弯折或者断裂,并导致其方向重排。

从以上分析可得到钨纤维非晶弹头部边缘层区域的主要特征是头形尖削细长,钨纤维弯曲大变形或断裂,且排列方向零乱,非晶基体破碎或熔融软化,且破碎基体和变形断裂钨纤维在高速冲击和摩擦下不断从弹体头部脱离并从弹尖侧逆向流逝,即质量侵蚀。

6.7　弹体材料失效破坏模式分析

陈小伟等 (2012) 利用 H25 火炮开展 7.5 mm 小直径的钨纤维增强锆基金属玻璃复合材料弹体撞击 45# 钢靶的穿甲实验,利用金相分析对材料失效模式进行了较系统的识别和分类,可知至少有四种弹体材料失效和破坏模式:穿钨纤维内部的剪切断裂;穿钨纤维的脆性断裂;金属玻璃基体的剪切破坏;钨纤维和金属玻璃基体的熔融破坏。除穿钨纤维的脆性断裂之外,其余三种均同局部的绝热升温有关。另外,钨纤维束宏观上易出现剪切断裂、脆性劈裂和弯折屈曲变形等破坏模式。

我们进一步针对钨纤维非晶弹头部边缘层开展金相观察,对钨纤维增强锆基金属玻璃复合材料弹体材料失效和破坏模式进行细观分析。以撞击速度为 1177 和 1313 m/s 的钨纤维残余弹体为对象,所选取的分析区域 A、B、C 如图 6.6.2 所示,由于非晶基体的作用,钨纤维增强非晶复合材料发生了较复杂的断裂破坏行为。

图 6.7.1 再现了钨纤维剪切断裂破坏模式,对应于残弹头部边缘层与杆体分

界处。明显地，钨纤维排向突兀显示存在间断面。剪切变形局域化显著且向弹头锐化方向流动，导致纤维方向发生改变。

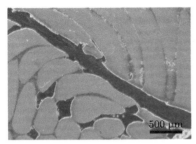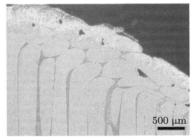

图 6.7.1　弹体头部钨纤维的失效模式之一：钨纤维的剪切断裂 (区域 A)

图 6.7.2 则显示了残弹头部钨纤维的弯折屈曲。弯折屈曲的钨纤维发生了较大塑性变形，钨纤维按残弹头形方向排列并流动变形，甚至发生钨纤维颈缩现象，相邻钨纤维具有统一的弯折屈曲方向。

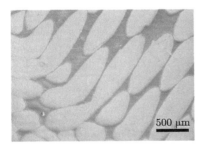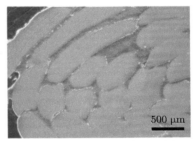

图 6.7.2　弹体头部钨纤维的失效模式之二：钨纤维的弯折屈曲 (区域 B)

图 6.7.3 所示为钨纤维非晶残弹体头部未侵蚀区域内钨纤维的失效模式，主要是纤维的横向断裂和纵向劈裂。从图中可看出钨纤维沿垂直于侵彻方向发生了横向断裂，断裂位置伴随出现部分纵向纤维/纤维界面开裂，界面处 Zr 基体已完全碎裂。

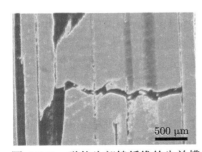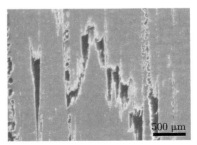

图 6.7.3　弹体头部钨纤维的失效模式之三：钨纤维的横向断裂 (区域 C)

图 6.7.4 给出钨纤维内部发生劈裂破坏，或裂纹在基体中产生并沿钨纤维与基体交界面传播。后者裂纹可止于基体，也可进入纤维形成纤维断裂。

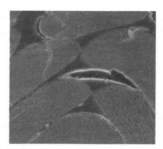

图 6.7.4　弹体头部钨纤维劈裂及锆合金基体开裂

图 6.7.5 给出侵蚀断裂的钨纤维逆向流动到残弹侧部和后部稳定后的典型形态，表现为局部熔融。

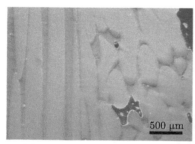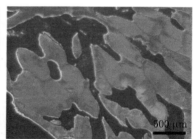

图 6.7.5　逆向流动到钨纤维残余弹体侧部、后部断裂钨纤维形态

进一步地，关于钨纤维增强锆基金属玻璃复合材料在不同应变率和动载下的压缩行为在 Chen 等 (2017) 中有进一步的讨论，这里不再赘述。

6.8　穿甲过程对 Q235 钢靶体显微组织的影响

分析图 6.5.3 还可以看出，1177 m/s 和 1313 m/s 的钨纤维非晶弹高速侵彻 Q235 钢靶后在弹孔边缘对称形成了数条穿透性的 "八字形" 连续裂纹，裂纹与弹体侵彻方向大致呈 30°，裂纹长度在 10~20 mm 左右。特别需指出的是，上述裂纹不与弹孔表面相交。

沿图 6.5.3(a) 中 N-N^*、图 6.5.3 (b) 中 M-M^* 所示位置截取试样，获得两种速度下钨纤维非晶残弹及靶孔横截面形貌如图 6.8.1 所示。可进一步确认 Q235 钢靶中 "八字形" 裂纹与弹体同轴，形成喇叭状通透性的面裂纹。类似地，在钨合金弹穿甲实验靶板中也有发现喇叭状通透性面裂纹。

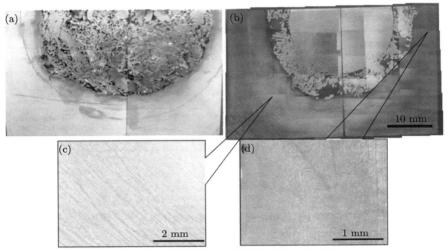

图 6.8.1　钨纤维残余弹体横截面宏观形貌
(a) v=1313 m/s; (b) v=1177 m/s

　　观察图 6.8.1 还可知，弹孔附近的 Q235 钢靶材由于受弹体的高速冲击挤压，已发生严重的塑性变形，离弹孔越近的位置，塑性变形越严重，靶材晶粒组织受挤压已变形成纤维状。

　　另外，钨纤维弹高速侵彻形成的弹孔横截面呈现为较规则的圆形，残余弹体与弹孔内壁间充满了弹体头部质量侵蚀逆向回流形成的断裂钨纤维和锆基体，部分钨纤维呈块状分布，钨纤维块与钨纤维块间有较大的空隙。

6.9　讨　　论

　　实验证实，钨合金长杆弹在 1300 m/s 穿甲 Q235 钢靶时，已是半流体侵彻，可用一维长杆侵彻 Alekseevski-Tate 理论模型描述。

　　可以比较的是，对于 1000 m/s 以上速度的钨纤维非晶长杆弹穿甲 Q235 钢靶，尽管残弹头部没有出现"蘑菇头"形，但与钨合金长杆弹类似，仍属于半流体侵彻。因此，仍然可用一维长杆侵彻 Alekseevski-Tate 理论模型描述钨纤维非晶长杆弹的高速穿甲钢靶行为，但需对靶体侵彻阻力项 R_t 进行修正，将头形因素考虑进去，即应是二维问题。若利用流固耦合的有限元数值模拟，则可在材料本构中进行区分考虑，将因为非晶基体作用的剪切因素包括进来。

　　从钨合金和钨纤维弹穿甲实验可看出，在相同质量、长径比和侵彻速度下，钨纤维弹穿甲明显能力强于钨合金弹。钨纤维残弹头部有明显"自锐"，而钨合金残弹头部呈现为"蘑菇头"。实验再次证明，钨合金残弹头部"蘑菇头"与弹材是连续的，将导致其侵彻阻力增加，降低其侵彻能力，从而增大弹孔直径大而减小侵彻深度；而钨纤维残弹头部边缘层与杆体头部之间是不连续的，材质发生明显的物理间断，有助于侵蚀弹材与弹体分离且沿弹孔逆向排泄，促使其头部呈尖削形，有助于提高其穿甲性能。其穿甲机制区别可以简单用图 6.9.1 表示。

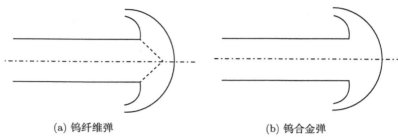

(a) 钨纤维弹　　　　　　　　　　　　　　　　　(b) 钨合金弹

图 6.9.1　　钨纤维弹和钨合金弹侵彻金属靶形成的蘑菇头示意

在较高速度范围内，如大于 800 m/s 时，钨纤维增强金属玻璃复合材料弹的穿甲能力非常强；但在较低速度时，其穿甲性能可能表现不显著，如撞击速度为 765 m/s 时发生了弹体跳飞破碎。因此，仅在较高撞击速度时，钨纤维弹才能对弹体形成有效侵彻。这从一个侧面反映，钨纤维增强金属玻璃复合材料弹存在一个速度阈值下限，且与靶材相关。

在该速度阈值以下，弹材可能仅发生钨丝/基体非晶合金的脆性劈/碎裂破坏，基体非晶合金的剪切效应也参与并加速其碎裂，从而导致弹体在靶前即破坏失效，不能形成有效穿甲。而在该速度阈值以上，由于头部弹材发生质量侵蚀，可形成有效穿甲。该部分材料在侵蚀之前已通过剪切"自锐"效应与弹体分离。

另外，在 800~1000 m/s 速度范围内，钨纤维增强金属玻璃复合材料弹虽然可形成有效穿甲，但与钨合金弹相比其弹道容易发生偏转或侵彻性能并不具备明显优势，表明其穿甲钢靶存在一个优化的速度范围。针对 Q235 钢靶，该值应在大于 1000 m/s 以上。

本章利用 H100 滑膛炮对钨纤维体积分数为 80%的增强锆基金属玻璃复合材料长杆弹和 93 钨合金弹进行侵彻 Q235 钢靶的对比穿甲试验。通过对残余弹体的宏、细观观测和金相分析，研究给出了两种不同弹体材料的失效破坏模式。

穿甲实验表明钨纤维非晶弹不适于 1000 m/s 以下速度的穿甲，但在 1000 m/s 以上速度侵彻钢靶时表现出非常优秀的侵彻能力。钨纤维非晶弹的侵彻能力比 93 钨合金弹高 20%。

高速侵彻钢靶时，与 93 钨合金弹头部形成"蘑菇头"钝粗不同的是，钨纤维非晶弹由于弹材发生绝热剪切失效而拥有头形"自锐"能力，其弹头头部始终保持尖削形。

钨纤维非晶弹体"自锐"发生在头部边缘层。弹材变形和破坏呈局域化和尖锐化特点，而且边缘层厚度在整个高速穿甲过程中保持动态平衡。

头部边缘层的钨纤维分布有一定规律。在穿甲侵彻过程中，弹体头部钨纤维将发生弯折或者断裂，并导致其方向重排。另外，钨纤维的断裂、弯折、劈裂、熔融等及非晶基体的断裂、破碎和熔融等均发生在头部边缘层。

参 考 文 献

陈小伟, 李继承，张方举，陈刚. 2012. 钨纤维增强金属玻璃复合材料弹穿甲钢靶的实验研究. 爆炸与冲击, 32(4): 346-354.

Chen X W, Wei L M, Li J C. 2015. Experimental research on long rod penetration of tungsten fiber / Zr-based metallic glass matrix composite into Q235 steel target. International Journal of Impact Engineering, 79: 102-116.

Chen G, Hao Y F, Chen X W, Hao H. 2017. Compressive behaviours of tungsten fibre reinforced Zr-based metallic glass at different strain rates and temperatures. International Journal of Impact Engineering, 106: 110-119.

Conner R D, Dandliker R B, Scruggs V, et al. 1998. Mechanical properties of tungsten and steel fiber reinforced $Zr_{41.25}Ti_{13.75}Cu_{12.5}Ni_{10}Be_{22.5}$ metallic glass matrix composites. Acta Materialia, 46(17): 6089-6102.

Conner R D, Dandliker R B, Scruggs V, Johnson W L. 2000. Dynamic deformation behavior of tungsten-fiber /metallic-glass matrix composites. International Journal of Impact Engineering, 24: 435-444.

Choi-Yim H, Conner R D, Szuecs F, Johnson W L. 2001. Quasistatic and dynamic deformation of tungsten reinforced $Zr_{57}Nb_5Al_{10}Cu_{15.4}Ni_{12.6}$ bulk metallic glass matrix. Scripta Materialia, 45: 1039-1045.

Dai L H, Bai Y L. 2008. Basic mechanical behaviors and mechanics of shear banding in BMGs. International Journal of Impact Engineering, 34: 704-716.

Rong G, Huang D W, Wang J. 2010. Research on penetration mechanism of tungsten fiber composite reinforced penetrators. In: 25th International Symposium on Ballistics; Editors: Wang Z Y, Zhang X B and An Y D. Beijing, China, 2010, pp: 1180-1186.

第 7 章 穿甲"自锐"行为的数值/理论分析和考虑头形变化的三阶段二维模型

7.1 引 言

如第 6 章所示,近年来研究者逐渐开展了复合材料长杆弹的穿甲试验研究 (Conner et al., 2000; Choi-Yim et al., 2001; Rong et al., 2012; Chen et al., 2012, 2015),相关试验结果显示,由于金属玻璃基体极高的剪切敏感性,复合材料弹体发生显著的"自锐"行为;相对比地,钨合金弹体头部钝化为"蘑菇头"形状。相应地,复合材料弹体表现出更高的穿甲能力,在同等穿甲条件下较钨合金弹提高 20%左右。

高速穿甲试验常难以具体观察详细的弹靶变形和破坏历程,而有限元模拟方法可作为相关试验的良好补充和完善。相应模拟可获得穿甲过程中详细的弹靶变形和破坏过程,也可得到弹体受力状态和速度等参量的具体变化特征,有助于对试验开展更深入地分析。而具有实际参考意义的数值模拟则主要取决于合理的有限元几何模型和材料本构模型,尤其对于复合材料,其几何模型应能较好体现材料的内部细观结构特征。

本章结合钨纤维增强金属玻璃复合材料的细观结构,即钨纤维和金属玻璃基体的实际分布特性,建立复合材料弹体的有限元几何模型;此外利用修正的热力耦合本构模型来描述金属玻璃基体的高强度和高剪切敏感性。结合相关穿甲试验,开展针对复合材料长杆弹穿甲钢靶的二维和三维有限元模拟研究,并开展针对钨合金弹的相关模拟和对比分析 (Li et al., 2014, 2015a, 2015b)。另外,还详细分析撞击速度、靶材强度和初始弹头形状等因素对复合材料弹体的"自锐"行为及相应穿甲性能的影响,并根据相关分析给出针对复合材料弹体结构设计和穿甲条件的一些建议。基于第 5 章的二维模型,结合实验和数值模拟结果进一步对长杆高速侵彻的二维效应进行分析,证实在主要侵彻阶段内弹体头形保持不变的现象,并合理解释实验和模拟结果反映的二维效应 (Jiao & Chen, 2021)。同时,借助数值手段分析了整个侵彻过程中弹体头形因子、头杆径比和质量侵蚀率的变化规律,给出了侵彻过程中各阶段头形因子 N^*、头杆径比 η 和质量侵蚀率的参考函数形式,基于此建立了考虑头形变化的长杆弹三阶段侵彻二维理论模型 (Liu et al., 2022)。

7.2 有限元几何模型和材料本构模型

7.2.1 几何模型

数值模拟基于 LS-DYNA 软件，主要结合 Rong 等 (2012) 和 Chen 等 (2015) 的相关穿甲试验开展，其中 Rong 等 (2012) 开展了针对 50 mm 厚 30CrMnMo 钢靶的穿甲试验，弹体尺寸为 φ8 mm×88 mm，如图 7.2.1(a) 所示，在后面分析中将称为 "小尺寸弹"。如第 6 章所述，Chen 等 (2015) 开展了更大尺寸弹体 (φ19 mm×206 mm) 穿甲 250 mm 厚 Q235 钢靶的试验，弹体形貌见图 7.2.1(b)，在后续相关分析中称为 "大尺寸弹"。另外，两个课题组也均开展了针对相同构形钨合金弹的对比试验。试验中复合材料弹体的增强钨纤维直径约为 300 μm，体积分数为 80% 左右，弹材整体密度超过 17 g/cm^3，接近钨合金弹的密度 (17.9 g/cm^3)。

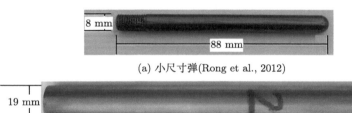

(a) 小尺寸弹(Rong et al., 2012)

(b) 大尺寸弹(Chen et al., 2015)

图 7.2.1 穿甲试验复合材料弹体的初始形貌

二维有限元模拟便于直接观察弹靶的变形和破坏过程，因此先开展相应二维模拟分析。鉴于穿甲工况的轴对称特性，弹靶均采用二维轴对称计算模型，利用四节点轴对称单元划分网格，单元尺寸约 40 μm，相应弹体有限元几何结构如图 7.2.2 所示。弹体中钨纤维均匀分布于基体内部，纤维宽度为 300 μm，基体和纤维之间设置为固接方式。弹体中标注 "A-C" 以及 "A′-C′" 的区域为后面相关分析的关键点位置，其中点 "A-C" 分别距小尺寸弹头部 2.5 mm、45 mm 和 87 mm，而点 "A′-C′" 分别距大尺寸弹头部 5 mm、112 mm 和 205 mm。

三维数值模型可更好地体现复合材料的结构特征，相应模拟结果也将更为真实地表现材料的变形和破坏特性，因此也开展了针对小尺寸弹的三维模拟分析。同样由于工况的轴对称特征，为减小计算规模，模型采取 1/4 弹靶结构。弹体的三维有限元几何结构如图 7.2.3(a) 所示；而图 7.2.3(b) 为弹身横截面的网格划

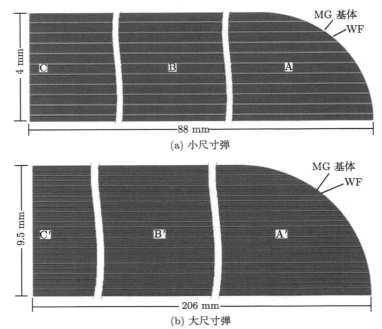

(a) 小尺寸弹

(b) 大尺寸弹

图 7.2.2   复合材料弹体的二维有限元几何模型 (Li et al., 2015a)

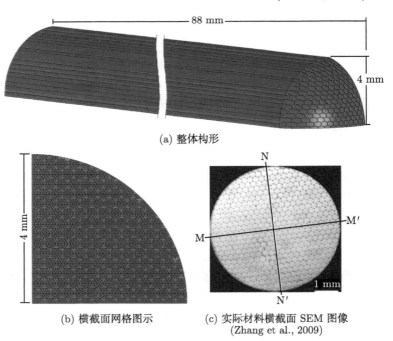

(a) 整体构形

(b) 横截面网格图示

(c) 实际材料横截面 SEM 图像
(Zhang et al., 2009)

图 7.2.3   小尺寸复合材料弹的三维有限元几何模型 (Li et al., 2015a)

分图示，网格单元为八节点六面体单元，尺寸约为 75 μm；图 7.2.3(c) 为实际的 80％钨纤维体积分数复合材料棒材的横截面 SEM 图像 (Zhang et al., 2009)，可发现钨纤维排列较为整齐，且纤维和基体之间结合良好。观察可知，有限元模型较好地体现了复合材料的细观结构特征。

同样地，本章也将开展针对钨合金弹的相应模拟。为方便对比分析，相应弹体有限元几何模型同复合材料弹体模型完全相同，即图 7.2.2 和图 7.2.3 中的相应网格结构，仅将几何结构中基体部件和纤维部件的材料属性全定义为钨材料即可。

7.2.2 弹靶材料模型

1. 金属玻璃材料

金属玻璃属于非晶态合金材料,其剪切变形特性显著区别于传统晶态合金,剪切敏感性也明显较高。这里利用修正的热力耦合本构模型来描述金属玻璃基体的力学特性。作者在自由体积模型 (Spaepen, 1977; Huang et al., 2002) 和热力耦合模型 (Dai & Bai, 2008; Jiang & Dai, 2009) 等工作基础上，进一步推导得到金属玻璃的三维修正热力耦合本构模型以及相应的临界自由体积浓度破坏准则 (Li et al., 2014, 2015b)，下面给出相应的本构表达式。

同时考虑自由体积、热和静水应力等因素对金属玻璃变形和破坏的影响，可推导得到修正的热力耦合本构模型如下：

$$\dot{\varepsilon}_{ij} = \dot{\varepsilon}_{ij}^e + \dot{\varepsilon}_{ij}^p \tag{7.2.1a}$$

$$\dot{\varepsilon}_{ij}^e = \frac{1+\nu}{E} \left(\dot{\sigma}_{ij} - \frac{\nu}{1+\nu} \dot{\sigma}_{kk} \delta_{ij} \right) \tag{7.2.1b}$$

$$\dot{\varepsilon}_{ij}^p = f \exp\left(-\frac{\Delta G^m}{K_B T} \right) \exp\left(-\frac{1}{\xi} \right) \sinh\left(\frac{\sigma_e' \Omega}{2 K_B T} \right) \frac{S_{ij}}{\sigma_e} \tag{7.2.1c}$$

$$\sigma_e = \sqrt{3 J_2} \tag{7.2.1d}$$

$$\sigma_e' = \Lambda \sigma_m + \sqrt{J_2} \tag{7.2.1e}$$

$$\dot{\xi} = D \cdot \nabla^2 \xi + \frac{1}{\alpha} f \exp\left(-\frac{\Delta G^m}{K_B T} \right) \exp\left(-\frac{1}{\xi} \right) \left\{ \frac{2 K_B T}{\xi v^* s} \left[\cosh\left(\frac{\sigma_e' \Omega}{2 K_B T} \right) - 1 \right] - \frac{1}{n_D} \right\} \tag{7.2.2}$$

$$\dot{T} = \kappa \nabla^2 T + \frac{\beta_{TQ}}{\rho C_v} \sigma_e' \dot{\varepsilon}_e^p \tag{7.2.3}$$

式 (7.2.1)~ 式 (7.2.3) 中 $(\dot{\,})$ 表示参量对时间 t 求导。

式 (7.2.1) 视材料为各向同性，总应变分为弹性和塑性两部分且相互解耦。式中，E 和 ν 分别为弹性模量和泊松比；f 为原子振动频率；ΔG^m 为运动激活能；K_B 为波尔兹曼常数；T 为绝对温度；$\xi = \bar{v}_f/(\alpha v^*)$ 为材料内部自由体积浓度，其中，$\bar{v}_f$ 为原子平均自由体积，v^* 为临界体积，α 为考虑原子叠加的几何因子；Ω 为平均原子体积；σ_e 为 von-Mises 等效应力，其中 $J_2 = \sqrt{S_{ij}S_{ij}/2}$ 为应力偏量第二不变量，$S_{ij} = \sigma_{ij} - \delta_{ij}\sigma_m$ 为应力偏量，$\sigma_m = \sigma_{kk}/3$ 为静水应力；σ_e' 为考虑静水应力影响的等效应力，其中 Λ 为静水应力敏感因子，且压缩和拉伸条件下的敏感因子 Λ_C 和 Λ_T 取值互不相同。

式 (7.2.2) 为自由体积演化方程，其中 D 为自由体积扩散系数；$s = E/[3(1-\nu)]$ 为 Eshelby 模量；n_D 为使得大小等于临界体积 v^* 的自由体积湮灭所需的原子跃迁次数。可看出，式 (7.2.2) 等号右边第 2 项同时考虑了源于应力驱动的自由体积产生过程和由结构弛豫导致的自由体积湮灭过程。

式 (7.2.3) 为温度演化方程，式中，$\kappa = K/(\rho C_v)$ 为热扩散系数。其中，K 为热传导系数，ρ 为材料密度，C_v 为材料比热容；$\varepsilon_e^p = \sqrt{2\varepsilon_{ij}^p\varepsilon_{ij}^p/3}$ 为等效塑性应变；β_{TQ} 为 Taylor-Quinney 系数，一般同应变率相关。

另外，金属玻璃具有独特的破坏特性，且同材料内部的自由体积密切相关。金属玻璃在变形过程中将释放多余的自由体积，大量自由体积聚集和结合之后将诱发微孔洞。因此将从材料微结构变化的角度来分析材料的破坏，认为当自由体积数量达到某个临界值时，将导致材料发生破坏。本构模型中相应的破坏判据设为自由体积浓度 ξ 达到某个临界值 ξ_c，即

$$\xi \geqslant \xi_c \tag{7.2.4}$$

模型考虑了应力、应变率、温度、自由体积浓度和静水应力等内外部因素对金属玻璃变形和破坏的影响 (参见式 (7.2.1~ 式 (7.2.4))，可较好地描述材料在不同初始温度和不同应变率 (包括高速冲击情形) 条件下的力学特性。将相关本构模型和材料破坏准则写入 LS-DYNA 软件的用户自定义材料子程序 (UMAT) 中以描述金属玻璃基体的力学行为，在有限元计算过程中，当某个单元内的材料参数满足相应破坏判据 (式 (7.2.4)) 时，该单元将被程序从几何模型中删除。

上述复合材料弹体的基体材料为锆基金属玻璃，结合相关分析 (Huang et al., 2002; Jiang & Dai, 2009; Li et al., 2014, 2015b)，可得到相应材料参数如表 7.2.1 所示，针对材料参数的更详细讨论可参阅 (Li et al., 2014)。

表 7.2.1 锆基金属玻璃的修正热力耦合模型参数

参量	符号	单位	数值
弹性模量	E	GPa	96
泊松比	ν	—	0.36
玻璃转变温度	T_g	K	625
熔点温度	T_m	K	993
密度	ρ	kg/m^3	6125
定容比热	C_v	J/(kg·K)	400
原子振动频率	f	s^{-1}	1×10^{13}
平均原子体积	Ω	Å^3	25
临界体积	v^*	Å^3	20
初始温度	T_0	K	300
初始自由体积浓度	ξ_0	—	0.05
临界破坏自由体积浓度	ξ_c	—	0.065
几何因子	α	—	0.05
运动激活能	ΔG^m	eV	$\Delta G^m(\dot{\varepsilon})$
所需跃迁次数	n_D	—	3
静水应力敏感因子	Λ	—	$\Lambda_C = 0.05$
			$\Lambda_T = 0.35$

2. 金属材料

复合材料弹体中的钨纤维、钨合金弹体、30CrMnMo 钢靶和 Q235 钢靶等材料均为传统的晶态合金材料, 我们利用 Johnson-Cook 本构模型 (Johnson & Cook, 1983) 结合累积损伤失效模型 (Johnson & Cook, 1985) 来表征相应材料的力学性能, 并利用 Gruneisen 状态方程 (LSTC, 2007) 来描述穿甲过程中的压力状态。

金属材料的 Johnson-Cook 本构模型具体表达式为

$$\sigma = \left(A + B\varepsilon_p^n\right)\left[1 + C\ln\dot{\varepsilon}^*\right]\left[1 - (T^*)^m\right] \tag{7.2.5}$$

式中, A、B、C、n 和 m 为材料常数, 其中 A 为参考应变率条件下 ($\dot{\varepsilon}^* = 1$) 的屈服应力, B 和 n 为应变硬化系数, C 为应变率敏感系数, m 为温度敏感系数; $\dot{\varepsilon}^* = \dot{\varepsilon}_p/\dot{\varepsilon}_0$ 为无量纲应变率, 其中, $\dot{\varepsilon}_0$ 为参考应变率 (取值为 $1\,\mathrm{s}^{-1}$); $T^* = (T - T_r)/(T_m - T_r)$ 为无量纲温度, 其中, T_m 为熔点温度, T_r 为参考温度 (取为室温)。

材料的温升来源于变形过程中的塑性功, 相应温升表达式为

$$\mathrm{d}T = \frac{\beta_{TQ}}{\rho C_v}\sigma_e \cdot \mathrm{d}\varepsilon_e^p \tag{7.2.6}$$

求解过程中常视为绝热变形过程, 相应 Taylor-Quinney 系数 β_{TQ} 值取为 0.9。

累积损伤失效模型定义一个损伤度 D 来描述材料的破坏, 相应表达式为

$$D = \sum \frac{\Delta\varepsilon_p}{\varepsilon^f} \tag{7.2.7}$$

D 的取值在 $0 \sim 1$，初始时 $D = 0$，当 $D = 1$ 时材料发生失效，应力下降为零；$\Delta\varepsilon_p$ 为一个时间步长的等效塑性应变增量；ε^f 为破坏应变，其表达式为

$$\varepsilon^f = [D_1 + D_2 \exp(D_3\sigma^*)](1 + D_4 \ln \dot{\varepsilon}^*)(1 + D_5 T^*) \tag{7.2.8}$$

式中，$\sigma^* = P/\sigma_e$ 为应力状态参数，其中 P 为压力；$D_1 \sim D_5$ 为材料参数。

Johnson-Cook 模型利用变量乘积关系来描述应变、应变率和温度等因素对材料变形和破坏的影响。

另外，冲击过程中的 Gruneisen 压力状态方程表达式为

$$P = \frac{\rho_0 C_0^2 \mu \left[1 + \left(1 - \frac{\gamma_0}{2}\right)\mu - \frac{a}{2}\mu^2\right]}{1 - (S_1 - 1)\mu - S_2 \dfrac{\mu^2}{\mu + 1} - S_3 \dfrac{\mu^3}{(\mu + 1)^2}} + (\gamma_0 + a\mu) \cdot e_0 \tag{7.2.9}$$

式中，e_0 为材料的初始内能；C_0 为 v_s-v_p 曲线的截距；$S_1 \sim S_3$ 为 v_s-v_p 曲线斜率的系数；v_s 为冲击波速度；v_p 为质点速度；γ_0 为 Gruneisen 系数；a 是对 γ_0 的一阶体积修正；系数 $\mu = \rho/\rho_0 - 1$，其中，ρ 为当前密度而 ρ_0 为初始密度。

尽管此前也有研究认为 Johnson-Cook 模型针对材料在高应变率 ($>10^4 \text{ s}^{-1}$) 条件下的力学性能可能存在一定局限，并提出了相应改进方法 (例如，Rule & Jones, 1998; Børvik et al., 1999)，然而更多的分析显示，在模型参数拟合过程中考虑高速冲击条件下的试验数据 (例如 Taylor 撞击试验和飞片撞击试验等) 之后，该模型同样可较好地模拟材料在高应变率条件下的力学行为 (Rohr et al., 2005, 2008; Wang et al., 2013)。因此，Johnson-Cook 模型一直以来被广泛应用于针对高速冲击的数值模拟研究中，并取得了良好的效果 (Anderson et al., 1991, 1993; Stevens & Batra, 1998; Børvik et al., 1999; Rohr et al., 2005, 2008; Lidén et al., 2012; Wang et al., 2013; Kristoffersen et al., 2014; Liu et al., 2015)。

参考针对钨合金以及钢等材料的相关有限元模拟研究 (Anderson et al., 1991, 1993; Stevens & Batra, 1998; Børvik et al., 1999; Rohr et al., 2005, 2008; Lidén et al., 2012; Wang et al., 2013; Kristoffersen et al., 2014; Liu et al., 2015)，并结合上述穿甲试验中弹靶材料的力学性能 (参见 (Zhang et al., 2009; Rong et al., 2012; Chen et al., 2012, 2015))，可分别得到钨合金 (95W, 即 W95Ni3Fe2)、30CrMnMo 钢和 Q235 钢三种金属材料的相应 Johnson-Cook 模型参数，如表 7.2.2 所示 (Li et al., 2015a)。

表 7.2.2 金属材料的 Johnson-Cook 模型参数 (Li et al., 2015a)

材料	$\rho/$ kg/m^3	$E/$ (GPa)	ν (—)	$C_v/$ J/(kg·K)	$T_r/$ K	$T_m/$ K	$\dot{\varepsilon}_0$ s^{-1}
95W 钨合金	17900	410	0.28	134	300	1752	1
30CrMnMo 钢	7850	200	0.29	477	300	1793	1
Q235 钢	7800	200	0.29	477	300	1793	1

材料	$A/$ MPa	$B/$ MPa	n (—)	C (—)	m (—)	D_1 (—)	D_2 (—)
95W 钨合金	1650	450	0.12	0.016	1.00	3.00	0
30CrMnMo 钢	1200	310	0.26	0.014	1.03	3.20	0
Q235 钢	235	1050	0.25	0.015	1.03	3.20	0

材料	D_3 (—)	D_4 (—)	D_5 (—)	$C_0/$ (m/s)	S_1 (—)	γ_0 (—)	a (—)
95W 钨合金	0	0	0	3850	1.44	1.58	0
30CrMnMo 钢	0	0	0	4578	1.38	1.67	0.47
Q235 钢	0	0	0	4578	1.36	1.65	0.45

值得注意的是，金属材料的破坏可能受到应力状态、应变率和材料温度等因素的影响 (参见式 (7.2.8))，鉴于冲击条件下材料的破坏极其迅速，为便于确定材料参数，本节统一设定材料的破坏应变为常数值。相关假定将可能使得数值模拟结果在材料破坏的细节上存在一定偏差，然而由于材料的破坏历时极短，相应误差将相对较小，也即数值模拟仍可较好地体现材料的主要变形和破坏特征。同样地，计算过程中当满足材料破坏判据式 (7.2.8) 和式 (7.2.9) 时，相应的几何模型单元也将被有限元程序删除。

7.3 模型验证及讨论

针对 Rong 等 (2012) 的 4 种典型穿甲工况和 Chen 等 (2015) 的 3 种试验工况开展数值模拟分析。为方便开展数值模拟结果同试验数据之间的对比，以下再将相关的试验数据列出如表 7.3.1 所示，其中部分试验剩余弹长为从文献中的图示直接测量得到，且相应数据利用符号 "*" 标注。此外，表 7.3.1 中也同时也给出了相应数值计算结果。

7.3.1 30CrMnMo 钢靶

图 7.3.1 为小尺寸钨合金弹以撞击速度 $V_0 = 852.9$ m/s 侵彻 30CrMnMo 钢靶的最终弹靶形貌，其中图 7.3.1 (a) 和 (b) 分别为二维和三维数值模拟结果，而图 7.3.1 (c) 为实际的弹靶纵剖面形貌。可发现数值模拟结果同实际试验吻合较好。钨合金弹由于弹材的良好塑性，在侵彻过程中其头部钝粗为明显的 "蘑菇头"形状，且弹头区域的碎片从弹体发生剥落并沿靶孔向弹体后端流失，即弹体发生

质量侵蚀。此外,由于弹体头部的钝粗变形,靶板内被充塞出的弹孔其直径明显大于弹径,尤其是靶板前端区域的孔径更大,约为弹径的 2 倍。由于弹头钝粗导致了较大的侵彻阻力,钨合金弹的侵彻深度相对较小,约为 23 mm (参见表 7.3.1),弹体侵蚀也较为严重,剩余弹体长度相对较短,为 13 mm 左右。

表 7.3.1　穿甲试验数据以及相应数值模拟结果

参考文献	靶材	弹型	弹材	撞击速度/(m/s)	试验侵彻深度/mm	模拟侵彻深度/mm		试验剩余弹长/mm	模拟剩余弹长/mm	
						二维	三维		二维	三维
Rong et al., 2012	30CrMnMo 钢	小尺寸	钨合金	852.9	23.4	23.7	22.2	14.1*	13.6	13.2
				1076.2	47.7	51.7	47.9	—	15.0	14.1
			复合材料	857.5	36.4	34.0	32.3	18.8*	19.9	17.1
				1066.3	穿透	穿透	穿透	28*	27.5	26.0
Chen et al., 2015	Q235 钢	大尺寸	钨合金	1300	215	207.1	—	25	25.3	—
			复合材料	1313	270	255.0	—	40	34.7	—
				1766	穿透	穿透	—	—	39.9	—

注:标注 * 号的试验剩余弹长为从文献中的图示直接测量得到

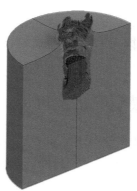

(a) 二维模拟结果　　　(b) 三维模拟结果　　　(c) 实际弹靶形貌(Rong et al., 2012)

图 7.3.1　小尺寸钨合金弹以 $V_0 = 852.9$ m/s 侵彻 30CrMnMo 钢靶的弹靶变形和破坏形貌

另外还可发现,三维数值结果较二维模拟情形更接近于实际试验结果。图 7.3.1 (b) 中弹体碎片的空间分布更为合理,同时也更好地体现靶孔前端的花瓣形撕裂形貌以及靶孔内部的刮擦痕迹。再者,由于三维模拟中弹靶之间存在更多的接触单元,弹体所受的靶板作用较为复杂,同时三维模型中网格尺寸相对较粗 (参见 7.2.1 节),因此弹体单元的侵蚀程度较二维情形有所增加。总体来说,对于弹材结构相对均匀的钨合金弹,二维模拟情形也较好地体现了弹靶的变形和破坏特性。

图 7.3.2 给出了小尺寸复合材料弹体以 $V_0 = 857.5$ m/s 侵彻靶板的相应弹靶形貌，同样地，数值模拟结果同实际试验也符合较好。与钨合金弹的变形和破坏特性不同，复合材料弹体中由于金属玻璃基体较高的剪切敏感性，在侵彻过程中弹头区域的基体材料发生显著的剪切变形和破坏，进而切断其周围的钨纤维。被切断的钨纤维也从弹体剥落并沿靶孔向后端流失，弹头逐渐锐化为尖头构形，即发生 "自锐" 行为。由于弹头的 "自锐" 变形，靶板内的孔径逐渐变小，在侵彻后期基本同弹径相当。弹头的尖头构形导致侵彻阻力相对较小，因此复合材料弹体的侵彻深度明显增大，达到 36 mm 左右 (参见表 7.3.1)。弹体侵蚀程度也相对减小，其剩余长度约为 19 mm。

(a) 二维模拟结果   (b) 三维模拟结果   (c) 实际弹靶形貌(Rong et al., 2012)

图 7.3.2   小尺寸复合材料弹以 $V_0 = 857.5$ m/s 侵彻 30CrMnMo 钢靶的弹靶变形和破坏形貌

同样地，可发现三维数值结果也更为接近实际试验情况，但总体来说，二维模拟情形仍可体现弹体的主要变形特性，尤其是对于金属玻璃基体发生剪切破坏进而切断临近钨纤维的变形和破坏行为。

以下再来进一步对比分析两种弹体侵彻之后的残余弹体形貌。上述两种较低撞击速度条件下的残余弹体形貌如图 7.3.3 所示，其中图 7.3.3 (c) 为实际的钨合金残余弹体形貌，从中可再次看出数值模拟结果较好地体现了实际弹体的变形特征。

观察可知，两种弹体的后端均未发生明显变形。而对于弹体头部，钨合金弹头钝粗为 "蘑菇头" 形状，且 "蘑菇头" 向后翻卷并从侧面剥离出弹体碎片，临近弹头的弹身直径也明显增大，较初始弹径明显增加；相对地，对于复合材料弹体，弹头区域的金属玻璃基体发生显著的剪切破坏，其临近的钨纤维由于受到基体材料内部剪切带或裂纹的冲击，呈现出明显的弯折变形甚至被切断，因此弹头锐化为尖头结构，且尖头结构后端区域的弹身也仅发生轻微钝粗，基本与初始形貌相同。另外，复合材料弹体头部的变形主要集中于发生锐化的尖头构形区域内，该区域常被称为 "边缘层"(Rong et al., 2012; Chen et al., 2015)，"边缘层" 后端的弹体结构未发生明显变形，这主要得益于金属玻璃基体较高的强度和弹性变形极限 (Johnson, 1999)。

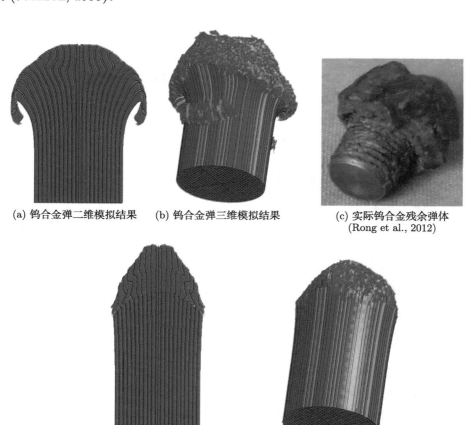

(a) 钨合金弹二维模拟结果　　(b) 钨合金弹三维模拟结果　　　(c) 实际钨合金残余弹体
(Rong et al., 2012)

(d) 复合材料弹二维模拟结果　　(e) 复合材料弹三维模拟结果

图 7.3.3　小尺寸钨合金弹和复合材料弹在较低速度下侵彻 30CrMnMo 钢靶的残余弹体形貌

对比可知，在同等条件下，复合材料弹体的侵彻能力较钨合金弹得到显著提高，其原因主要归结于钨合金弹的头部的 "蘑菇头" 钝粗变形以及复合材料弹体的 "自锐" 变形特性。另外，由于较小的侵彻阻力和弹体侵蚀程度，复合材料残余弹体的剩余长度稍大于钨合金残余弹体 (参见表 7.3.1)，可推知若弹体穿透靶板，复合材料残余弹体对靶后结构的毁伤效能也将有所增加。

当钨合金弹以 $V_0 = 1076.2$ m/s 侵彻靶板时，弹体头部仍钝粗为 "蘑菇头" 形状并导致较大的靶板孔径，弹体侵彻深度约为 48 mm，即接近穿透靶板，在靶板背面凸起明显的鼓包。

而复合材料弹体以 $V_0 = 1066.3$ m/s 穿甲靶板时，同样发生 "自锐" 行为，相应弹靶变形和破坏数值结果如图 7.3.4 所示。可看出靶板孔径在前端区域呈现逐渐减小的趋势，在后端区域则转变为逐渐增大的特征，但相应孔径均显著小于钨合金弹所充塞的孔径。相应地，复合材料弹完全穿透靶板。

(a) 二维模拟　　　　　　　　　　(b) 三维模拟

图 7.3.4　小尺寸复合材料弹以 $V_0 = 1066.3$ m/s 穿甲 30CrMnMo 钢靶的数值模拟结果

类似地，再将相应的残余弹体形貌列出于图 7.3.5 所示，其中图 7.3.5(c) 为实际的复合材料残余弹体。观察可知，两种残余弹体的形貌特征同较低速度下的相应情形 (图 7.3.3) 相似。高速条件下弹体的剩余长度较低速情形有所增加

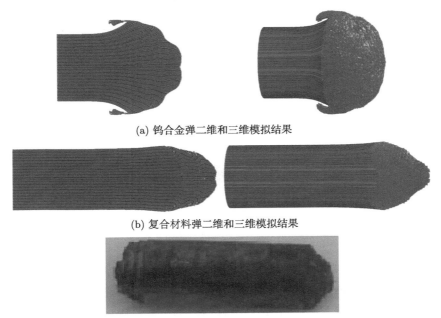

(a) 钨合金弹二维和三维模拟结果

(b) 复合材料弹二维和三维模拟结果

(c) 实际残余复合材料弹体 (Rong et al., 2012)

图 7.3.5　小尺寸钨合金弹和复合材料弹在较高速度下穿甲 30CrMnMo 钢靶的残余弹体形貌

(参见表 7.3.1)，这是由于针对有限厚度靶板，在侵彻后期靶板后端还未侵蚀的部分变薄，其响应由初始的厚靶局域响应特性转变为薄靶的整体响应特征 (Kennedy & Murr, 2002)，对弹体的阻碍作用也逐渐变小，因此弹体的侵蚀有所减少。另外，两种弹体剩余长度的差别增大，对于两种撞击速度，钨合金弹的剩余长度较为接近，而复合材料弹的剩余长度在高速条件下则明显增大。

相关特征再次表明复合材料弹体的穿甲能力明显增加，也进一步显示弹体穿透靶板之后其残余弹体对靶后结构的毁伤效能优于钨合金弹，且相应毁伤能力随撞击速度增大而明显增加。

7.3.2　Q235 钢靶

图 7.3.6 给出了大尺寸钨合金弹和复合材料弹穿甲 Q235 钢靶的弹靶变形和破坏二维数值结果，以及 Chen 等 (2015) 相应试验的弹靶纵截面形貌，其中图 7.3.6 (a) 为钨合金弹在 $V_0 = 1300$ m/s 条件下的侵彻结果，而图 7.3.6 (b) 和 (c) 分别为复合材料弹在 $V_0 = 1313$ m/s 和 1766 m/s 条件下的穿甲结果。

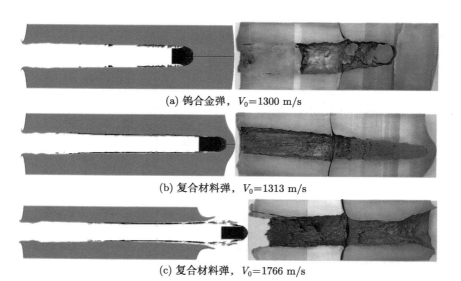

(a) 钨合金弹，$V_0 = 1300$ m/s

(b) 复合材料弹，$V_0 = 1313$ m/s

(c) 复合材料弹，$V_0 = 1766$ m/s

图 7.3.6　大尺寸弹穿甲 Q235 钢靶的弹靶破坏形貌的数值和试验结果对比 (Chen et al., 2015)

观察可知，数值模拟结果也较好地体现了实际试验中弹靶变形和破坏的主要特性。同样地，钨合金弹头部钝粗为 "蘑菇头" 形状，进而导致较大的靶板孔径和较小的侵彻深度。而复合材料弹体发生 "自锐" 行为，靶板孔径呈现逐渐减小的趋势，在同钨合金弹基本相同的撞击条件下已接近穿透靶板，在靶板背面凸起鼓包；在 $V_0 = 1766$ m/s 条件下，靶板孔径在前端区域也呈现逐渐减小的趋势，而在后端区域转变为逐渐增大，且在靶板后端面形成锥形的孔口形貌，其孔径明显大于弹径。另外可发现，复合材料弹体后端的靶孔内部残留有较多的钨纤维，这也同试验观察一致，实际试验中大量从弹头区域脱落的钨纤维堆积于弹体后端的靶孔内并呈现卷曲形貌 (图 7.3.6(b))。

图 7.3.7 进一步给出两种弹体的残余弹体形貌，同样地钨合金弹头呈现出钝粗特性而复合材料弹头显示锐化特征。另外，复合材料弹体在高速条件下的剩余长度也有所增加 (参见表 7.3.1)。特别地，由于 Q235 钢的强度相对较弱 (参见表 7.2.2)，在后期的薄靶侵彻过程中靶板施加于弹体的侧向挤压作用较小，弹头区域的钨纤维相对更不容易被切断，因此残留有部分未从弹体剥离的钨纤维，如图 7.3.7 (c) 所示。从图 7.3.7 (c) 中还可看出在弹头区域内金属玻璃基体已发生破坏，进而导致钨纤维互相分离并发生显著的弯折变形，尤其在侧面区域弯折变形更为明显。由以上相关数值模拟结果和对比分析可知，相应有限元模拟较好地体现了实际试验现象，即所建立的弹靶有限元几何结构以及针对不同材料的本构

(a) 钨合金弹，$V_0=1300$ m/s

(b) 复合材料弹，$V_0=1313$ m/s (c) 复合材料弹模拟结果，$V_0=1766$ m/s

图 7.3.7　大尺寸钨合金弹和复合材料弹穿甲 Q235 钢靶的残余弹体形貌

模型均较好地体现了实际弹体和靶板的主要变形和破坏特性。因此，基于相应数值模拟结果的分析将具有实际的参考意义。

7.4　复合材料弹体 "自锐" 机理分析

7.4.1　侵彻过程中的弹靶变形和破坏特性

以下具体分析弹体穿甲过程中的变形和破坏特征，并讨论复合材料弹体 "自锐" 行为的相关机理。鉴于二维数值模拟也可较好地体现弹靶变形和破坏的主要特征，为便于直接观察图示和减小计算规模，以下的相关讨论将主要基于二维模拟结果。另外也开展针对钨合金弹变形和破坏特性的对比分析。钨合金弹和复合材料弹分别以 $V_0 = 852.9$ m/s 和 857.5 m/s 侵彻 30CrMnMo 钢靶过程中的弹靶内部塑性应变发展历程如图 7.4.1 和图 7.4.2 所示。

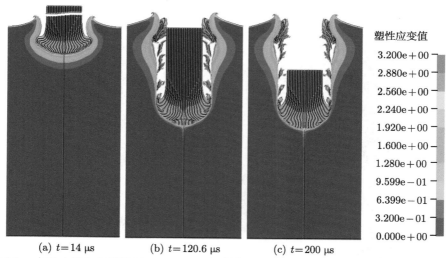

(a) $t=14$ μs　　(b) $t=120.6$ μs　　(c) $t=200$ μs

图 7.4.1　小尺寸钨合金弹以 $V_0 = 852.9$ m/s 侵彻 30CrMnMo 钢靶的弹靶塑性应变发展历程

由图 7.4.1 可看出，钨合金弹在侵彻初期，其半球形弹头发生显著的钝粗变形，从而导致较大的靶孔直径 (图 7.4.1(a))；之后部分碎片从钝粗的 "蘑菇头" 侧面剥落并向弹体后端流失，靶板孔径也有所减小；在后续的侵彻过程中，弹头始终维持 "蘑菇头" 形状并持续从边沿区域脱落碎片，直到弹体停止侵彻并向后反弹 (图 7.4.1(b) 和 (c))。

对于复合材料弹体，如图 7.4.2 所示，在侵彻初期，半球形弹头也发生一定的钝粗变形并导致较大的靶板孔径，但由于金属玻璃基体已先发生破坏，使得弹头区域钨纤维的弯折程度较为剧烈 (图 7.4.2(a))，因此弹头的钝粗程度稍小于钨

合金弹 (见图 7.4.1(a)),且弹头顶端已呈现出一定的尖头构形;在随后的侵彻过程中,弯折的钨纤维受靶板的侧向挤压作用,从而被剪断并从弹体剥落,弹头进一步发生锐化。在后续的锐化过程中,已呈尖头构形的弹头区域的钨纤维持续被切断并向后端流失,因此弹头变得更为尖锐,靶板孔径也呈现出越来越小的特征 (图 7.4.2(b) 和 (c))。因此,弹头的"自锐"行为是一个变得越来越尖锐的渐变过程。

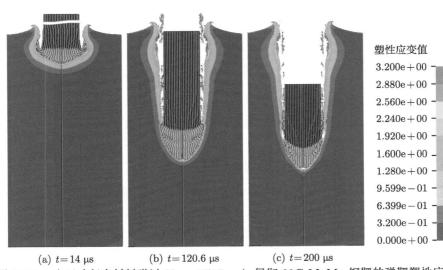

塑性应变值

3.200e + 00
2.880e + 00
2.560e + 00
2.240e + 00
1.920e + 00
1.600e + 00
1.280e + 00
9.599e − 01
6.399e − 01
3.200e − 01
0.000e + 00

(a) $t = 14\ \mu s$ (b) $t = 120.6\ \mu s$ (c) $t = 200\ \mu s$

图 7.4.2   小尺寸复合材料弹以 $V_0 = 857.5$ m/s 侵彻 30CrMnMo 钢靶的弹靶塑性应变发展历程

为更具体地分析弹头区域的变形特征,再将上述 $t = 120.6\ \mu s$ 时刻两种弹体的塑性应变分布放大图示列出如图 7.4.3 所示。由图 7.4.3(a) 可知,钨合金弹头整体发生剧烈塑性变形,"蘑菇头"顶端和侧面区域的材料受靶板的挤压作用而发生严重破坏,进而剥离出碎片;相对比地,复合材料弹头的变形主要集中于"边缘层"内,且边缘层内部存在 1~2 个剪切变形带,如图 7.4.3(b) 中虚线标注的区域。

在复合材料弹体头部区域,剪切变形带内钨纤维发生剧烈的弯折变形,尤其在侧面区域最为明显,甚至部分钨纤维已被切断。其主要原因为受到金属玻璃基体内剪切带或剪切裂纹的冲击而提前发生预先变形或损伤,由图 7.4.3(b) 中边缘层后端圆圈区域内钨纤维的应变分布特征也可看出该特性。以剪切变形带为界,边缘层内的材料变形程度从弹头端部向后方逐渐减小,即虚线 AA′ 前端区域的材料变形最为严重,虚线 BB′ 前端区域的变形程度次之,而边缘层之后的材料未发生明显变形,图 7.3.6(b) 中的实际弹体形貌也的确呈现出该变形特征。

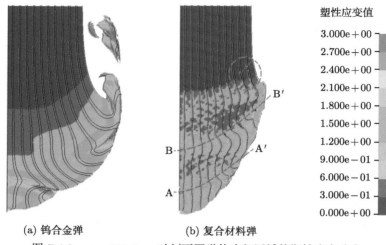

(a) 钨合金弹   (b) 复合材料弹

图 7.4.3 $t = 120.6\ \mu s$ 时刻不同弹体头部区域的塑性应变分布

7.4.2 弹体内部应力和弹体速度的变化特性

以下再来分析侵彻过中弹体内部的应力变化特征，选择图 7.2.2 中两种弹体的关键点进行讨论。鉴于撞击速度基本相同，针对表 7.3.1 中小尺寸弹的 $V_0 = 852.9\ m/s$ 和 $857.5\ m/s$ 两种工况以及大尺寸弹的 $V_0 = 1300\ m/s$ 和 $1313\ m/s$ 两种工况的二维模拟结果开展对比分析。4 种工况下弹体关键位置的应力变化历程如图 7.4.4 所示，可发现同种材料、不同尺寸弹体之间的应力变化特征较为相似。

由图 7.4.4 中可知，复合材料弹头区域由于高速撞击作用，金属玻璃基体的应力迅速升高，达到较大的强度极限，约为 7.5 GPa，之后基体材料发生软化并快速破坏，应力急剧下降。这体现了金属玻璃材料在高速冲击条件下的高强度和高剪切敏感性特征 (Li et al., 2014, 2015b)。对于其临近的钨纤维，在侵彻过程中应力也迅速上升达到屈服强度 (2.1 GPa)，在金属玻璃基体发生软化进而破坏之后，受到基体内剪切带或剪切裂纹的冲击，也迅速发生破坏；而对于弹身中段位置，在应力波传播到达之后，钨纤维内部的应力也迅速升高达到屈服强度，之后纤维继续塑性变形过程，应力曲线中的 2 个下降脉冲段源于弹体内应力波反射引起的卸载作用。而金属玻璃基体由于其强度同应变率相关，在应力波到达初期其内部应力上升较为缓慢，待临近材料破坏时，应力也迅速升高达到较大幅值，随即又迅速软化，进而材料快速发生破坏。同样地，基体材料破坏之后钨纤维也迅速发生破坏；对于弹体尾端区域，应力幅值在整个侵彻过程中均比较小，远未达到材料屈服强度，即材料处于弹性状态。

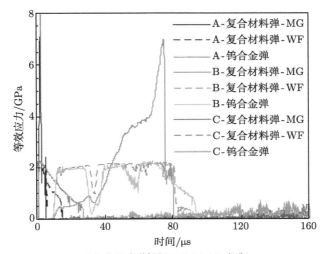

(a) 小尺寸弹侵彻 30CrMnM0 钢靶,
钨合金弹 $V_0 = 852.9$ m/s, 复合材料弹 $V_0 = 857.5$ m/s

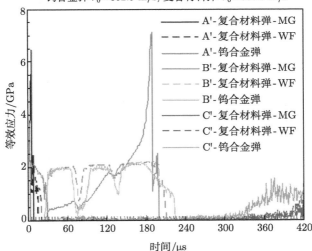

(b) 大尺寸弹侵彻 Q235 钢靶,
钨合金弹 $V_0 = 1300$ m/s, 复合材料弹 $V_0 = 1313$ m/s

图 7.4.4 侵彻过程中弹体不同位置的应力变化曲线

　　正是由于金属玻璃基体材料在破坏之前显示出较高的强度极限,可较好地约束其临近钨纤维的变形;基体材料快速软化和破坏之后,钨纤维又被快速切断进而脱离弹体,因此复合材料弹头未能明显钝粗,并显示出良好的"自锐"特性。

　　对于钨合金弹,尽管其内部应力的变化特性同复合材料弹体中相同位置钨纤维的应力变化特征相似,但由于弹体表现为材料的整体变形特征,弹头和弹身中段位置钨合金材料的破坏较复合材料弹体中的钨纤维稍慢，因此材料可更进一步持续塑性变形过程，进而导致"蘑菇头"的弹头形貌；对于弹体尾端区域，应力幅值也较小，与复合材料弹体的情形相似。

另外，对于弹体的穿甲，弹体速度 (弹尾速度) 是一个重要参量，其为穿甲过程中弹体所受靶板阻力的综合表征。以下再对比分析上述不同穿甲工况的弹体速度变化特性，相应计算结果如图 7.4.5 所示。

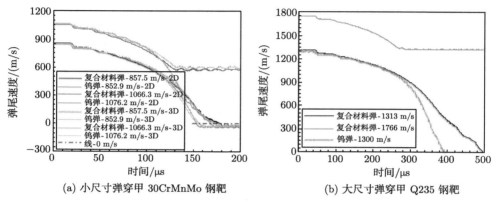

(a) 小尺寸弹穿甲 30CrMnMo 钢靶   (b) 大尺寸弹穿甲 Q235 钢靶

图 7.4.5 穿甲过程中不同弹体的速度变化曲线

由图 7.4.5 可看出，在穿甲初期弹体速度变化较为缓慢，而在后期速度下降相对较快，其中对于穿透靶板的情形弹体在穿透之后维持常速度继续飞行，相关特性同长杆弹穿甲的 Alekseevski-Tate 理论模型 (Alekseevski, 1966; Tate, 1967) 相一致。在同等撞击条件下，两种弹体的初期速度变化特征相似；而在后期穿甲过程中，复合材料弹体的速度下降明显慢于钨合金弹，进而可达到更大的侵彻深度。这主要得益于复合材料弹体头部的"自锐"行为，发生锐化的弹头所受侵彻阻力显著小于钝粗的钨合金弹头所受阻力。

总体来说，对于复合材料弹体的穿甲，弹头锐化可导致较小的侵彻阻力，然而弹材被快速切断并向后端流失则导致显著的质量侵蚀，而质量侵蚀对弹体的穿甲能力起削弱作用。因此，"自锐"行为将同时导致推动作用和削弱作用两方面的影响，最终的穿甲性能源于两种作用的综合效应。

7.5 不同因素对复合材料弹体"自锐"特性的影响

以下再进一步讨论不同因素对复合材料弹体"自锐"特性的具体影响，将针对撞击速度、靶材强度和初始弹头形状等三个重要因素展开讨论。相关分析也主要基于针对小尺寸弹的二维数值模拟，且继续参考 Rong 等 (2012) 针对 30CrMnMo

钢靶的相关试验。

7.5.1 撞击速度的影响

Chen 等 (2015) 的试验发现当弹体以较低速度撞击靶板时，弹体发生跳弹现象而未能形成有效侵彻，因此复合材料弹体的穿甲可能存在一定的有效速度阈值；另外，在较高速度条件下穿透靶板时，靶板后端面常被充塞出锥形弹孔，且孔径明显大于弹体直径 (参见图 7.3.6(c))。

以下将具体讨论撞击速度对弹体穿甲特性的影响，对于低速和高速撞击情形，分别取 $V_0 = 500$ m/s 和 1446 m/s 两个代表速度值。

$V_0 = 500$ m/s 条件下弹体的侵彻情况如图 7.5.1 所示。可看出，由于金属玻璃基体的强度同应变率密切相关，而低速撞击条件下弹体材料变形的应变率相对较小，因此基体材料屈服强度较小，随后又迅速发生破坏。因此金属玻璃基体在破坏之前对钨纤维的约束作用相对较弱，破坏时其内部剪切带或剪切裂纹对纤维的冲击作用也较弱。在侵彻过程中，弹头区域大部分钨纤维向后弯折而未被切断，且纤维逐渐分散，使得弹头发生一定程度的钝粗，显著增加了侵彻阻力。因此，弹体未能形成有效侵彻，最终发生反弹，即跳弹现象。

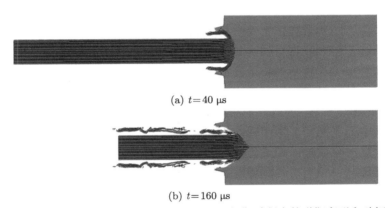

(a) $t = 40$ μs

(b) $t = 160$ μs

图 7.5.1　弹体以 $V_0 = 500$ m/s 侵彻 30CrMnMo 钢靶过程中的弹靶变形和破坏发展历程

图 7.5.2 给出 $V_0 = 1446$ m/s 条件下的弹靶变形和破坏发展历程。可发现在前期侵彻过程中，靶板的变形和破坏主要表现为厚靶的局域响应特性，只有弹头附近区域的靶材发生剧烈的变形和破坏，弹头受靶板的挤压作用，也呈现较明显的 "自锐" 特征 (图 7.5.2 (a))；而在侵彻后期，在靶板后端隆起鼓包之后，靶板的变形转变为薄靶的整体响应模式，弹体前端的变形区域明显增大，靶板对弹头的侧向挤压作用也相应减小，因此弹头的钨纤维相对较不容易被切断，弹头又再呈现出一定的钝粗现象 (图 7.5.2 (b))。之后靶板对弹体的阻碍作用越来越弱，弹头

的钝粗现象也越加明显，进而导致靶板后端的孔径逐渐增大。弹体穿透之后，靶板后端面区域被充塞的材料发生花瓣形撕裂，撕裂的靶材由于惯性以及内部变形能的进一步释放 (Kennedy & Murr, 2002)，还将继续发生翻转变形，导致后端面的锥形弹孔直径进一步增加。

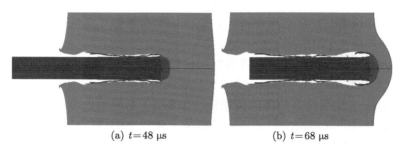

(a) $t=48$ μs   (b) $t=68$ μs

图 7.5.2   弹体以 $V_0 = 1446$ m/s 侵彻 30CrMnMo 钢靶的弹靶变形和破坏发展历程

另外，在更高撞击速度下，弹体材料变形的应变率进一步增大，金属玻璃基体的屈服强度也进一步升高，其对临近钨纤维的约束作用更为显著，因此弹体材料将相对更不容易发生破坏。数值模拟结果显示，在 $V_0 = 1446$ m/s 高速条件下，剩余弹长进一步增加，达到 44 mm。由此可再次推知，对于有限厚度的靶板，在高速穿甲条件下，残余弹体不仅保持更高的剩余速度，同时也将携带更大的剩余质量，其后续毁伤效能将得到明显提高。

再将 4 种撞击速度下的靶板孔洞轮廓形貌画出如图 7.5.3 所示。对比可知，在低速条件下，弹体仅在靶板前端撞击出一个较浅的坑道，由于弹头的钝粗变形较为明显 (参见图 7.5.1)，坑道直径相对较大。对于其余 3 种较高的撞击速度，在前期穿甲过程中靶板孔径基本相同，表明弹体均发生了显著的 "自锐" 行为；而在后期弹体接近穿透靶板时，对应于越大的撞击速度，靶板后端锥形孔洞的直径越大，且发生花瓣形撕裂的靶材其翻转现象也越明显。

总体来说，由于金属玻璃基体的高剪切敏感性及其强度的应变率相关性，复合材料弹体的穿甲存在一定的有效撞击速度阈值。当撞击速度低于该阈值时，基体材料未能有效约束钨纤维，从而大量钨纤维发生弯折并分散开来，弹体未能形成有效侵彻；而当撞击速度超过相应阈值时，弹体可有效侵彻靶板，且撞击速度越高，基体材料对钨纤维变形的约束作用越强，复合材料弹体的质量侵蚀相对越小，而其高剪切敏感性使得弹体仍然保持较好的 "自锐" 性能。因此，撞击速度越高，弹体的穿甲能力越强，穿透靶板之后的后续毁伤效能也越大。

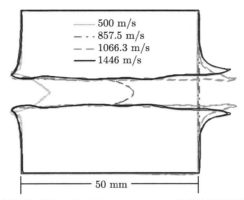

图 7.5.3   弹体以不同速度穿甲 30CrMnMo 钢靶的靶板孔洞轮廓形貌

7.5.2   靶材强度的影响

如上所述,弹体在穿甲过程中受到靶板的阻碍作用,且靶板所施加的侧向挤压作用使得复合材料弹体的钨纤维被切断并脱离弹体,进而导致 "自锐" 行为。在同等撞击条件下,靶板的阻力以及侧向挤压作用将同靶材强度密切相关。以下来分析靶材强度对弹体穿甲过程的具体影响,选用 7.3 节中强度互不相同的 30CrMnMo 钢和 Q235 钢 (强度稍小) 两种靶材开展对比分析。

弹体在不同速度下穿甲两种钢靶的靶孔轮廓形貌如图 7.5.4 所示。对比可发现,$V_0 = 500$ m/s 时,弹体均未能形成有效侵彻,但针对 Q235 钢靶的侵彻深度相对较大。由此可推知,靶材强度越高,复合材料弹体形成有效侵彻的撞击速度阈值将越高;对于 $V_0 = 857.5$ m/s 情形,Q235 钢靶的孔径也稍大于 30CrMnMo 钢靶孔径。这是由于 Q235 钢强度较小,对弹头钨纤维的挤压作用稍小,但两者差异不大,然而弹体可穿透 Q235 钢靶而未能穿透 30CrMnMo 钢靶;当 V_0 增至 1446 m/s 时,两种靶板孔径之间的差异变得更为明显。由此可推知,对于复合材料弹体的 "自锐" 行为本身来说,靶材强度越高,靶板对弹头钨纤维的挤压和切断作用越显著,从而越有利于弹头锐化。因此,对于强度越高的靶材,复合材料弹体穿甲能力相对于钨合金弹的提高程度将越显著,如 Conner 等 (2000) 和 Chen 等 (2015) 试验中针对 6061-T651 铝靶和 Q235 钢靶的穿甲,相应提高程度为 20% 左右,而 Rong 等 (2012) 试验中对于较强的 30CrMnMo 钢靶,提高程度高达 56% (参见表 7.3.1)。

再将针对不同靶板穿甲的弹体速度变化画出如图 7.5.5 所示,可发现对于未能形成有效侵彻的情形,弹体速度变化的差别较小;对于更高的撞击速度,在前期侵彻过程中速度变化特性也基本相同,而在侵彻后期针对 Q235 钢靶的弹体速度下降稍慢,穿透靶板之后的剩余速度也较大,但总体来说速度变化之间的差异相对较小。相关差别主要是由于 Q235 钢靶所提供的穿甲阻力较小，但由于穿甲 Q235 钢靶时弹体的锐化特征相对较弱 (参见图 7.5.4)，使得两种靶板侵彻阻力的差异有所减小。

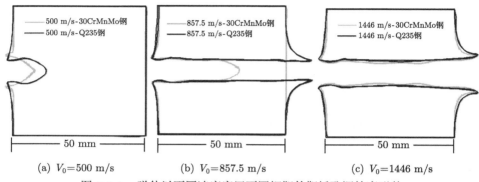

(a) V_0=500 m/s　　　　(b) V_0=857.5 m/s　　　　(c) V_0=1446 m/s

图 7.5.4　弹体以不同速度穿甲不同钢靶的靶板孔洞轮廓形貌

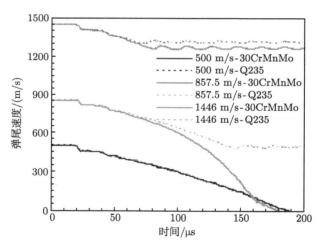

图 7.5.5　弹体以不同速度穿甲不同钢靶的弹体速度变化曲线

7.5.3　初始弹头形状的影响

对于刚性弹穿甲，不同弹头形状可导致明显不同的靶板阻力，进而对侵彻深度具有显著影响 (Chen & Li, 2002)。而对于上述复合材料弹体的穿甲，在初期的短暂侵彻时段之后弹体即开始锐化为尖头结构，因此弹体的初始头形对最终的侵彻深度将可能不如刚性弹情形明显。以下将具体分析初始头形对复合材料弹体 "自锐" 行为以及最终穿甲能力的影响。

为对比分析，分别选择弹头形状比 $\psi=3$ 的尖卵形、半锥角 $\theta = 45°$ 的尖锥形、半球形和平头共 4 种尖锐程度不同的弹头形状。弹体总长度 (88 mm)、弹身直径 (8 mm) 和结构等均同上述小尺寸半球头复合材料弹 (参见图 7.2.2(a)) 相同，因此弹体质量稍有差异，但差别较小。为利于参考 Rong 等 (2012) 的试验，靶材仍然取为 30CrMnMo 钢靶，撞击速度取 $V_0 = 857.5$ m/s。

相关数值模拟结果显示，尖卵形弹和尖锥形弹头部侵入靶板之后发生一定程度的钝化，但仍维持为尖头结构；而半球形头和平头弹体在侵入靶板之后已呈现出一定的钝粗特性，尤其是平头弹较为明显。在之后的侵彻过程中，前两种弹体头部进一步钝化，但很快即开始发生锐化行为，而后两种弹体在钝粗之后也迅速发生锐化。在后期的长时段穿甲过程中，4 种弹体的头部均发生显著的"自锐"行为，直到弹体停止。4 种弹体侵彻之后的相应残余弹体形貌如图 7.5.6 所示。可看出残余弹体的头部均锐化为尖头结构，且弹体长度和形状也互相接近，这说明弹体初始头形对弹体后期侵彻过程中的"自锐"行为影响较小。

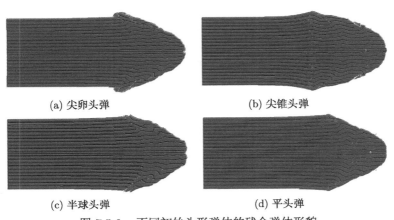

(a) 尖卵头弹   (b) 尖锥头弹

(c) 半球头弹   (d) 平头弹

图 7.5.6   不同初始头形弹体的残余弹体形貌

图 7.5.7 进一步给出不同弹体侵彻之后的靶板孔洞轮廓形貌。可知在初期的弹体开坑阶段，弹头越尖锐相应孔径越小，但除尖卵头弹体之外，针对其余 3 种相对较钝的弹头孔径差别较小；而在后期弹头锐化过程中，相应于 4 种弹体的靶板孔径基本相同。这再次说明了初始头形对弹体后期"自锐"行为的影响较小。另外，图中还显示除尖卵头弹体外，其余 3 种弹体的侵彻深度也基本相同。较深的侵彻深度源于在初期侵彻阶段的长时段内尖卵头弹体维持为较尖锐的结构，所受侵彻阻力明显较小。

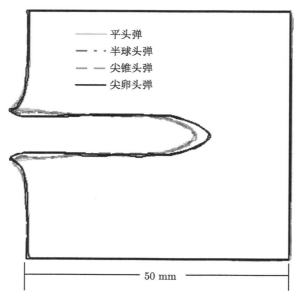

图 7.5.7　不同初始头形弹的侵彻孔洞形貌

　　侵彻过程中的弹体速度变化特性如图 7.5.8 所示。相应地，尖卵头弹体由于在侵彻初期所受靶板阻力较小，其速度下降稍慢，而其余 3 种弹体的速度变化特征则基本相同。这同样说明初始弹头形状的影响相对较不明显。

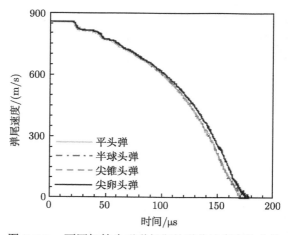

图 7.5.8　不同初始头形弹侵彻的弹体速度变化曲线

　　上述数值模拟结果显示对于复合材料弹体，弹头形状对弹体穿甲性能的影响较不显著。实际应用中，复合材料弹体较适宜加工为半球头形状，半球头形一者可维持较大的弹头结构刚度，另一者可使得弹头在初期侵彻过程中受到较好的靶板侧向挤压作用，进而可有效防止钨纤维的分散，提高弹体韧性。

7.6 长杆高速侵彻钢靶的二维效应分析

如前所述，WF/MG 复合材料具有类似于贫铀合金的"自锐"效应，弹体头部在高速侵彻过程中将保持尖锐头形，而钨合金等弹体头部则出现"蘑菇头"形状。侵彻过程中头部形状的差异将导致靶体阻力不同，最终表现为侵彻能力的区别。相关实验、模拟参数和结果总结于表 7.3.1。本节将采用上述实验和模拟结果，结合第 5 章建立的二维理论分析模型，分析长杆高速侵彻的二维效应 (Jiao & Chen, 2021)。

7.6.1 小尺寸长杆弹侵彻 30CrMnMo 钢靶

下面分析小尺寸 WF/MG 复合材料和钨合金长杆弹侵彻 30CrMnMo 钢靶实验和相应的数值模拟 (Rong et al., 2012; Li et al., 2015a)，重点讨论侵彻过程的弹体头形变化情况。

由表 7.3.1 可知，模拟结果与实验数据在最终侵彻深度和剩余弹体长度方面均吻合较好，同时图 7.3.2 和图 7.3.3 显示模拟所剩余弹体形貌与实际亦比较接近。因此，可以利用 7.3 节和 7.4 节 (Li et al., 2015a) 开展的数值模拟结果，分析侵彻过程中的弹体头形变化。

对图 7.4.1 和图 7.4.2 中弹体头部进行曲线拟合，即可获得两种材料弹体侵彻过程三个时刻头形的无量纲参数，如表 7.6.1 所示。侵彻初始阶段弹头杆径比 η 较大，后续侵彻过程中 η 逐渐减小并最终趋于稳定。与此同时，另一反映长杆高速侵彻二维效应的无量纲参数——弹体头形因子 N^* 在侵彻过程中呈现出与 η 相似的变化规律，即侵彻初始阶段 N^* 较大，后续侵彻过程中 η 逐渐减小并最终趋于稳定。对应在表 7.6.1 中，$t = 120.6$ μs 到 $t = 200$ μs 过程内 η 和 N^* 的变化程度远小于 $t = 14$ μs 到 $t = 120.6$ μs。

表 7.6.1　小尺寸 WF/MG 复合材料长杆弹侵彻 30CrMnMo 钢靶过程中的弹体头形参数

弹体材料	$t = 14$ μs		$t = 120.6$ μs		$t = 200$ μs	
	η	N^*	η	N^*	η	N^*
95 钨	1.613	0.722	1.565	0.5	1.565	0.5
WF/MG	1.457	0.389	1.261	0.189	1.078	0.200

由于在更高的撞击速度下 (即 1.076 km/s 和 1.066 km/s) 的模拟结果，依然能观察到上述特征，因此可以认为，在长杆高速侵彻的主要侵彻阶段 (即准定常

阶段), 侵彻过程中的弹体头形保持不变。因此, 第 5 章所建立二维模型的核心假设是合理的。

从表 7.6.1 中还可以看出, 相对于钨合金材料, WF/MG 复合材料弹体头形变化较剧烈, 在 $t = 14$ μs 所代表的侵彻初始阶段变化尤为明显。在整个侵彻过程中, WF/MG 复合材料弹的头杆径比 η 和头形因子 N^* 均较钨合金材料弹更小。上述现象说明, 在相同撞击速度下, WF/MG 复合材料由于具有更强的剪切敏感性, 因而在侵彻过程中保持的头形更尖锐。

7.6.2 大尺寸长杆弹侵彻 Q235 钢靶

利用金相分析手段, Chen 等 (2015) 开展的大尺寸钨合金和 WF/MG 复合材料长杆弹侵彻 Q235 钢靶的实验给出了弹体的细观几何结构, 我们可以在此基础上结合二维模型, 进一步分析侵彻的二维效应。

实验和对应模拟中长杆侵彻钢靶后的剩余弹体形貌如图 7.6.1 所示, 这里分别选取两组实验和一组模拟结果, 对弹体头部进行曲线拟合, 相应几何参数见表 7.6.2。值得说明的是, 头形 (a) 和 (b) 为实验所得的剩余弹体头形, 这里假设它们与侵彻过程中的弹体头形相似, 故所得形状函数近似相同; 对于钨纤维增强金属玻璃弹体以 1.766 km/s 撞击钢靶, 由于弹体完全穿透, 实验未测得剩余弹体, 故采用模拟结果。

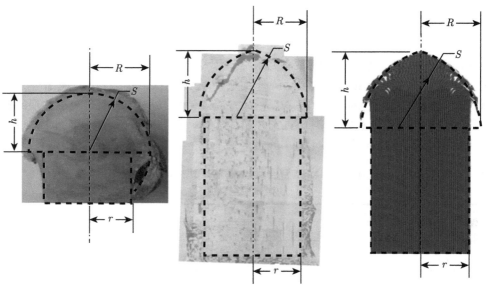

(a) 95钨, 1.3 km/s, 实验   (b) WF/MG, 1.313 km/s, 实验   (c) WF/MG, 1.766 km/s, 模拟

图 7.6.1   大尺寸长杆弹侵彻 Q235 钢靶的弹体头部形状拟合

表 7.6.2 大尺寸长杆弹侵彻 Q235 钢靶的弹体头部几何参数

头形	r/mm	R/mm	S/mm	h/mm	η	ψ	N^*
(a)	9.5	13.091	13.091	13.091	1.378	0.5	0.5
(b)	9.5	10.706	14.177	13.754	1.127	0.673	0.492
(c)	9.5	11.628	15.770	15.256	1.224	0.678	0.488

由图 7.6.1 可以看出, 钨合金弹体头形 (a) 为半球头, 而钨纤维增强金属玻璃弹体头形 (b) 和 (c) 为尖卵头。头形 (a) 和 (b) 所对应撞击速度均约为 1.3 km/s, 说明上述头形差异主要由材料属性导致。此外, 对比头形 (b) 和 (c) 可以看出, 相同材料弹体在更高的撞击速度下所得头形头杆径比更大。

结合上述弹体头部几何参数与弹靶材料参数, 即可代入第 5 章所建立的二维模型计算分析。图 7.6.2~ 图 7.6.4 展示了将实验和模拟中所得弹体 (拟合) 头形 (a)~(c) 代入二维模型计算所得的结果。值得说明的是, 第 5 章二维理论模型针对半无限厚靶侵彻, 未考虑靶体背面鼓包等中厚靶侵彻的典型效应。然而, 上述实验和模拟中侵彻深度接近或超过 (穿透) 钢靶厚度; 特别地, 钨纤维增强金属玻璃长杆弹侵彻 Q235 钢靶的实验和模拟出现了明显的靶体背面鼓包和穿透。因此, 针对 (b) 和 (c) 两种头形, 仅计算至侵彻深度分别达到 250 mm 的情况。由图 7.6.2 可知, 将拟合弹体头形代入二维模型所得计算结果能基本反映数值模拟中弹尾速度变化趋势。易观察到, 模型计算结果与模拟结果之间的差异主要体现在侵彻过程末端, 说明针对半无限厚靶侵彻的二维理论模型未能考虑中厚靶侵彻的典型效应。同时, 对比钨纤维增强金属玻璃弹体在不同初始撞击速度下的结果可知, 上述差异随初始撞击速度提高而减小。

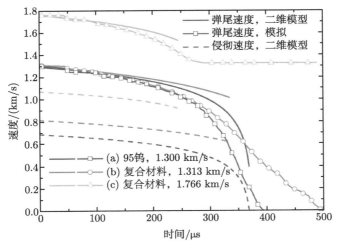

图 7.6.2 大尺寸长杆高速侵彻 Q235 钢靶的速度—时间图

在图 7.6.2 中，初始撞击速度为 1.3 km/s 时，钨纤维增强金属玻璃弹体的初始侵彻速度 (0.823 km/s) 明显高于钨合金弹体 (0.695 km/s)，这主要是由于头形 (b) 头径杆比 η 比头形 (a) 更小；更尖锐的头形 (b) 弹体比头形 (a) 弹体的弹尾速度减速更慢，由减速因子 α 表征的减速程度也更小。同时，由于初始侵彻速度更高，钨纤维增强金属玻璃弹体的侵彻时间更短。

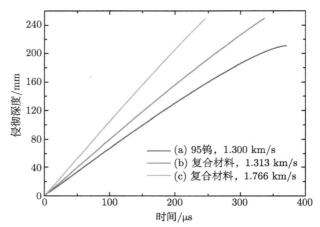

图 7.6.3 大尺寸长杆高速侵彻 Q235 钢靶的侵彻深度—时间图

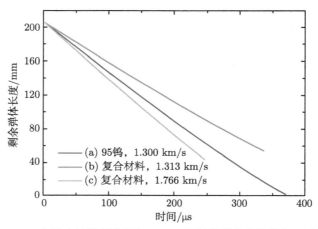

图 7.6.4 大尺寸长杆高速侵彻 Q235 钢靶的剩余弹体长度—时间图

由图 7.6.3 可以看出，相同撞击速度下，钨合金和钨纤维增强金属玻璃弹体的侵彻能力存在显著差异，后者斜率更大，说明其侵彻能力更强。由于两种材料的密度和强度均非常接近，可以认为上述差异主要由不同材料弹体在侵彻过程中出现的不同头形导致。此外，采用二维理论模型计算的钨合金弹体 (对应头形 (a)) 的侵彻深度约为 211 mm，略低于实验所得结果 (215 mm)。该差异说明侵彻过程中真实弹体头形比代入二维模型计算的假设弹体头形 (即实验所得剩余弹体头形 (a)，如图 7.6.1 所示) 的头杆径比更小。实际上，实验中亦观测到弹体头部在侵彻过程尾段有钝粗现象。

图 7.6.4 反映了剩余弹体长度的变化情况，相比于相同撞击速度下的钨合金弹体，钨纤维增强金属玻璃弹体的侵蚀速率更慢。同样地，这主要由后者头径杆比 η 比前者更小所导致。在弹体 (最终) 剩余长度上，采用二维理论模型计算的钨合金弹体 (最终) 剩余长度约为 2 mm，接近完全侵蚀；而实验测得结果为 25 mm，与模型计算结果间有不小差距。由于二维理论模型仅针对长杆弹侵彻理想的半无限厚靶，弹体侵彻至几乎完全侵蚀；而实验中侵彻过程尾段存在弹体钝粗现象，在弹坑底部可见钝粗的剩余弹体。

在图 7.6.4 中，模型计算和实验测得的钨纤维增强金属玻璃 (1.313 km/s) 的剩余弹体长度分别为 54 mm 和 40 mm；在 1.766 km/s 的撞击速度下，模型计算结果和数值模拟结果分别为 43.6 mm 和 39.9 mm。模型计算结果明显大于实验和模拟结果，这主要是由于针对半无限厚靶的二维理论模型未考虑实验中出现的靶体背面鼓包、穿透等中厚靶效应。

由图 7.6.4 还可以看出，钨纤维增强金属玻璃长杆弹在更高撞击速度下的侵蚀速率更大。实际上，弹体侵彻过程中的动能损失由质量侵蚀和速度衰减两方面构成，而侵蚀速率反映了由质量侵蚀导致的动能损失的快慢 (Li et al., 2014)。由于更高撞击速度下的头形 (c) 比头形 (b) 头杆径比更大，弹体材料径向流动增加，导致动能损失更快。

综上所述，通过对 Rong 等 (2012) 和 Chen 等 (2015) 开展的相关实验和 Li 等 (2015a) 进行的对应模拟结果的分析，证实了第 5 章提出的二维模型的假设——长杆高速侵彻的主要侵彻阶段内弹体头形保持不变——的合理性，同时二维模型能基本解释实验和模拟结果中反映出的二维效应。模型计算结果与实验和模拟结果的偏差主要由理想半无限厚靶侵彻与中厚靶侵彻之间的差异以及假设弹体头形与侵彻过程中真实弹体头形的差异导致。

7.7 钨合金长杆高速侵彻钢靶的数值模拟

Chistman 和 Gehring(1966) 将长杆高速侵彻过程表述为初始瞬态阶段、主要侵彻阶段、次级侵彻阶段和靶体回弹。其中主要侵彻阶段表现为准定常侵彻，界面压力和侵彻速度近似为一个常数。Jiao 和 Chen(2021) 引入头形因子 N^* 和头杆径比 η，建立了考虑弹体头形影响的长杆弹高速侵彻准定常阶段的二维理论模型, 反映了弹体头形对侵彻性能的影响。但其模型假设准定常阶段弹体头形与侵彻剩余弹体头形一致, 并在侵彻过程中保持不变, 未考虑初始瞬态阶段及次级侵彻阶段弹体头形变化带来的影响。

现有的长杆弹高速侵彻研究几乎都以准定常阶段为理论研究的重点, 鲜有弹体头形对初始瞬态阶段和次级侵彻阶段影响的理论分析。故有必要研究弹体在侵彻过程中头部变化, 特别是在初始瞬态阶段的头形演化, 同时考虑次级侵彻阶段的头形变化规律, 以进一步完善对长杆高速侵彻的认识。

基于此, 本节结合已有实验结果, 采用有限元程序 LS-DYNA 对不同初始头形钨合金长杆弹高速侵彻半无限厚 Q235 钢靶开展数值模拟, 得到长杆弹在侵彻过程中的头形变化; 通过对头形因子 N^* 和头杆径比 η 的定量描述, 给出弹体头形在侵彻过程中的三阶段的变化规律。基于初始瞬态阶段和次级侵彻阶段的弹头非定常质量侵蚀特征, 参考 Jiao 和 Chen(2021) 的准定常阶段长杆侵彻二维理论, 建立可反映初始瞬态阶段和次级侵彻阶段弹头的非定常质量侵蚀, 以及准定常侵彻阶段定常质量侵蚀的长杆高速侵彻三阶段二维理论模型 (Liu et al., 2022)。

参考 Chen 等 (2015) 实验中给出的半球头钨合金长杆弹和 Q235 钢靶几何参数, 建立如图 7.7.1 所示的数值计算模型, 其中长杆弹总长为 206 mm, 弹径 19 mm; 同时建立平头、半球头和尖卵头三种不同弹头形状长杆弹, 具体尺寸和初始头形因子见图 7.7.2。由于模型具有轴对称性, 为减小计算规模, 所以只计算 1/4 模型, 两个互相垂直的剖面设置为对称面, 单元采用八节点六面体单元。

图 7.7.1　计算模型

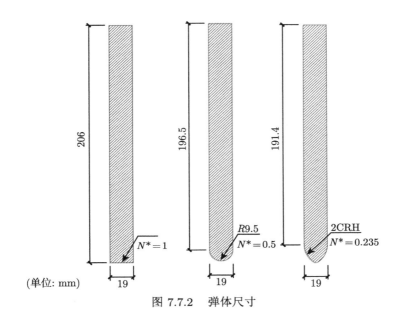

图 7.7.2　弹体尺寸

钨合金和 Q235 钢均采用适用于金属高应变率、大变形和高温条件的 Johnson-Cook 本构模型和 Mie-Grüneisen 状态方程,材料破坏形式采用 Johnson 和 Cook 损伤失效准则来描述,其数值模拟和理论模型中所涉及的材料物性参数见表 7.2.2,其中材料的损伤系数 $D_1 \sim D_5$ 稍有调整 (Liu et al., 2022)。采用 Lagrange 算法对不同头形长杆弹侵彻半无限厚钢靶进行数值计算,弹体与靶板之间采用面—面侵蚀接触。

通过建立不同初始头形因子的长杆弹体,关注不同初始头形弹体在侵彻过程中头形的变化规律,尤其是初始瞬态阶段和次级侵彻阶段的弹体头形变化。

相关模型和弹靶材料参数的可靠性验证在 Liu 等 (2022) 已充分展示,这里不再赘述。利用该有限元模型和材料参数,对射速 $V_0 = 1.5$ km/s 的三种不同初始头形钨合金长杆弹垂直侵彻 Q235 钢靶展开数值模拟工作。

将数值模拟计算得到的初始瞬态阶段结束时刻的头形参数作为准定常阶段的头形参数,代入 Jiao 和 Chen(2021) 的准定常阶段长杆侵彻二维理论求解,并与数值模拟结果进行对比,进一步验证数值模拟模型和参数选取的合理性。

通过数值模拟得到了如图 7.7.3 所示的侵彻时间 50 μs 的弹体形貌,该时刻弹体头形即为准定常侵彻开始时刻的弹体头形,对弹体头部轮廓进行多项式曲线拟合得到头形函数 $y = y(x)$,再由式 (7.7.1) 得到头形因子 N^*,由式 (7.7.2) 得到头杆径比 η,计算得到三种弹头的详细头形参数见表 7.7.1。

$$N^* = -\frac{2}{R^2} \int_0^h \frac{yy'^3}{1+y'^2} \mathrm{d}x \tag{7.7.1}$$

$$\eta = \frac{R}{r} \tag{7.7.2}$$

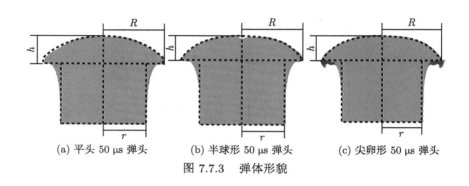

(a) 平头 50 μs 弹头   (b) 半球形 50 μs 弹头   (c) 尖卵形 50 μs 弹头

图 7.7.3 弹体形貌

表 7.7.1 侵彻时间 50 μs 弹体头形的几何参数

头形	蘑菇头半径 R/mm	蘑菇头高度 h/mm	头形因子 N^*	头杆径比 η
平头	1.256	0.649	0.673	1.322
半球头	1.285	0.606	0.821	1.353
尖卵头	1.228	0.602	0.709	1.293

将表 7.7.1 给出的数值模拟中 50 μs 的弹体头形参数代入 Jiao 和 Chen(2021) 的二维理论模型中，可计算得到弹体头部侵彻速度和尾部速度时程曲线，与数值模拟结果对比见图 7.7.4。

由图 7.7.4 可知，利用准定常阶段开始时刻的弹体头形参数计算的侵彻速度理论结果，能较好反映准定常阶段侵彻速度的变化趋势，但仍与数值模拟结果存在差异。首先，理论分析不能反映侵彻速度在初始瞬态阶段的急剧下降，由图 7.7.2 和图 7.7.3 对比可知，该阶段存在剧烈的头形变化，导致初始头形因子与 50 μs 时刻差异较大。Jiao 和 Chen(2021) 的二维理论模型认为头形因子和头杆径比均会影响侵彻结果，而初始弹体头形和剩余弹体头形均与准定常阶段弹体头形存在差异，不能简单地采用弹体初始头形或剩余头形作为理论计算参数，需将经过初始瞬态阶段后的准定常阶段开始时刻的头形作为计算头形。另一方面，在次级侵彻阶段，数值模拟中弹尾速度开始快速下降，下降至临界侵彻速度后，弹尾速度与侵彻速度相等，表现为刚性侵彻的特征，而准定常理论模型无法反映这一特征。

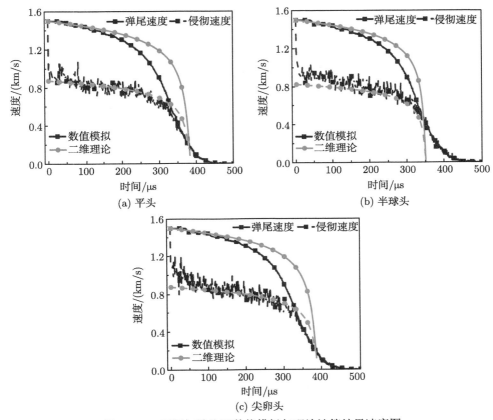

图 7.7.4　不同初始头形数值模拟与理论计算结果速度图

　　综上所述，头形变化存在于整个侵彻过程，尤其是初始瞬态阶段，弹体的头形因子和头杆径比将出现较大改变，决定了准定常阶段的头形，进一步影响侵彻结果。考察研究侵彻过程中弹体头形的变化对于完善长杆高速侵彻的理论研究具有重要意义。

7.8　长杆弹侵彻过程头形变化及质量侵蚀

7.8.1　头形变化分析

　　数值模拟可详细地给出侵彻过程中弹体的物理图像。如图 7.8.1 所示，进一步给出侵彻过程中不同弹体的头形变化。

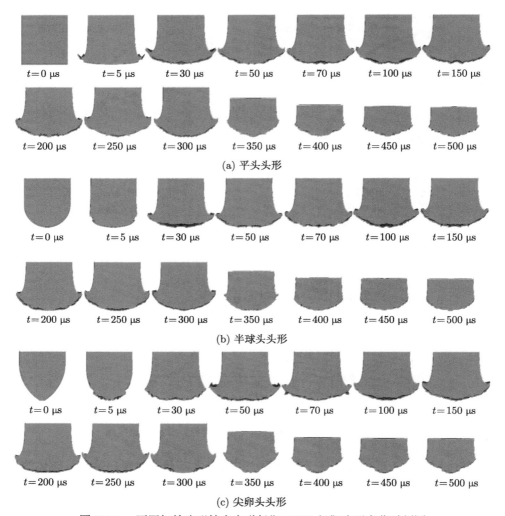

t=0 μs　　t=5 μs　　t=30 μs　　t=50 μs　　t=70 μs　　t=100 μs　　t=150 μs

t=200 μs　　t=250 μs　　t=300 μs　　t=350 μs　　t=400 μs　　t=450 μs　　t=500 μs

(a) 平头头形

t=0 μs　　t=5 μs　　t=30 μs　　t=50 μs　　t=70 μs　　t=100 μs　　t=150 μs

t=200 μs　　t=250 μs　　t=300 μs　　t=350 μs　　t=400 μs　　t=450 μs　　t=500 μs

(b) 半球头头形

t=0 μs　　t=5 μs　　t=30 μs　　t=50 μs　　t=70 μs　　t=100 μs　　t=150 μs

t=200 μs　　t=250 μs　　t=300 μs　　t=350 μs　　t=400 μs　　t=450 μs　　t=500 μs

(c) 尖卵头头形

图 7.8.1　不同初始头形钨合金弹侵彻 Q235 钢靶头形变化时刻图

　　不同初始头形弹头在整个侵彻过程中,大致可分为如下主要阶段:(1) 前 50 μs,受到碰撞冲击作用产生的高压力和靶板阻力作用,弹体头形持续发生明显形变,弹头质量侵蚀是非定常的; (2) 50~250 μs,弹体头形基本保持一致,弹头质量侵蚀也保持定常,对应于准定常侵彻阶段; (3) 250~350 μs,侵彻速度降低,但弹头形状仍然存在一定的变化; (4) 350~500 μs,侵彻速度进一步降低,弹体侵彻模式由半流体侵彻转变为刚性侵彻,但弹体头部仍发生质量侵蚀,因此头形因子也发生变化。

　　图 7.8.2 给出三种不同初始头形弹体的头形因子随时间变化趋势,并将数值

模拟得到的头形因子曲线拟合。从图中可以看出：在初始瞬态阶段，平头弹因在侵彻开始就出现明显镦粗，所以其头形因子从初始值 1 减小至 0.725；半球头与尖卵头的头形分别从初始值 0.5 及 0.292 快速增大至 0.798 及 0.801；随后又分别减小至 0.724 及 0.737。准定常侵彻阶段，三种弹体的头形因子基本保持稳定；值得注意的是，三种弹体在次级侵彻阶段均表现出头形因子先下降再上升，随后保持平稳不变的规律。

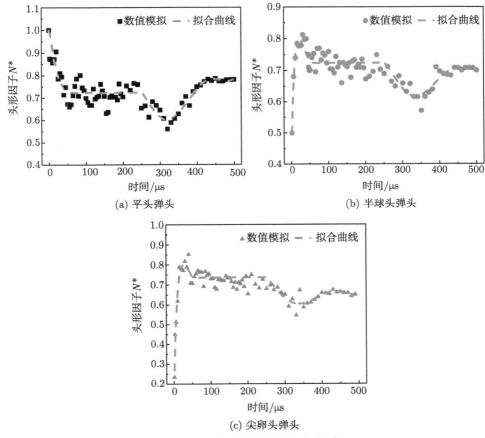

图 7.8.2 头形因子随时间变化图

将图 7.8.2 所示不同初始头形弹体的头形因子随时间变化曲线放在一起得到图 7.8.3，可知平头弹的头形因子在初始瞬态阶段呈单调下降趋势；半球头和尖卵头弹均表现为先上升至峰值，随后减小至某一稳定值。另外，三者的头形因子在准定常及次级侵彻阶段变化基本一致，但最终的剩余弹体头形因子存在差异。

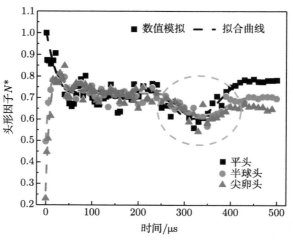

图 7.8.3　不同初始头形的头形因子随时间变化图

图 7.8.4 给出了三种弹体头杆径比的变化和拟合曲线图，可知其头杆径比均表现为上升—下降—平稳—快速下降—缓慢下降至平稳五个过程，对应于侵彻的三个主要阶段：在初始瞬态阶段头杆径比表现为快速上升然后下降，准定常阶段头杆径比基本平稳不变，次级侵彻阶段头杆径比先快速下降然后再缓慢下降至平稳。

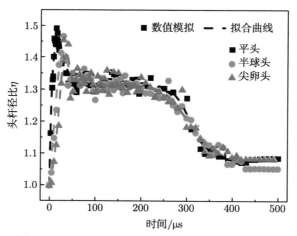

图 7.8.4　不同初始头形的头杆径比随时间变化图

另外，三种弹体的头杆径比在 $250\sim400\ \mu s$ 均呈现出下降趋势，恰好对应于头形因子在该时间段表现为下降再增大。分析认为：该时间段内弹体的侵彻速度下降，靶体对弹体头部的约束、侧向挤压作用增大，导致弹体头部蘑菇头半径 R 短时间内快速降低，进而使头杆径比快速减小，此时弹体头形因蘑菇头半径减小而变尖，对应的头形因子呈减小趋势；随着头杆径比的进一步减小，但减小速率降低，弹体头部仍发生质量侵蚀，蘑菇头高度 h 持续减小，其对头形因子影响大于半径 R，即蘑菇头高度减小，弹体头部变扁，头形因子随之增大。

综上所述，不同初始头形的钨合金弹经过初始瞬态阶段进入准定常阶段后，其头形因子和头杆径变化趋势基本一致，其弹头形状皆为"蘑菇头"，但弹体的头形因子和头杆径比的具体值存在差异。

为定量描述头形因子和头杆径比的变化规律，拟针对不同侵彻阶段建立头形因子和头杆径比与侵彻时间的关系。假设 t_1 和 t_2 分别为准定常侵彻阶段和次级侵彻阶段的开始时刻，由前述数值模拟结果，可知 $t_1 = 50\ \mathrm{\mu s}$，$t_1 = 250\ \mathrm{\mu s}$。分析可知：初始瞬态阶段 $(0 \sim t_1)$，半球和尖卵型的头形因子均为先上升后下降，而平头形的头形因子则是单调下降；准定常阶段 $(t_1 \sim t_2)$ 头形因子为常数；次级侵彻阶段 $(t_2 \sim$ 侵彻结束)，头形因子均出现先下降再上升至平稳的变化。

头杆径比在初始瞬态阶段 $(0 \sim t_1)$ 呈现先上升后下降的趋势，可采用与头形因子相同的函数形式；准定常阶段 $(t_1 \sim t_2)$ 头杆径比为常数；次级侵彻阶段 $(t_2 \sim$ 侵彻结束) 头杆径比先快速下降，然后缓慢下降至平稳。

根据各个阶段的变化规律，针对不同阶段选择不同的函数形式进行描述，具体见式 (7.8.1) 和式 (7.8.2) 所示。

$$N^* = \begin{cases} N_0^* + \dfrac{A_1 t}{1 + A_2 t + A_3 t^2}, & t < t_1 \\[2mm] N_1^*, & t_1 \leqslant t \leqslant t_2 \\[2mm] N_1^* + B_1 t + B_2 t^2 + B_3 t^3 + B_4 t^4 + B_5 t^5, & t > t_2 \end{cases} \tag{7.8.1}$$

$$\eta = \begin{cases} \eta_0 + \dfrac{A_1' t}{1 + A_2' t + A_3' t^2}, & t < t_1 \\[2mm] \eta_1, & t_1 \leqslant t \leqslant t_2 \\[2mm] \eta_{\mathrm{end}} + \dfrac{\eta_1 - \eta_{\mathrm{end}}}{1 + (t/p)^q}, & t > t_2 \end{cases} \tag{7.8.2}$$

式中，N_0^*、η_0 分别为初始的头形因子和头杆径比，N_1^* 为 t_1 时刻的头形因子，η_1 为 t_1 时刻的头杆径比，η_{end} 为剩余弹体头部的头杆径比。公式中所涉及的其他参数均为拟合所得参数，不同初始头形弹体的具体取值见表 7.8.1 和表 7.8.2。

表 7.8.1   头形因子拟合函数所需参数

	$A_1/\mu s^{-1}$	$A_2/\mu s^{-1}$	$A_3/\mu s^{-2}$	$B_1/\mu s^{-1}$	$B_2/\mu s^{-2}$	$B_3/\mu s^{-3}$	$B_4/\mu s^{-4}$	$B_5/\mu s^{-5}$
平头	−0.01103	0.00784	2.45841E−4	−0.00242	−2.46972E−5	7.46446E−7	−4.19568E−9	7.10144E−12
半球头	0.03944	0.0333	0.00247	−0.001	−3.65477E−5	6.12959E−7	−2.94627E−9	4.55232E−12
尖卵头	0.06303	0.04235	0.00145	−0.00191	−2.34857E−5	5.21844E−7	−2.69272E−9	4.32204E−12

表 7.8.2   头杆径比拟合函数所需参数

	$A_1'/\mu s^{-1}$	$A_2'/\mu s^{-1}$	$A_3'/\mu s^{-2}$	$p/\mu s$	q
平头	0.11916	0.13964	0.00439	307.55515	17.52319
半球头	0.015	−0.03177	0.00117	316.46339	10.72809
尖卵头	0.005	−0.04576	8.32942E−4	305.93591	16.19615

7.8.2   长杆侵彻过程中弹头质量侵蚀机制分析

图 7.8.5 给出弹体质量随时间变化曲线, 同时将弹体质量变化曲线对时间求导, 得到弹体质量侵蚀速率随时间变化, 如图 7.8.6 所示。

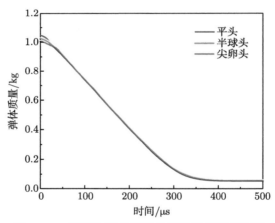

图 7.8.5   不同初始头形弹体质量随时间变化图

弹体质量侵蚀特征可分为两大类: 侵彻初期及后期, 弹体质量非线性减小, 即 dm/dt 为变化量, 表现为非定常质量侵蚀速率; 准定常阶段, 弹体质量线性减小, 斜率不变, 即 dm/dt 为常数, 表现为准定常质量侵蚀。进一步将弹体质量侵蚀过程细分为三个阶段:

0~50 μs, 初始瞬态阶段。弹头质量呈现非线性的磨蚀, 质量侵蚀速率快速增大, 弹体头形发生剧烈变化。在该阶段弹体头形变化最剧烈的是平头弹头, 半球形弹头次之, 最后是尖卵形弹头。另外, 从图 7.8.5 可发现, 经过初始瞬态阶段后, 三种弹体的质量基本相等。

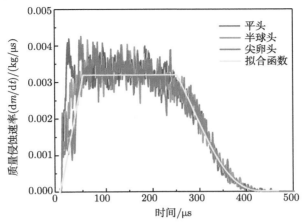

图 7.8.6 不同初始头形弹体质量侵蚀速率随时间变化图

50~250 μs，准定常侵彻阶段。三种弹体的质量侵蚀速率在同一个值附近上下波动，可近似地看作为定值。弹体头形因子和头杆径比在该阶段出现轻微波动，但仍可认为弹体头形在该阶段基本保持不变；

250~500 μs，次级侵彻阶段。该阶段弹体侵彻速度快速降低，弹体侵蚀速率快速减小。在 350 μs 后质量侵蚀速率曲线曲率减小，弹体质量变化不明显，弹体侵彻模式转为刚体侵彻。需要指出的是弹体建模时虽然整体几何参数相同，但由于初始头形不同，所以弹体头部质量有很小的差异。

与头形因子和头杆径比相似，仍利用分段函数对弹体质量侵蚀速率进行描述，其中，$\mathrm{d}m/\mathrm{d}t$ 的单位为 kg/μs，如式 (7.8.3) 所示。准定常阶段弹体侵蚀速率 C_0 = 0.0032 kg/μs，$k = C_0/t_1$，t_1 和 t_2 与前面保持一致，其他参数详见表 7.8.3。

$$\frac{\mathrm{d}m}{\mathrm{d}t} = \begin{cases} kt, & t < t_1 \\ C_0, & t_1 \leqslant t \leqslant t_2 \\ C_0 + C_1(t - t_2) + C_2(t - t_2)^2 + C_3(t - t_2)^3 + C_4(t - t_2)^4, & t > t_2 \end{cases}$$

(7.8.3)

表 7.8.3 $\mathrm{d}m/\mathrm{d}t$ 拟合函数所需参数

$C_1/(\mathrm{kg/\mu s}^2)$	$C_2/(\mathrm{kg/\mu s}^3)$	$C_3/(\mathrm{kg/\mu s}^4)$	$C_4/(\mathrm{kg/\mu s}^5)$
$-2.27\,\mathrm{E}{-5}$	$-1.55\,\mathrm{E}{-5}$	$1.66\,\mathrm{E}{-9}$	$-3.56\,\mathrm{E}{-12}$

弹体在初始瞬态和次级侵彻阶段呈现典型的非定常质量侵蚀速率，在宏观上表现为弹体头形不断改变。故可借鉴 Jiao 和 Chen(2021) 的分析思路，引入头形因子和头杆径比的变化，提出考虑头形变化的三阶段二维理论，以描述整个侵彻

过程中的速度变化。

7.9   考虑头形变化的长杆弹三阶段侵彻二维理论模型

7.9.1   初始瞬态阶段

Anderson 等 (1993) 认为长杆高速侵彻不是受靶体阻力 R_t 或弹体强度 Y_p 的单一影响，而是受 $(R_t - Y_p)$ 的影响。将数值模拟得到的弹尾速度和侵彻速度，代入 Alekseevskii-Tate 模型，通过式 (7.9.1) 反向求解 $(R_t - Y_p)$，可知 $(R_t - Y_p)$ 在侵彻过程中变化很大，在初始瞬态阶段甚至表现为负值。因此初始瞬态阶段，侵彻速度急剧减小，不仅与弹体头形剧烈变化有关，还与 $(R_t - Y_p)$ 的变化相关。

$$R_t - Y_p = \frac{1}{2}\rho_p(v - u)^2 - \frac{1}{2}\rho_t u^2 \tag{7.9.1}$$

为了获得不同初始弹头在初始瞬态阶段 $(R_t - Y_p)$ 的变化规律，图 7.9.1 给出 $t = 1\,\mu s$ 时，不同初始头形弹体侵彻靶板的等效塑性应变图。从图中可知平头、半球头和尖卵头靶体的塑性区大小依次减小，因为初始弹头与靶体界面接触面积大小不同，导致弹靶界面压力大小不同，进而弹体破坏程度和弹靶塑性区大小出现差异。因此，不同初始头形在初始瞬态阶段 $(R_t - Y_p)$ 也应存在差异。

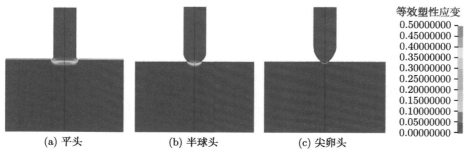

(a) 平头   (b) 半球头   (c) 尖卵头

图 7.9.1   不同初始头形弹头 $t = 1\,\mu s$ 弹/靶等效塑性应变图

由 Jiao 和 Chen(2021) 给出弹靶界面压力平衡方程，得到 $(\eta^2 R_t - Y_p)$ 表达式 (7.9.2)：

$$\eta^2 R_t - Y_p = \frac{1}{2}\rho_p(v - u)^2 - \frac{\eta^2}{2}\rho_t u^2 N^* \tag{7.9.2}$$

当弹靶刚接触瞬间，弹体头形还未明显变形，可认为初始头杆径比 $\eta \approx 1$，平头、半球形和尖卵形弹头的 $(\eta^2 R_t - Y_p)$ 初始值分别为 -8.78 GPa、-4.39 GPa 和 -2.06 GPa。

假设在侵彻过程中 R_t 不变，且 $(\eta^2 R_t - Y_p)$ 在初始瞬态阶段线性增大至准定常阶段，可计算得到在初始瞬态阶段变化的弹体强度为 $\overline{Y_P} = (|\eta^2 R_t - Y_p|) + Y_p - kt$，其中，$k = |\eta^2 R_t - Y_p| / t_1$。另外，当 $t > t_1$ 时，$\overline{Y_P} = Y_p$。

针对初始瞬态阶段，类似于 Jiao 和 Chen(2021)，将头形因子 N^* 和头杆径比 η 及 $\overline{Y_P}$ 随时间变化的函数代入弹靶界面力的平衡方程中，式 (7.8.1)、式 (7.8.2) 及式 (7.9.3)～ 式 (7.9.6) 就共同组成了长杆弹高速侵彻初始瞬态阶段的控制方程组。与准定常阶段二维理论模型不同的是，初始瞬态阶段弹靶界面压力平衡方程中头形因子 N^* 和头杆径比 η 是随时间变化的，可根据式 (7.8.1) 和式 (7.8.2) 确定。

$$A\sigma_{yt} + B\rho_t u^2 N^* = \frac{\rho_p(v-u)^2 + \overline{Y_P}}{2\eta^2} \tag{7.9.3}$$

$$\rho_p l' \frac{\mathrm{d}v}{\mathrm{d}t} = -Y_p \tag{7.9.4}$$

$$\frac{\mathrm{d}l'}{\mathrm{d}t} = -(v-u) \tag{7.9.5}$$

$$\frac{\mathrm{d}p}{\mathrm{d}t} = u \tag{7.9.6}$$

式中，ρ_p 和 ρ_t 分别为弹/靶材密度；Y_p 为弹体强度，σ_{yt} 为靶体屈服应力；u、v、p 和 l' 分别为侵彻速度、弹体速度、侵彻深度和弹体剩余长度；$A = 4.348$ 和 $B = \frac{1}{2}$。

按照二维理论模型，得到侵彻速度在初始瞬态阶段的变化，如图 7.9.2 所示。

7.9.2 准定常侵彻阶段

类似地，准定常侵彻阶段仍可采用式 (7.8.1)、式 (7.8.2) 及式 (7.9.3)～式 (7.9.6) 的方程组进行计算。需要说明的是，式 (7.8.1) 和式 (7.8.2) 中头形因子及头杆径比为常数。这与 Jiao 和 Chen(2021) 针对准定常阶段提出了长杆弹高速侵彻的二维理论模型吻合，且计算结果可以很好反映准定常侵彻过程。

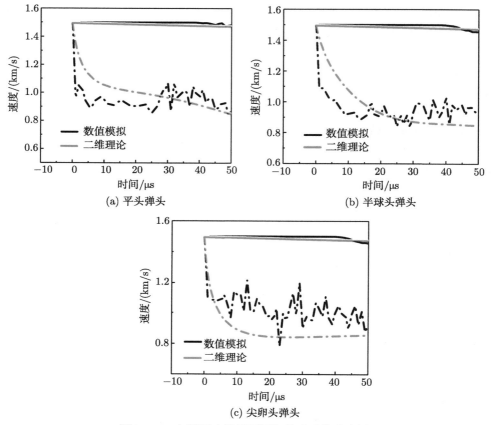

图 7.9.2 初始瞬态阶段不同初始头形的速度图

7.9.3 次级侵彻阶段

弹体在次级侵彻阶段侵彻速度将急速下降, 此时存在两种情况: 若弹体强度小于靶体强度时, 当侵彻停止 $(u = 0)$, 此时弹丸速度为 v, 此后弹丸可继续磨蚀直至速度 $v = 0$ 或长度 $l = 0$; 当弹体强度高于靶体强度, 当侵彻速度下降至刚性侵彻临界速度 V_r 时, 侵彻模式由半流体侵彻转为刚体侵彻, 直至 $u = 0$。Lou 等 (2014) 提出了侵彻金属材料的临界刚体侵彻速度 $V_r = \sqrt{2(Y_p - R'_t)/\rho_t}$, 其中, $R'_t = (R_t - 3Y_t)/2$, Y_t 为靶体的屈服强度。

对于钨弹/钢靶组合, 弹体强度高于靶体强度, 次级侵彻阶段侵彻速度需分为两步计算:

(1) 当 $u > V_r$ 时, 仍先用式 (7.8.1) 和式 (7.8.2) 计算次级侵彻阶段的头形因子和头杆径比随时间变化值, 然后代入式 (7.9.3)~ 式 (7.9.6) 计算对应的速度

曲线;

(2) 当 $u \leqslant V_r$ 时, 进入刚体侵彻, 仍考虑弹体头形变化, 利用式 (7.9.7) 得到弹体头部阻力, 同时根据减速方程 (7.9.8) 计算弹体减速曲线, 进一步代入式 (7.9.9) 求解瞬时速度值, 不断迭代直至 $u_n \leqslant 0$, 侵彻结束, 获得最终的速度曲线。

$$F = \pi(r\eta)^2(A'\sigma_{yt} + B'\rho_t u^2 N^*) \tag{7.9.7}$$

$$\mathrm{d}u = -\frac{\pi(r\eta)^2}{m'}(A'\sigma_{yt} + B'\rho_t u^2 N^*)\mathrm{d}t \tag{7.9.8}$$

$$u_n = u_{n-1} + \mathrm{d}u \tag{7.9.9}$$

式 (7.9.8) 中 m' 为弹体质量可由剩余弹体长度 l' 计算得到, 其余参数和二维理论中参数一致, A'、B' 参考 Rosenberg 和 Dekel (2009) 对钢靶的数值实验所取分别为 4.348 和 1.133。

综合以上三个阶段速度不同的计算方法, 可计算出整个侵彻过程中速度的变化, 针对本书前述的三种初始弹头, 得到对应的速度时程曲线如图 7.9.3 所示。

对于三种不同的初始头形弹头, 以上三阶段模型与数值计算结果吻合较好, 可较为全面地反映侵彻全过程中的主要物理特征, 如侵彻速度在初期瞬态阶段的急剧下降、准定常阶段的基本稳定, 以及次级侵彻阶段的快速下降。

7.8 节虽给出了头形因子 N^* 和头杆径比 η 的参考函数形式, 但在不同的情况其表达形式也会发生相应的改变, 只要能正确表述其变化规律, 即可用上述模型进行求解。理论模型与数值模拟仍有一定差距, 原因在于未精确描述弹体头形因子和头杆径比的数值, 若能进一步获得其准确的变化规律, 理论结果会更加可信。

尽管 7.8 节给出弹体质量侵蚀速率 $\mathrm{d}m/\mathrm{d}t$ 的式 (7.8.3), 但是迭代计算中并未使用。与之相比较的是, 借助于本节建立的考虑侵彻三阶段的长杆侵彻二维理论, 通过控制方程式 (7.9.5), 可求解得到 $\mathrm{d}m/\mathrm{d}t = \pi r^2 \rho_p(v-u)$, 将其与数值模拟结果和拟合函数进行对比, 可得图 7.9.4。

从图中可以看出, 质量侵蚀率的二维理论模型计算结果与数值模拟、拟合函数整体趋势基本一致。但在准定常阶段 $\mathrm{d}m/\mathrm{d}t$ 理论值呈下降趋势, 类似的结果也出现在 A-T 模型中 (即实际准定常阶段速度差 $(v-u)$ 呈现轻微下降, 并非严格意义的速度不变)。在次级侵彻阶段, 尤其是在侵彻末期出现刚性侵彻, 质量侵蚀率在模型计算中为 0。在次级侵彻阶段理论计算结果和数值模拟结果存在较大差异: 一是因为模型在次级侵彻阶段对弹尾减速描述不足; 二是模型在刚性侵彻阶段并未考虑质量侵蚀, 而在数值模拟中在此阶段仍存在质量侵蚀。

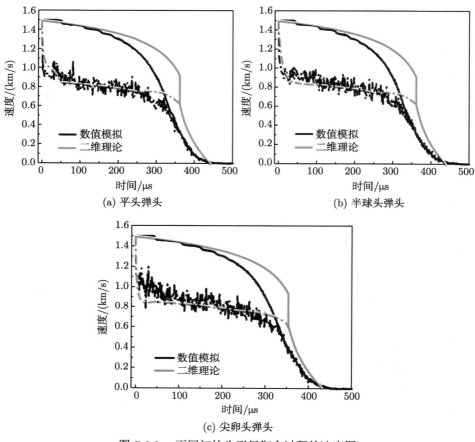

(a) 平头弹头   (b) 半球头弹头

(c) 尖卵头弹头

图 7.9.3   不同初始头形侵彻全过程的速度图

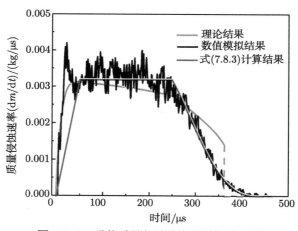

图 7.9.4   弹体质量侵蚀速率随时间变化图

进一步，图 7.9.5 给出了三种初始弹头侵彻过程中剩余弹体长度的变化情况，数值模拟和理论结果相差不大。分段的二维理论模型考虑了次级侵彻阶段中出现的刚性侵彻模式，因此理论结果仍可反映剩余弹体的情况，且长度与数值模拟所得基本一致，这是传统的准定常二维理论模型无法获得的典型物理特征。

综上，通过分析长杆弹高速侵彻过程中弹体头形变化规律，建立了考虑头形变化的长杆弹三阶段侵彻二维理论模型，获得了长杆弹高速侵彻中各阶段的典型物理特征，重点讨论了初始瞬态阶段和次级侵彻阶段头形因子、头杆径比以及弹体质量侵蚀速率 dm/dt 的非定常变化规律，补充了初始瞬态和次级侵彻阶段的理论分析模型，进一步完善了长杆弹高速侵彻二维理论。

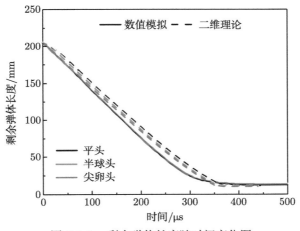

图 7.9.5　剩余弹体长度随时间变化图

7.10　本 章 小 结

本章结合相关穿甲试验，开展了针对钨纤维增强金属玻璃复合材料长杆弹穿甲钢靶的有限元模拟研究，并同时开展了针对钨合金弹的对比分析。相关有限元计算结合复合材料细观结构建立相应弹体几何模型，且基于 LS-DYNA 软件的 UMAT 程序，利用修正的热力耦合模型来描述金属玻璃基体的高强度和高剪切敏感性，因此较好地体现了复合材料弹体的穿甲“自锐”行为。之后分析了撞击速度、靶材强度和初始弹头形状等不同因素对弹体“自锐”特性以及相应穿甲性能的影响，并根据相关分析对弹体的结构设计和穿甲条件等给出了一些建议。基于第 5 章的二维模型，结合实验和数值模拟结果进一步对长杆高速侵彻的二维效应进行分析，证实在主要侵彻阶段内弹体头形保持不变的现象，并合理解释实验和模拟结果反映的二维效应。同时，借助数值手段分析了整个侵彻过程中弹体头形因子、头杆径比和质量侵蚀率的变化规律,给出了侵彻过程中各阶段头形因子 N^*、头杆径比 η 和质量侵蚀率的参考函数形式,建立了考虑头形变化的长杆弹三阶段侵彻二维理论模型。

相应有限元模拟较好地体现了实际试验现象,具有实际的参考意义。结合相关试验观察以及有限元模拟结果可知,在穿甲过程中复合材料弹体的弹头区域形成一个 "边缘层",在边缘层内金属玻璃基体由于高剪切敏感性提前发生剪切破坏,导致其临近的钨纤维发生预先损伤或破坏。随着弹体的侵蚀,弹头材料将沿该预先形成的剪切变形带从弹身脱落,使得弹头锐化为尖头构形,即发生 "自锐" 行为。相对地,钨合金弹则由于较高的材料塑性,在穿甲过程中弹头钝化为 "蘑菇头" 形状。相应地,复合材料弹体的穿甲性能较钨合金弹得到明显提高。

撞击速度和靶材强度对复合材料弹体的 "自锐" 特性和相应穿甲性能具有显著影响。总体来说,撞击速度小于一定阈值时,弹体未能形成有效侵彻,而随着撞击速度增大,弹体的穿甲能力以及穿透靶板之后的毁伤效能明显增加;另外,靶材强度越高,弹头的锐化效应越显著,其穿甲能力相对于钨合金弹的提高程度也越明显。相对地,初始弹头形状的影响则相对较小,不同初始头形弹体的穿甲特性较为接近,实际应用中,半球形的弹头结构较利于复合材料弹体的穿甲。

基于第 5 章所建立的二维模型,结合实验和数值模拟结果对长杆高速侵彻的二维效应进行了分析。在对小尺寸 (Rong et al., 2012) 和大尺寸 (Chen et al., 2015) 长杆侵彻实验和数值模拟结果 (Li et al., 2015a) 的分析中,发现了长杆高速侵彻的主要侵彻阶段内弹体头形保持不变的现象,从而证实了第 5 章提出的二维模型假设的合理性。同时,二维模型能基本解释实验和模拟结果中反映出的二维效应。

弹体的头形因子和头杆径比变化存在于侵彻的全过程。与准定常阶段不同,在初始瞬态阶段头形显著钝粗,头杆径比均增大再减小准定常阶段开始时刻的弹体头形与初始头形有较大差异;进入次级侵彻阶段后,弹体头形和头杆径比进一步发生改变。初始瞬态和次级侵彻阶段表现为非定常质量侵蚀速率,与头形因子、头杆径比的变化规律具有相关性。基于头形因子 N^*、头杆径比 η 建立考虑头形变化的长杆侵彻三阶段的二维理论模型,能够较为全面地反映侵彻全过程中的主要物理特征,如侵彻速度在初期瞬态阶段的急剧下降、准定常阶段的基本稳定以及次级侵彻阶段的快速下降,以及弹体质量在初始瞬态阶段和次级侵彻阶段的非准定常侵蚀特征。同时借助该模型思路,只要能准确给出头形变化规律,便可求解不同条件下弹靶侵彻的整个过程。

参 考 文 献

Alekseevski V P. 1966. Penetration of a rod into a target at high velocity. Combustion, Explosion, and Shock Waves, 2: 99-106.

Anderson C E, Littlefield D L, Walker J D. 1993. Long-rod Penetration, target resistance, and hypervelocity impact. International Journal of Impact Engineering, 14: 1-12.

Anderson C E, Walker J D. 1991. An examination of long-rod penetration. International Journal of Impact Engineering, 11: 481-501.

Børvik T, Langseth M, Hopperstad O S, Malo K A. 1999. Ballistic penetration of steel plates. International Journal of Impact Engineering, 22: 855-886.

Chen X W, Chen G. 2012. Experimental research on the penetration of tungsten-fiber / metallic-glass matrix composite material bullet into steel target. 10th International Conference on the Mechanical and Physical Behaviour of Materials under Dynamic Loading (DYMAT 2012), Freiburg, Germany: EDP Sciences, EPJ Web of Conferences 26: 01049e1-6.

Chen X W, Li Q M. 2002. Deep penetration of a non-deformable projectile with different geometrical characteristics. International Journal of Impact Engineering, 27(6): 619-637.

Chen X W, Wei L M, Li J C. 2015. Experimental research on long rod penetration of tungsten fiber / Zr-based metallic glass matrix composite into Q235 steel target. International Journal of Impact Engineering, 79: 102-116.

Christman D R, Gehring J W. 1966. Analysis of high-velocity projectile penetration mechanics. Journal of Applied Physics, 37: 1579-1587.

Conner R D, Dandliker R B, Scruggs V, Johnson W L. 2000. Dynamic deformation behavior of tungsten-fiber /metallic–glass matrix composites. International Journal of Impact Engineering, 24: 435-444.

Choi-Yim H, Conner R D, Szuecs F, Johnson W L. 2001. Quasistatic and dynamic deformation of tungsten reinforced $Zr_{57}Nb_5Al_{10}Cu_{15.4}Ni_{12.6}$ bulk metallic glass matrix. Scripta Materialia, 45: 1039-1045.

Dai L H, Bai Y L. 2008. Basic mechanical behaviors and mechanics of shear banding in BMGs. International Journal of Impact Engineering, 35: 704-716.

Huang R, Suo Z, Prevost J H. 2002. Inhomogeneous deformation in metallic glasses. Journal of the Mechanics and Physics of Solids, 50: 1011-1027.

Jiang M Q, Dai L H. 2009. On the origin of shear banding instability in metallic glasses. Journal of the Mechanics and Physics of Solids, 57: 1267-1292.

Jiao W J, Chen X W. 2021. Influence of the mushroomed projectile's head geometry on long-rod penetration. International Journal of Impact Engineering, 148:103769.

Johnson G R, Cook W H. 1983. A constitutive model and data for metals subjected to large strains, high strain rates and high temperature. In: Proceedings of the seventh International Symposium of Ballistics, Hague, Netherlands: International Ballistics Committee, pp: 541-547.

Johnson G R, Cook W H. 1985. Fracture characteristics of three metals subjected to various strains, strain rates, temperatures, and pressures. Engineering. Fracture Mechanics, 21 (1): 31-48.

Johnson W L. 1999. Bulk glass-forming metallic alloys: Science and technology. MRS Bulletin, 24 (10): 42-56.

Kennedy C, Murr L E. 2002. Comparison of tungsten heavy alloy rod penetration into ductile and hard metal targets: microstructural analysis and computer simulations. Materials Science and Engineering A, 325: 131-143.

Kristoffersen M, Casadei F, Børvik T, Langseth M, Hopperstad O S. 2014. Impact against empty and water-filled X65 steel pipes—experiments and simulations. International Journal of Impact Engineering, 71: 73-88.

Li J C, Chen X W, Huang F L. 2015a. FEM analysis on the "self-sharpening" behavior of tungsten fiber / metallic glass matrix composite long rod. International Journal of Impact Engineering, 86: 67-83.

Li J C, Chen X W, Huang F L. 2015b. Inhomogeneous deformation in bulk metallic glasses: FEM analysis. Materials Science and Engineering: A, 620: 333-351.

Li J C, Wei Q, Chen X W, Huang F L. 2014. On the mechanism of deformation and fracture in bulk metallic glasses. Materials Science and Engineering A, 610: 91-105.

Lidén E, Mousavi S, Helte A, Lundberg B. 2012. Deformation and fracture of a long-rod projectile induced by an oblique moving plate-numerical simulations. International Journal of Impact Engineering, 40-41: 35-45.

Liu P, Liu Y, Zhang X. 2015. Internal-structure-model based simulation research of shielding properties of honeycomb sandwich panel subjected to high-velocity impact. International Journal of Impact Engineering, 77: 1-14.

Liu Y C, Deng Y J, Chen X W, Yao Y. 2022. Three-phase 2D model of long-rod penetration considering variation in nose shape. Acta Mechanica Sinica, 38: 122090.

Lou J F, Zhang Y G, Wang Z, Hong T, Zhang X L, Zhang S D. 2014. Long-rod penetration:the transition zone between rigid and hydrodynamic penetration modes. Defence Technology, 10: 239-244.

LSTC. 2007. LS-DYNA Keyword User's Manual (Version 971). Livermore, California: Livermore Software Technology Corporation (LSTC).

Rohr I, Nahme H, Thoma K, Anderson C E. 2008. Material characterization and constitutive modelling of a tungsten-sintered alloy for a wide range of strain rates. International Journal of Impact Engineering, 35: 811-819.

Rohr I, Nahme H, Thoma K. 2005. Material characterization and constitutive modelling of ductile high strength steel for a wide range of strain rates. International Journal of Impact Engineering, 31: 401-433.

Rong G, Huang D W, Yang M C. 2012. Penetrating behaviors of Zr-based metallic glass composite rods reinforced by tungsten fibers. Theoretical and Applied Fracture Mechanics, 58: 21-27.

Rosenberg Z, Dekel E. 2009. The penetration of rigid long rods-revisited[J]. International Journal of Impact Engineering, 36(4): 551-564.

Rule W K, Jones S E. 1998. A revised form for the Johnson-Cook strength model. International Journal of Impact Engineering, 21: 609-624.

Spaepen F. 1977. A microscopic mechanism for steady state inhomogeneous flow in metallic glasses. Acta Metallurgica, 25 (4): 407-415.

Stevens B and Batra R C. 1998. Adiabatic shear bands in the taylor impact test for a WHA rod, International Journal of Plasticity. 14 (9): 841-854.

Tate A. 1967. A theory for the deceleration of long rods after impact. Journal of the Mechanics and Physics of Solids, 15: 387-399.

Wang X, Shi J. 2013. Validation of Johnson-Cook plasticity and damage model using impact experiment. International Journal of Impact Engineering, 60: 67-75.

Zhang H F, Li H, Wang A M, Fu H M, Ding B Z, Hu Z Q. 2009. Synthesis and characteristics of 80 vol.% tungsten (W) fibre-Zr based metallic glass composite. Intermetallics, 17: 1070-1077.

第 8 章 分段杆侵彻性能的数值建模与分析

8.1 引 言

如第 1 章和第 2 章所述，长杆侵彻理论已有较成熟的理论模型，如一维的 Alekseevskii-Tate 模型 (Alekseevskii, 1966; Tate, 1967) 以及 Walker 和 Anderson(1995) 的时程相关模型等。侵彻机理的研究表明，在长杆弹质量一定的条件下，杆弹的侵彻深度随着撞击速度和长径比的增加而增加。因此，增大穿甲弹长径比是提高穿甲弹威力的主要途径，但是长径比过大会造成着靶攻角、弹道偏移、不易发射等问题。

20 世纪 80 年代研究者发现由若干分段体组成的分段体链 (即分段杆) 的侵彻效率得到提高，于是人们开始关注分段杆的研究 (Orphal & Miller, 1991)。有关其侵彻机理和效能改进的研究，一直是冲击工程界的热点问题，可参见各届超高速撞击国际会议 (HVIS) 和国际冲击工程期刊。国外对分段弹的侵彻机理进行了若干实验研究和数值模拟，如 Sorensen 等 (1991) 和 Cuadros (1991) 分别做了分段杆高速撞击钢靶板的实验，得出在广泛速度范围内分段杆侵彻能力高于相应的连续长杆；Wang 等 (1995) 对较低速度 (~2.0 km/s) 下分段杆打击钢靶进行了实验，结果表明在相对较低速度下分段杆的侵彻能力比相应的连续长杆仍有所提高。

本章针对相对较低速度 (~2 km/s) 的分段杆侵彻问题，利用显式动力有限元程序 ANSYS/LS-DYNA，采用 Lagrange 方法和 Johnson-Cook 材料本构模型，对长径比为 5 的平头钨合金长杆弹、分段体长径比为 1 的理想分段杆和带套筒的分段杆侵彻半无限钢靶进行三维数值模拟 (郎林等，2011)。给出其侵彻过程的典型时刻物理图像，将模拟的侵彻深度和实验数据进行比较，并对连续长杆、理想分段短杆和带套筒的分段杆的侵彻性能进行对比分析。计算表明分段杆侵深的主要贡献在相 III 侵彻阶段而非连续长杆的相 II 准定常侵彻阶段，因此导致分段杆侵彻深度显著增加。进一步分析分段杆的几何参数影响，通过数值模拟讨论不同分段间隔和不同分段体长度对理想分段杆侵彻性能的影响 (陈小伟和朗林，2013)。理想分段杆是指无套筒作用下，各分段体相互独立，按一定间隔和长径比随机组成的分段杆。

8.2 有限元模型及验证

8.2.1 弹、靶材料本构关系

数值模拟中，采用 Johnson-Cook(J-C) 强度模型 (Johnson & Cook, 1983) 和累积损伤失效模型 (Johnson & Cook, 1985) 描述弹靶材料的力学性能。J-C 本构模型常用于模拟金属材料从低应变率到高应变率下的动态行为，该模型利用变量乘积关系分别描述应变、应变率、温度和损伤因子的影响，具体形式为

$$\sigma = (1 - D)[A + B\varepsilon^n][1 + C\ln\dot{\varepsilon}^*][1 - T^{*m}] \tag{8.2.1}$$

式中，A、B、C、n、m 为材料常数；ε 是累积塑性应变；$\dot{\varepsilon}^* = \dot{\varepsilon}/\varepsilon_0$ 是无量纲应变率，其中，$\dot{\varepsilon}$ 为塑性应变率，$\dot{\varepsilon}_0$ 为参考应变率；$T^* = (T - T_r)/(T_m - T_r)$ 为无量纲温度，其中 T_m 和 T_r 分别为材料的熔化温度和室温。材料损伤因子 D 在 0 和 1 之间变化，$D = 0$ 说明材料无损伤，$D = 1$ 对应材料完全损伤，其数学公式表达为

$$D = \sum\frac{\Delta\varepsilon_p}{\varepsilon_f} \tag{8.2.2}$$

其中，$\Delta\varepsilon_p$ 为一个时间步的塑性应变增量，ε_f 为当前时间步的应力状态、应变率和温度下的破坏应变，其表达式为

$$\varepsilon_f = [D_1 + D_2\exp(D_3\sigma^*)][1 + D_4\ln\dot{\varepsilon}^*][1 + D_5T^*] \tag{8.2.3}$$

式中，$\sigma^* = P/\sigma_{\text{eq}}$ 为静水压力与等效应力之比，$D_1 \sim D_5$ 为材料常数。

状态方程采用 Gruneisen 方程

$$P = \frac{\rho_0 C_0^2 \mu\left[1 + \left(1 - \dfrac{\gamma_0}{2}\right)\mu - \dfrac{a}{2}\mu^2\right]}{1 - (S_1 - 1)\mu - S_2\dfrac{\mu^2}{\mu + 1} - S_3\dfrac{\mu^3}{(\mu + 1)^2}} + (\gamma_0 + a\mu)E \tag{8.2.4}$$

式中，E 为材料的内能；C_0 为 v_s-v_p 曲线的截距；$S_1 \sim S_3$ 为 v_s-v_p 曲线斜率的系数；v_s 为冲击波速度；v_p 为质点速度；γ_0 为 Gruneisen 系数；a 是对 γ_0 的一阶体积修正；$\mu = \rho/\rho_0 - 1$；ρ 为当前密度；ρ_0 为初始密度。

由于绝大部分的塑性功转化为热量，而这些热量在极短的时间内无法传导到周围的材料中，通常认为这一过程为绝热过程，温度升高的多少一般用下式来描述：

$$\Delta T = \int_0^{\varepsilon_{\text{eq}}} \chi\frac{\sigma_{\text{eq}}\mathrm{d}\varepsilon_{\text{eq}}}{\rho c_p} \tag{8.2.5}$$

这里 σ_{eq} 和 ε_{eq} 分别为等效应力和等效应变；ρ 是材料密度；c_p 是比热容；χ 是 Taylor-Quinney 系数，一般取 0.9。

套筒采用 Plastic-Kinematic 材料模型，该模型适用于模拟应变率相关的各向同性动态硬化塑性材料，参数少而效果较好。Plastic-Kinematic 本构方程为

$$\sigma_y = [1 + (\dot{\varepsilon}/C)^{1/p}](\sigma_0 + \beta E_p \bar{\varepsilon}_p) \tag{8.2.6}$$

式中，σ_0 为静屈服应力；$\dot{\varepsilon}$ 为应变率；C、p 为应变率效应参数；$\bar{\varepsilon}_p$ 为等效塑性应变；E_p 为塑性硬化模量；β 为硬化模式参数。

下面给出钨合金、钢靶和铝套筒三种材料的相关物性参量 (见表 8.2.1 和表 8.2.2)，参数主要参考兰彬和文鹤鸣 (2008)。

表 8.2.1　Johnson-Cook 模型材料参数

材料	$\rho_0/(\text{g/cm}^3)$	E/GPa	γ	$c_p/(\text{W}/(\text{m·K}))$	T_r/K	T_m/K	$\dot{\varepsilon}_0/\text{s}^{-1}$
钨合金	17.6	310	0.3	134	300	1752	1
钢靶	7.85	200	0.29	477	300	1793	1

材料	A/MPa	B/MPa	n	C	m	S_1	$C_0/(\text{m·s}^{-1})$
钨合金	1506	177	0.12	0.016	1.00	1.44	3850
钢靶	792	510	0.26	0.014	1.03	1.33	4578

材料	γ_0	D_1	D_2	D_3	D_4	D_5	a
钨合金	1.58	0.16	3.13	−2.04	0.007	0.37	
钢靶	1.67	0.05	3.44	−2.12	0.002	0.61	0.47

表 8.2.2　Plastic-Kinematic 模型材料参数

材料	$\rho/(\text{g/cm}^3)$	E/GPa	γ	σ_0/MPa	E_p/MPa	ε_f/%
铝套筒	2.81	71.7	0.33	501	2670	1.5

8.2.2　弹靶有限元模型与验证

采用非线性有限元软件 ANSYS/LS-DYNA(2003) 对连续长杆和分段杆侵彻半无限钢靶进行数值分析，因结构形状和荷载的对称性，取 1/4 结构进行三维模拟计算，靶板模型外表面设定为应力无反射界面，以模拟无限域。采用 cm-g-us 单位制建模。

弹体为三种类型的钨合金弹，直径均为 7 mm。三种弹体形状和靶体建模如图 8.2.1 所示，第一种为连续长杆，长径比 L/D 为 5，弹体总长度为 35 mm；第二种为理想分段杆，由 5 个长径比为 1 的分段体组成，分段体间隔为 14 mm，间隔与弹体直径比为 $S/D = 2$，弹体总长度为 91 mm，质量与连续长杆相同；第三种为带套筒的分段杆，直径、分段间隔和弹体总长度与理想分段杆相同，不同

的是在分段体外面加有厚 2.2 mm 的铝套筒, 套筒和分段体间采用体固接的方式连接, 故质量比理想分段杆有显著增加。

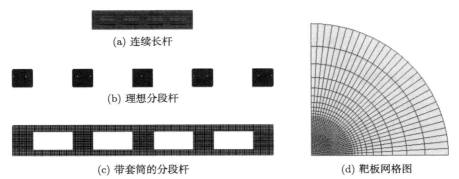

(a) 连续长杆

(b) 理想分段杆

(c) 带套筒的分段杆

(d) 靶板网格图

图 8.2.1　在数值仿真中三种弹体的剖面图及靶板网格

靶板为 RHA 钢板, 尺寸为 φ70 mm×100 mm。网格均用 Lagrange 映射网格划分方法, 网格单元形状为八节点六面体, 弹、靶单元类型均采用 SOLID164。弹体单元大小均为 0.3 mm×0.3 mm×0.3 mm, 靶体核心单元大小为 0.3 mm×0.3 mm×0.3 mm, 离靶体中心较远部分网格比例加大, 以减少计算机时。弹体和靶板之间的接触采用三维面对面侵蚀接触算法。

数值计算结果可靠性的检验以连续长杆及分段杆的实际弹道实验为标准。在不同撞击速度下 (1.8∼2.028 km/s), 连续长杆和分段杆的最终侵彻深度如表 8.2.3 所示, 计算值与实验结果两者之间的最大误差不超过 10%(其中理想分段杆没有实验数据), 表明数值计算结果准确可靠, 较好地模拟了连续长杆和分段杆的侵彻过程。相关实验结果来自 Cuadros(1991)。

表 8.2.3　实验数据与计算结果

撞击速度/(km/s)	侵彻深度/mm				
	连续长杆		理想分段杆	带套筒的分段杆	
	实验数据	计算结果	计算结果	实验数据	计算结果
1.865	49.70	50.12	61.45	—	—
1.880	50.20	50.59	62.95	60.34	63.44
1.939	—	—	63.89	64.87	66.15
1.968	51.21	52.13	64.23	—	—
1.984	—	—	65.38	65.86	68.63
1.988	51.62	52.47	67.85	—	—
2.028	52.20	53.11	68.06	70.20	71.39

由表 8.2.3 计算结果表明在一定速度范围内, 理想分段体的侵彻深度大于连续长杆的侵彻深度, 而带套筒的分段杆的侵彻深度又略大于理想分段杆。以初始

撞击速度 $v_0 = 2.0$ km/s 为例,对连续长杆、理想分段杆和带套筒的分段杆侵彻进行数值模拟的对比分析,以期找寻侵彻机理的不同特点,找寻弹体设计的改进方法。

8.3 数值模拟结果与分析

8.3.1 长杆弹侵彻

Orphal(1997) 根据前人的工作建议长杆侵彻金属靶 (速度范围 1.5 km/s < v_0 < 3 km/s) 可分为四相。相 I 是初始撞击靶体的瞬时相,作为开坑阶段,侵彻深度相当于数倍杆径。在相 II 准定常阶段,弹、靶以半流体方式变形,需同时考虑弹/靶材的强度效应,采用 Alekseevskii-Tate 模型描述;在该阶段,随侵彻深度增加,杆体质量发生侵蚀,杆体变短并被减速。杆体完全侵蚀后,相 III 侵彻 (Phase 3 Penetration) 开始 (Orphal, 1997),相 III 包括二次侵彻 (Secondary Penetration) 和后流体侵彻 (After-Flow Penetration);其中,二次侵彻指弹体侵蚀后的残余物造成的剩余侵彻 (Residual Penetration),要求弹体密度大于靶体密度且侵彻速度较高;后流体侵彻是指相 II 结束后,靶体中成坑附近区域因尚有动能而进一步变形导致侵彻深度增加。后流体侵彻较二次侵彻更易发生,两者也可同时发生。相 III 侵彻之后就是相 IV,即靶体的弹性恢复;相 IV 变形较小,常忽略。

长杆弹的侵彻过程及其 von Mises 应力分布如图 8.3.1 所示。图 8.3.2(a) 给出弹靶接触面压力时间历程,而图 8.3.2(b) 则分别给出长杆弹侵彻半无限钢靶侵彻速度和弹尾速度时间历程。结合图 8.3.1 和图 8.3.2 可知,数值模拟给出的长杆侵彻过程与 Orphal (1997) 所建议侵彻四相非常吻合;长杆侵彻的弹坑深度主要由相 II 阶段准定常过程完成。另一方面,长杆弹侵彻的数值模拟也是对计算模型的验证,表明 Lagrange 方法和 Johnson-Cook 本构模型适合于相对较低速度长杆弹侵彻的数值模拟。

8.3.2 理想分段杆侵彻

理想分段杆的部分分段体的侵彻过程及 von Mises 应力分布如图 8.3.3 所示。而图 8.3.4(a) 和 (b) 分别给出理想分段杆侵彻钢靶的弹靶接触面压力时间历程和各分段杆头尾速度时间历程。由于理想分段杆对半无限钢靶的侵彻相当于五个长径比为 1 的短杆先后连续地对靶体侵彻,那么分析一个分段体的侵彻过程就可了解整个分段杆的侵彻情况。

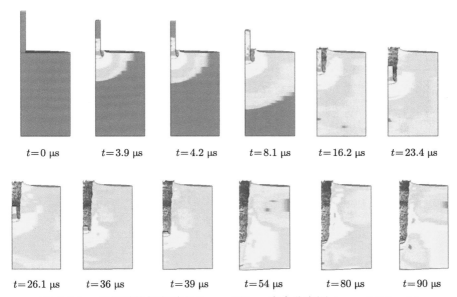

$t=0\ \mu s$　　$t=3.9\ \mu s$　　$t=4.2\ \mu s$　　$t=8.1\ \mu s$　　$t=16.2\ \mu s$　　$t=23.4\ \mu s$

$t=26.1\ \mu s$　　$t=36\ \mu s$　　$t=39\ \mu s$　　$t=54\ \mu s$　　$t=80\ \mu s$　　$t=90\ \mu s$

图 8.3.1　长杆弹的侵彻过程及 von Mises 应力分布图 ($v_0 = 2.0$ km/s)

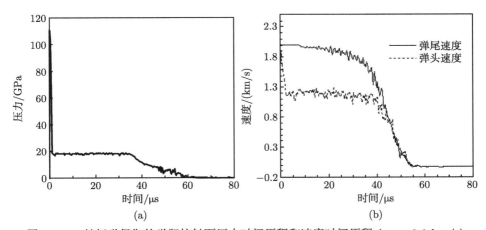

图 8.3.2　长杆弹侵彻的弹靶接触面压力时间历程和速度时间历程 ($v_0 = 2.0$ km/s)

　　显然，短杆的侵彻与长杆侵彻有着本质上的不同。结合图 8.3.3 和图 8.3.4 可知，短杆侵彻无法形成准定常阶段，其主要侵彻阶段与 Orphal(1997) 所建议侵彻四相中相 III 非常相似。且根据计算结果，我们还可进一步分析其侵彻特点。

　　如图 8.3.3 所示，在 $0 \sim 1.5\ \mu s$ 时间段应力波还未传到分段体尾部，分段体尾部速度仍为初始速度 2.0 km/s；然而应力波很快就传到分段体尾部，所以在各个分段体侵彻过程中其头、尾部的速度几乎相等 (见图 8.3.4(b))。图 8.3.3 表明在

$t = 6.6$ μs 时刻分段体几乎侵蚀殆尽，仅余侵蚀后的残余物剩余侵彻靶体，靶体侵彻深度继续缓慢增加，分段体直至近 16.5 μs 最终被完全侵蚀。

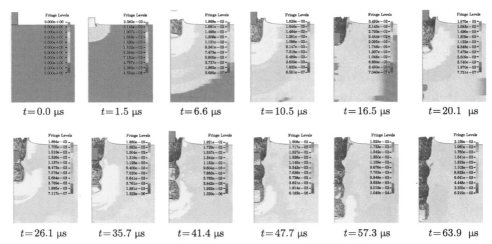

图 8.3.3　理想分段杆的侵彻过程及 von Mises 应力分布图 ($v_0 = 2.0$ km/s)

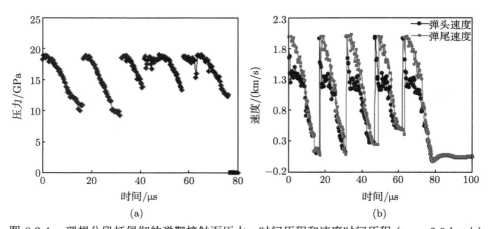

图 8.3.4　理想分段杆侵彻的弹靶接触面压力—时间历程和速度时间历程 ($v_0 = 2.0$ km/s)

从图 8.3.4(a) 中可以看出各分段体侵彻时其弹靶接触面压力都在 10~18 GPa 范围内单调下降，参考图 8.3.2(a)，相当于 Orphal(1997) 提出的长杆侵彻金属靶 (速度范围 1.5 km/s $< v_0 <$ 3 km/s) 四相中的相 III 阶段的压力时间历程。这也说明分段短杆侵彻钢靶主要贡献在相 III 侵彻阶段而非长杆侵彻中占主要贡献作用的准定常阶段。图 8.3.4(b) 给出整个分段杆侵彻靶板的速度时间历程，表明每个分段体在与靶体侵彻时速度下降很快 (各曲线间几乎平行)，各分段体初始撞击

速度恒为 2.0 km/s。

8.3.3 带套筒的分段杆侵彻

图 8.3.5 给出了带套筒分段杆的部分分段体的侵彻过程及相应弹靶的 von Mises 应力分布图。各分段体的侵彻和理想分段体侵彻类似，仍类似于相 III 阶段。套筒在侵彻过程中主要起扩孔作用，对侵深贡献甚小。从图中可以看出，在各分段体侵彻过程中，附着的套筒在钨合金分段体的挤压作用下向外扩张且发生质量侵蚀。$t = 0 \sim 8.7$ μs 时间段为首个分段体侵彻阶段，相应的套筒向外扩张且发生质量侵蚀和破碎，同时破碎套筒的飞溅物向外流动，套筒的向外扩张导致弹坑的扩大。但在两个分段体侵彻之间，套筒则不再向外扩张，转而变化为向内收缩，尽管其质量仍在不断侵蚀，但侵彻深度并未增加，有理由认为这与其材料有关 (铝材弱于钢)。甚至在后续的分段体撞击时，还需先与向内收缩的套筒作用后再侵彻靶体，这将相应消耗部分能量。这暗示，在实际的分段杆设计时，对套筒需要进行材料和几何的优化。

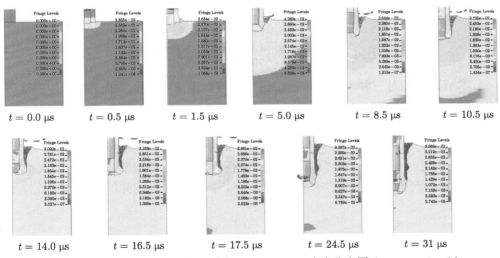

图 8.3.5 带套筒分段杆的侵彻过程及 von Mises 应力分布图 ($v_0 = 2.0$ km/s)

图 8.3.6(a) 和 (b) 给出了带套筒分段杆侵彻的弹靶接触面的压力时间历程和各分段体速度时间历程。与理想分段杆侵彻稍有不同，弹靶接触面的压力基本维持在 15~18 GPa 范围；且各分段杆撞击靶体的初速依次减小，不再维持恒定；各分段体侵彻过程中，弹头和弹尾的速度也有差异。带套筒分段杆与理想分段杆侵彻的不同主要来源于套筒与各分段体的相互作用，套筒在侵彻过程中一直保持受阻减速，该阻力势必通过套筒与分段体的连接作用而传递至后续的分段体，对全

杆的侵彻起负作用。因此，实际分段杆设计中，应减弱套筒与分段体的作用，可通过削弱连接 (胶联)、设计大于分段体直径的套筒内经 (间隙用软物填塞) 等方法实现。

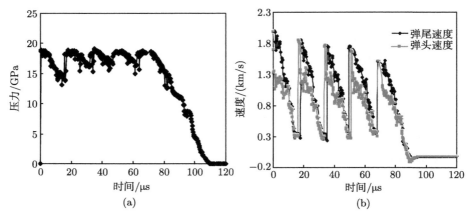

(a)　　　　　　　　　　　　　　　　　　　(b)

图 8.3.6　　带套筒分段杆侵彻的弹靶接触面压力—时间历程和速度时间历程 ($v_0 = 2.0$ km/s)

8.4　三种弹型的侵彻过程比较

本节进一步对三种不同杆体侵彻进行比较。图 8.4.1 给出了三种杆体侵彻后的弹坑剖面图，连续长杆侵彻的靶体开坑直径接近杆弹的直径，坑底呈尖锥形，在准定常侵彻阶段弹坑类似直通 (即弹坑直径几乎保持不变)；对于理想分段杆，弹坑形状为类似糖葫芦形 (即坑壁为有圆齿形的弧)，并且沿着侵彻深度方向弹坑直径逐渐减小；带套筒的分段杆的弹坑坑壁和理想分段杆相似，只是弧的曲率更小，并且随着侵彻深度的增加弧线逐渐变小，两种分段杆的弹坑直径都比连续长杆大。

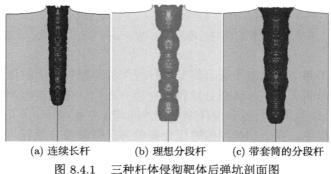

(a) 连续长杆　　　　　(b) 理想分段杆　　　　　(c) 带套筒的分段杆

图 8.4.1　　三种杆体侵彻靶体后弹坑剖面图

图 8.4.2 给出了三种弹型分别侵彻半无限靶体时的侵彻深度随时间变化的曲线。从图中可以看出连续长杆侵彻深度呈线性增加，而理想分段杆和带套筒的分段杆是由五个弧段组成，表明分段体间隔的存在，在分段体间隔时间段内侵彻深度仍缓慢增加。理想分段杆和带套筒的分段杆在前两个弧段侵彻深度几乎重合，但从第三个弧段开始带套筒的分段杆的弧段比理想分段杆要长，这是由于套筒也参加了对靶体的侵彻，从而导致最终的侵彻深度值要比理想分段杆稍大，但显然套筒对侵彻深度的贡献甚小。

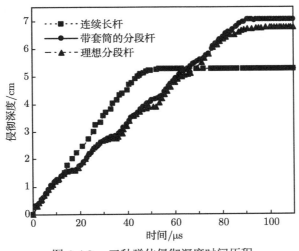

图 8.4.2　三种弹体侵彻深度时间历程

图 8.4.3 描绘了靶板和长杆/分段杆的各个部分的动能—时间历程的数值预期。从中可以看出，钨合金杆的初始动能在三种弹型中是相同的，靶体获得的动能很少，然而这些能量消耗殆尽的时间是不同的。理想分段杆消耗时间明显比连续长杆要长，这是由于长杆分成五段后在分段体间留出间隔使得弹体总长增加，在分段体间隔这段时间内发生了二次侵彻和后流体侵彻；而带套筒的分段杆比理想分段杆略有增加。由于带有套管时分段杆的整体性得到提高，带套筒的分段杆对靶板的动能传播的变化曲线比起相应的理想分段杆变得更加光滑，弹坑剖面图的圆齿形更平滑了 (见图 8.4.1(c))。随着固定在套管上的分段体的冲击速度的减小，沿着侵彻深度方向对应于每个分段体的圆齿形截面的平均直径也在减小。

需指出的是，图 8.4.3(c) 中的套筒初始动能几乎是钨合金杆体动能的 2/3，也就是说带套筒的分段杆的初始能量比理想分段杆多大约 60%，然而图 3 中的最终侵彻深度却仅增加了 4% 左右，这是由于套筒的大部分动能贡献于弹坑直径的增加。

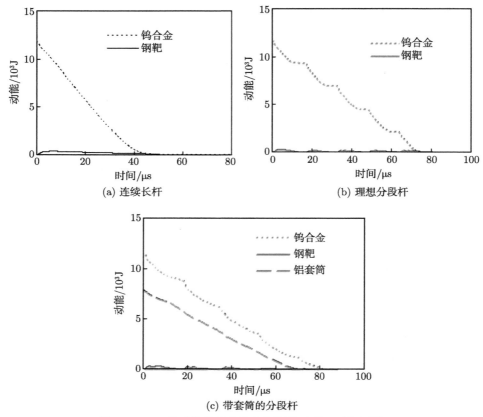

图 8.4.3   三种弹体的各部分和靶板的动能—时间历程

8.5   长径比和分段间隔对理想分段杆侵彻影响的数值分析

8.5.1   不同长径比的分段杆侵彻

将分段间隔相同 $(S = 14\ \text{mm})$ 而分段体长度 $(L = 3.5\ \text{mm}$、$5\ \text{mm}$、$7\ \text{mm}$、$11.7\ \text{mm}$、$17.5\ \text{mm}$ 和 $35\ \text{mm})$ 不同的分段杆侵彻半无限钢靶进行三维数值模拟，图 8.5.1(a) 给出不同长径比的分段杆侵彻深度时间历程，图 8.5.1(b) 对应给出不同分段体长度的分段杆侵彻深度分布图。从中可知，在较短分段体长度 $(L = 3.5\ \text{mm}$、$5\ \text{mm}$ 和 $7\ \text{mm})$ 时，分段杆的侵彻性能较好。当分段体长度大于 $11.7\ \text{mm}$，侵彻深度减小并接近连续长杆弹。显然，当以侵彻深度为目标设计分段杆时，存在一最优长径比范围，本例对应于分段体长度 $3.5 \sim 7\ \text{mm}$ 范围。

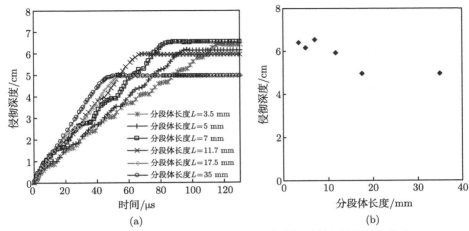

(a)   (b)

图 8.5.1　不同长径比的分段杆侵彻深度时间历程和侵彻深度分布

图 8.5.2 给出不同长径比分段杆侵彻靶板后的 von Mises 应力分布图, 图 8.5.3
分别给出不同分段体长度 ($L = 3.5$ mm、7 mm、11.7 mm 和 17.5 mm) 的分段
杆侵彻的弹靶接触面压力—时间历程。分段体长度 $L = 3.5$ mm 和 7 mm 的分段
杆侵彻时弹靶接触面的压力基本维持在 10~18 GPa 范围 (如图 8.5.3(a) 和 (b)),
各段压力衰减速度较多; 而分段体长度 $L = 11.7$ mm 和 17.5 mm 的分段杆侵彻
时弹靶接触面的压力基本维持在 15~18 GPa 范围 (如图 8.5.3(c) 和 (d)), 各段压
力衰减很小。根据长杆侵彻理论, 其弹靶接触面的压力与侵彻阻力是密切相关的,
其积分结果将可代表其侵彻阻力。进一步证明, 较短分段体长度可有效降低侵彻
阻力, 其侵彻贡献主要来源于相 III 阶段 (Wang et al., 1995); 而较长分段体的侵
彻贡献主要来源于相 II 准定常阶段, 与长杆侵彻相似。对应地, 图 8.5.4 分别给
出不同分段体长度的分段杆侵彻半无限钢靶的侵彻速度和弹尾速度时间历程, 也
可得到相同结论。

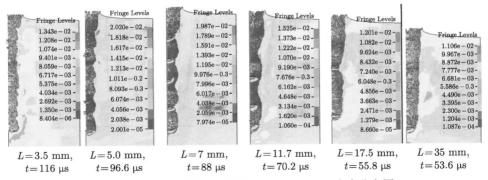

$L=3.5$ mm,　$L=5.0$ mm,　$L=7$ mm,　$L=11.7$ mm,　$L=17.5$ mm,　$L=35$ mm,
$t=116$ μs　　$t=96.6$ μs　　$t=88$ μs　　$t=70.2$ μs　　$t=55.8$ μs　　$t=53.6$ μs

图 8.5.2　不同长径比的分段杆的 von Mises 应力分布图

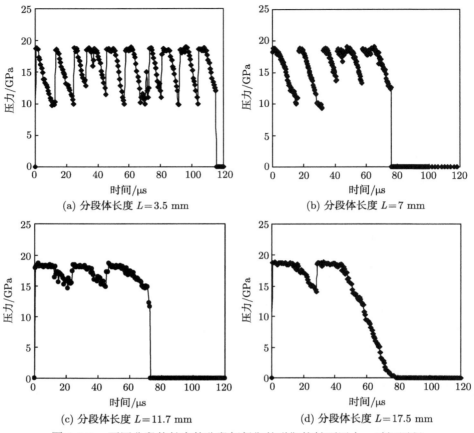

(a) 分段体长度 L＝3.5 mm　　　　　　　　　(b) 分段体长度 L＝7 mm

(c) 分段体长度 L＝11.7 mm　　　　　　　　(d) 分段体长度 L＝17.5 mm

图 8.5.3　　不同分段体长度的分段杆侵彻的弹靶接触面压力—时间历程

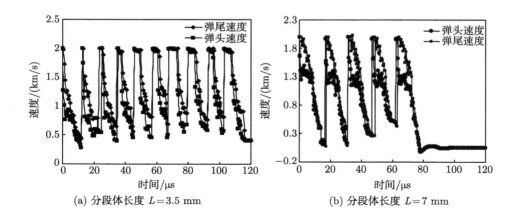

(a) 分段体长度 L＝3.5 mm　　　　　　　　　(b) 分段体长度 L＝7 mm

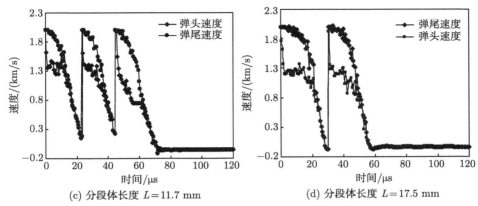

(c) 分段体长度 $L = 11.7$ mm   (d) 分段体长度 $L = 17.5$ mm

图 8.5.4   不同分段体长度的分段杆侵彻半无限钢靶的侵彻速度和弹尾速度时间历程

8.5.2   不同分段间隔的分段杆的侵彻

将分段体长度相同 ($L = 7$ mm) 而分段间隔不同 (3.5 mm、5 mm、7 mm、10.5 mm、14 mm 和 21 mm) 的分段杆在速度 $v_0 = 2.0$ km/s 时侵彻半无限钢靶进行了三维数值模拟，并与连续长杆侵彻 (相当于 $S = 0$ mm) 进行比较，计算结果如下：

图 8.5.5(a) 分别给出不同分段间隔的分段杆侵彻深度时间历程, 图 8.5.5(b) 对应给出不同分段间隔的分段杆侵彻深度分布图。从中可知，在较长分段间隔 ($S = 7$ mm、10.5 mm 和 14 mm) 时，分段杆的侵彻性能较好。而当分段间隔小于

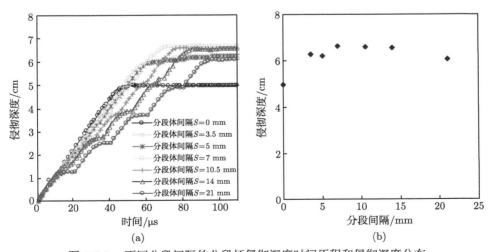

图 8.5.5   不同分段间隔的分段杆侵彻深度时间历程和侵彻深度分布

5 mm 和大于 21 mm 时，侵彻深度减小但仍明显高于连续长杆弹。显然，当以侵彻深度为目标对分段杆进行设计，存在一较优分段间隔范围，本例对应于分段间隔 7~14 mm 范围。

图 8.5.6 给出不同分段间隔的分段杆侵彻靶板后的 von Mises 应力分布图。图 8.5.7 分别给出不同分段间隔 ($S = 3.5$ mm、7 mm、14 mm 和 21 mm) 的分段杆侵彻的弹靶接触面压力—时间历程。

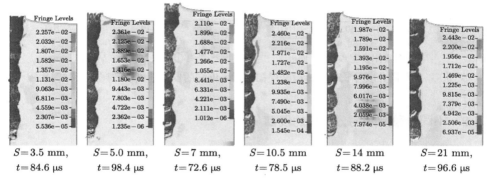

图 8.5.6　不同分段间隔的分段杆侵彻的 von Mises 应力分布图

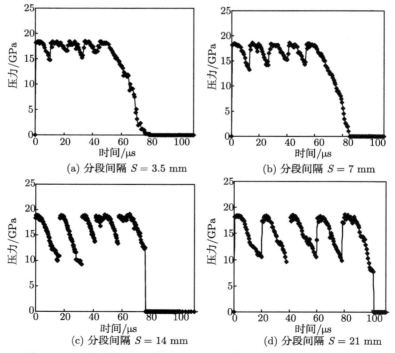

图 8.5.7　不同分段间隔的分段杆侵彻弹靶接触面压力—时间历程

分段间隔 $S = 3.5$ mm 的分段杆侵彻时弹靶接触面的压力基本维持在 $15\sim$ 18 GPa 范围 (如图 8.5.7(a)),各段压力衰减较小;当分段间隔较大,如 $S = 7 \sim 21$ mm,分段间隔的大小对弹靶接触面的压力有明显的影响,各分段杆侵彻时弹靶接触面的压力衰减较大,基本维持在 $10\sim18$ GPa 范围 (如图 8.5.7(b) 和 (d))。对应地,图 8.5.8 分别给出不同分段间隔的分段杆侵彻半无限钢靶的侵彻速度和弹尾速度时间历程,表明较大分段间隔时 (如 $S = 14$ mm 和 21 mm),各分段杆可完整侵彻至最终速度为零。结合图 8.5.5 还可以看出,当分段体个数确定时,若保证一定分段间隔 ($S > 3.5$ mm),分段间隔对侵彻深度的影响较小,其侵彻深度都远大于连续长杆。

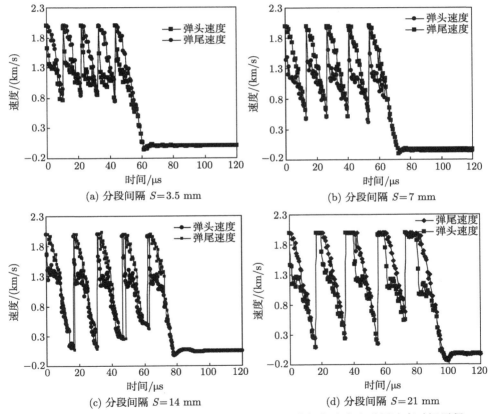

图 8.5.8　不同分段间隔的分段杆侵彻半无限钢靶的侵彻速度和弹尾速度时间历程

8.6　本章小结

通过对连续长杆、理想分段杆和带套筒的分段杆的侵彻性能的三维数值模拟，研究表明：长杆侵彻主要利用相 II 准定常侵彻阶段，而分段杆侵彻则主要利用相 III 侵彻阶段。分段间隔对侵彻深度的增加有显著的影响；套筒的贡献主要在于弹坑直径的增加而对侵彻深度的影响微小。

理想分段体长径比和间隔对侵彻深度的影响均不是单调的增加或减小，而是存在一个最优值范围：当分段杆直径为 7 mm、分段间隔为 14 mm 时，分段体长度的最优范围为 3.5~7 mm；当分段杆直径为 7 mm、分段体长度为 7 mm 时，分段间隔的较优值范围为 7~14 mm。若各分段杆间隔过短，则分段杆的相 III 侵彻阶段未完全结束时，后续分段杆就开始侵彻，其弹靶接触面压力更接近于准定常侵彻阶段。类似地，若分段杆长度过长，则会存在明显的准定常侵彻阶段，且各分段杆的相 III 侵彻阶段并未充分发展。研究结果对分段杆式穿甲弹的实用化设计研究具有参考价值。

参 考 文 献

陈小伟, 郎林. 2013. 长径比和分段间隔对理想分段杆侵彻钢靶的影响. 爆炸与冲击, 33S: 1-7.

兰彬, 文鹤鸣. 2008. 钨合金长杆弹侵彻半无限钢靶的数值模拟及分析. 高压物理学报, 22(3): 245-252.

郎林, 陈小伟, 雷劲松. 2011. 长杆和分段杆侵彻的数值模拟. 爆炸与冲击, 31(2): 127-135.

Alekseevskii V P. 1966. Penetration of a rod into a target at high velocity. Combustion Explosion Shock Waves, 2(2): 63-66.

Cuadros J H. 1991. Monolithic and segmented projectile penetration experiments in the 2 to 4 kilometers per second impact velocity regime. Int. J. Impact Eng., 10(2): 147-157.

Johnson G R, Cook W H. 1983. A constitutive model and data for metals subjected to large strains, high strain rates and high temperature. 7th Int. Symp. Ballistics, Hague, Netherlands, pp: 41-547.

Johnson G R, Cook W H. 1985. Fracture characteristics of three metals subjected to various strains, strain rates, temperatures and pressures. Engrg. Fracture Mech., 21(1): 31-48.

LS-DYNA 2003. LS-DYNA Keyword User Manual (970v). California: Livermore Software Technology Corporation.

Orphal D L. 1997. Phase three penetration. Int. J. Impact Eng., 20: 601-616.

Orphal D L, Miller C W. 1991. Penetration performance of non-ideal segmented rods. Int. J. Impact Eng., 11(4): 457-461.

Sorensen B R, Kimsey K D, Silsby G F, Scheffler D R, Sherrick T M, Rosset W S. 1991. High velocity penetration of steel targets. Int. J. Impact Eng., 11(1): 107-109.

Tate A. 1967. A theory for the deceleration of long rods after impact. Journal of the Mechanics and Physics of Solids, 15(6): 387-399.

Walker J D, Anderson C E. 1995. A time-dependent model for long-rod penetration. Int. J. Impact Eng., 16 (1): 19-48.

Wang X M, Zhao G Z, Shen P H. 1995. High velocity impact of segmented rods with an aluminum carrier tube. Int. J. Impact Eng., 17(8): 915-923.

第 9 章 锥头长杆弹撞击陶瓷靶过程中由界面击溃向侵彻的临界转变

9.1 引 言

长杆弹的长径比 (L/D) 远超过 10，其弹体材料主要为高强度合金钢、钨合金和铀合金 (贫化铀)，具有密度大、速度快、单位截面积动能高等特点，它常被用于打击各类防护装甲。而陶瓷材料是一种经典的防护材料，它具有密度小、强度高、成本低等特点，是现代复合装甲中不可或缺的一部分。

陶瓷材料被广泛用于装甲的另一个重要原因是，陶瓷在抗长杆侵彻时会发生一种特殊现象——界面击溃。界面击溃是指当弹体撞击速度低于某一速度值时，弹体在陶瓷表面径向流动，弹体发生质量侵蚀，同时速度下降，而陶瓷保持结构完整无明显侵彻破坏 (见图 9.1.1)(Holmquist et al., 2010; 焦文俊和陈小伟, 2019)。20 世纪 60 年代 Wilkins(1964) 首先在实验中观察到这一特殊现象，90 年代 Hauver 等 (1992) 将该现象命名为界面击溃。Rosenberg 和 Tsaliah(1990) 研究界面击溃转变为侵彻的阈值速度，并定义其为转变速度 (Transition Velocity, TV)。

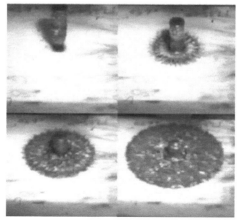

图 9.1.1 界面击溃示意图 (Holmquist et al., 2010)

除此之外，国内外众多学者在相关方向进行了大量的分析研究，得到许多重要的成果。Anderson 和 Walker(2005) 提出了描述驻留与界面击溃的简化理论模型。Lundberg 等通过大量实验研究了钨合金侵彻不同陶瓷材料产生的界面击溃及界面击溃转侵彻 (Lundberg et al., 2000, 2005)，研究了锥形弹头的侵彻效应 (Lundberg et al., 2006)，尺度效应 (Lundberg et al., 2013) 和预应力 (Lundberg et al., 2016) 对于界面击溃的影响。Behner 等设计一套实验装置来实现并记录了细长金杆撞击裸陶瓷靶及加有铜制缓存器的陶瓷靶 (Behner et al., 2008, 2010)。Anderson 等 (2011) 进而开展了金杆斜撞击陶瓷靶的实验，研究不同倾斜度对应的界面击溃现象。Li 等 (2014, 2015, 2017) 对界面击溃开展了较为系统的理论分析，包括平头长杆弹在正/斜撞击条件下界面击溃特性和由界面击溃向侵彻的临界转变，以及锥头长杆弹的界面击溃特征等，相关内容也可详见陈小伟 (2019) 第 18 章。谈梦婷等 (2016) 利用有限元软件研究了长杆弹头部形状、盖板、陶瓷预应力等对界面击溃效应的影响规律，并撰写了陶瓷靶界面击溃的综述文章 (谈梦婷等, 2019)。

　　界面击溃转变速度是描述界面击溃的一个重要参数。Lundberg 等 (2000) 和 Lundberg (2004) 通过实验发现，当长杆弹的冲击速度小于某一临界值时，长杆弹会在陶瓷表面发生界面击溃，而没有明显的侵彻发生。同样，当长杆弹的冲击速度大于某一临界值时，杆弹直接侵彻靶板而不发生驻留。即撞击速度在发生界面击溃的低速区和直接侵彻的高速区之间有一段狭窄的转变速度区 (图 9.1.2)，长杆弹先在陶瓷表面发生驻留，进而以较低速度侵彻靶板。这两个临界值分别称为转变速度下界与转变速度上界。

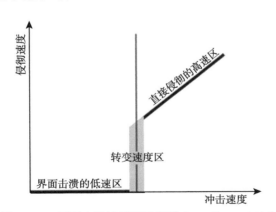

图 9.1.2　界面击溃转侵彻示意图 (Lundberg, 2004)

　　Lundberg 等 (2006)，Behner 等 (2011) 和 Holmquist 等 (2010) 通过实验证明转变速度范围是十分狭窄的，甚至可能就是一个特定值。其中影响转变速度的因素有弹靶性质、弹靶几何形状、有无盖板背板、盖板背板性质 (硬度，韧性)、有无约束、预应力等，所以不同的弹靶组合有不同的转变速度。Behner 等 (2008,

2016) 与 Holmquist 等 (2010) 和 Anderson 等 (2010) 通过实验发现添加盖板能有效地提高转变速度。Lundberg 等 (2013) 在研究尺度效应时指出尺寸越大，裂纹扩展越容易，产生界面击溃所需的约束越强。新近 Behner 等 (2016) 通过实验证明无约束实验室尺寸的陶瓷靶即使在高冲击速度下，也能产生表面驻留现象。预应力能够抵消从背板反射的拉伸波，增加预应力能提高转变速度，但 Lundberg 等 (2016) 也指出过大增加预应力，转变速度只维持到一个恒定值。

除了转变速度外另一个重要概念是驻留时间，驻留时间是指射弹在陶瓷表面停留的时间，驻留时间越长，弹体损失的动能越大，说明靶板的防护性能越好。Li 等 (2015) 通过理论研究给出了驻留时间的近似数学表达式。

作者此前的分析 (Li et al., 2014) 显示，锥头长杆弹在锥头界面击溃过程中质量侵蚀、速度下降与动能损失特征同平头弹存在较显著差异，并可能影响其后续对靶板的侵彻/穿甲。特别地，Lundberg 课题组的试验发现，锥头长杆弹发生界面击溃及其向侵彻转变的临界撞击速度阈值较平头弹情形明显减小，也即对陶瓷靶的侵彻/穿甲能力有所提高 (Lundberg et al., 2006)。可推知锥头弹针对陶瓷靶的冲击压力，所引起的陶瓷靶损伤和破坏特征等将同平头长杆弹撞击情形有所不同。在实际工程应用中，针对陶瓷靶侵彻/穿甲的长杆弹和小子弹等的弹头也常设计为锥头形状 (Anderson et al., 2005; Behner et al., 2016, 2019; Straßburger et al., 2009, 2016; Hazell et al., 2013; Crouch et al., 2015; Goh et al., 2017; Serjouei et al., 2017)，因此，开展锥头弹撞击陶瓷靶过程中由界面击溃向侵彻临界转变特征的理论分析具有重要意义。

本章在作者之前理论工作基础上 (Li et al., 2014, 2015, 2017)，结合相关试验研究和机理分析，进一步理论分析锥头长杆弹撞击陶瓷靶过程中由界面击溃向侵彻的临界转变现象 (Li & Chen, 2019)。考虑弹头半锥角和和端部截面半径的影响，详细讨论界面击溃所对应的临界撞击速度范围以及由界面击溃转变为侵彻的临界时间等，推导出相应的理论表达式，并同平头长杆弹情形开展对比讨论。鉴于目前针对锥头弹的相关研究主要基于正撞击条件，同时为便于理论公式的推导，本章相关分析也主要针对正撞击情形。

9.2 锥头弹界面击溃过程中的速度下降和质量侵蚀

为方便讨论弹体由界面击溃向侵彻的临界转变，本节先简要回顾锥头弹的界面击溃特征。作者此前基于长杆弹侵彻的修正 Bernoulli 方程，进一步考虑弹头形状的影响，推导得到锥头长杆弹界面击溃过程中的弹体参量演化公式 (Li et al., 2014)，以下再简要列出相关控制方程。为便于理解相关公式的物理意义，图 9.2.1 给出平头和锥头长杆弹的结构示意图，图中 R 为弹身半径；L_0 为弹体初始长度；

θ 为弹体半锥角；L_1 和 L_2 为锥头弹的锥头长度和弹身长度，其中，$L_1 = R/\tan\theta$，$L_1 + L_2 = L_0$；l 和 l' 分别为侵蚀长度和弹体剩余长度；r 为锥头弹侵蚀长度为 l 时对应的弹头截面半径，$r = l\tan\theta$。

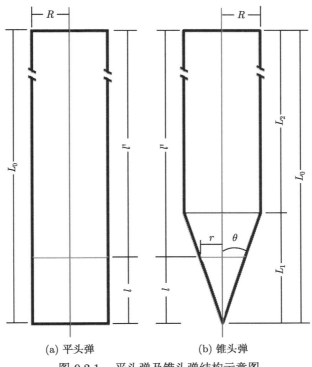

(a) 平头弹   (b) 锥头弹

图 9.2.1   平头弹及锥头弹结构示意图

结合图 9.2.1 中的弹体结构，可分别推导得到弹体在锥头侵蚀阶段和弹身侵蚀阶段的参量演化表达式，其中弹身侵蚀阶段与平头长杆弹的情形相似。两个阶段中弹体速度 (弹尾速度)v 和侵蚀长度 l 的表达式为 (Li et al., 2014)：

(a) 锥头侵蚀阶段 ($l \leqslant R/\tan\theta$)

$$t = K\exp\left(-\frac{A}{3}\right) \cdot \int_{v/v_0}^{1} \frac{\exp\left[A\left(\dfrac{v}{v_0}\right)^2\right]}{\left\{\exp A - \exp\left[A\left(\dfrac{v}{v_0}\right)^2\right]\right\}^{\frac{2}{3}}} \mathrm{d}\frac{v}{v_0} \qquad (9.2.1)$$

$$l = \frac{3\sigma_{yp}}{\rho_p v_0} K\exp\left(-\frac{A}{3}\right)\left\{\exp A - \exp\left[A\left(\frac{v}{v_0}\right)^2\right]\right\}^{\frac{1}{3}} \qquad (9.2.2)$$

$$K = \left(\frac{M\rho_p^2}{9\sigma_{yp}^3 \pi \tan^2 \theta} \right)^{\frac{1}{3}} v_0 \tag{9.2.3a}$$

$$A = \frac{\rho_p v_0^2}{2\sigma_{yp}} \tag{9.2.3b}$$

式 (9.2.1)~ 式 (9.2.3) 中,M 为弹体初始质量;ρ_p 为弹材密度;σ_{yp} 为弹材动态屈服强度;v_0 为初始撞击速度。式 (9.2.3) 中无量纲常量 A 即为 Johnson 破坏数,而常系数 K(量纲 [T]) 的表达式中含有半锥角 θ,表明该阶段的弹体界面击溃特性将受到其尖头结构的影响。

(b) 弹身侵蚀阶段 ($l > R/\tan\theta$)

$$t = K_1 \exp(-A_1) \cdot \int_{v/v_1}^{1} \exp\left[A_1 \left(\frac{v}{v_1} \right)^2 \right] \mathrm{d}\frac{v}{v_1} \tag{9.2.4}$$

$$l = \frac{\sigma_{yp}}{\rho_p v_1} K_1 \exp(-A_1) \left\{ \exp A_1 - \exp\left[A_1 \left(\frac{v}{v_1} \right)^2 \right] \right\} \tag{9.2.5}$$

$$K_1 = \frac{M_1}{\sigma_{yp} \pi R^2} v_1 \tag{9.2.6a}$$

$$A_1 = \frac{\rho_p v_1^2}{2\sigma_{yp}} \tag{9.2.6b}$$

式 (9.2.4)~ 式 (9.2.6) 中 $M_1 = M - \rho_p \left(\pi R^2 L_1/3 \right) = \rho_p \pi R^2 L_2$ 为弹身质量;v_1 为锥头侵蚀完毕时的弹体速度,其取值可将 $l = L_1$ 代入式 (9.2.2) 求得。另外可看出式 (9.2.6) 中的常系数 K_1 和无量纲常量 A_1 分别同式 (9.2.3) 中的常系数 K 和 Johnson 破坏数 A 相似。

式 (9.2.1) 和式 (9.2.4) 中的积分项呈现 $\int \exp(x^2)\mathrm{d}x$ 形式,因此无法求解得到弹体速度 v 随时间 t 变化的解析表达式,需要结合时间序列并通过数值计算求得弹体速度的变化。结合 v 随 t 的变化、式 (9.2.2) 和式 (9.2.5) 又可求得弹体侵蚀长度 l 的变化情况,进而可再计算弹体的质量侵蚀。在实际应用中,可作合理简化并给出参量随时间变化的解析表达式。

由于长杆弹在界面击溃过程中的弹体速度 v 的下降幅值很小,也即 $v \approx v_0$,在模型简化中针对式 (9.2.1) 的积分项可近似假设 $\exp\left[A \left(v/v_0 \right)^2 \right] = \lambda \exp(A)$,其中 λ 为取值接近于 1 的常系数;而针对式 (9.4.5) 的积分项则可直接取 $v = v_0$。经过相关计算即可得到界面击溃不同阶段中弹体速度 v、侵蚀长度 l、弹体剩余质量 m 等随时间 t 变化的解析近似表达式 (Li et al., 2014):

(a) 锥头侵蚀阶段 ($l \leqslant R/\tan\theta$)

$$v = v_0 \left(1 - \frac{t}{\psi K}\right) = v_0 - \frac{1}{\psi}\left(\frac{9\sigma_{yp}^3 \pi \tan^2\theta}{M\rho_p^2}\right)^{\frac{1}{3}} t \tag{9.2.7}$$

$$l = \int_0^t v\mathrm{d}t = v_0 t - \frac{1}{2\psi}\left(\frac{9\sigma_{yp}^3 \pi \tan^2\theta}{M\rho_p^2}\right)^{\frac{1}{3}} t^2 \tag{9.2.8}$$

$$m = M - \rho_p \frac{\pi l^3 \tan^2\theta}{3} = M - \frac{\rho_p \pi \tan^2\theta}{3}\left[v_0 t - \frac{1}{2\psi}\left(\frac{9\sigma_{yp}^3 \pi \tan^2\theta}{M\rho_p^2}\right)^{\frac{1}{3}} t^2\right]^3 \tag{9.2.9}$$

式 (9.2.7)～ 式 (9.2.9) 中 $\psi = \lambda/(1-\lambda)^{2/3}$ 为一个远大于 1 的常系数。实际应用中 λ 取值高达 0.995，因此 ψ 取值约为 32 左右 (Li et al., 2014)。

(b) 弹身侵蚀阶段 ($l > R/\tan\theta$)

$$v = v_1 \left(1 - \frac{t}{K_1}\right) = v_1 - \frac{\pi R^2 \sigma_{yp}}{M_1} t = v_1 - \frac{\sigma_{yp}}{\rho_p L_2} t \tag{9.2.10}$$

$$l = \int_0^t v\mathrm{d}t = v_1 t - \frac{1}{2}\frac{\sigma_{yp}}{\rho_p L_2} t^2 \tag{9.2.11}$$

$$m = M_1 - \rho_p \pi R^2 l = M_1 - \rho_p \pi R^2 v_1 t + \frac{1}{2}\frac{\pi R^2 \sigma_{yp}}{L_2} t^2 \tag{9.2.12}$$

作者此前已对上述公式开展了详细分析和讨论，并验证了其合理性和适用性 (Li et al., 2014)。从相应表达式可看出，锥头弹的速度下降、质量侵蚀和动能损失均较平头弹慢，且半锥角 θ 越小 (即弹头越尖锐)，相关参量的下降越慢。另外，简化公式 (式 (9.2.7)～ 式 (9.2.12)) 也可给出较好的预测结果，为便于理论公式推导，之后的相关分析将主要基于简化的解析表达式。

9.3 弹体由界面击溃向侵彻转变所对应的临界撞击速度范围

弹体锥头的另外一个影响是使得弹头界面击溃过程中靶板所承受的弹体冲击压力发生改变。Lundberg 等 (2006) 的试验显示，针对相同构型靶板，锥头弹界面击溃的临界撞击速度下限较平头弹情形明显降低，也即锥头弹更容易发生侵彻作用。

以下来具体分析锥头弹的相应临界撞击速度范围。类似地，结合作者此前的工作 (Li et al., 2015, 2017; Lundberg et al., 2000) 的分析，在不考虑弹体可压缩

性条件下，可得到平头弹撞击过程中弹头截面对称轴位置处的应力为

$$P_0 = q_p \left(1 + 3.27\beta\right) \tag{9.3.1a}$$

$$q_p = \frac{1}{2}\rho_p v_0^2 \tag{9.3.1b}$$

$$\beta = \frac{\sigma_{yp}}{q_p} \tag{9.3.1c}$$

式 (9.3.1) 中，q_p 为弹体惯性项，β 为材料强度项系数。

而弹靶界面区域的应力分布可大致表示为

$$P_{r'} = P_0 \cdot \sqrt{1 - \left(\frac{r'}{r_c}\right)^2} \tag{9.3.2}$$

其中，r' 为距离弹体对称轴的距离，r_c 为同弹靶材料特性相关的临界半径取值。

平头弹的弹靶界面应力分布状态如图 9.3.1(a) 示意图所示，分布区域为一个半径为 r_c 的圆形截面，其中半径为 R 的弹靶直接接触圆形区域内应力幅值明显较外围区域大。

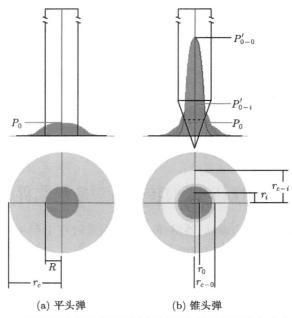

(a) 平头弹　　　　(b) 锥头弹

图 9.3.1　平头弹和锥头弹界面击溃过程中弹靶界面应力分布示意图

此外, 作者此前的分析 (Li et al., 2015) 给出了平头弹由界面击溃向侵彻转变所对应的 P_0 取值范围:

$$\sigma_{\text{HEL}} \leqslant P_0 \leqslant 2.85\sigma_{y0} \tag{9.3.3}$$

式中, σ_{HEL} 为陶瓷材料的 Hugoniot 弹性极限, σ_{y0} 为材料初始动态屈服强度。σ_{HEL} 与 σ_{y0} 的关系为 (Rosenberg et al., 1993):

$$\sigma_{\text{HEL}} = \frac{1-\nu}{(1-2\nu)^2}\sigma_{y0} \tag{9.3.4}$$

其中, ν 为泊松比。

结合式 (9.3.1)~ 式 (9.3.4) 即可得到平头弹由界面击溃向侵彻转变的临界撞击速度下限 v_0^{lower} 和临界撞击速度上限 v_0^{upper} 分别为 (Li et al., 2015):

$$v_0^{\text{lower}} = \sqrt{\frac{2\sigma_{\text{HEL}} - 6.54\sigma_{yp}}{\rho_p}} \tag{9.3.5a}$$

$$v_0^{\text{upper}} = \sqrt{\frac{5.7\sigma_{y0} - 6.54\sigma_{yp}}{\rho_p}} \tag{9.3.5b}$$

对于锥头长杆弹, 在锥头侵蚀过程中弹头材料也在陶瓷靶表面发生持续的径向流动 (Lundberg et al., 2006), 且流动具有自相似性 (Renström et al., 2009)。然而随着弹头侵蚀过程, 弹靶接触面半径 r 将逐渐增大, 待锥头完全侵蚀时其取值大小等于弹身半径 R。一般来说, 为加工方便和弹头结构刚度, 实际的锥头弹常截去端部尖头, 进而变为一个截锥形结构 (Anderson et al., 2005; Behner et al., 2016, 2019; Lundberg et al., 2006; Strassburger et al., 2009, 2016; Hazell et al., 2013; Crouch et al., 2015; Goh et al., 2017; Serjouei et al., 2017)。相应的弹靶接触面示意图如图 9.3.1 (b) 所示, 设端部截面的初始半径为 r_0, 锥头侵蚀过程中第 i 个时刻的弹靶接触面半径为 r_i。相应地, 靶板内所受到的冲击应力分布区域也将较平头弹情形有所减小, 类似地, 可设初始时刻和锥头侵蚀过程中的应力分布区域半径分别为 r_{c-0} 和 r_{c-i}, 如图 9.3.1 (b) 所示, 待锥头完全侵蚀时将扩展到半径为 r_c 的区域内, 也即与平头弹情况相同。

因此, 相对于平头弹, 锥头弹在锥头侵蚀过程中弹体冲击能量将分散到更小的范围。而在弹体初始动能相同的条件下, 总冲击能量相等, 冲击压力相同 (Li et al., 2017), 可推知在锥头侵蚀过程冲击应力幅值 P_0' 将较平头弹情形有所升高, 且在撞击开始时的应力幅值 P_{0-0}' 取值最大, 在之后侵蚀过程中的应力 P_{0-i}' 取值逐渐减小, 待锥头完全侵蚀时将降为 P_0, 与平头弹情形相同。相应的 P_0' 幅值变化示意图也列出如图 9.3.1 (b) 所示。

由于锥头侵蚀过程中导致较大的冲击应力，锥头弹将使得陶瓷靶内部的损伤和破坏程度更为严重。相关的试验观测和数值模拟明确显示了该特性。在弹体界面击溃的过程中，陶瓷靶内部在弹体正前方区域形成一个锥形破坏区域，破坏区域内的材料发生一定程度的损伤 (Hauver et al., 2005; Lundberg et al., 2006, 2013)。陶瓷靶在钨合金平头长杆弹以 $v_0 = 1600\,\mathrm{m/s}$ 撞击过程中的内部损伤和破坏形貌试验观察结果如图 9.3.2 所示 (Hauver et al., 2005)，图中箭头指示区域为弹体轴线位置，破碎锥内颜色较深范围表示该区域内的陶瓷材料发生显著损伤。图 9.3.3 则进一步给出平头弹和 $\theta = 5°$ 锥头弹以 $v_0 = 1500\,\mathrm{m/s}$ 撞击陶瓷靶过程中靶板内部损伤和破坏形貌的数值模拟结果 (Lundberg et al., 2006)，靶板内黑色线条表示锥形裂纹 (损伤因子 $D = 1$)，而灰色区域表示发生材料损伤范围 (损伤因子 $0 < D < 1$)。可看出在锥头长杆弹撞击条件下材料内部损伤程度较平头弹撞击情形明显增大。

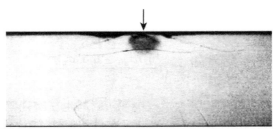

图 9.3.2 钨合金平头长杆弹以 $v_0 = 1600\,\mathrm{m/s}$ 撞击条件下陶瓷靶内部损伤和破坏形貌试验观察结果 (Hauver et al., 2005)

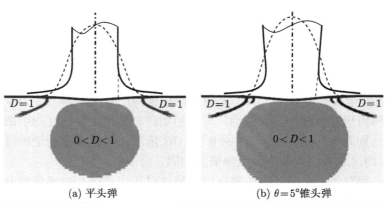

(a) 平头弹 (b) $\theta = 5°$锥头弹

图 9.3.3 不同头形长杆弹以 $v_0 = 1500\,\mathrm{m/s}$ 撞击陶瓷靶过程中靶板内部损伤和破坏形貌数值模拟结果 (Lundberg et al., 2006)

以下来具体分析锥头界面击溃过程弹靶界面位置的冲击应力 P_0'。如上所述，由于冲击压力相同，因此 $P_{0-i}'\pi r_{c-i}^2 = P_0\pi r_c^2$，进而可推导得到锥头侵蚀过程中任

一时刻的应力幅值 P'_{0-i} 同平头弹撞击条件下应力幅值 P_0 的关系为

$$P'_{0-i} = \frac{P_0 \pi r_c^2}{\pi r_{c-i}^2} = \left(\frac{r_c}{r_{c-i}}\right)^2 P_0 = \left(\frac{R}{r_i}\right)^2 P_0 \tag{9.3.6}$$

由式 (9.3.6) 可看出冲击应力与弹靶接触面积,也即接触面半径平方成反比例关系。然而式 (9.3.6) 给出的仅为瞬时的冲击应力大小,难以完整描述整个锥头界面击溃过程的总体影响,也不利于具体预测锥头弹撞击的临界撞击速度范围。因此需要建立可描述锥头界面溃程总体效应的一个等效冲击应力 P'_{0-e},以下将详细讨论该等效参量。

相关试验显示,对于锥头长杆弹的撞击,当弹体由界面击溃开始转变为侵彻时,锥头基本已完全侵蚀 (Anderson et al., 2005; Behner et al., 2016, 2019; Lundberg et al., 2006; Straßburger et al., 2009, 2016; Hazell et al., 2013; Crouch et al., 2015; Goh et al., 2017; Serjouei et al., 2017)。图 9.3.4 给出 $\theta = 5°$ 锥头弹在不同撞击速度条件下开始侵入靶板内部时的弹靶变形和破坏形貌 (Lundberg et al., 2006),可看出如此细长的锥头也已基本侵蚀完毕。对于半锥角更大的弹体 (例如头部更钝的小子弹),锥头的侵蚀将更快,因此在临界转变之前弹身前端部分材料甚至也将经历界面击溃过程 (Anderson et al., 2005)。因此,在讨论相应等效冲击应力 P'_{0-e} 时,可视整个锥头经历界面击溃破坏过程。

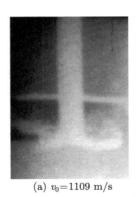

(a) $v_0 = 1109$ m/s   (b) $v_0 = 1243$ m/s

图 9.3.4 $\theta = 5°$ 锥头长杆弹由界面击溃转变为侵彻时的弹靶变形和破坏形貌
(Lundberg et al., 2006)

另外,鉴于弹身前端区域也可能经历界面击溃过程,以下讨论中将同时在弹身前端区域截取一段等效长度 L_e。Walker 和 Anderson (1994) 针对不同头形弹体侵彻靶板的数值模拟显示,初始弹头形状对侵彻的影响主要在于初始阶段;弹头侵蚀完毕后,在侵彻深度达到大约两倍弹径时不同头形弹体的运动特征和弹靶破坏特性均基本相同。实际上，界面击溃情形下弹体的运动特征也同侵彻情形相似，也即界面击溃现象可视为侵彻的一种特殊情况 (Li et al., 2014, 2015, 2017)，因此相应等效长度可取为两倍弹径，也即 $L_e = 2d = 4R$。实际应用中还可结合具体弹靶变形和破坏特性修正其取值，因此，不失一般性，可定义一个特征系数 k，也即 $L_e = kR$。

为便于相关公式的推导，以下再将锥头弹前端结构示意图画出如图 9.3.5 所示。结合图 9.3.5 可知，等效冲击应力 P'_{0-e} 的计算中所涉及的弹体前端总长度为 $L = L_1 + L_e = (R - r_0)/\tan\theta + kR$。另外，将锥头的侵蚀过程按中轴线长度 L_1 平均划分为 n 个时段，因此第 i 个时刻所对应的侵蚀长度为 $l_i = (i/n)L_1 = (i/n)(R - r_0)/\tan\theta$，相应的弹靶接触面半径为 $r_i = r_0 + l_i\tan\theta = r_0 + (i/n)(R - r_0)$。对应地，弹身等效长度 L_e 将平均划分为 n' 等分，由相应的中轴线长度比例关系可知 $n'/n = L_e/L_1 = kR/[(R - r_0)/\tan\theta]$，在弹身侵蚀过程中任一时刻的弹靶接触面半径 r'_i 均为 R，相应的冲击应力 P''_{0-i} 也同平头弹情形相同，也即 $P''_{0-i} = P_0$。如式 (9.3.6) 中所示，冲击应力大小同弹靶接触面积相关。因此，在该等效长度假设条件下，等效冲击应力 P'_{0-e} 的取值应为该等效长度范围内所有时刻 (总共分为 $(n' + n)$ 个时刻) 的冲击压力之和除以所有的弹靶接触面的总和，也即

$$P'_{0-e} = \frac{\sum_{i=1}^{n} P'_{0-i} \cdot \pi r_i^2 + \sum_{i=1}^{n'} P''_{0-i} \cdot \pi r_i'^2}{\sum_{i=1}^{n} \pi r_i^2 + \sum_{i=1}^{n'} \pi r_i'^2} \tag{9.3.7}$$

由于 $P'_{0-i}\pi r_i^2 = P''_{0-i}\pi r_i'^2 = P_0\pi R^2$，再结合上述 r_i 和 r'_i 的表达式，式 (9.3.7) 可进一步转化为

$$P'_{0-e} = \frac{(n + n')P_0\pi R^2}{\sum_{i=1}^{n} \pi\left[r_0^2 + 2\frac{i}{n}(R - r_0)r_0 + \left(\frac{i}{n}\right)^2(R - r_0)^2\right] + n'\pi R^2} \tag{9.3.8}$$

将等分数 n 取为无穷大，则式 (9.3.8) 中的求和项可转化为积分形式：

$$P'_{0-e} = \frac{(n + n')P_0\pi R^2}{\pi\left[nr_0^2 + \frac{2(R - r_0)r_0}{n}\int_0^n i\,di + \frac{(R - r_0)^2}{n^2}\int_0^n i^2\,di\right] + n'\pi R^2} \tag{9.3.9}$$

进一步求解式 (9.3.9) 中的积分项后可得

$$P'_{0-e} = \frac{(n+n')\,R^2}{n\left[r_0^2 + (R-r_0)\,r_0 + \dfrac{(R-r_0)^2}{3}\right] + n'R^2}\,P_0 \tag{9.3.10}$$

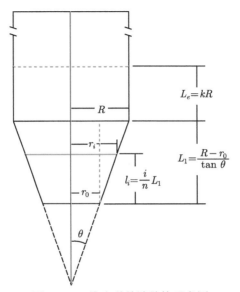

图 9.3.5　锥头弹前端结构示意图

再将上述比例关系 $n' = n \cdot kR/[(R-r_0)/\tan\theta]$ 代入式 (9.3.10)，即可求得等效冲击应力的表达式：

$$P'_{0-e} = \frac{R^2 + k\dfrac{R^3}{R-r_0}\tan\theta}{\dfrac{R^2 + Rr_0 + r_0^2}{3} + k\dfrac{R^3}{R-r_0}\tan\theta}\,P_0 = \varphi P_0 \tag{9.3.11}$$

由式 (9.3.11) 中可看出，锥头弹等效冲击应力 P'_{0-e} 同平头弹冲击应力 P_0 之间的比例系数 φ 同时与半锥角 θ 和端部截面半径 r_0 相关。从其表达式可知 $\varphi \geqslant 1$，也即锥头弹的等效冲击应力较平头弹要大，同上述相关试验结果相符。以下再考虑两个极端情形，一者为 $r_0 = 0$，也即尖锥头结构；另一者为 $r_0 = R$ 或 $\theta = 90°$，此时弹头结构变为平头。将相应取值再代回式 (9.3.11) 即可得两种条件下的等效冲击应力取值为

$$
\begin{cases}
P'_{0-e} = \dfrac{1 + k\tan\theta}{\dfrac{1}{3} + k\tan\theta} P_0, & \text{for} \quad r_0 = 0 \qquad\qquad (9.3.12\text{a}) \\[4mm]
P'_{0-e} = P_0, & \text{for} \quad r_0 = R \text{ or } \theta = 90° \qquad (9.3.12\text{b})
\end{cases}
$$

在式 (9.3.12a) 中若取 $k=0$，也即不将弹身计入等效长度中，则可得到 $P'_{0-e} = 3P_0$ 的关系；$k>0$ 之后，比例系数 φ 将随 k 值增加而逐渐减小；当取 $k \to \infty$ 时将同样导致 $P'_{0-e} = P_0$ 的关系，也即对于无限长弹体的界面击溃，其锥头部分基本可以忽略不计。对于实际锥头弹，$0 < r_0 < R$，而 $k \sim 4$，因此可知 P'_{0-e} 同 P_0 之间的比例系数取值范围为 $1 < \varphi < 3$，也即锥头弹在界面击溃过程中的等效冲击应力最高可达到平头弹冲击应力的 3 倍左右。因此尖锥头弹的临界转变速度将相应有所下降，其对陶瓷靶的侵彻能力较平头弹得到增强。

将式 (9.3.11) 代入式 (9.3.3) 中的条件，即 $\sigma_{\text{HEL}} \leqslant P'_{0-e} = \varphi P_0 \leqslant 2.85\sigma_{y0}$，可求得锥头弹相应的临界撞击速度下限 $v_0^{\text{lower}'}$ 和上限 $v_0^{\text{upper}'}$ 分别为

$$
v_0^{\text{lower}'} = \sqrt{\dfrac{\dfrac{2\sigma_{\text{HEL}}}{\varphi} - 6.54\sigma_{yp}}{\rho_p}} < \sqrt{\dfrac{\dfrac{2\sigma_{\text{HEL}}}{\varphi} - \dfrac{6.54\sigma_{yp}}{\varphi}}{\rho_p}} = \dfrac{v_0^{\text{lower}}}{\sqrt{\varphi}} \qquad (9.3.13\text{a})
$$

$$
v_0^{\text{upper}'} = \sqrt{\dfrac{\dfrac{5.7\sigma_{y0}}{\varphi} - 6.54\sigma_{yp}}{\rho_p}} < \sqrt{\dfrac{\dfrac{5.7\sigma_{y0}}{\varphi} - \dfrac{6.54\sigma_{yp}}{\varphi}}{\rho_p}} = \dfrac{v_0^{\text{upper}}}{\sqrt{\varphi}} \qquad (9.3.13\text{b})
$$

由式 (9.3.13) 中可知，锥头弹的临界撞击速度较平头弹情形大致按 $1/\sqrt{\varphi}$ 的倍数降低，再结合式 (9.3.12) 可推知最大程度可降低约 $1/\sqrt{3}$ 倍，因此锥头弹更容易发生对陶瓷靶的侵彻作用。

以下结合相关试验数据来验证式 (9.3.13) 的合理性和适用性。Lundberg 等 (2006) 开展了平头 ($\theta=90°$) 和 $\theta=5°$ 锥头钨合金 (Y925) 长杆弹撞击 SiC-B 陶瓷靶的逆向弹道试验，其中，平头弹总长度为 $L_0 = 80$ mm，弹身半径为 $R = 2.5$ mm，为使弹体总质量同锥头弹质量相近，弹体前端 30 mm 部分其半径设为 1 mm，为便于和锥头弹统一描述和讨论，以下分析中将此部分的长度和半径分别记为 L_1 和 r_0，也即 $L_1 = 30$ mm，$r_0 = 1$ mm。锥头弹的弹身构型同平头弹相同，其锥头端部截面半径设为两种尺寸，即 $r_0 = 0.01$ mm 和 $r_0 = 0.1$ mm，相应地锥头长度 L_1 取值也互不相同。陶瓷靶为圆柱形，主体尺寸为 $\phi35$ mm×20 mm，置放于钢质套筒中，受到套筒施加的侧向约束应力，其大小为 (47±10) MPa。另外，部分试验中在靶板前端覆盖铜质缓冲衬垫，衬垫设计为两个同轴圆柱体互相叠加的结构，其中底部尺寸为 $\phi10$ mm×0.5 mm，而顶部尺寸为 $\phi3$ mm×3.5 mm，也

即衬垫的总厚度为 $h = 4$ mm。为便于相关分析，再将弹靶结构和材料参数分别列出如表 9.3.1 和表 9.3.2 所示，其中材料参数大小结合 Lundberg 课题组的系列试验 (Lundberg et al., 2000, 2005, 2006, 2013, 2016) 得到。

表 9.3.1　钨合金长杆弹相关参数 (Lundberg et al., 2005, 2006, 2013, 2016)

弹材		弹体结构						
$\rho_p/(\mathrm{kg/m^3})$	σ_{yp}/GPa	$R/$ mm	$\theta/$ (°)	$r_0/$ mm	$L_1/$ mm	$L_2/$ mm	$L_0/$ mm	$M/$ g
17700	1.3	5	90	1	30	50	80	19.04
17700	1.3	5	5	0.01	28.46	50	78.46	20.69
17700	1.3	5	5	0.1	27.43	50	77.43	20.69

表 9.3.2　SiC-B 陶瓷靶以及铜质衬垫参数 (Lundberg et al., 2005, 2006, 2013, 2016)

材料				结构		
$\rho_{\mathrm{cover}}/$ $(\mathrm{kg/m^3})$	$\rho_t/$ $(\mathrm{kg/m^3})$	$\sigma_{y0}/$ GPa	ν	衬垫尺寸/ mm	靶体尺寸/ mm	侧向应力/ MPa
8900	3200	12.1	0.155	$\phi 3 \times 3.5 +$ $\phi 10 \times 0.5$	$\phi 35 \times 20$	47 ± 10

　　铜质缓冲衬垫的主要作用是降低弹体着靶时的瞬时冲击应力。对于锥头弹来说，其另一个影响是使得锥头在侵彻衬垫之后到达靶板表面时的端部截面半径 r_0' 有所增大，进而影响之后弹体界面击溃过程中的等效冲击应力，因此需要具体考虑弹头在衬垫内的具体侵蚀特性。由于铜的强度远小于钨合金强度，在高速冲击条件下可直接利用流体动力学理论来求解弹体穿透衬垫过程中的弹头速度 u (Birkhoff et al., 1948)，也即

$$u_{\mathrm{hydro}} = \frac{v}{1 + \sqrt{\rho_{\mathrm{cover}}/\rho_p}} \qquad (9.3.14)$$

相应地，弹体穿过铜质衬垫所需的时间为

$$\Delta t = \frac{h}{u_{\mathrm{hydro}}} \qquad (9.3.15)$$

该过程中弹体的侵蚀长度为

$$l_{\mathrm{hydro}} = (v - u_{\mathrm{hydro}}) \Delta t \qquad (9.3.16)$$

因此，锥头弹在穿透衬垫到达陶瓷靶板表面时的端部截面半径 r_0' 为

$$r_0' = r_0 + l_{\mathrm{hydro}} \tan \theta \qquad (9.3.17)$$

　　锥头弹和平头弹穿透衬垫到达陶瓷靶表面时的速度 v_0' 则可分别从式 (9.2.7) 和式 (9.2.10) 计算得到,相应时间为式 (9.3.15) 中的 Δt。尽管式 (9.2.7) 和式 (9.2.10) 是根据界面击溃情形推导得到,如前所述,界面击溃条件下弹体的运动特征同侵彻情形相似 (Li et al., 2014, 2015, 2017),且对平头弹侵彻 Alekseevski-Tate 模型 (Alekseevski, 1966; Tate, 1967) 的近似求解也可得到同式 (9.2.10) 一致的弹体速度变化公式 (Walters et al., 2006)。

　　以下将对 Lundberg 等 (2006) 试验中几个典型工况开展具体分析,相关撞击条件列于表 9.3.3 中。鉴于本章主要关注界面击溃向侵彻的临界转变现象,对于界面击溃情形仅列出试验中对应的最高撞击速度 v_0 取值,而对于直接侵彻情形则给出对应的最低 v_0 取值。由于试验条件限制,最高弹体速度仅能达到 $v_0 = 1315$ m/s。在该条件下所有平头弹仅发生界面击溃而无法侵入靶板。

表 9.3.3　弹靶组合情况和试验测量临界撞击速度 (Lundberg et al., 2006)

试验 编号	$\theta/$ (°)	$r_0/$ mm	衬垫	$v_0/$ (m/s)	$v_0'/$ (m/s)	$r_0'/$ mm	撞击特性
59	90	1	有	1315	1313	—	界面击溃
60	5	0.1	有	1020	1019.12	0.35	界面击溃
38	5	0.01	无	1022	—	—	界面击溃
42	5	0.01	无	1109	—	—	临界转变 *
41	5	0.01	无	1243	—	—	临界转变 *
25	5	0.01	无	1293	—	—	直接侵彻

注:标注 * 号的临界转变现象根据界面击溃和直接侵彻条件下靶板内部侵彻深度对比推理得到

　　另外值得注意的是,Lundberg 课题组将弹体先发生界面击溃而后转为侵彻的情形统一描述为弹体侵彻 (Lundberg et al., 2000, 2005, 2006, 2013, 2016)。而我们将相应弹靶响应区分为三种模式,当 $v_0 \leqslant v_0^{\text{lower}}$ 时,弹体仅发生界面击溃而不能侵入靶板;当 $v_0 \geqslant v_0^{\text{upper}}$ 时,弹体直接侵入靶板而未发生界面击溃;而当 $v_0^{\text{lower}} < v_0 < v_0^{\text{upper}}$ 时,弹体则先发生界面击溃,一定时间后开始侵入靶板 (Li et al., 2015, 2017)。例如 Lundberg 等 (2006) 试验中对于 $\theta = 5°$ 锥头弹撞击带缓冲衬垫靶板的情形,在 $v_0 = 1020$ m/s 条件下弹体仅发生界面击溃,而在 $v_0 = 1036$ m/s 和 $v_0 = 1091$ m/s 条件下,拍摄于撞击之后 $20\sim30$ μs 区间的高速摄影图片显示此时弹体侵入靶体内极小的距离,Lundberg 等 (2006) 将该弹靶响应特性归类为侵彻。然而,根据作者此前的分析 (Li et al., 2015),可推知该两个速度取值应正好处于 $v_0^{\text{lower}'} < v_0 < v_0^{\text{upper}'}$ 范围内,也即弹体先发生界面击溃,一定时段之后才开始侵入靶板。类似地,对于 $\theta = 5°$ 锥头弹撞击无衬垫靶板的情形,Lundberg 等 (2006) 的分类中将当 $v_0 \geqslant 1109$ m/s 条件下的弹靶响应统一归类为侵彻。试验中记录到的系列高速摄影照片显示,在 $v_0 = 1022$ m/s 条件下弹体仅发生界面击溃情形,在 $v_0 = 1293$ m/s 条件下弹体直接侵入靶板。对于 $v_0 = $

1109 m/s 和 1243 m/s 两种情况, 根据 $t = 20\sim30$ μs 区间的照片 (图 9.3.4) 显示, 弹体侵入靶板的深度远小于 $v_0 = 1293$ m/s 的情形 (参见 Lundberg 等 (2006)), 可推知相应撞击速度也处于 $v_0^{\text{lower}} < v_0 < v_0^{\text{upper}}$ 范围内。因此表 9.3.3 中将该两种工况条件下的弹靶响应划分为先发生界面击溃之后侵入靶板的临界转变情形。

对于靶板带有衬垫的两个工况 (59 号和 60 号试验), 可结合表 9.3.1 和表 9.3.2 中的相关参数和式 (9.2.7)、式 (9.2.10), 以及式 (9.3.14)~ 式 (9.3.17) 分别计算 v_0' 和 r_0' 的取值。由于弹体速度 v 的下降较弱 (Alekseevski, 1966; Tate, 1967; Walters et al., 2006), 且铜质衬垫的厚度较小 (4 mm), 因此在式 (9.3.14)~ 式 (9.3.17) 的计算中可直接取 $v = v_0$。相应计算结果也列于表 9.3.3 中, 可看出 v_0' 取值和 v_0 确实非常接近。在之后的相关分析中, 针对带衬垫靶板的弹体撞击速度和锥头弹初始截面半径均取为 v_0' 和 r_0' 的相应取值。

再结合表 9.3.1~ 表 9.3.3 的弹靶参数和式 (9.3.13) 计算得到锥头弹临界撞击速度随半锥角 θ 的变化曲线如图 9.3.6 所示, 区分为靶板携带衬垫 ($r_0' = 0.35$ mm) 和不带衬垫 ($r_0 = 0.01$ mm) 两种情形。相关计算中特征系数的取值设为 $k = 4$。同时, 图中同时列出了表 9.3.3 中的试验数据。可看出, 尽管试验数据相对有限, 但在 $\theta = 5°$ 和 $\theta = 90°$ 两种极端条件下, 理论预测结果均同试验结果符合较好。

图 9.3.6 中显示对于 $\theta = 5°$ 锥头弹, 在有无缓冲衬垫条件下 $v_0^{\text{lower}'}$ 的理论预测值均稍低于试验测量值, 这主要是由于实际试验中弹体撞击靶板时, 在弹材发生径向流动之前弹头将发生一定程度的钝粗变形, 尤其是在穿透衬垫的过程中, 弹头的钝粗特性将更为明显 (Walker & Anderson, 1995)。因此, 这将使得实际弹体撞击陶瓷靶板时的端部截面半径 r_0' 较表 9.3.3 中的理论值高, 进而使得弹体等效冲击应力幅值有所降低 (参见式 (9.3.13)), 相应地临界撞击速度取值有所升高 (参见式 (9.3.13))。另外, 有无缓冲衬垫条件下的 $v_0^{\text{lower}'}$ 试验测量值互相接近, 这是由于在弹体撞击过程中缓冲衬垫将在靶板内部引起更多的次级损伤裂纹, 进而从一定程度上抵消了衬垫的缓冲作用 (参见作者此前的分析 (Li et al., 2017))。

对于平头弹 ($\theta = 90°$), 尽管由于条件限制未能实现弹体直接侵彻靶板的试验, 但 Lundberg 课题组之前针对尺寸稍小的同类型陶瓷靶 (SiC-B, 靶体尺寸 φ20 mm×20 mm, 铜质衬垫尺寸 (φ4 mm×8 mm+φ27.4 mm×0.5 mm), 侧向约束应力 (174±25) MPa) 的试验显示, 临界撞击速度上限 v_0^{upper} 取值高达 1669 m/s(Lundberg et al., 2005; Li et al., 2015)。尽管临界撞击速度同时受到靶板尺寸 (Lundberg et al., 2013), 侧向约束应力 (Chocron et al., 2006; Lundberg et al., 2016; Holmquist & Johnson, 2005; Chi et al., 2015) 和衬垫结构 (Holmquist et al., 2010) 的影响, 该 v_0^{upper} 取值难以直接和表 9.3.3 中平头弹试验的撞击速度上限相互对应, 但可推知在 Lundberg 等 (2006) 试验中, 平头弹撞击速度上限也

将相对较大，正如图 9.3.6 中的理论预测结果所示。

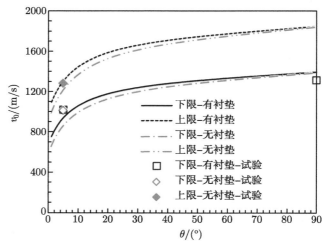

图 9.3.6   临界撞击速度下限和上限随弹头半锥角的变化(Lundberg et al., 2006)

因此，式 (9.3.13) 的合理性和适用性得到验证，同时也表明弹体半锥角 θ 和端部截面半径 r_0 对界面击溃特征具有显著影响。从图 9.3.6 中可看出，随着半锥角 θ 减小，临界撞击速度取值逐渐减小，也即弹体变得更容易侵入靶板。在 $\theta>30°$ 范围内，临界撞击速度的变化比较平缓，也即在该范围内改变 θ 取值对提高弹体的侵彻能力效果较不明显；当 $\theta<30°$ 之后，临界撞击速度随 θ 取值减小而急剧降低。

另外，从图 9.3.6 还可看出，对于靶板带有衬垫的情形，由于弹体到达陶瓷靶表面时其端部截面半径 r_0' 增大，导致相应理论临界撞击速度有所升高。以下再来具体分析锥头端部截面半径 r_0 的影响，将 $\theta = 5°$、$15°$ 和 $30°$ 三种头形弹体的下 $v_0^{\mathrm{lower'}}$ 和 $v_0^{\mathrm{upper'}}$ 取值随端部截面半径同弹身半径之间的比例值 r_0/R 的变化关系列出如图 9.3.7 所示。可发现，随着 r_0 增大 (弹头变钝)，$v_0^{\mathrm{lower'}}$ 和 $v_0^{\mathrm{upper'}}$ 取值均逐渐升高，表明弹体侵彻能力逐渐变弱，当 $r_0 \to R$ 时所有弹体的临界撞击速度均趋于同一极限值，也即平头弹的临界撞击速度取值。再者，随着 θ 增大，临界撞击速度取值随 r_0 的变化逐渐变得平缓，表明端部截面半径的影响随半锥角增大而变得微弱，在高 θ 取值条件下其影响将基本可以忽略不计 (参见图 9.3.6)。

因此，为提高锥头弹对陶瓷靶的侵彻能力，可对半锥角 θ 和端部截面半径 r_0 作综合优化组合，这对弹体的结构设计具有重要意义。

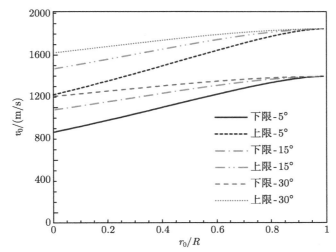

图 9.3.7   临界撞击速度下限和上限随弹头端部截面半径的变化

9.4   弹体由界面击溃向侵彻转变的临界转变时间

如 9.3 节中的分析所述，当撞击速度处于 $v_0^{\text{lower}'} < v_0 < v_0^{\text{upper}'}$ 范围内时，尖锥头弹体也先发生界面击溃，一定时间后开始侵入靶板。本节将对相应转变特性开展详细讨论，特别地，将理论分析临界转变时间 t_c 随半锥角 θ 和端部截面半径 r_0 的变化关系。

9.4.1   靶材强度的变化

在 Rosenberg (1993)，Lundberg 等 (2006, 2013, 2016)，Wilkins (1978)，Milman 和 Chugunova (1999)，Lee 和 Yoo (2001) 和 Feli 等 (2010) 的相关研究基础上，作者分析发现在平头弹体界面击溃过程中，尽管陶瓷靶的宏观变形较小，其内部已产生一定程度的损伤，并导致其抗压强度逐渐降低，相应临界撞击速度上限 v^{upper} 逐渐下降 (Li et al., 2015, 2017)。当 v^{upper} 降为小于弹体瞬时速度的取值时，弹体开始由界面击溃转为侵彻靶板。

陶瓷靶损伤过程中，在弹体正前方形成一个锥形破坏区域 (Lundberg et al., 2006, 2013, 2016; Li et al., 2015, 2017)。对于尺寸相对较厚的陶瓷靶，陶瓷锥的强度 σ_y 与陶瓷锥迎弹面运动速度 u 相关，其中 u 等于弹体侵彻过程中弹头运动速度。发生损伤的陶瓷的强度 σ_y 与未损伤陶瓷的初始动态屈服强度 σ_{y0} 的关系可表示为 (Li et al., 2015, 2017)：

$$\sigma_y = \sigma_{y0} \left(\frac{u}{u_0} \right)^2 \tag{9.4.1}$$

其中，u_0 为撞击靶板的弹头初始运动速度。

如前所述，锥头弹的撞击同样导致陶瓷靶内部形成一个破碎锥，但破碎锥内部的材料损伤程度较平头弹情形大 (Lundberg et al., 2006)。因此，对陶瓷靶损伤及其强度下降的分析仍可沿用式 (9.4.1) 中的表达式，只是式中弹头速度 u 的下降特性将同平头弹情形有所不同。

此外，在弹体撞击靶板过程中，由于弹头受到靶板的直接作用，弹头速度 u 的下降稍快于后端弹身速度 v 的减小。作者此前已分析给出平头弹弹头速度和弹尾速度的下降关系式 u/u_0 和 v/v_0 (Li et al., 2015, 2017)。对于锥头弹的界面击溃过程，沿用相同的分析方法，考虑弹头半锥角 θ，类似于 9.2 节中的推导，可得到在锥头侵蚀阶段弹头速度 u 和弹身速度 v 的比例关系为

$$\frac{u/u_0}{v/v_0} = 1 - \frac{\left[1 \middle/ \left(1 - \dfrac{\left(1 + \sqrt{\rho_t/\rho_p}\right)(R_t - \sigma_{yp})}{\sqrt{\rho_t \rho_p} v_0^2} \right) - 1 \right] \dfrac{t}{\psi K}}{1 - \dfrac{t}{\psi K}} < 1 \qquad (9.4.2)$$

值得注意的是，式 (9.4.2) 的推导中未考虑弹头端部截面半径的影响，也即统一取 $r_0 = 0$(视为尖锥头弹)。在锥头侵蚀过程中弹体速度的下降较小，尤其是在初期锥头端部侵蚀过程中速度的变化极其微小 (参见表 9.3.3)，因此忽略 r_0 的影响仍能较准确地预测速度的变化特征，且可使得相关理论表达式变得相对简洁。以下分析中涉及弹体速度变化时均不考虑 r_0 的影响。

从式 (9.4.2) 可知，弹头速度 u 的下降的确快于弹身速度 v 的减小，且相应比例关系同时与靶板阻力 R_t 相关。在界面击溃情形下，由于弹头运动速度较小，甚至接近于零 (参见 Anderson 和 Walker(2005) 的数值模拟以及 Schuster 等 (2015) 的试验观察)，靶板材料的变形和损伤也显著小于侵彻情况 (参见 (Lundberg et al., 2006, 2013) 的数值模拟和试验观察)，相应的靶板阻力 R_t 将同侵彻情形有所差异。特别地，基于 9.3 节中不同弹体之间互不相同的界面击溃特征，可知锥头弹的相应阻力还可能呈现出与平头弹情形不同的变化特性。

作者此前的分析 (Li et al., 2015, 2017) 显示，界面击溃过程中弹头速度 u 与弹身速度 v 的变化快慢差别较小。因此，沿用此前的处理方法 (Li et al., 2015, 2017)，近似假设式 (9.4.2) 中的比例关系为一个略小于 1 的常系数 λ'，即 $u/u_0 = \lambda' \cdot v/v_0$，随即式 (9.4.1) 可近似表达为

$$\sigma_y = \sigma_{y0} \left(\lambda' \frac{v}{v_0} \right)^2 \qquad (9.4.3)$$

因此，靶板抗压强度的变化将同弹身速度的变化相关联，且可看出靶材动态

屈服强度的下降快于弹身速度 v 的下降。再将式 (9.2.7) 中弹体速度变化关系式代入式 (9.4.3) 又可进一步得到靶材动态屈服强度 σ_y 随时间 t 的变化关系：

$$\sigma_y = \sigma_{y0}\lambda'^2 \left[1 - \frac{1}{\psi} \left(\frac{9\sigma_{yp}^3 \pi \tan^2 \theta}{M\rho_p^2} \right)^{\frac{1}{3}} \frac{t}{v_0} \right]^2 \tag{9.4.4}$$

可看出，对于锥头弹的撞击，弹头半锥角 θ 也对靶材动态屈服强度 σ_y 的变化具有影响。

9.4.2 临界转变时间

结合式 (9.3.13a, b) 和式 (9.4.4) 可知，临界撞击速度下限 $v^{\text{lower}'}$ 和上限 $v^{\text{upper}'}$ 取值也将随时间 t 的增大而逐渐减小。在 $v_0^{\text{lower}'} < v_0 < v_0^{\text{upper}'}$ 撞击条件下，随着靶材抗压强度 σ_y 由于陶瓷靶内部的损伤积累而逐渐降低，弹体将在一定时段后由界面击溃转变为侵入靶板。

以下来求相应的临界转变时间 t_c。弹体发生临界转变的条件为界面击溃过程中靶材当前对应的临界撞击速度上限 $v^{\text{upper}'}$ 变得小于弹体当前速度 v，将式 (9.4.4) 中的靶材动态屈服强度 σ_y 替换式 (9.3.13b) 中的 σ_{y0}，并结合式 (9.2.7) 中弹体速度变化关系式，即可得到相应临界转变条件为

$$\sqrt{\frac{\frac{5.7\sigma_{y0}}{\varphi}\lambda'^2 \left(1 - \frac{t}{\psi K} \right)^2 - 6.54\sigma_{yp}}{\rho_p}} \leqslant v_0 \left(1 - \frac{t}{\psi K} \right) \tag{9.4.5}$$

进一步推导式 (9.4.5) 可得

$$1 - \frac{t}{\psi K} \leqslant \sqrt{\frac{6.54\sigma_{yp}}{\frac{5.7\sigma_{y0}}{\varphi}\lambda'^2 - \rho_p v_0^2}} \tag{9.4.6}$$

式 (9.4.6) 即给出了弹体由界面击溃转变为侵彻的临界时间 t_c：

$$t_c = \psi K \left(1 - \sqrt{\frac{6.54\sigma_{yp}}{\frac{5.7\sigma_{y0}}{\varphi}\lambda'^2 - \rho_p v_0^2}} \right) \tag{9.4.7}$$

再将式 (9.2.3a) 中的 K 和式 (9.3.11) 中 φ 的具体表达式代入式 (9.4.7)，可得

$$t_c = \psi \left(\frac{M\rho_p^2}{9\sigma_{yp}^3 \pi \tan^2 \theta} \right)^{\frac{1}{3}} v_0$$

$$\cdot \left[1 - \sqrt{6.54\sigma_{yp} \Big/ \left(5.7\sigma_{y0}\lambda'^2 \dfrac{\dfrac{R^2 + Rr_0 + r_0^2}{3} + k\dfrac{R^3}{R - r_0}\tan\theta}{R^2 + k\dfrac{R^3}{R - r_0}\tan\theta} - \rho_p v_0^2 \right)} \right]$$

$$(9.4.8)$$

由式 (9.4.8) 可看出，弹体初始质量 M、初始撞击速度 v_0、半锥角 θ、端部截面半径 r_0、弹靶的材料性能以及靶板阻力等因素均对临界转变时间 t_c 具有影响。

以下再结合相关试验数据来验证式 (9.4.8) 的适用性并讨论常系数 λ' 的取值。Lundberg 等 (2006) 试验中尽管未记录到发生临界转变的两个工况 (参见图 9.3.4 和表 9.3.3) 的具体转变时间 t_c，但记录得到了临近转变时间的时刻的弹靶变形和破坏形貌，如图 9.3.4 所示，记录时间处于 20~30 μs 区间 (Lundberg et al., 2006)。同其试验中 $v_0 = 1293$ m/s (25 号试验，参见表 9.3.3) 条件下 $t = 20$ μs 时刻的侵彻深度对比，可大致推知图 9.3.4 中的时刻也为 20 μs 左右。为理论分析起见，可取 $t_c = 20$ μs，再将该两种工况下的相关参数列出如表 9.4.1 所示，并依据式 (9.4.8) 计算得到常系数 λ' 的取值，同时也列于表 9.4.1 中。可看出，两种工况下的 λ' 取值比较接近，取其平均值可得到一个非常接近于 1 的常数 $\bar\lambda' = 0.97$。同平头弹的相应常系数 ($\lambda' = 0.9$ (Li et al., 2015)) 相比可发现，锥头弹的常系数明显增大。

表 9.4.1　不同撞击工况对应的系数 λ' 取值 (Lundberg et al., 2016)

ρ_p/ (kg/m³)	σ_{yp}/ GPa	σ_{y0}/ GPa	R/ mm	r_0/ mm	θ/ (°)	M/ g	试验编号	v_0/ (m/s)	t_c/ μs	λ'	$\bar\lambda'$
17700	1.3	12.1	2.5	0.01	5	20.69	42	1109	20*	0.93	0.97
							41	1243	20*	1.01	

注：标注 * 号的临界转变时间根据与 $v_0 = 1293$ m/s 直接侵彻条件下的弹体侵彻深度对比推理得到

如前所述，λ' 取值同时还由靶板阻力 R_t 决定 (参见式 (9.4.2) 和式 (9.4.8))。将系数 λ' 的取值再代回式 (9.4.2) 中即可得到相应靶板阻力 R_t 为

$$R_t = \sigma_{yp} + \frac{1 - \dfrac{t_c}{\psi K}\Big/\left[(1-\lambda') + \lambda'\dfrac{t_c}{\psi K}\right]}{1 + \sqrt{\rho_t/\rho_p}}\sqrt{\rho_t\rho_p}v_0^2 \qquad (9.4.9)$$

同样地，再将式 (9.2.3a) 中的参量 K 的表达式代入，可得到

$$R_t = \sigma_{yp} + \frac{1 - \dfrac{1}{\psi}\left(\dfrac{9\sigma_{yp}^3 \pi \tan^2\theta}{M\rho_p^2}\right)^{\frac{1}{3}}\dfrac{t_c}{v_0} \Big/ \left[(1-\lambda') + \lambda'\dfrac{1}{\psi}\left(\dfrac{9\sigma_{yp}^3 \pi \tan^2\theta}{M\rho_p^2}\right)^{\frac{1}{3}}\dfrac{t_c}{v_0}\right]}{1 + \sqrt{\rho_t/\rho_p}}\sqrt{\rho_t\rho_p}v_0^2$$

$$(9.4.10)$$

将表 9.4.1 中的相关参数再代入式 (9.4.10) 即可计算得到相应靶板阻力 R_t。由于试验中未记录得到精确临界转变时间 t_c，在此将不计算其具体取值。但从式 (9.4.10) 中可知，随着系数 λ' 增大，等号右边第二项的取值将逐渐减小。作者此前针对平头弹的分析显示，系数 λ' 取值约为 0.9，相应的靶板阻力接近于靶材动态屈服应力 σ_{y0} (Li et al., 2015)。相对地，由于表 9.4.1 中的 λ' 取值高达 0.97，可知锥头弹的所受到的靶板阻力将明显小于平头弹的相应靶板阻力，也即等效靶板阻力甚至小于靶材动态屈服应力 σ_{y0}。另外，从式 (9.4.10) 的表达式还可看出，随着半锥角 θ 减小，R_t 将逐渐降低，这也解释了锥头弹速度下降随半锥角 θ 增大而变慢的原因 (参见式 (9.2.1) 和式 (9.2.7) 和作者此前的分析 (Li et al., 2014))。另外，R_t 取值随半锥角 θ 减小而减小的另一个原因是尖锐弹头对应于较低的临界撞击速度 (参见图 9.3.6)，较低的撞击速度导致相对较弱的冲击作用和较小的陶瓷靶板响应。

9.5 本 章 小 结

由于目前针对锥头长杆弹撞击陶瓷靶界面击溃现象的试验研究相对较少，能够较好体现界面击溃特征和相应临界转变的数值模拟工作也仍然存在较大难度。因此，本章相关理论分析的验证主要基 Lundberg 课题组相对有限的试验数据 (Lundberg et al., 2006)。尽管如此，这将不影响相应公式的合理性和适用性。相关公式的推导基于冲击动力学的基本物理机制，参数表达式具有较严格的物理意义。不同弹靶组合将不会影响参数的表达式形式，而是主要改变公式推导过程中引入的近似常系数的具体取值，例如 λ 和 ψ(参见式 (9.2.7))、k(参见式 (9.3.11))、λ'(参见式 (9.4.3)) 等，而这些均主要源于不同弹靶组合情况的不同靶板阻力大小。

另外，本章相关理论分析也可外推到实际工程中常用的卵形头部长杆弹的界面击溃及其临界转变特性。可以推知相关弹靶响应特征将同锥头长杆弹情形相似，但由于弹头几何结构相对更为复杂，相关参量演化公式的表达式将会变得较为烦琐。在未来工作中有必要开展更多的针对不同头形、不同弹头尖锐程度的弹体撞击各类陶瓷靶板的界面击溃以及临界转变特征的针对性研究。

　　本章结合锥头长杆弹撞击陶瓷靶的相关研究，针对性地分析了弹体由界面击溃向侵彻临界转变的相关特性，包括临界转变速度范围和转变时间等，推导出解析形式的理论表达式，并同平头弹的相关现象开展对比分析。

　　相关分析发现，在相同撞击条件下，锥头长杆弹界面击溃过程中所导致的弹靶界面等效冲击应力较平头弹的冲击应力明显增加，进而弹体发生界面击溃和弹体直接侵彻靶板的临界撞击速度均明显降低。理论上细长尖锥头弹体的临界撞击速度最大程度可降低为平头弹临界撞击速度的 $1/\sqrt{3}$ 倍，实际应用中降低程度随弹头半锥角和和端部截面半径的增大而逐渐变小，在弹头变得较钝时相应临界撞击速度变得同平头弹情形接近。另外，弹体由界面击溃转变为侵彻的临界转变时间 t_c 也同弹头的尖锐程度 (半锥角 θ 和端部截面半径 r_0) 密切关联。在针对陶瓷靶侵彻/穿甲弹体的结构设计中需要综合考虑相应头形因素的影响。

参 考 文 献

陈小伟. 2019. 穿甲/侵彻力学的理论建模与分析 (上、下). 北京: 科学出版社.

焦文俊, 陈小伟. 2019. 长杆高速侵彻问题研究进展. 力学进展, 49(1): 316-395.

谈梦婷, 张先锋, 包阔, 伍杨, 吴雪. 2019. 装甲陶瓷的界面击溃效应. 力学进展, 49(1): 65-71.

谈梦婷, 张先锋, 何勇, 刘闯, 于溪, 郭磊. 2016. 长杆弹撞击装甲陶瓷的界面击溃效应数值模拟. 兵工学报, 37(4): 627-634.

Alekseevskii V P. 1966. Penetration of a rod into a target at high velocity. Combustion Explosion Shock Waves, 2(2): 63-66.

Anderson Jr. C E, Behner T, Holmquist T J, King N L, Orphal D L. 2011. Interface defeat of long rods impacting oblique silicon Carbide. 26th International Symposium on Ballistics. USA, 81(6): 1728-1735.

Anderson Jr. C E, Holmquist T J, Orphal D L, Behner T. 2010. Dwell and interface defeat on borosilicate glass. International Journal of Applied Ceramic Technology, 7(6): 776-786.

Anderson Jr. C E, Walker J D. 2005. An analytical model for dwell and interface defeat. International Journal of Impact Engineering, 31(9): 1119-1132.

Behner T, Anderson Jr. C E, Holmquist T J, Wickert M, Templeton D W. 2008. Interface defeat for unconfined SiC ceramics. 24th International Symposium on Ballistics, New Orleans, 298-306.

Behner T, Anderson Jr. C E, Holmquist T J, Orphal D L, Wickert M, Templeton D W. 2011. Penetration dynamics and interface defeat capability of silicon carbide against long rod impact. International Journal of Impact Engineering, 38(6): 419-425.

Behner T, Heine A, Wickert M. 2016. Dwell and penetration of tungsten heavy alloy long-rod penetrators impacting unconfined finite-thickness silicon carbide ceramic targets. International Journal of Impact Engineering, 95: 54-60.

Behner T, Heine A. 2019. Influence of lateral dimensions, obliquity, and target thickness toward the efficiency of unconfined ceramic tiles for the defeat of rod penetrators. International Journal of Impact Engineering, 123: 77-83.

Birkhoff G, Macdougall D P, Pugh E M, Taylor S G. 1948. Explosives with lined cavities. Journal of Applied Physics, 19: 563-582.

Chi R, Serjouei A, Sridhar I, Geoffrey T E B. 2015. Pre-stress effect on confined ceramic armor ballistic performance. International Journal of Impact Engineering, 84: 159-170.

Chocron I S, Anderson Jr. C E, Behner T, Hohler V. 2006 Lateral confinement effects in long-rod penetration of ceramics at hypervelocity. International Journal of Impact Engineering, 33: 169-179.

Crouch I G, Appleby-Thomas G J, Hazell P J. 2015. A study of the penetration behavior of mild-steel-cored ammunition against boron carbide ceramics armours. International Journal of Impact Engineering, 80: 203-211.

Feli S, Aaleagha M E A, Ahmadi Z. 2010. A new analytical model of normal penetration of projectiles into the light-weight ceramic-metal targets. International Journal of Impact Engineering, 37: 561-567.

Goh W L, Zheng Y, Yuan J, Ng K W. 2017. Effects of hardness of steel on ceramic armour module against long rod impact. International Journal of Impact Engineering, 109: 419-426.

Hauver G E, Gooch W A, Netherwood P H, Benck R F, Perciballi W J, Burkins M S. 1992. Variation of target resistance during long-rod penetration into ceramics. 13th International Symposium on Ballistics, Sundyberg, Sweden, pp: 257-264.

Hauver G E, Rapacki E J, Netherwood P H, Benck R F. 2005. Interface defeat of long rod projectiles by ceramics armor. U.S. Army Research Laboratory Technical Report. Report No. ARL-TR-3590. USA; Aberdeen Proving Ground, MD, USA, pp: 1-77.

Hazell P J, Appleby-Thomas G J, Philbey D, Tolman W. 2013. The effect of gilding jacket material on the penetration mechanics of a 7.62 mm armour-piercing projectile. International Journal of Impact Engineering, 54: 11-18.

Holmquist T J, Anderson Jr. C E, Behner T, Orphal D L. 2010. Mechanics of dwell and post-dwell penetration. Advances in Applied Ceramics, 109(8): 467-479.

Holmquist T J, Johnson G R. 2002. Response of silicon carbide to high velocity impact. Journal of Applied Physics, 91(9): 5858-5866.

Holmquist T J, Johnson G R. 2005. Modeling prestressed ceramic and its effect on ballistic performance. International Journal of Impact Engineering, 31: 113-127.

Lee M, Yoo Y H. 2001. Analysis of ceramic/metal armour systems. International Journal of Impact Engineering, 25: 819-829.

Li J C, Chen X W. 2017. Theoretical analysis of projectile-target interface defeat and transition to penetration by long rods due to oblique impacts of ceramic targets. International Journal of Impact Engineering, 106: 53.

Li J C, Chen X W. 2019. Theoretical analysis on transition from interface defeat to penetration in the impact of conical-nosed long rods onto ceramic targets. International Journal of Impact Engineering, 130: 203-213.

Li J C, Chen X W, Ning F. 2014. Comparative analysis on the interface defeat between the cylindrical and conical-nosed long rods. International Journal of Protective Structures, 5(1): 21-46.

Li J C, Chen X W, Ning F, Li X L. 2015. On the transition from interface defeat to penetration in the impact of long rod onto ceramic targets. International Journal of Impact Engineering, 83: 37-46.

Lundberg P. 2004. Interface Defeat and Penetration: Two Modes of Interaction between Metallic Projectiles and Ceramic Targets. Acta Universitatis Upsaliensis.

Lundberg P, Lundberg B. 2005. Transition between interface defeat and penetration for tungsten projectiles and four silicon carbide materials. International Journal of Impact Engineering, 31(7): 781-792.

Lundberg P, Renström R, Andersson O. 2013. Influence of length scale on the transition from interface defeat to penetration in unconfined ceramic targets. Journal of Applied Mechanics, 80(3): 979-985.

Lundberg P, Renström R, Andersson O. 2016. Influence of confining prestress on the transition from interface defeat to penetration in ceramic targets. Defence Technology, 12(3): 263-271.

Lundberg P, Renström R, Lundberg B. 2000. Impact of metallic projectiles on ceramic targets: transition between interface defeat and penetration. International Journal of Impact Engineering, 24(3): 259-275.

Lundberg P, Renström R, Lundberg B. 2006. Impact of conical tungsten projectiles on flat silicon carbide targets: transition from interface defeat to penetration. International Journal of Impact Engineering, 32(11): 1842-1856.

Milman Y V, Chugunova S I. 1999. Mecanical properties, indentation and dynamic yield stress of ceramic targets. International Journal of Impact Engineering, 23: 629-638.

Renström R, Lundberg P, Lundberg B. 2009. Self-similar flow of a conical projectile on a flat target surface under conditions of dwell. International Journal of Impact Engineering, 36: 352-362.

Rosenberg Z. 1993. On the relation between the Hugoniot elastic limit and the yield strength of brittle materials. Journal of Applied Physics, 74(1): 752-753.

Rosenberg Z, Tsaliah J. 1990. Applying Tate's model for the interaction of long rod projectiles with ceramic targets. International Journal of Impact Engineering, 9(2): 247-251.

Schuster B E, Aydelotte B B, Leavy R B, Satapathy S, Zellner M B. 2015. Concurrent velocimetry and flash X-ray characterization of impact and penetration in anarmor ceramic. Procedia Engineering, 103: 553-560.

Serjouei A, Gour G, Zhang X, Idapalapati S, Tan G E B. 2017. On improving ballistic limit of bi-layer ceramic-metal armor. International Journal of Impact Engineering, 105: 54-67.

Straßburger E. 2009. Ballistic testing of transparent armour ceramics. Journal of the European Ceramic Society, 29: 267-273.

Straßburger E, Bauer S, Weber S, Gedon H. 2016. Flash X-ray cinematography analysis of dwell and penetration of small caliber projectiles with three types of SiC ceramics. Defence Technology, 12: 277-283.

Tate A. 1967. A theory for the deceleration of long rods after impact. Journal of the Mechanics and Physics of Solids, 15(6): 387-399.

Walker J D, Anderson Jr. C E. 1994. The influence of initial nose shape in eroding penetration. International Journal of Impact Engineering, 15: 139-148.

Walker J D, Anderson Jr. C E. 1995. A time-dependent model for long-rod penetration. International Journal of Impact Engineering, 16: 19-48.

Walters W, Williams C, Normandia M. 2006. An explicit solution of the Alekseevski-Tate penetration equations. International Journal of Impact Engineering, 33: 837-846.

Wilkins W L. 1964. Second progress report of light armor program of light armor program. Livermore, CA: Lavermore Livermore National Laboratory.

Wilkins M L. 1978. Mechanics of penetration and perforation. International Journal of Engineering Science, 16(4): 793-807.

第 10 章　长杆弹撞击陶瓷靶的数值模拟研究

10.1　引　　言

近年来由于数值模拟的精确度和可靠性提高，许多学者开始采用数值模拟的方法开展长杆侵彻陶瓷靶的界面击溃研究，辅助相关实验研究与理论推导。Holmquist 和 Johnson (2002) 通过实验数据拟合得到陶瓷的 JH-1 模型，并用数值模拟的方法再现了长杆弹撞击陶瓷存在界面击溃现象。Quan 等 (2006) 通过模拟得到与正侵彻实验相一致的结果，并以此预测了斜侵彻产生的界面击溃及击溃转侵彻现象。Partom (2012) 在 JH 模型的基础上提出一种新的失效模型，成功模拟出界面击溃现象，同时再现了盖板加入可显著增大转变速度。谈梦婷等 (2016) 通过数值模拟再现了弹头形状影响界面击溃效应，平头、球形和锥形头部长杆弹对应的转变速度依次增加，增加陶瓷预应力可以提高转变速度。Goh 等 (2017) 模拟锥形长杆弹侵彻复合陶瓷靶板，模拟再现了增加背板的硬度可有效增加驻留时间，但盖板硬度对于界面击溃没有影响。

相对而言，有关长杆弹侵彻陶瓷装甲产生界面击溃的数值建模还较为简单，大部分算例都是长杆弹撞击裸陶瓷靶，没有考虑真实的弹体撞击复合陶瓷装甲工况。模拟较为复杂界面击溃的算例较少，且对于数值模型的前期建模及参数确定的介绍比较简单。部分早期文献忽视建模细节，导致其模拟结果和实验存在不符。例如，在某些模拟结果中，盖板在界面击溃过程中整体弹出 (Quan et al., 2006)，侵彻过程中弹头形状存在内凹现象 (Chi et al., 2015)。

本章将建立长杆弹侵彻陶瓷靶的数值计算方法，通过与实验结果的细节对比，实现数值模型可靠性的综合验证 (武一顺和陈小伟，2020)。在此基础上，进一步模拟长杆弹界面击溃、驻留转侵彻、直接侵彻三个工况。通过与理论对比研究界面击溃等过程中弹靶状态量的变化，研究陶瓷内部的损伤演化，揭示长杆弹界面击溃、驻留转侵彻、直接侵彻的相关机理 (Wu et al., 2022)。特别地，本章通过数值模拟首次识别并分析了长杆弹在侵彻陶瓷时弹头形状变化的原因。

10.2　数值模拟方法

本章以 Lundberg 等 (2000) 的钨合金侵彻碳化硅陶瓷实验为基础，开展数值仿真复现实验结果。Autodyn 的无网格计算相对成熟，大多数界面击溃模拟采用

Autodyn 来计算，这里仍采用 Autodyn 软件进行二维建模计算。

10.2.1 数值算法及模型

根据 Lundberg 等 (2000) 的实验装置 (图 10.2.1(a)) 简化得到长杆侵彻陶瓷靶板的几何模型，建立如图 10.2.1(b) 所示的二维轴对称计算模型。在该模型中，弹体材料为钨合金，长 80 mm，半径 1 mm。盖板与背板材料均为 4340 钢，厚 8 mm，半径为 10 mm，两板之间碳化硅陶瓷高度 20 mm，半径 10 mm。在复合靶板的外围有厚 4 mm 的 MAR350 钢管进行约束，其长度为 36 mm。其中钨合金杆和盖/背板均采用 SPH 算法，陶瓷靶板与约束管采用有限元的 Lagrange 算法。SPH 粒子大小均为 0.1 mm，有限元网格大小均为 0.2 mm。具体算法以及网格 (粒子) 大小的选择原因在后文中详细描述。

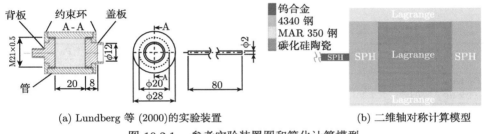

(a) Lundberg 等 (2000)的实验装置   (b) 二维轴对称计算模型

图 10.2.1 参考实验装置图和简化计算模型

10.2.2 材料模型及参数

JH-1 模型是 Johnson 和 Holmquist (1994) 提出的描述脆性陶瓷材料的本构模型，它采用线性分段函数描述陶瓷材料的压力强度关系、损伤和应变率效应。模型中各参数作用如图 10.2.2 所示，在低静水压下，材料的强度随着压力的增加而变强。随着压力的升高，强度会达到一个与应变率相关的稳定值。在加压过程中，损伤函数在每一个时间步中连续求值，当累计损伤值 $D = 1$ 时，表明材料已经失

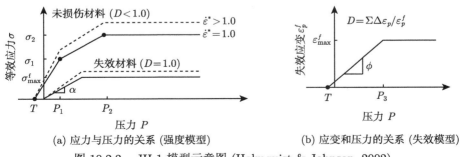

(a) 应力与压力的关系 (强度模型)   (b) 应变和压力的关系 (失效模型)

图 10.2.2 JH-1 模型示意图 (Holmquist & Johnson, 2002)

效。此时材料不能承受任何拉伸载荷，但仍能承受有限的压缩载荷，其强度从已失效材料的强度曲线予以确定。JH-2 模型是在 JH-1 模型的基础加入了材料损伤逐渐累积过程，将描述强度和损伤的分段线性函数改进为连续性函数，因此更适用于数值求解。但 Holmquist 和 Johnson (2002) 以及 Quan 等 (2006) 表明，JH-1 模型对 SiC 陶瓷材料的动态响应过程描述更为合理，且模拟结果与实验吻合程度高，所以本节采用 JH-1 模型来描述 SiC 陶瓷材料。

在 Autodyn 中，JH-1 模型中分为强度、失效、应力三部分。因为陶瓷抗压不抗拉，其模型参数不能通过简单准静态拉压实验得到，还需要通过 Hopkinson 拉压杆实验、飞片冲击实验与 DOP 弹道侵彻实验确定。陶瓷的材料参数如表 10.2.1 所示，其中损伤系数 $\varepsilon_{\max}^f$ 的值与 Holmquist 和 Johnson (2002) 取的 1.2 不相同。损伤系数为计算参数，在计算中可以依据模拟结果进行适当修改，Quan 等 (2006) 和 Chi 等 (2015) 的模拟计算中都对该项参数进行了调整。

表 10.2.1　　碳化硅 (SiC) 材料参数 (Holmquist & Johnson, 2002)

$\rho/(\text{g}\cdot\text{cm}^{-3})$	A_1/KPa	A_2/KPa	T_1/KPa	G/KPa	$G_{\text{HEL}}/\text{KPa}$	σ_1/KPa	P_1/KPa	σ_2/KPa
3.215	2.20×10^8	3.61×10^8	2.20×10^8	1.93×10^8	1.17×10^7	7.10×10^6	2.50×10^6	1.22×10^7

P_2/KPa	C	$\sigma_{\max}^f/\text{KPa}$	α	T/KPa	$\varepsilon_{\max}^f$	P_3/KPa	β
1.00×10^7	0.009	1.30×10^6	0.4	-7.50×10^5	0.6	9.975×10^7	1

MAR350、钨合金和 4340 钢的材料参数如表 10.2.2 和表 10.2.3 所示，其中

表 10.2.2　　MAR350 材料参数 (Quan et al., 2006)

$\rho/(\text{g}\cdot\text{cm}^3)$	K/KPa	G/KPa	σ_y/KPa	ε_f
8.08	1.40×10^8	7.70×10^7	2.6×10^6	0.4

表 10.2.3　　钨合金与 4340 钢材料参数 (Chi et al., 2015; 郎林等, 2011)

材料	$\rho/(\text{g}\cdot\text{cm}^3)$	EOS	K/KPa	Gruneisen 常数	$C_0/(\text{m}\cdot\text{s}^{-1})$	s
钨合金	17.600	冲击波	2.85×10^8	1.540	4.029×10^3	1.237
4340 钢	7.830	线性	1.590×10^8			

材料	参考温度/K	比热/$(\text{J}\cdot\text{kg}^{-1}\cdot\text{K}^{-1})$	强度模型	G/KPa	σ_0/KPa	硬化常数/KPa
钨合金	300.000	134.000	JC	1.600×10^8	1.506×10^6	1.770×10^5
4340 钢	300.00	477.00	JC	7.700×10^7	7.920×10^5	5.100×10^5

材料	硬化指数	应变率常数	软化指数	熔化温度/K	参考应变率 $\dot{\varepsilon}_0/\text{s}^{-1}$
钨合金	0.120	0.016	1.000	1.723×10^3	1.000
4340 钢	0.260	0.014	1.030	1.793×10^3	1.000

材料	失效模型	D_1	D_2	D_3	D_4	D_5
钨合金	JC	0.160	3.130	-2.040	0.007	0.370
4340 钢	JC	0.050	3.440	-2.120	0.002	0.610

MAR350 采用简单的弹塑性模型，钨合金和 4340 钢均采用 JC (Johnson-Cook) 模型。本章将具体讨论不同钨合金失效模型对于界面击溃及侵彻的影响。

10.2.3 边界条件设置

在数值模拟中，通过研究实验装置的约束关系可以得到需要设定的边界条件。本章选用 Lundberg 等 (2000) 的实验装置如图 10.2.1(a) 所示，在简化得到几何模型后，可以设定如下边界条件：盖板与背板均与约束管固连，陶瓷只与它们接触而不固连，从而陶瓷可以在管内自由移动。具体的设定方法是在盖板与背板的边缘施加固连边界条件，但在该模型中需要在粒子上施加边界条件，与网格边界施加略有不同。

Quan 等 (2006) 和 Chi 等 (2015) 的计算模型有类似设定，但计算结果与实验结果略有偏差。Quan 等 (2006) 的计算中盖板与约束管壁没有固连，导致界面击溃过程中盖板稍有抬起 (图 10.2.3(a))。而 Chi 等 (2015) 的计算模型中盖板与背板被严格固连在约束管上，陶瓷无法在管内运动，界面击溃过程中失效粒子没有足够空间飞溅，导致粒子堆积影响计算的正确性 (图 10.2.3(b))。

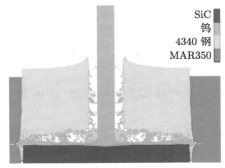

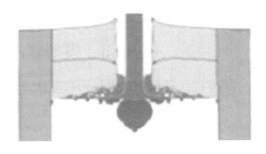

SiC
钨
4340 钢
MAR350

(a) Quan 等 (2006) 的计算结果   (b) Chi 等 (2015) 的计算结果

图 10.2.3 界面击溃的数值模拟图

为了获得正确的边界条件设置方法，设置了三种不同边界条件，分别为盖板边界全固连、边界上半部分固连、边界下半部分固连，对应于图 10.2.4(a)~(c) 所示。通过比较三种边界条件的计算结果，分析得到最合适的边界条件。

计算发现，图 10.2.4(a) 的计算结果与图 10.2.3(b) 相似，失效粒子的飞溅范围有限导致失效粒子堆积在弹头侵彻区附近。图 10.2.4(b) 中盖板和背板在冲击过程中能产生压缩变形，失效粒子的运动区域足够大从而不影响计算，并且盖板前端约束也保证在侵彻过程中不会被抬起，较符合实验结果。图 10.2.4(c) 中盖板受到向上的力，但下端被固连在固定的约束管上，导致在侵彻过程中会被拉断，与实验结果不符。

原因在于 SPH 粒子失效后不会被删除,如果将边界完全约束,将没有多余运动空间容纳失效粒子,失效的钨合金粒子和盖板粒子会密集的堆积在一起,影响后续计算。而只约束盖板前半部分则不会造成该现象出现。并且在实验中,锁环的位置也在盖板的前半部分,所以模拟也只约束前半部分。经过比较后决定,在盖板的前半部分施加边界条件,而保持后半部分自由,如图 10.2.4(b)。这样的优点在于既约束了盖板的运动,又能够保证陶瓷可在管内运动,失效粒子有足够运动区域从而不会造成粒子的堆积。同理,背板的处理应该与盖板保持一致。

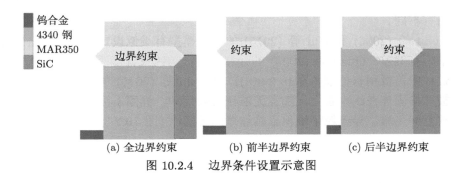

　　(a) 全边界约束　　　　　　(b) 前半边界约束　　　　　　(c) 后半边界约束

图 10.2.4　　边界条件设置示意图

10.3　模型算法及网格收敛性

本章的计算模型是采用两种算法混合计算,长杆弹和盖板均采用 SPH 算法计算,陶瓷靶采用有限元的 Lagrange 算法计算。

光滑粒子流体动力方法 (SPH) 是将物体离散为一系列具有质量、速度和能量的粒子,然后通过核函数的积分进行估值,从而求得物体不同位置、不同时刻的各种动力学量。SPH 算法无需网格构建,又可保证连续体的结构精度,因此 SPH 方法适用于模拟固体的破碎、层裂以及断裂等大变形状态。

在该模拟中为展现界面击溃过程中弹体的径向流动现象,长杆弹在侵彻过程中不能发生网格删除,建议采用 SPH 粒子建模。而其他两个结构部件的算法选择,将在后文进行详细讨论。在算法确定后,进行了网格收敛性的验证,证明所选网格、粒子大小的合理性。

10.3.1　盖板算法选择

在侵彻实验中,盖板的作用是改变弹体头形,减少冲击载荷,增加弹与靶的作用时间,避免撞击产生的拉伸应力导致靶板过快失效。在有关界面击溃的模拟中,为避免盖板与靶体的分界面处因网格删除而导致压力的骤失,在分界面周围的盖板单元都要用 SPH 粒子建模而不能用 Lagrange 网格建模。Chi 等 (2015) 在文章中提出将盖板均分为二，前半部分用 Lagrange 算法计算，后半部分 SPH 算法计算。该建模方法优点在于避免了碰撞开始时产生的网格大变形，同时又能保证分界面处不产生网格侵蚀。一般来说，一个部件分用两种算法建模会存在物质的连续性以及能量的传递等问题，其计算准确性相较于单一建模略差。

图 10.3.1 是盖板采用不同方法在同一时刻的结果比较图。在侵彻过程中，两者的弹头都能保持蘑菇头形，这与实验结果观察到钨合金侵彻头形一致。图中左侧两种算法的交界面处能看到侵彻隧道的不连续且存在粒子堆积，而右侧采用单一算法的侵彻隧道较为光滑连续。但在弹体开坑处，右侧盖板存在撕裂现象而左侧网格较为正常，说明 Lagrange 网格确实能较好处理碰撞初期的网格大变形。但该算例研究重点在弹体形态变化，不关注初开坑处盖板的撕裂情况。所以综合比较两种建模方法，全 SPH 建模计算结果更加符合模拟要求。同理为了保持模型的对称性，背板的处理应与盖板保持一致。

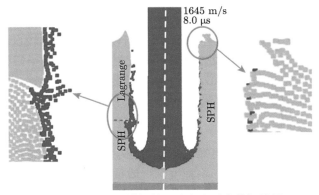

图 10.3.1 盖板模拟的两种方案对应模拟结果

10.3.2 陶瓷算法选择

Lagrange 网格的优点是可以设置侵蚀参数，便于侵蚀计算。在已有的计算模型中，陶瓷材料基本都是采用 Lagrange 有限元网格建模，而没有采用 SPH 粒子建模。为了探究两种算法对于界面击溃模拟的影响，本节拟对陶瓷分别采用 Lagrange 网格和 SPH 粒子建模，比较分析两种算法对于陶瓷抗侵彻性能的影响。

以长杆弹 1410 m/s 速度侵彻陶瓷靶板产生界面击溃现象为例进行计算。结果表明，采用粒子建模的模型无法产生界面击溃现象，弹体直接开始侵彻陶瓷。分析陶瓷的损伤变化发现，在弹体到达陶瓷表面时，陶瓷内部已经产生了严重的损伤失效 (图 10.3.2(a))，弹体直接侵彻陶瓷。陶瓷采用 SPH 算法建模，可能导致其抗弹性能下降，将无法抵抗弹体侵彻。

损伤

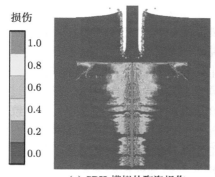

(a) SPH 模拟的陶瓷损伤　　　　　(b) Lagrange 方法模拟的陶瓷损伤

图 10.3.2　陶瓷靶板采用不同算法建模计算结果图

　　采用 Lagrange 网格建模的模型能够正常产生界面击溃现象直至侵彻结束。弹体在到达陶瓷表面时，陶瓷内部尚未产生损伤失效 (图 10.3.2(b))，且在接下来的撞击过程中弹体能维持界面击溃状态。产生这种差别的原因可能是，当陶瓷类脆性材料采用 SPH 粒子建模时，因 SPH 粒子相较网格连接比较自由，当某处压力大于材料阈值时，内部粒子会发生移动，陶瓷材料则表现为损伤失效，结构无法保持完整性，从而无法发生界面击溃现象。在模拟界面击溃时，为表征陶瓷材料优异的抗冲击性能，陶瓷不建议采用 SPH 粒子建模，而改用 Lagrange 网格建模。

10.3.3　网格收敛性

　　为进一步确认计算结果的可靠性，还进行了网格收敛性测试。网格收敛性是指计算结果受网格大小变化的影响程度，一般认为网格密度越大，计算结果越准确。网格尺寸需要通过经验分析和计算验证来确定。由于模型涉及两种不同算法，还存在不同算法之间网格和粒子大小匹配问题。

　　为确定网格大小以及网格匹配对于实验结果的影响，以钨合金杆 1410 m/s 侵彻陶瓷靶板产生界面击溃为例设计了 9 组算例。为保证弹体半径至少有 8 个粒子，设定粒子尺寸分别为 0.125 mm、0.1 mm 和 0.05 mm，同时设定 Lagrange 网格和 SPH 粒子的大小比值为 1/2、1 和 2。按设定进行了 9 组计算，模拟结果如表 10.3.1 所示。

表 10.3.1　网格收敛性模拟结果图

粒子大小/mm \ 网格和粒子比例	1/2	1	2
0.125	驻留转侵彻	驻留转侵彻	始终保持界面击溃
0.10	无界面击溃	驻留转侵彻	始终保持界面击溃
0.05	无界面击溃	驻留转侵彻	始终保持界面击溃

仅当网格和粒子比值为 2 时，不同的粒子大小均能使弹体保持界面击溃现象，表明在该网格配比下，计算结果符合实验结果，由此可以确定 Lagrange 网格 SPH 粒子大小的正确比值是 2。

只观察第三列的结果还不能确定合适的 SPH 粒子大小，还需结合不同粒子大小的计算结果来进行分析。通过比对三个算例的计算结果，发现粒子越小，计算结果越细致，这与理论结果相一致。其中粒子尺寸 0.1 mm 算例的计算结果基本符合实验结果且明显优于粒子尺寸 0.125 mm 算例，与粒子尺寸 0.05 mm 算例的结果基本相似。因此可以确定，当网格和粒子的大小继续下降，其计算结果是收敛的。但如果将粒子尺寸由 0.1 mm 减小到 0.05 mm，其计算量要至少增加 4 倍，计算难度大且实用性较差。所以综合比较模拟结果与计算效率，确定 Lagrange 网格大小 0.2 mm，SPH 粒子大小 0.1 mm 符合模拟要求。

综上所述，在已经确定了边界条件，模型算法和网格收敛性验证后，基本可以模拟长杆弹以较低速度撞击陶瓷靶板产生的界面击溃现象。在后续计算中，若增加长杆弹的侵彻速度至转变速度或者远大于转变速度，还需验证相应模型结果是否和实验结果相一致。

10.4 模拟参数验证

已有文献关于长杆侵彻陶瓷靶的二维模拟，其弹头形状通常会呈现中间内凹的形状 (图 10.4.1(a))，这与实验结果不一致。我们认为：钨合金的失效模型和陶瓷的侵蚀参数是影响侵彻过程中弹头形状的主要因素。

10.4.1 材料参数选择

在相关的模拟计算中，弹体钨合金材料大部分采用 JC 模型，部分采用弹塑性模型。Chi 等 (2015) 与谈梦婷等 (2016) 的模拟均参考 Lee (2008) 的 JC 模型参数，Quan 等 (2006) 给出简单的弹塑性模型参数，两种模型虽然不同但在计算过程中都存在问题。简单弹塑性模型参数简单，但在涉及材料失效和破坏时，其计算结果和实验有较大出入。

采用 Lee 的 JC 失效模型参数的弹体在侵彻陶瓷时，钨合金侵彻头形可能不呈现蘑菇头形。图 10.4.1(a) 是 Chi 等 (2015) 的计算结果，从弹头放大图可以看到弹头形状存在奇异。图 10.4.1(b) 是作者采用相同参数计算得到的结果，弹头损伤放大图显示弹头部分损伤明显。分析发现，其可能原因是弹材失效模型太弱而导致弹头形状奇异。因此，文献给出的两种模型参数都不合适，需要对 JC 模型中的失效模型进行修正。

失效模型是用来表征材料的断裂特性，其作用是强度模型和状态方程无法替代的。表 10.4.1 是 Lee (2008) 的 JC 失效模型参数和修正的 JC 失效模型材料参数，其中修正模型来自郎林等 (2011) 给出的钨合金 JC 失效模型。两套材料参数中密度，杨氏模量和屈服强度等参量均相同，只有失效模型不同，其模拟的钨合金应为同一种材料。为确定修正失效模型的优异性，设计算例 1~3，分别表示钨合金采用无失效模型、Lee 的 JC 失效模型和修正 JC 失效模型。其中弹体侵彻速度为 1410 m/s，三个算例结果如图 10.4.2 所示。

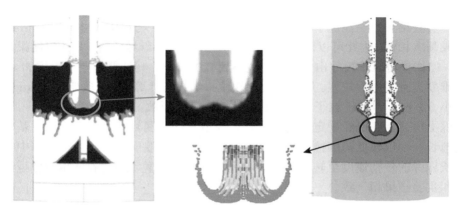

(a) Chi 等 (2015) 计算结果及弹头放大图　　　　　(b) 与 Chi 等 (2015) 相同参数的计算结果

图 10.4.1　　长杆侵彻陶瓷靶模拟图和弹头放大图

表 10.4.1　　JC 模型的损伤参数

	D_1	D_2	D_3	D_4	D_5
JC 失效 (Lee) 模型	0	0.33	-1.50	0	0
JC 失效 (修正) 模型	0.16	3.13	-2.04	0.007	0.370

　　算例 1 中钨合金弹丸无法在陶瓷表面产生径向流动 (图 10.4.2(a))，因为钨合金材料无法断裂而导致弹体粒子在陶瓷表面沿一定角度飞溅，这会导致飞溅点处应力集中而提前损伤破坏，陶瓷完整性破坏而导致无法保持界面击溃状态。

　　算例 2 和算例 3 中钨合金弹能顺利在陶瓷表面展开，并保持界面击溃状态，但同一时刻弹体界面击溃展开面积不同。材料的失效模型越弱，弹体越容易发生破坏，失效粒子越多从而在陶瓷表面流动的速度加快。

　　将算例 3 的陶瓷损伤图与实验结果进行比较，如图 10.4.2(b) 和 (c)，杆弹在达到陶瓷表面后，在弹体的正下方出现一个明显的损伤区域，并且在应力集中处出现了锥裂纹，这与实验结果是相吻合的。

　　上述三个算例证明了钨合金弹体采用 JC 失效模型能模拟界面击溃现象，但还需要验证采用修正 JC 失效模型的弹体在侵彻过程中头部是否出现内凹现象。设置弹体撞击速度远高于转变速度，从而弹体能直接侵彻陶瓷靶板。图 10.4.3 给出对应特征时刻的侵彻图和头部损伤图，显然，在侵彻过程中弹头是典型的蘑菇头形。从图 10.4.3(b) 的损伤图可知弹头部分的损伤失效较图 10.4.1(b) 要小，所以采用原失效模型钨合金弹体易失效，弹头无法在侵彻过程中呈现蘑菇头形。

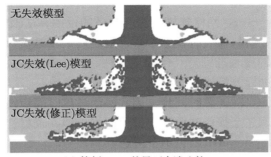

(a) 算例 1～3 的界面击溃比较

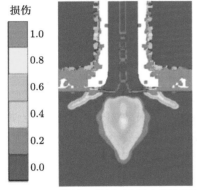

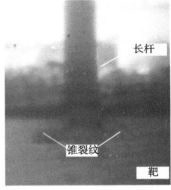

(b) 算例 3 的界面击溃中损伤结果　　(c) Lundberg 等 (2006) 的试验结果

图 10.4.2　算例 1～3 模拟结果图及相关实验对应图

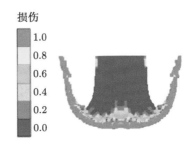

(a) 修正 JC 失效模型的计算结果　　　　(b) 对应的弹头损伤图

图 10.4.3　修正 JC 失效模型弹体侵彻图和弹头放大图

　　综合界面击溃以及侵彻的模拟结果，算例 3 更符合实际实验结果，在接下来的模拟中将采用修正 JC 的失效模型进行计算仿真。

10.4.2　侵蚀参数选择

　　采用侵蚀算法是处理侵彻问题的一种常用的手段。在本章的模拟中，被侵彻的陶瓷靶板采用 Lagrange 网格建模，需要合适的侵蚀算法来保证计算的准确性。已有文献只提及陶瓷材料需要有侵蚀参数，但不明确侵蚀参数的类型和大小。在 Autodyn 中，常用的侵蚀准则有几何应变侵蚀、塑性应变侵蚀、时间步侵蚀以及失效侵蚀等。对此进行分析比对，寻找合适的侵蚀参数。

　　因为计算设定为自动计算时间步，因此不予考虑时间步侵蚀准则。采用失效侵蚀则会在陶瓷出现完全损伤时删除该部分网格，即陶瓷材料在侵彻时不会产生实际存在的粉碎区，因此该准则也不予考虑。

　　几何应变侵蚀是指某网格的 ε_{eff} 值达到设定阈值时删除该网格，其表达式如下：

$$\varepsilon_{\text{eff}} = \frac{2}{3} \left[\left| \left(\varepsilon_{xx}^2 + \varepsilon_{yy}^2 + \varepsilon_{zz}^2 \right) - \left(\varepsilon_{xx}\varepsilon_{yy} + \varepsilon_{yy}\varepsilon_{zz} + \varepsilon_{zz}\varepsilon_{xx} \right) + 3 \left(\varepsilon_{xy}^2 + \varepsilon_{yz}^2 + \varepsilon_{zx}^2 \right) \right| \right]^{1/2}$$

　　计算发现，如果设定阈值过小会导致网格过早删除，而阈值过大则会引起网格的严重变形。该侵蚀准则无法进行有效计算。采用塑性应变侵蚀准则不会出现非常明显的网格畸变。计算发现通过调整这两个失效阈值的大小都能使得网格畸变较小，但在侵彻过程中采用塑性应变侵蚀的网格变形更为合理，侵彻隧道的光滑性也较好。所以采用塑性应变失效能较好地处理陶瓷材料由于强冲击带来的网格畸变问题。

　　另一方面，虽然采用塑性应变侵蚀能较好处理网格的变形与删除，但其阈值会影响侵彻过程中弹头形状。在讨论钨合金的失效模型时已表明，若弹材越容易损伤失效，则计算中网格删除的影响越大。通过设置不同阈值进行计算发现：侵蚀阈值越小，弹头形状越光滑；而侵蚀阈值越大，网格越不容易删除，从而网格变形越大，四边形网格甚至可能退化为三角形网格，弹头形状越尖锐。因此，阈值大小也会影响侵彻过程中的弹头形状。

　　塑性应变侵蚀阈值不仅与网格变形有关，还与侵彻深度密切相关，而与侵彻深度有关的另一个参数就是陶瓷损伤系数 $\varepsilon_{\text{max}}^f$。通过单一变量控制计算发现，$\varepsilon_{\text{max}}^f$ 的大小能够影响驻留时间，增加 $\varepsilon_{\text{max}}^f$ 值能明显延长弹体驻留时间，同时减小侵彻深度。而塑性应变侵蚀阈值不会影响驻留时间，但增大阈值会减小侵彻深度。

　　虽然两个变量都会影响侵彻深度，但两个计算变量并非耦合，可以通过解耦来分别确定两个变量的大小。可以通过先拟合驻留时间确定 $\varepsilon_{\text{max}}^f$ 的大小，再通过侵深—时间曲线确定塑性应变侵蚀阈值大小，如此可以达到近似解耦的效果。以钨合金弹以 1645 m/s 侵彻陶瓷靶板为例来确定两个参数大小，结果得到 $\varepsilon_{\max}^f = 0.6$，塑性应变侵蚀阈值为 1.7 时，侵蚀深度最接近实验结果 (图 10.4.4)，且此时弹头形状能保持良好。

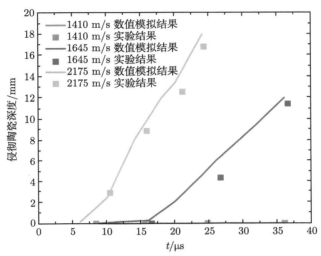

图 10.4.4　模拟结果与实验结果拟合图

10.5　界面击溃

目前，界面击溃一个研究重点是界面击溃过程中弹体和靶板的参数变化。研究界面击溃现象一般采用小尺寸逆向弹道实验，但它的操作难度较大，且实验能得到的数据较少。所以，不少学者开始采用理论推导和数值模拟来辅助实验研究。在理论研究上，李继承和陈小伟 (2011) 在 A-T 模型的基础上，对柱形长杆弹撞击陶瓷靶板产生界面击溃进行了理论研究，近似给出了界面击溃过程中弹尾速度 v、侵蚀长度 l 和剩余弹体质量 m 随时间变化的简化解析表达式，如下：

$$v = v_0 - \frac{Y_p}{\rho_p L} t \tag{10.5.1}$$

$$l = v_0 t - \frac{1}{2} \frac{Y_p}{\rho_p L} t^2 \tag{10.5.2}$$

$$m = M - \rho_p \pi R^2 v_0 t + \frac{1}{2} \frac{\pi R^2 Y_p}{L} t^2 \tag{10.5.3}$$

该表达式能定量给出各物理量的变化趋势，给工程应用提供便利。

由于实验设备的限制,现有的实验条件还无法获得完整的界面击溃过程图。而通过数值模拟能够弥补这一缺陷,帮助研究不同时刻长杆弹和陶瓷靶的相互作用情况。同时,数值模拟也能帮助研究界面击溃过程中长杆弹的侵蚀变化以及陶瓷靶内部的损伤变化情况。

10.5.1　模拟结果

钨合金杆弹以 1410 m/s 的速度 (低于转变速度) 侵彻带盖板的陶瓷靶板,其模拟结果如图 10.5.1 所示。当长杆弹穿透盖板达到陶瓷表面后,长杆弹不像侵彻 4340 钢盖板一样继续穿透陶瓷靶板,而是驻留在陶瓷表面,这时长杆弹的侵彻速度迅速下降到 0。之后,长杆弹始终无法击穿陶瓷上表面,只能沿陶瓷表面径向流动,直至完全侵蚀。图 10.5.2 是 Lundberg 等 (2000) 的界面击溃实验图,结果表明,在整个界面击溃过程中,陶瓷靶板能够保持结构的完整,模拟得到的界面击溃现象与实验结果吻合。

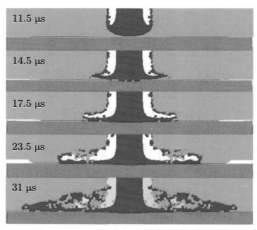

图 10.5.1　　界面击溃过程模拟结果图

虽然陶瓷靶板在界面击溃过程中能保证结构的完整性,但在陶瓷内部却已经产生了损伤失效。陶瓷产生损伤的主要原因分为直接压缩失效和拉伸波作用失效。直接压缩失效是指当长杆弹撞击陶瓷靶,靶板内部某些区域的压力超过陶瓷的 Hugoniot 弹性极限 (HEL),陶瓷产生有效塑性应变导致材料损伤。拉伸波作用失效是指压缩波在交界面反射形成拉伸波,由于陶瓷抗压不抗拉,拉伸波作用导致陶瓷拉伸失效。

在实验中,可以通过陶瓷是否产生裂纹损伤来判断陶瓷是否损伤失效,再通过不同区域的裂纹比密度来确认该区域是否完全失效。图 10.5.3 是界面击溃过程中一个典型的裂纹损伤图。从图中能看到失效陶瓷中一些典型的裂纹,比如,中心粉碎区、锥裂纹、径向裂纹、轴向裂纹、中部裂纹。Zinszner 等 (2015) 研究表明，径向裂纹是压缩波引起的物质径向位移造成的。陶瓷下表面的裂纹则是由侧面和下表面形成的拉伸波造成的。锥裂纹在撞击表面上产生，数量最多，长度最长，对陶瓷的抗弹性能影响最大 (Shockey et al., 1990)，目前对于锥裂纹产生的原因没有较为明确的解释。

图 10.5.2　Lundberg 等 (2000) 界面击溃实验结果图 (1615 m/s)

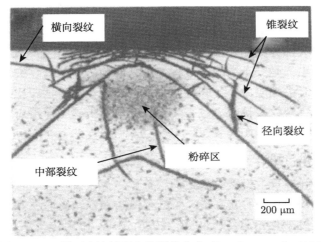

图 10.5.3　界面击溃过程中的裂纹分布 (Shockey et al., 1990)

　　Ning 等 (2013) 在研究长杆弹撞击陶瓷产生损伤时指出无盖板陶瓷的损伤是由直接撞击引起，反射拉伸波只在靶板尾部产生损伤，而有盖板陶瓷的损伤是由陶瓷背面反射的拉伸波引起的。我们的模拟发现，无论陶瓷前端有无盖板，界面击溃过程中的锥裂纹是由撞击产生的压缩波和边界面反射的拉伸波共同作用形成的，并且它们的几何走势由当前陶瓷内部的应力状况决定。

图 10.5.4 是界面击溃过程中带盖板陶瓷靶的损伤变化图，长杆弹在 11.5 μs (图 10.5.4(a)) 时到达陶瓷表面，此时陶瓷内部没有出现损伤失效。而随着长杆弹在陶瓷表面逐渐侵蚀流动，撞击点附近陶瓷开始产生损伤失效。同时，在陶瓷的下表面也出现了由拉伸波引起的局部损伤失效，但由于反射拉伸波强度太小，只能在下表面附近造成部分非完全损伤。

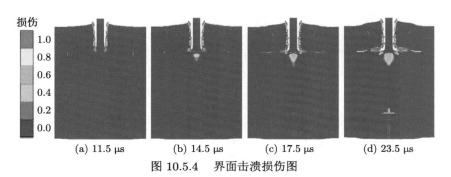

图 10.5.4　界面击溃损伤图

根据 Lundberg 等 (2013) 的锥裂纹扩展模型，界面击溃过程中锥裂纹的起始点在陶瓷表面的最大拉伸应力处，并沿主应力方向传播。在图 10.5.4(c) 中，模拟得到了锥裂纹的起始位置，在应力云图中，该位置处的拉伸应力在陶瓷表面最大。在图 10.5.4(d) 中，我们能较为清楚地看到锥裂纹、中心粉碎区以及下表面处损伤出现，但中间的大部分陶瓷还未产生损伤失效。Lundberg 等 (2013) 的锥裂纹扩展模型假定界面击溃是一个准静态过程，锥裂纹的传播与裂纹尖端应力、陶瓷的临界应力有关，当尖端应力小于临界应力，锥裂纹停止传播。在该算例中，由于撞击速度较小，锥裂纹尖端应力较小，锥裂纹只能传播到撞击点附近陶瓷。而中间大部分陶瓷没有产生损伤失效。

10.5.2　模拟结果与理论对比

通过在长杆弹弹身上设置等间距的示踪点，可以得到不同时刻弹体各个位置的速度及弹体的侵蚀长度等状态量。长杆弹撞击陶瓷靶板产生界面击溃，长杆弹的弹头弹尾的速度变化示意 (Li et al., 2015) 如图 10.5.5(a) 所示。图 10.5.5(b) 是数值模拟得到的弹体上三个特征位置的速度变化图，其中 Gague1 点位于弹尾，其速度代表长杆弹尾部速度，Gague2 点位于弹体中间，而弹头处速度在界面击溃过程中始终保持为 0。由图可知，长杆弹在 10 μs 左右弹头速度开始迅速下降并降为 0，这表明此时弹头已经到达陶瓷表面但没有发生侵彻现象。在击穿盖板后，弹尾和弹体中部的速度都基本保持初速度。而随着界面击溃的进行，弹尾和弹体中部的速度开始准定常地缓慢下降。

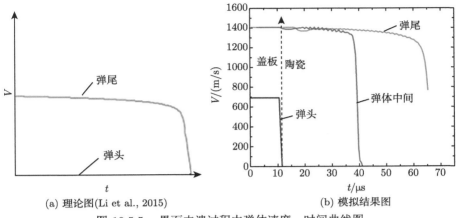

(a) 理论图(Li et al., 2015)　　　　　　(b) 模拟结果图

图 10.5.5　界面击溃过程中弹体速度—时间曲线图

　　界面击溃进行至 38 μs 左右时,原长杆弹中部的 Gague2 点的速度迅速降为 0,说明该部分弹体已经到达陶瓷表面并被侵蚀完全。在 62 μs 时,尾部速度发生陡降,说明弹尾部分开始被侵蚀,弹尾速度将像 Gague2 点一样下降至 0,从而整个界面击溃结束。因此,模拟得到的界面击溃中弹头—弹尾速度变化图与理论示意保持一致,也进一步验证模拟仿真的可靠性。

　　界面击溃中长杆弹的侵蚀长度是重点研究的弹体参量。图 10.5.6 是模拟得到的长杆弹在侵彻盖板和界面击溃时的剩余长度变化图。黑色实线是长杆弹剩余长

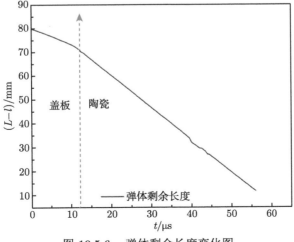

图 10.5.6　弹体剩余长度变化图

度变化线，该实线在 11.5 µs 发生明显的转变，对应的时间刚好与长杆弹到达陶瓷表面的时间吻合。以红色的虚线 Y 轴作为分段，将实线分为两段，分别表示长杆弹在侵彻盖板和界面击溃时的剩余长度。两段实线均有良好的线性说明，长杆弹在侵彻盖板及界面击溃过程中，它的侵蚀速度都能保持稳定。比较两者的斜率发现，弹体在界面击溃时其侵蚀速率要大于侵彻盖板的速率，该结果也与 Lundberg 等 (2000) 实验结果相吻合。

为验证模拟得到界面击溃过程中的弹体速度、侵蚀长度等物理量与理论计算结果是否一致，将模拟得到的数据与李继承等 (Li et al., 2015) 给出的柱形长杆弹界面击溃的理论公式进行了拟合。将公式 (10.5.1) 中的弹体速度 v 和时间 t 都转化为无量纲量 $\dfrac{v}{v_0}$ 和 $\dfrac{v_0 t}{L}$，两者是一维线性关系。图 10.5.7 是界面击溃过程中弹体速度随时间的变化图，黑色实线为数值模拟结果。在该模拟中，$v_0 = 1410$ m/s，$Y_p = 1.2$ GPa，$\rho_p = 17.6$ g/cm^3，代入公式 (10.5.1) 得到图 10.5.7 中的红色虚线。当 $\dfrac{v_0 t}{L}$ 在 0.22~0.85 区间内，模拟结果与理论结果拟合良好。当长杆弹即将完全侵蚀，模拟得到弹尾速度发生骤降，而理论公式无法体现该现象。其原因在于理论公式只考虑界面击溃阶段弹尾速度的连续变化，而不考虑侵彻末期弹尾速度的陡降。

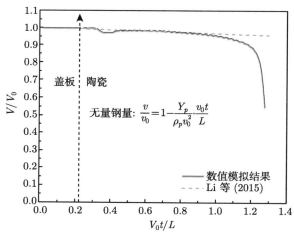

图 10.5.7　弹体速度变化的比较

将公式 (10.5.2) 中侵蚀长度 l 和时间 t 都转化为无量纲量 $\dfrac{l}{D}$ 和 $\dfrac{v_0 t}{L}$，两无量纲量是抛物线关系。图 10.5.8 是界面击溃过程中侵蚀长度随时间的变化图，黑色实线为数值模拟结果，红色虚线为按公式 (10.5.2) 给出的理论预期。显然，模拟结果与理论预期吻合。两无量纲量虽然在理论上是抛物线关系,但由于二次项的系数太小,其影响不明显,计算结果主要呈线性。图 10.5.7 和图 10.5.8 的理论结果与数值模拟的比较分析再次证明了数值模拟的可靠性。

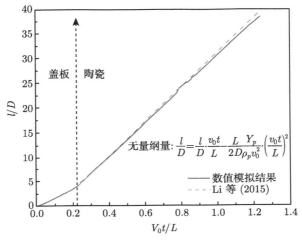

图 10.5.8　理论和模拟得到的侵蚀长度变化

10.6　驻留转侵彻

　　驻留转侵彻相较于界面击溃其力学机制更加复杂,它包含前期的驻留阶段和紧随的侵彻阶段,两个阶段转变机制尤为复杂。其中,驻留阶段弹体的侵蚀变化与界面击溃基本相同,但驻留持续时间相对较短,弹体还未侵蚀完全,侵彻就已经开始。紧随的侵彻阶段和高速长杆弹直接侵彻陶瓷略有不同,所以,对于驻留转侵彻的整个力学机制还需着重研究。目前,驻留转侵彻研究的重点在于驻留转变的临界时刻和临界条件值。如何提高转变速度,增加驻留时间对于陶瓷装甲的防护具有积极的意义。

10.6.1　模拟结果

　　钨合金杆弹以 1645 m/s 的速度 (位于转变速度区间) 侵彻带盖板的陶瓷靶板,会发生驻留转侵彻现象,驻留转变阶段的模拟结果如图 10.6.1 所示。在长杆弹在击穿盖板后,弹体先在陶瓷表面径向流动,驻留大约 7.5 μs 后转为侵彻陶瓷靶板。在 17 μs 时能够看到,弹体撞击点正下方产生明显的内凹现象,这表明陶瓷已经损伤失效。结构破坏使得陶瓷抗弹性能下降,长杆弹由此开始侵彻陶瓷靶板。

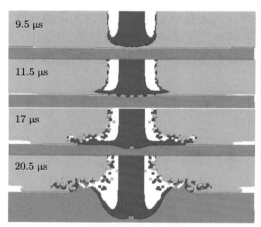

图 10.6.1   驻留转侵彻模拟结果图

　　驻留转侵彻过程中上半部分陶瓷的损伤变化如图 10.6.2 所示。在长杆弹刚穿透盖板到达陶瓷表面时 (图 10.6.2 (a))，陶瓷内部已经出现了部分损伤失效，这与单纯的界面击溃初始时陶瓷内部损伤不同。原因是驻留转侵彻工况下长杆弹的侵彻速度较大，撞击陶瓷时产生足够大的压力，导致陶瓷内部较早产生损伤失效。并且，驻留期间陶瓷的中心粉碎区区域更加大，扩展速度更加迅速。

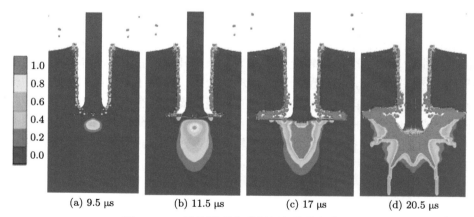

(a) 9.5 μs   (b) 11.5 μs   (c) 17 μs   (d) 20.5 μs

图 10.6.2   驻留转侵彻模拟局部陶瓷损伤图

　　在驻留期间也能看到陶瓷上表面出现锥裂纹起始点，但由于中心粉碎区扩张速度太快，无法看到明显的锥形裂纹出现。当中心粉碎区逐渐扩张到弹靶接触表面时，陶瓷靶板无法抵抗弹体侵彻，弹体开始侵彻靶体。图 10.6.2(d) 是在侵彻过程中陶瓷的损伤图，能明显地看到在侵彻开始后，锥裂纹从粉碎区边缘产生并向未失效区扩展。

10.6.2 模拟结果与理论比较

与研究界面击溃相似，通过在长杆弹弹体外侧设置均匀的示踪点，研究在驻留转侵彻过程中弹体相关物理量的变化。图 10.6.3(a) 是驻留转侵彻过程中长杆弹的弹头-弹尾速度变化的理论示意 (Li et al., 2015)，图 10.6.3(b) 是数值模拟得到的速度变化图。图 10.6.3(b) 中包括四个特征点的速度变化，分别是弹头、Gague1、Gague2 和弹尾。长杆弹弹头速度在驻留转侵彻过程中有三个阶段，即侵彻盖板、驻留、侵彻陶瓷，每段取平均侵彻速度作为该阶段的弹头速度。Gague1 点位于弹身距弹尾 64 mm 处，Gague2 点位于弹身距弹尾 50 mm 处。其中 Gague1 处弹材在驻留过程中被侵蚀，Gague2 处弹材在侵彻过程中被侵蚀。

0~9.5 μs 时刻，长杆弹侵彻钢盖板，弹头速度取侵彻的平均速度，弹尾速度基本保持不变。9.5~17 μs 时刻，长杆弹在陶瓷表面驻留，弹头速度骤降为 0 并保持恒定，弹尾速度准定常缓慢下降。其中，Gague1 速度在 13.5 μs 骤降为 0，说明它在驻留期间到达陶瓷表面并被侵蚀完全。17 μs 之后，长杆弹转为侵彻陶瓷，弹头速度回升至一稳定值并以该速度侵彻陶瓷靶，弹尾速度继续准定常缓慢下降。Gague2 速度在 30 μs 开始骤降为 0，表明它到达弹靶作用处并开始被侵蚀。在该计算中，由于弹体的长径比 (= 40) 过大，所以在弹体侵彻完陶瓷后，弹尾仍具有较大的速度。通过比较两个特征点 Gauge1、Gauge2 的速度历程线，假设靶板厚度足够大，弹尾速度应和特征点有相同的下降趋势，最终弹尾速度和弹头速度保持一致并一起下降为 0。

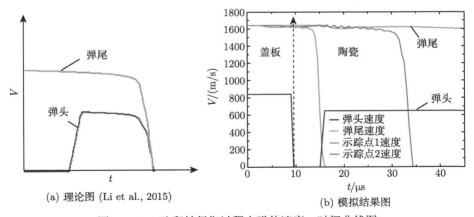

(a) 理论图 (Li et al., 2015)

(b) 模拟结果图

图 10.6.3　驻留转侵彻过程中弹体速度—时间曲线图

在图 10.6.3(b) 中能看到，特征点 Gauge1、Gauge2 的速度下降段斜率不相同，Gauge1 速度下降的速率要稍大于 Gauge2 速度下降的速率。说明在驻留转侵彻期间，随着靶板的损伤程度不断加重，不同阶段弹头速度的下降速率不同。

图 10.6.4 给出驻留转侵彻过程中长杆弹的侵蚀长度随时间的变化，明显存在三个不同阶段，分别代表长杆弹侵彻盖板、驻留、侵彻陶瓷。三个时间段都表现出良好的线性关系，也即对应的弹体侵蚀速率分别保持稳定。但驻留期间弹体的侵蚀速率最大，侵彻陶瓷时次之，侵彻盖板的弹体侵蚀速率最小。说明长杆弹在不同阶段侵蚀速度不同，驻留过程中弹体的侵蚀速度更快。

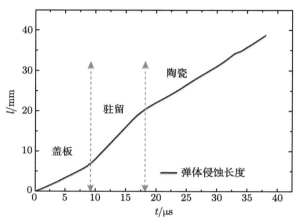

图 10.6.4   驻留转侵彻过程中长杆弹的侵蚀长度变化图

10.7   直 接 侵 彻

钨合金长杆弹以 2175 m/s 的速度 (大于转变速度) 侵彻带盖板的碳化硅陶瓷。长杆弹击穿盖板后，没有产生驻留现象，长杆弹直接侵彻陶瓷靶板，其数值模拟结果如图 10.7.1 所示。从图中可以看到，当长杆弹刚到达陶瓷界面时 (7.5 µs)，陶瓷表面已经压溃变形。陶瓷的完整结构破坏导致其抗弹性能下降，长杆弹能瞬间击穿陶瓷上表面，继而开始侵彻内部陶瓷。

从陶瓷损伤变化图 10.7.2 中，能清晰地看到直接侵彻工况下陶瓷的损伤变化情况。当长杆弹刚到达到陶瓷表面 (图 10.7.2(a))，中央粉碎区已经扩展至弹靶的接触面，陶瓷靶无法抵抗弹体侵彻，长杆弹直接开始侵彻陶瓷。我们还发现，当长杆弹的撞击速度足够大时，陶瓷内部的损伤主要以侵彻处产生的损伤为主。直到 10.5 µs，陶瓷的上半部分几乎完全损伤，而在陶瓷背部，没产生损伤失效。当长杆弹穿透整块陶瓷靶板，此时陶瓷靶完全损伤失效，这与驻留转侵彻过程侵彻后期陶瓷的损伤情况不同，说明随着撞击速度的增加，陶瓷靶板的损伤越迅速越完全。

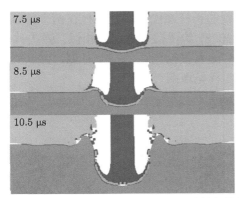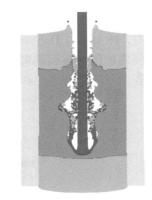

图 10.7.1 直接侵彻模拟图

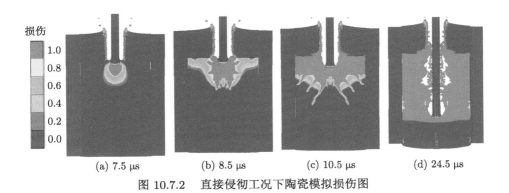

| (a) 7.5 μs | (b) 8.5 μs | (c) 10.5 μs | (d) 24.5 μs |

图 10.7.2 直接侵彻工况下陶瓷模拟损伤图

10.8 侵彻过程中弹头形状变化

研究表明，长杆弹在侵彻金属靶时，长杆弹的弹头形状保持蘑菇头形且侵蚀隧道规则连续。而实验发现，长杆弹在侵彻陶瓷靶时，弹头形状弹体和侵彻隧道会发生变化。Shockey 等 (1990) 通过观察陶瓷内部残余弹体的弹头，发现弹头有蘑菇头形和铅笔形，他推测在侵彻过程中弹头形状会由蘑菇头形向铅笔形发生多次变化。Orphal 和 Franzen (1997) 实验发现撞击速度在某一范围时，在侵彻过程中弹头是不对称，不规则的。Westerling 等 (2001) 发现弹体的侵彻隧道部分孔径狭小，部分孔径宽大，表明侵彻是间歇性的。Lundberg 等 (2000) 也发现侵彻隧道以不规则和不对称的方式偏离圆柱形状。

图 10.8.1 是 Behner 等 (2008) 的金长杆侵彻碳化硅陶瓷的实验结果图。在 25.1 μs 时，长杆弹弹头转变为平头形，到了 37.2 μs 时，弹头又变为正常的蘑菇头形。并且还能看到在侵彻初期，陶瓷内部的侵蚀隧道是相对规则的，而到了侵彻中后期，陶瓷内部侵彻隧道有类似葫芦串的形状出现。在数值模拟中，也能看

到类似的现象，图 10.8.2 是模拟得到的长杆弹侵彻陶瓷靶板在两个特征时刻的侵彻图。其中，图 (a) 与 Behner 等 (2008) 的侵彻初期结果相似，弹头被侵蚀磨平，且此时陶瓷内的侵彻隧道规则稳定。随着侵彻到达图 (b) 时刻，弹头又变为蘑菇头形，陶瓷内部侵彻隧道也和实验一样呈现葫芦串形。

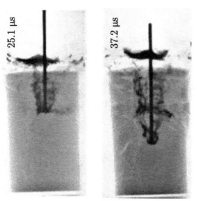

图 10.8.1　　金杆侵彻碳化硅陶瓷 (Behner et al., 2008)

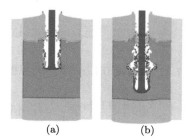

(a)　　　　　　　　　　(b)

图 10.8.2　　模拟得到的弹头变化特征图

　　虽然，已有实验观察到长杆弹在侵彻陶瓷靶时弹头形状和侵蚀隧道会发生变化，但目前还没有论文对此进行分析说明。通过数值模拟和理论研究，我们发现长杆弹在侵彻陶瓷靶时弹头形状发生变化的根本原因是陶瓷的脆性，其损伤破坏和金属材料的塑性破坏不同，陶瓷的损伤破坏过程是从完整逐渐破碎最后完全粉碎的过程。随着陶瓷在侵彻过程中的破碎程度不断加重，弹头处的受力会发生变化，受力改变导致侵彻头形会发生相应的变化。通过数值模拟，我们还发现侵彻隧道呈现葫芦串形的原因就是由弹头形状变化引起的，即弹头变平导致此处侵彻隧道的半径变大，弹头形状的多次变化造成侵彻隧道的不规则葫芦串形的产生。

　　图 10.8.3 是长杆弹以 1645 m/s 侵彻陶瓷靶板的特征时刻侵彻位置对比图。图 10.8.3(a) 中 24.5 μs 时刻，弹头形状为平头，经过 2 μs 弹头恢复为蘑菇头形，

对应地侵彻隧道出现扩张现象。将两个时刻的侵深图进行位置比较后发现,平头形弹头出现位置刚好与之后的侵彻隧道孔径扩大位置重合。模拟还发现,孔径扩张处会存在较明显的碎屑堆积。图 10.8.3(b) 是 38.5 μs 和 42 μs 两个时刻的侵深图,同样发现弹头变平处的侵彻隧道在之后发生扩张。发生该现象的原因可能是陶瓷的脆性导致长杆弹在侵彻过程中弹头被侵蚀磨平,变平的弹头将被继续侵蚀产生碎屑。这部分碎屑因为弹头变平而具有垂直侵彻方向的速度,在侵蚀过程中将沿着该方向飞溅并撞击隧道边缘使得孔径变大,同时自身失去速度产生堆积。随着弹头的多次变化,侵彻隧道就会在不同位置发生孔径扩大,最终呈现出葫芦串形。

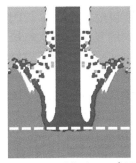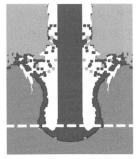

(a) 24.5 μs 与 26.5 μs 侵彻深度图

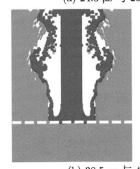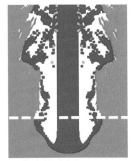

(b) 38.5 μs 与 42 μs 侵彻深度图

图 10.8.3 模拟结果特征时刻侵深对比图

10.9 本章小结

本章采用 Autodyn 软件模拟了不同速度的长杆弹侵彻陶瓷靶板发生的界面击溃、驻留转侵彻以及直接侵彻现象。研究重点分为三部分:第一,模型的建立以及可靠性验证,通过对某些特殊参数进行修正使得计算结果更加符合实验结果。第二,研究了界面击溃过程中弹靶的参数变化,分析了驻留转侵彻过程中不同阶段的弹体侵蚀情况, 重点分析了界面击溃、驻留转侵彻、直接侵彻三个工况下陶瓷的损伤机理。第三, 模拟首次发现长杆弹侵彻陶瓷靶会发生头形变化以及侵彻隧道变化, 首次澄清了脆性靶和金属靶长杆侵彻机制的不同, 并分析了相关原因。通过数值模拟和理论研究得到以下四点结论:

(1) 在模拟中若同时使用 SPH 算法与 Lagrange 算法, 需要考虑粒子与网格大小的影响。在计算中, SPH 粒子大小和 Lagrange 网格比例建议设为 1:2 时较为合适。模拟长杆弹侵彻陶瓷靶板产生界面击溃时, 陶瓷材料不建议采用 SPH 粒子建模。陶瓷损伤系数 $\varepsilon_{\max}^f$ 影响驻留时间以及侵彻深度, 而侵蚀阈值只影响侵彻深度。先通过拟合驻留时间确定 $\varepsilon_{\max}^f$ 大小, 再通过拟合侵彻深度确定侵蚀阈值, 能够达到参数解耦的作用。

(2) 界面击溃过程中陶瓷内部产生的锥裂纹不是由单一因素引起, 而是由长杆弹压缩和边界面的反射拉伸共同作用得到的复杂应力状态决定的。

(3) 在驻留转侵彻过程中, 驻留和侵彻过程中长杆弹的侵蚀速率不同但都能保持稳定, 且驻留过程中长杆弹的侵蚀速率较大。

(4) 由于陶瓷是脆性材料, 它的损伤破坏与金属的塑性损伤破坏不同。长杆弹在侵彻陶瓷靶时, 弹头形状会多次发生蘑菇头形与平头形的相互转变, 导致陶瓷内部的侵彻隧道呈现葫芦串形。

参 考 文 献

郎林, 陈小伟, 雷劲松. 2011. 长杆和分段杆侵彻的数值模拟. 爆炸与冲击, 30(2): 127-134.

李继承, 陈小伟. 2011. 柱形长杆弹侵彻的界面击溃分析. 爆炸与冲击, 31(2): 32-38.

谈梦婷, 张先锋, 何勇, 刘闯, 于溪, 郭磊. 2016. 长杆弹撞击装甲陶瓷的界面击溃效应数值模拟. 兵工学报, 37(4): 627-634.

武一顺, 陈小伟. 2020. 长杆弹撞击陶瓷靶的数值模拟方法研究. 爆炸与冲击, 40(5): 053301.

Behner T, Anderson Jr C E, Holmquist T J, Wickert M, Templeton D W. 2008. Interface defeat for unconfined SiC ceramics. 24th International Symposium on Ballistics, New Orleans, pp: 298-306.

Chi R, Serjouei A, Sridhar I, Geoffrey T E B. 2015. Pre-stress effect on confined ceramic armor ballistic performance. International Journal of Impact Engineering, 84: 159-170.

Goh W L, Zheng Y, Yuan J, et al. 2017. Effects of hardness of steel on ceramic armor module against long rod impact [J]. International Journal of Impact Engineering, 109(11): 419-426.

Holmquist T J, Johnson G R. 2002. Response of silicon carbide to high velocity impact. Journal of Applied Physics, 91(9): 5858-5866.

Johnson G R, Holmquist T J. 1994. An improved computational constitutive model for brittle materials. AIP Conf Proc, 309(1): 981-984.

Lee J K. 2008. Analysis of multi-layered materials under high velocity impact using CTH. Air Force Instiute of Technology Wright-Patterson AFB, Graduate School of Engineering and Mangaement.

Li J C, Chen X W, Ning F, Li X L. 2015. On the transition from interface defeat to penetration in the impact of long rod onto ceramic targets. International Journal of Impact Engineering, 83: 37-46.

Lundberg P, Renström R, Andersson O. 2013. Influence of length scale on the transition from interface defeat to penetration in unconfined ceramic targets. Journal of Applied Mechanics, 80(3): 979-985.

Lundberg P, Renström R, Lundberg B. 2000. Impact of metallic projectiles on ceramic targets: transition between interface defeat and penetration. International Journal of Impact Engineering, 24(3): 259-275.

Lundberg P, Renström R, Lundberg B. 2006. Impact of conical tungsten projectiles on flat silicon carbide targets: transition from interface defeat to penetration. International Journal of Impact Engineering, 32(11): 1842-1856.

Ning J, Ren H, Guo T, Li P. 2013. Dynamic response of alumina ceramics impacted by long tungsten projectile. International Journal of Impact Engineering, 62: 60-74.

Orphal D L, Franzen R R. 1997. Penetration of confined silicon carbide targets by tungsten long rods at impact velocities from 1.5 to 4.6 km/s. International Journal of Impact Engineering, 19(1): 1-13.

Partom Y. 2012. Modeling interface defeat and dwell long rod penetration into ceramic targets. AIP Conf. Proc., 1426(1): 76-79.

Quan X, Clegg R A, Cowler M S, Cowler M S, Birnbaum N K, Hayhurst C J. 2006. Numerical simulation of long rods impacting silicon carbide targets using JH-1 model. International Journal of Impact Engineering, 33(1): 634-644.

Shockey D A, Marchand A H, Skaggs S R, Cort G E, Burkett M W, Parker R. 1990. Failure phenomenology of confined ceramic targets and impacting rods. International Journal of Impact Engineering, 9(3): 263-275.

Westerling L, Lundberg P, Lundberg B. 2001. Tungsten long-rod penetration into confined cylinders of boron carbide at and above ordnance velocities. International Journal of Impact Engineering, 25(7): 703-714.

Wu Y S, Wen K, Chen X W. 2022. Numerical study on the long rod penetrating onto ceramic target. International Journal of Protective Structures, 13(4): 629-655.

Zinszner J L, Forquin P, Rossiquet G. 2015. Experimental and numerical analysis of the dynamic fragmentation in a SiC ceramic under impact. International Journal of Impact Engineering, 76: 9-19.

第 11 章　可压缩性对超高速侵彻的影响

11.1　引　　言

本章在 Flis (2013) 的完整可压缩侵彻模型的基础上，以初始压力的形式加入弹体强度，研究 3 km/s < V < 12 km/s 范围内可压缩性对长杆侵彻的影响 (Song et al., 2018)。为了系统研究可压缩性在各种弹/靶组合中的作用，我们研究了强可压缩弹侵彻弱可压缩靶、弹侵彻可压缩性相当的靶和弱可压缩弹侵彻强可压缩靶三种工况。将可压缩侵彻模型与流体动力学极限和不可压模型做系统对比，分析了可压缩侵彻模型中体积应变、内能和强度对侵彻效率和弹/靶界面压力的影响。

Flis (2013) 的完整可压缩侵彻模型采用 Hugoniot 冲击条件，即冲击波速和粒子速度呈线性关系或二次关系，并将此关系应用于冲击波波阵面前后的间断和 Mie-Grüneisen 状态方程；初始状态或冲击波阵面后的状态到驻点的过程使用可压缩 Bernoulli 方程，计及弹体和靶体的内能；考虑靶的侵彻阻力 R_t。在此基础上，我们以初始压力的形式加入弹体的强度，研究 3 km/s < V < 12 km/s 范围内可压缩性对长杆侵彻的影响。为了系统研究可压缩性在各种弹/靶组合中的作用，我们设计了 6061-T6 铝弹侵彻 WHA 靶、铜弹侵彻 4340 钢靶和 WHA 弹侵彻 6061-T6 铝靶，分别代表强可压缩弹侵彻弱可压缩靶、弹侵彻可压缩性相当的靶和弱可压缩弹侵彻强可压缩靶三种工况；并在具体工况中分析了可压缩侵彻模型中体积应变、内能和强度对侵彻效率和弹/靶界面压力的影响。

11.2　完整可压缩侵彻模型

11.2.1　状态方程

在考虑材料的可压缩性时，必须采用某种状态方程来描述材料内能、压力和密度间的关系，例如 Mie-Grüneisen 状态方程：

$$E\left(p,v\right) = E_{\mathrm{H}} + \frac{p - p_{\mathrm{H}}}{\rho\Gamma} \tag{11.2.1}$$

其中，E、p、ρ 和 $v \equiv 1/\rho$ 分别为比内能、压力、密度和比体积；$\Gamma \equiv v\left(\partial P/\partial E\right)_v$ 为 Grüneisen 系数，假设 Γ 与压力无关，满足 $\rho\Gamma = \rho_0\Gamma_0$ 关系；E_{H} 和 p_{H} 为

Hugoniot 冲击状态的比内能和压力，计算 p_{H} 时采用冲击波速 U_s 与粒子速度 U_p 的 Hugoniot 关系为

$$U_s = C_0 + S_1 U_p + \frac{S_2}{C_0} U_p^2 \tag{11.2.2}$$

其中，S_1 和 S_2 为材料常数，C_0 为初始波速。结合式 (11.2.2) 和波阵面上的质量守恒、动量守恒和能量守恒可得

$$E_{\mathrm{H}} = \frac{\eta p_{\mathrm{H}}}{2\rho_0} \tag{11.2.3}$$

$$p_{\mathrm{H}} = \begin{cases} \dfrac{\rho_0 C_0^2 \eta}{\left(1 - S_1 \eta\right)^2}, & S_2 = 0 \\[3mm] \dfrac{\rho_0 C_0^2}{4\eta^3 S_2^2} \left[1 - S_1 \eta - \sqrt{\left(1 - S_1 \eta\right)^2 - 4 S_2 \eta^2} \right]^2, & S_2 \neq 0 \end{cases} \tag{11.2.4}$$

其中，$\eta \equiv (v_0 - v)/v_0$，为体积应变。

11.2.2 冲击波的处理

在以侵彻速度 U 运动的参考系中，弹/靶界面附近的流场及其状态分布如图 11.2.1 所示，下标 p、t 分别表示在弹体、靶中；状态 0 为冲击波前，即初始状态，状态 1 为冲击波后，状态 2 为驻点，即弹/靶界面。记流场在轴线上流向驻点 2 的速度为 W，则边界条件为

$$W_{0p} = V - U, \quad p_{0p} = Y_p, \quad E_{0p} = \frac{p_{0p}}{\rho_{0p}\Gamma_{0p}} \tag{11.2.5}$$

$$W_{0t} = U, \quad p_{0t} = R_t, \quad E_{0t} = \frac{p_{0t}}{\rho_{0t}\Gamma_{0t}} \tag{11.2.6}$$

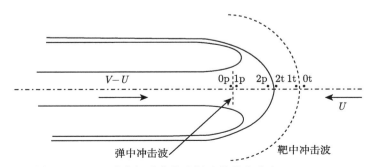

图 11.2.1　运动坐标系中的流场及其状态分布 (Flis, 2013)

　　若弹体或靶中材料以超声速 ($W_0 > C_0$) 流向驻点，则在离驻点一定距离处会产生冲击波，波阵面前后的 Rankine-Hugoniot 条件为

$$\rho_0 W_0 = \rho_1 W_1 \tag{11.2.7}$$

$$p_0 + \rho_0 W_0^2 = p_1 + \rho_1 W_1^2 \tag{11.2.8}$$

$$p_0 v_0 + \frac{1}{2} W_0^2 + E_0 = p_1 v_1 + \frac{1}{2} W_1^2 + E_1 \tag{11.2.9}$$

由冲击波速—粒子速度关系式 (11.2.2)、$U_s = W_0$ 和 $U_p = W_0 - W_1$ 可得

$$W_1 = \begin{cases} W_0 - (W_0 - C_0)/S_1, & S_2 = 0 \\ W_0 + C_0 \left[S_1 - \sqrt{S_1^2 + 4S_2 (W_0 - C_0)/C_0} \right] / (2S_2), & S_2 \neq 0 \end{cases} \tag{11.2.10}$$

将式 (11.2.10) 代入式 (11.2.7)~ 式 (11.2.9) 可得

$$v_1 = v_0 W_1 / W_0 \tag{11.2.11}$$

$$p_1 = p_0 + W_0 (W_0 - W_1) / v_0 \tag{11.2.12}$$

$$p_0 v_0 + \frac{1}{2} W_0^2 + E_0 = p_1 v_1 + \frac{1}{2} W_1^2 + E_1 \tag{11.2.13}$$

11.2.3　冲击波到驻点的等熵过程

　　从冲击波到驻点间的等熵过程使用可压缩 Bernoulli 方程

$$p_1 v_1 + \frac{1}{2} W_1^2 + E_1 = p_2 v_2 + \frac{1}{2} W_2^2 + E_2 \tag{11.2.14}$$

可压缩 Bernoulli 方程考虑了材料的内能，且使用的是材料被压缩后的真实密度；而不可压 Bernoulli 方程未考虑材料的内能，一直使用材料的初始密度。由等熵条件可知

$$E_2 - E_1 = -\int_1^2 p \mathrm{d}v \tag{11.2.15}$$

在该过程中材料应满足状态方程，由式 (11.2.1) 和式 (11.2.3) 可得

$$E = \frac{p}{\rho \Gamma} + g \tag{11.2.16}$$

$$g(v) \equiv p_{\mathrm{H}} \left(\frac{\eta}{2\rho_0} - \frac{1}{\rho \Gamma} \right) \tag{11.2.17}$$

由式 (11.2.16) 和等熵条件 $\mathrm{d}E = -p\mathrm{d}v$ 以及 $\rho\Gamma$ 为常数可得

$$\mathrm{d}p = -\rho\Gamma\left(\mathrm{d}g + p\mathrm{d}v\right) \tag{11.2.18}$$

求解式 (11.2.18) 可得从冲击波到驻点过程中压力与比体积的关系——$p(v)$ 函数，将其代入 Bernoulli 方程，且在驻点处 $W_2 = 0$，则可得

$$\frac{1}{2}W_2^2 = p_1v_1 + \frac{1}{2}W_1^2 + E_1 - p_2v_2 - \frac{p_2(v_2)}{\rho\Gamma} - g(v_2) = 0 \tag{11.2.19}$$

求解式 (11.2.19) 可得驻点处比体积 v_2，代入 $p(v)$ 可得压力 p_2，最后由状态方程可得比内能 E_2。

至此，若已知初始状态 0，冲击波存在时可用上述理论求得驻点处的所有物理量。当不存在冲击波时，则不使用式 (11.2.7)~ 式 (11.2.9)，而将式 (11.2.18) 和式 (11.2.19) 中的起始状态改为初始状态 0，求得驻点处的所有物理量。

11.3 完整可压缩侵彻模型的数值求解

11.3.1 数值求解

由于式 (11.2.18) 比较复杂，不能得到解析解，所以需要采用数值方法求解。在积分过程中，从第 $(i-1)$ 步到第 i 步时，式 (11.2.18) 的数值格式为

$$p_i - p_{i-1} = -\rho\Gamma\left[g(v_i) - g(v_{i-1}) + \frac{1}{2}(p_i + p_{i-1})(v_i - v_{i-1})\right] \tag{11.3.1}$$

整理后可得

$$p_i = \frac{p_{i-1} - \rho\Gamma\left[g_i - g_{i-1} + \frac{1}{2}p_{i-1}(v_i - v_{i-1})\right]}{1 + \frac{1}{2}\rho\Gamma(v_i - v_{i-1})} \tag{11.3.2}$$

积分时沿着比体积 v 减小的方向进行，终点为驻点状态 2，即 $W_2 = 0$ 处。由可压缩 Bernoulli 方程式 (11.2.14) 可知

$$\frac{1}{2}W_i^2 = p_1v_1 + \frac{1}{2}W_1^2 + E_1 - p_iv_i - \frac{p_i}{\rho\Gamma} - g(v_i) \tag{11.3.3}$$

在积分过程中利用式 (11.3.3) 监测是否达到积分终点。当监测到 $\frac{1}{2}W_i^2 < 0$ 时，则放弃该积分步，将比体积 v 的增量减半再进行积分；v 的增量减半三次即可停止积分，得到驻点处的比体积 v_2 和压力 p_2，最后由状态方程可得比内能 E_2。

最后，在驻点处应满足平衡关系 $P_{2p} = P_{2t}$；由式 (11.2.9)、式 (11.2.14) 和 $W_2 = 0$ 可得

$$p_2 v_2 + E_2 = p_0 v_0 + \frac{1}{2} W_0^2 + E_0 \tag{11.3.4}$$

$$p_2 = \left(p_0 v_0 + \frac{1}{2} W_0^2 + E_0 - E_2 \right) \bigg/ v_2 \tag{11.3.5}$$

将 $W_{0p} = V - U$ 和 $W_{0t} = U$ 代入式 (11.3.5)，再代入压力平衡关系 $P_{2p} = P_{2t}$ 可得

$$\frac{1}{2} (V - U)^2 + p_{0p} v_{0p} - E_{2p} + E_{0p} = \frac{v_{2p}}{v_{2t}} \left(\frac{1}{2} U^2 + p_{0t} v_{0t} - E_{2t} + E_{0t} \right) \tag{11.3.6}$$

记 $\phi \equiv \dfrac{v_{0t} v_{2p}}{v_{0p} v_{2t}} = \dfrac{\rho_{2t}/\rho_{0t}}{\rho_{2p}/\rho_{0p}}$，为靶和弹在驻点的密度与初始密度之比的比值，则由式 (11.3.6) 得

$$\left(\frac{V - U}{U} \right)^2 = \frac{\rho_{0t}}{\rho_{0p}} \left[\phi + \frac{\phi p_{0t} - p_{0p} - \phi \rho_{0t} (E_{2t} - E_{0t}) + \rho_{0p} (E_{2p} - E_{0p})}{\frac{1}{2} \rho_{0t} U^2} \right] \tag{11.3.7}$$

可将式 (11.3.7) 改写为

$$\left(\frac{V - U}{U} \right)^2 = \frac{\rho_{0t}}{\rho_{0p}} \frac{1}{\psi} \tag{11.3.8}$$

$$\psi = \frac{1}{\phi + \dfrac{\phi p_{0t} - p_{0p} - \phi \rho_{0t} (E_{2t} - E_{0t}) + \rho_{0p} (E_{2p} - E_{0p})}{\frac{1}{2} \rho_{0t} U^2}} \tag{11.3.9}$$

定义侵彻效率为侵彻深度的增量与弹体被销蚀长度的增量之比，则

$$PE \equiv -\frac{\mathrm{d}P}{\mathrm{d}l} = -\frac{U \mathrm{d}t}{(U - V) \mathrm{d}t} = \frac{U}{V - U} \tag{11.3.10}$$

其中，P 为侵彻深度，l 为剩余弹体长度。

由式 (11.3.10)、式 (11.3.8) 和流体动力学极限 $PE_h = \sqrt{\rho_{0p}/\rho_{0t}}$ 可知

$$\frac{PE_c}{PE_h} = \frac{U/(V - U)}{\sqrt{\rho_{0p}/\rho_{0t}}} = \sqrt{\psi} \tag{11.3.11}$$

式中，PE_c 为可压缩侵彻模型所得侵彻效率；ψ 越大，表示可压缩侵彻模型所得侵彻效率越大。

对于不可压模型，由不可压缩的 Alekseevski-Tate 模型 $\frac{1}{2}\rho_p\left(V-U\right)^2+Y_p=\frac{1}{2}\rho_t U^2+R_t$ 和式 (11.3.10) 可得其侵彻效率为

$$PE_{ic}=\frac{\sqrt{4\left(R_t-Y_p\right)^2+\left[\rho_t V^2+2\left(R_t-Y_p\right)\right]\left[\rho_p V^2-2\left(R_t-Y_p\right)\right]}-2\left(R_t-Y_p\right)}{\rho_t V^2+2\left(R_t-Y_p\right)}$$

(11.3.12)

在以上理论中，均假设状态 0 已知，即侵彻速度 U 已知。Flis (2013) 并未给出计算初始 U 的取值方法；在计算以弹体速度 V 侵彻时，我们根据不可压 Alekseevski-Tate 模型，假设侵彻速度为

$$U=\frac{1}{1-\rho_t/\rho_p}\left(V-\sqrt{\rho_t V^2/\rho_p-2\left(R_t-Y_p\right)\left(\rho_p-\rho_t\right)/\rho_p^2}\right)$$

(11.3.13)

若已知弹体速度 V' 和 V'' 下的侵彻速度 U' 和 U''，且 V'、V'' 与 V 接近，则用线性插值取代式 (11.3.13)

$$U=U'+\frac{U''-U'}{V''-V'}\left(V-V'\right)$$

(11.3.14)

使用线性插值能使假设的侵彻速度 U 更接近其真实解，提高程序的计算效率。

由假设的状态 0 求解弹体和靶中驻点 2 的物理量，得到式 (11.3.8) 中的 ψ 值，则

$$U_{\text{new}}=\frac{V}{1+\sqrt{\dfrac{\rho_{0t}}{\rho_{0p}}\dfrac{1}{\psi\left(U_{\text{old}}\right)}}}$$

(11.3.15)

再令 $U=U_{\text{new}}$ 重复以上过程，直至收敛。

程序的设计框架如图 11.3.1 所示。根据弹体速度 V 设置侵彻速度 U，确定弹/靶的初始状态，分别处理弹/靶中的冲击波间断和从冲击波到驻点的等熵过程，求得弹/靶在驻点处的所有物理量；此时弹/靶在驻点处的压力并不平衡，所以要根据式 (11.3.15) 更新侵彻速度 U，再重复上述过程，直至驻点处弹/靶压力达到平衡。

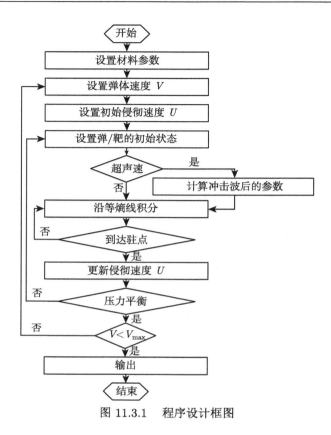

图 11.3.1　程序设计框图

11.3.2　程序验证

为验证程序的正确性，我们重复 Flis (2011, 2013) 的两个不考虑弹体强度的算例，即 PMMA 弹侵彻半无限铝靶 ($Y_p = 0, R_t = 4.8 \times 0.3$ GPa，此处铝靶的初始屈服强度为 0.3 GPa，而 4.8 是综合考虑各种因素后的系数，后面都将采用这种书写方式) 和铝弹侵彻半无限 PMMA 靶 ($Y_p = 0, R_t = 4.0 \times 0.07$ GPa)，表 11.3.1 为铝和 PMMA 的物性参数。

表 11.3.1　铝和 PMMA 的物性参数 (Flis, 2011)

	铝	PMMA
初始密度，$\rho_0(\text{g/cm}^3)$	2.707	1.186
初始波速，$C_0(\text{km/s})$	5.25	2.3
Hugoniot 系数，S_1	1.37	1.75
Hugoniot 系数，S_2	0.0	-0.13
Grüneisen 系数，Γ_0	1.97	0.91

使用数值方法计算可压缩侵彻模型的侵彻效率与流体动力学极限之比如图 11.3.2 所示，从图中可知，程序计算所得结果与 Flis (2011) 的结果一致，证明程序的正确性。在两个算例中，随着弹体速度的增加，可压缩侵彻模型的侵彻效率都不趋近于流体动力学极限。PMMA 弹侵彻半无限铝靶时，随着弹体速度的增加，可压缩侵彻模型的侵彻效率明显高于流体动力学极限，在 $V = 10$ km/s 时，$PE_c/PE_h = 1.091$。铝弹侵彻半无限 PMMA 靶时，随着弹体速度的增加，可压缩侵彻模型的侵彻效率明显低于流体动力学极限，在 $V = 10$ km/s 时，$PE_c/PE_h = 0.890$。

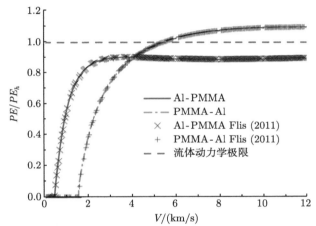

图 11.3.2　无强度铝弹侵彻 PMMA 靶和无强度 PMMA 弹侵彻铝靶时侵彻效率与流体动力学的侵彻效率之比

以上两个算例中，弹体的强度均为 0。为了解弹的强度对侵彻的影响，我们重新计算 PMMA 弹侵彻半无限铝靶 ($Y_p = 0.12$ GPa, $R_t = 4.8 \times 0.3$ GPa) 和铝弹侵彻半无限 PMMA 靶 ($Y_p = 0.5$ GPa, $R_t = 4.0 \times 0.07$ GPa) 算例。无强度弹和有强度弹的侵彻效率与流体动力学极限之比如图 11.3.3 所示。从图中可知，弹体的强度会提高侵彻效率。但 PMMA 弹侵彻半无限铝靶算例中，铝靶的侵彻阻力 ($R_t = 4.8 \times 0.3$ GPa) 远高于 PMMA 弹的动态屈服强度 ($Y_p = 0.12$ GPa)，所以 PMMA 弹的强度对侵彻效率的影响很小。铝弹侵彻半无限 PMMA 靶算例中，PMMA 靶的侵彻阻力 ($R_t = 4.0 \times 0.07$ GPa) 低于铝弹的动态屈服强度 ($Y_p = 0.5$ GPa)，在 $V < 7$ km/s 时铝弹的强度对侵彻效率的影响有一定影响。

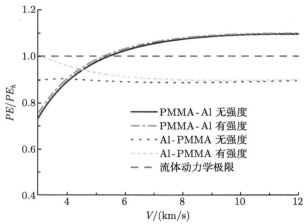

图 11.3.3　铝弹侵彻 PMMA 靶和 PMMA 弹侵彻铝靶时侵彻效率与流体动力学的
侵彻效率之比

11.4　可压缩侵彻模型的参数讨论

由式 (11.3.5) 可知可压缩侵彻模型中驻点压力为

$$p_2 = \frac{1}{2}\rho_2 W_0^2 - \rho_2\left(E_2 - E_0\right) + \frac{\rho_2}{\rho_0}p_0 \tag{11.4.1}$$

将其无量纲化，分别称 $\frac{1}{2}\rho_2 W_0^2/p_2$、$\rho_2\left(E_2 - E_0\right)/p_2$ 和 $(\rho_2/\rho_0)\,p_0/p_2$ 为压力的动能因素 K、内能因素 I 和强度因素 S，则 $K - I + S = 1$；对于弹/靶材料，以下标 p 和 t 区分。而不可压模型中的驻点压力仅考虑了动能和强度，而未考虑内能，且密度一直取为初始密度，而可压缩侵彻模型中使用的是材料被压缩后的真实密度。

若在式 (11.3.6) 中忽略弹体和靶的内能项和强度项，只考虑动能项；即相当于在流体动力学极限中使用弹/靶界面处的真实密度，而非初始密度。则

$$\frac{PE_h^*}{PE_h} = \frac{\sqrt{\rho_{2p}/\rho_{2t}}}{\sqrt{\rho_{0p}/\rho_{0t}}} = \frac{\sqrt{\rho_{2p}/\rho_{0p}}}{\sqrt{\rho_{2t}/\rho_{0t}}} = \sqrt{\frac{k_p}{k_t}} = \sqrt{\frac{1}{\phi}} \tag{11.4.2}$$

其中，$k_p \equiv \rho_{2p}/\rho_{0p} = 1/\left(1 - \eta_{2p}\right)$ 和 $k_t \equiv \rho_{2t}/\rho_{0t} = 1/\left(1 - \eta_{2t}\right)$ 分别为弹体和靶在弹/靶界面处的密度与其初始密度之比，可反映出体积应变的大小。因此，动能因素由材料的体积应变决定。

计算 PE_h^* 时使用的是弹/靶界面处的真实密度，而计算流体动力学极限 PE_h 使用的是材料的初始密度，所以 PE_h^* 和 PE_h 的差别是由弹体和靶在弹/靶界面

处体积应变的不同造成的。PE_h^*/PE_h 偏离 1 越远,表示弹体和靶的体积应变差别越大。

若在式 (11.3.6) 中忽略弹体和靶的内能项,只考虑动能项和强度项,即相当于在不可压模型中使用弹/靶界面处的真实密度,而非初始密度。则

$$PE_{ic}^* = \frac{\sqrt{4\left(k_t R_t - k_p Y_p\right)^2 + \left[k_t \rho_{0t} V^2 + 2\left(k_t R_t - k_p Y_p\right)\right]\left[k_p \rho_{0p} V^2 - 2\left(k_t R_t - k_p Y_p\right)\right]} - 2\left(k_t R_t - k_p Y_p\right)}{k_t \rho_{0t} V^2 + 2\left(k_t R_t - k_p Y_p\right)}$$

(11.4.3)

比较式 (11.4.3) 和不可压模型的侵彻效率式 (11.3.12) 可知,弹体和靶密度的增大不仅增强动能因素,还增强了强度,即强度项变为初始强度的 $k = \rho_2/\rho_0$ 倍。计算 PE_{ic}^* 和 PE_h^* 时使用的都是弹/靶界面处的真实密度,但计算 PE_{ic}^* 时考虑了强度,而计算 PE_h^* 时未考虑强度,所以 PE_{ic}^* 和 PE_h^* 的差别是由强度因素造成的。

可压缩侵彻模型综合考虑了弹体和靶的动能项、强度项和内能项,而计算 PE_{ic}^* 时仅考虑了弹体和靶的动能项和强度项。所以由式 (11.4.3) 给出可压缩侵彻模型所得侵彻效率 PE_c 和 PE_{ic}^* 的差别是由内能因素造成的。

驻点处的压力由动能项、内能项和强度项组成,而可压缩性对动能项、内能项和强度项都有影响,所以我们定义了 PE_{ic}^* 和 PE_h^*,将其与 PE_c 和 PE_h 比较,由此分析各项对侵彻效率的影响。在侵彻过程中,最重要的条件是弹/靶界面压力平衡,为了系统研究可压缩性在各种弹/靶组合中的作用,我们在下一节中将计算强可压缩弹侵彻弱可压缩靶、弹侵彻可压缩性相当的靶和弱可压缩弹侵彻强可压缩靶三种工况,以分析体积应变、内能和强度对超高速侵彻的影响。

11.5 可压缩性对侵彻的影响

在超高速侵彻情况下,弹体速度越高,弹/靶界面附近压力越大,弹体和靶材料的体积应变和内能越大。而不同材料的可压缩性不同,可能对侵彻过程产生影响。表 11.5.1 为 6061-T6 铝 (Corbett, 2006)、铜 (Flis, 2013)、4340 钢 (Steinberg, 1991) 和 WHA (Steinberg, 1991) 的物性参数,根据式 (11.2.4) 给出图 11.5.1,图中曲线为其相应的 Hugoniot 冲击曲线。从图中可知,在同样的体积应变下,冲击压力 P_H(WHA) $> P_H$(4340 钢) $\approx P_H$(Cu) $> P_H$ (6061-T6 铝),即这四种合金在冲击条件下,6061-T6 铝的可压缩性最强,WHA 的可压缩性最弱,4340 钢和铜的可压缩性相当,介于两者之间。

表 11.5.1　材料的物性参数

	6061-T6 铝	铜	4340 钢	WHA
初始密度, $\rho_0/(\mathrm{g/cm^3})$	2.7	8.93	7.85	18.6
初始波速, $C_0/(\mathrm{km/s})$	5.24	3.92	4.578	4.03
Hugoniot 系数, S_1	1.4	1.488	1.33	1.237
Hugoniot 系数, S_2	0.0	0.0	0.0	0.0
Grüneisen 系数, Γ_0	1.97	1.96	1.67	1.67

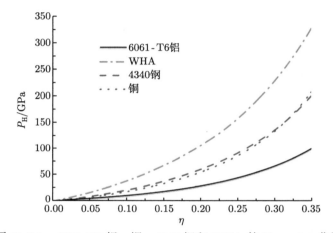

图 11.5.1　6061-T6 铝、铜、4340 钢和 WHA 的 Hugoniot 曲线

11.5.1　强可压缩弹侵彻弱可压缩靶

　　6061-T6 铝可压缩性比 WHA 强。使用可压缩侵彻模型与不可压模型计算 6061-T6 铝弹以 3~12 km/s 弹体速度侵彻半无限 WHA 靶, 计算中取 $Y_p = 0.5$ GPa, $R_t = 4.5 \times 1.67$ GPa, 可压缩侵彻模型与不可压模型计算的侵彻效率与流体动力学极限之比如图 11.5.2 所示, 图中还画出了 Orphal 和 Anderson (2006) 使用 CTH 程序数值模拟 6061-T6 铝弹以 3~8 km/s 弹体速度侵彻半无限 WHA 靶的结果。

　　从图中可知, 在 5~8 km/s 范围内, 速度越高, 可压缩侵彻模型与 CTH 模拟吻合得越好。当 $V = 8$ km/s 时, $PE_c/PE_h = 1.002$, $PE_{ic}/PE_h = 0.923$, $PE_{\mathrm{CTH}}/PE_h = 0.998$, $(PE_c - PE_{ic})/PE_h = 7.9\%$ (下标中 CTH 表示 Orphal 和 Anderson (2006) 的结果)。当 $V = 12$ km/s 时, $PE_c/PE_h = 1.059$, $PE_{ic}/PE_h = 0.966$, $(PE_c - PE_{ic})/PE_h = 9.3\%$。可压缩侵彻模型计算的侵彻效率明显高于不可压模型, 可压缩性增强了 6061-T6 铝弹的侵彻能力。

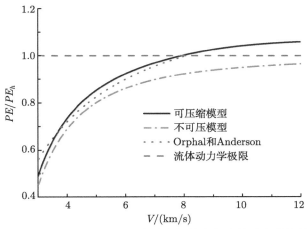

图 11.5.2 6061-T6 铝弹侵彻 WHA 靶时侵彻效率与流体动力学的侵彻效率之比

6061-T6 铝弹侵彻 WHA 靶时弹/靶界面压力随弹体速度的变化如图 11.5.3 所示。$V < 6$ km/s 时，可压缩侵彻模型所得弹/靶界面压力大于不可压模型，但差别不大；而弹体速度越大，可压缩性导致的压力增加就越大。当 $V = 8$ km/s，$p_{2c} = 56.0$ GPa，$p_{ic} = 47.8$ GPa，可压缩侵彻模型所得弹/靶界面压力比不可压模型大 8.2 GPa；当 $V = 12$ km/s 时，$p_{2c} = 135.0$ GPa，$p_{ic} = 104.4$ GPa，可压缩侵彻模型所得弹/靶界面压力比不可压模型大 30.6 GPa。

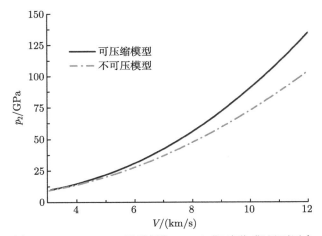

图 11.5.3 6061-T6 铝弹侵彻 WHA 靶时弹/靶界面压力

6061-T6 铝弹和 WHA 靶中动能因素、内能因素和强度因素分别如图 11.5.4 和图 11.5.5 所示；随着速度的增大，弹体和靶中动能因素和内能因素增强，而强度因素减弱。6061-T6 铝弹中动能因素始终大于内能因素和强度因素；WHA 靶中当 $V > 4.1$ km/s 时动能因素也大于内能因素和强度因素。且 6061-T6 铝弹的动能因素始终大于 WHA 靶的动能因素，在 $V = 12$ km/s 时动能因素 $K_p = 123.1\%$，$K_t = 105.6\%$。因为 WHA 靶体侵彻阻力 $R_t = 4.5 \times 1.67$ GPa 较大，所以靶中强度因素较强；在 $V = 7$ km/s 时 $S_t = 19.5\%$；在 $V = 12$ km/s 时强度因素 $S_t = 7.2\%$。而 6061-T6 铝弹的强度 $Y_p = 0.5$ GPa 远小于靶的侵彻阻力，其强度因素非常弱；在 $V = 7$ km/s 时 $S_p = 1.6\%$；在 $V = 12$ km/s 时 $S_p = 0.6\%$。6061-T6 铝弹的内能因素始终大于 WHA 靶的内能因素；在 $V = 12$ km/s 时，$I_p = 23.8\%$，$I_t = 12.8\%$。

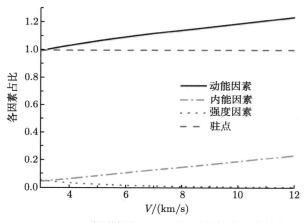

图 11.5.4　6061-T6 铝弹侵彻 WHA 靶时弹体中压力的相关因素

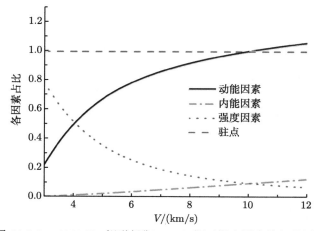

图 11.5.5　6061-T6 铝弹侵彻 WHA 靶时靶中压力的相关因素

6061-T6 铝弹侵彻 WHA 靶时 PE_h^*、PE_{ic}^* 和 PE_c 与使用初始密度的流体动力学极限之比如图 11.5.6 所示。从图中可知 $PE_h^*/PE_h > 1$，这是因为 6061-T6 铝弹的体积应变比 WHA 靶大，弹体较大的体积应变增强了弹体的侵彻能力。PE_h^*/PE_h 随弹体速度增大而增大，表示弹体和靶体积应变的差别随弹体速度增大而增大。$PE_h^* > PE_{ic}^*$，表明强度因素增强了靶的抗侵彻能力。由图 11.5.4 和图 11.5.5 可知，当 $3\,\mathrm{km/s} < V < 12\,\mathrm{km/s}$ 时，始终有 $S_p < S_t$。$(PE_h^* - PE_{ic}^*)$ 随弹体速度增大而减小，表示强度因素的影响随弹体速度增大而减小。$PE_{ic}^* > PE_c$，表明内能因素进一步减弱了弹体的侵彻能力。由图 11.5.4 和图 11.5.5 可知，当 $3\,\mathrm{km/s} < V < 12\,\mathrm{km/s}$ 时，始终有 $I_p > I_t$，而内能因素在压力公式 (11.4.1) 中是负作用，所以弹体较大的内能因素减弱了弹体的侵彻能力。$(PE_{ic}^* - PE_c)$ 随弹体速度增大而增大，表示内能因素的影响随弹体速度增大而增大。

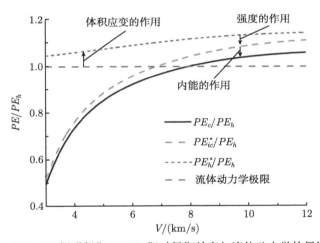

图 11.5.6 6061-T6 铝弹侵彻 WHA 靶时侵彻效率与流体动力学的侵彻效率之比

综上所述，弹体较大的体积应变增强了弹体的侵彻能力，而靶较强的强度因素增强了靶的抗侵彻能力，弹体较强的内能因素减弱了弹体的侵彻能力；但体积应变的影响更大，最终导致 $PE_h^* > PE_{ic}^* > PE_c > PE_{ic}$。

11.5.2 弹侵彻可压缩性相当的靶

铜的可压缩性与 4340 钢相当。使用可压缩侵彻模型与不可压模型分别计算铜弹以 3~12 km/s 弹体速度侵彻半无限 4340 钢靶，计算中取 $Y_p = 0, R_t = 4.5 \times 0.792\,\mathrm{GPa}$，可压缩侵彻模型与不可压模型计算的侵彻效率与流体动力学极限之比如图 11.5.7 所示。$(PE_c - PE_{ic})/PE_h$ 在 0.4%~1.4%，可压缩侵彻模型与不可压模型所得侵彻效率一致，最后都趋近于流体动力学极限。

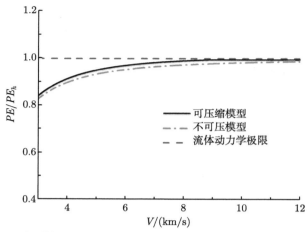

图 11.5.7   铜弹侵彻 4340 钢靶时侵彻效率与流体动力学的侵彻效率之比

铜弹侵彻 4340 钢靶时弹/靶界面压力随弹体速度的变化如图 11.5.8 所示。$V < 6$ km/s 时, 可压缩侵彻模型所得弹/靶界面压力大于不可压模型, 但差别不大。而弹体速度越大, 可压缩性导致的压力增加就越大。当 $V = 8$ km/s 时 $p_{2c} = 80.3$ GPa, $p_{ic} = 68.8$ GPa; 当 $V = 12$ km/s 时, $p_{2c} = 199.5$ GPa, $p_{ic} = 152.4$ GPa。虽然可压缩性导致弹/靶界面压力增大, 但是铜和 4340 钢的可压缩性差别较小, 所以对侵彻效率的影响较小。

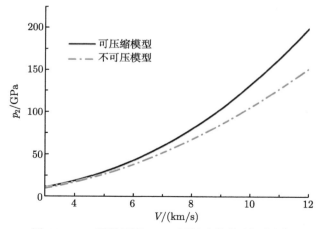

图 11.5.8   铜弹侵彻 4340 钢靶时弹/靶界面压力

铜弹和 4340 钢靶中动能因素、内能因素和强度因素分别如图 11.5.9 和图 11.5.10 所示; 铜弹和 4340 钢靶中的动能因素均大于内能因素和强度因素, 且随着速度的增大，弹体和靶中动能因素和内能因素增强，而强度因素减弱至可忽略，其中，4340 钢靶的强度因素较低速时较显著，但当 $V > 7$ km/s 时影响较小。铜弹的动能因素比 4340 钢靶大，但随着速度的增加，两者差距减小，在 $V = 12$ km/s 时 $K_p = 119.4\%$，$K_t = 117.2\%$。铜弹和 4340 钢靶的内能因素差别很小，在 $V = 12$ km/s 时，$I_p = 19.4\%$，$I_t = 20.0\%$。

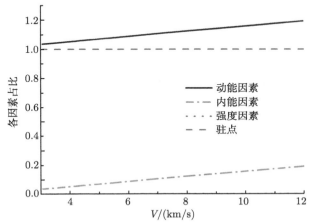

图 11.5.9　铜弹侵彻 4340 钢靶时弹体中压力的相关因素

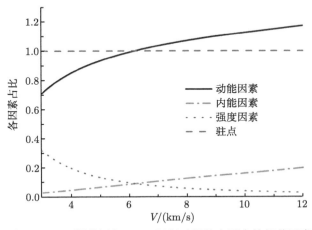

图 11.5.10　铜弹侵彻 4340 钢靶时靶体中压力的相关因素

铜弹侵彻 4340 钢靶时 PE_h^*、PE_{ic}^* 和 PE_c 与使用初始密度的流体动力学极限之比如图 11.5.11 所示。从图中可知 $PE_h^*/PE_h \approx 1$，这是因为铜弹的体积应变与 4340 钢靶相当，体积应变对弹体侵彻能力的增强与对靶抗侵彻能力的增强相当。$PE_h^* > PE_{ic}^*$，表示强度因素减弱了弹体的侵彻能力。由图 11.5.9 和图 11.5.10 可知，当 3 km/s $< V <$ 12 km/s 时，始终有 $S_p = 0 < S_t$。$(PE_h^* - PE_{ic}^*)$ 随弹体速度增大而减小，表示强度因素的影响随弹体速度增大而减小。$PE_{ic}^* \approx PE_c$，表示内能因素对弹体的侵彻效率影响很小。由图 11.5.9 和图 11.5.10 可知，当 3 km/s $< V <$ 12 km/s 时，弹体和靶的可压缩性相当，导致体积应变相当，所以铜弹的内能因素和 4340 钢靶差别很小。

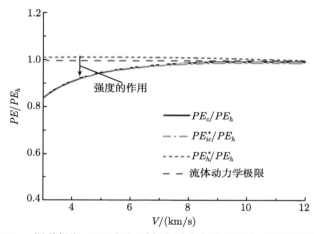

图 11.5.11　铜弹侵彻 4340 钢靶时侵彻效率与流体动力学的侵彻效率之比

综上所述，弹体的体积应变和内能因素均与靶相当，而靶的强度因素大于弹体，增强了靶的抗侵彻能力，最终导致 $PE_h^* > PE_{ic}^* \approx PE_c \approx PE_{ic}$，而靶的强度因素在 $V > 7$ km/s 时影响较小，所以 PE_c 和 PE_{ic} 在 $V > 7$ km/s 时均趋近于流体动力学极限。

11.5.3　弱可压缩弹侵彻强可压缩靶

WHA 可压缩性比 6061-T6 铝弱。使用可压缩与不可压侵彻模型计算 WHA 弹以不同弹速侵彻半无限 6061-T6 铝靶，计算中取 $Y_p = 2.0$ GPa，$R_t = 4.5 \times 0.3$ GPa，可压缩侵彻模型与不可压模型计算的侵彻效率与流体动力学极限之比如图 11.5.12 所示。不可压模型所得侵彻效率在 $V > 6$ km/s 时趋近于流体动力学极限 (由于 $Y_p > R_t$，因此从上方趋近流体动力学极限)。当 $V = 8$ km/s 时，$PE_c/PE_h = 0.944$，$PE_{ic}/PE_h = 1.007$，$(PE_c - PE_{ic})/PE_h = -6.3\%$。当 $V = 12$ km/s 时，$PE_c/PE_h = 0.924$，$PE_{ic}/PE_h = 1.003$，$(PE_c - PE_{ic})/PE_h = -7.9\%$。可压缩侵彻模型所得的侵彻效率明显低于不可压模型，可压缩性增强了靶的抗侵彻能力。

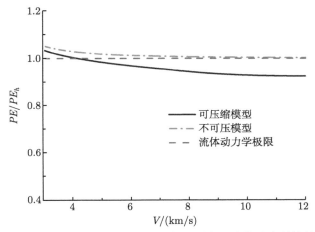

图 11.5.12 WHA 弹侵彻 6061-T6 铝靶时侵彻效率与流体动力学的侵彻效率之比

WHA 弹侵彻 6061-T6 铝靶时弹/靶界面压力随弹体速度的变化如图 11.5.13 所示。$V < 6$ km/s 时，可压缩侵彻模型所得弹/靶界面压力大于不可压模型，但差别不大。弹体速度越大，可压缩性导致的压力增加就越大。当 $V = 8$ km/s 时，$p_{2c} = 54.9$ GPa，$p_{ic} = 46.8$ GPa；当 $V = 12$ km/s 时，$p_{2c} = 134.3$ GPa，$p_{ic} = 103.5$ GPa。

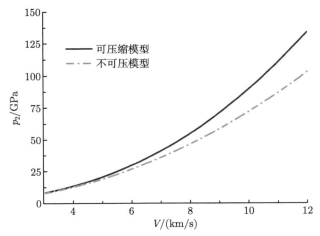

图 11.5.13 WHA 弹侵彻 6061-T6 铝靶时弹/靶界面压力

WHA 弹和 6061-T6 铝靶中动能因素、内能因素和强度因素分别如图 11.5.14 和图 11.5.15 所示。WHA 弹和 6061-T6 铝靶中的动能因素均大于内能因素和强度因素，且随着速度的增大，弹体和靶中动能因素和内能因素增强，而强度因素减弱。WHA 弹的动能因素始终小于 6061-T6 铝靶的动能因素，在 $V = 12$ km/s 时 $K_p = 110.6\%$，$K_t = 121.9\%$。WHA 弹的内能因素比 6061-T6 铝靶小，在 $V = 12$ km/s 时，$I_p = 12.5\%$，$I_t = 23.6\%$。WHA 弹和 6061-T6 铝靶的强度因素在 $V > 7$ km/s 时影响较小。

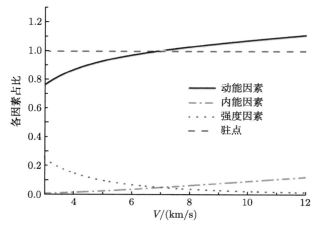

图 11.5.14　WHA 弹侵彻 6061-T6 铝靶时弹体中压力的相关因素

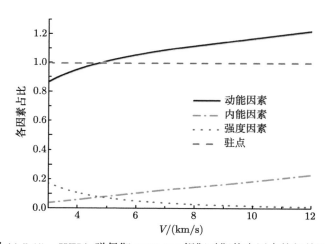

图 11.5.15　WHA 弹侵彻 6061-T6 铝靶时靶体中压力的相关因素

WHA 弹侵彻 6061-T6 铝靶时 PE_h^*、PE_{ic}^* 和 PE_c 与使用初始密度的流体动力学极限之比如图 11.5.16 所示。从图中可知 $PE_h^*/PE_h < 1$，这是因为 WHA 弹的体积应变比 6061-T6 铝靶小，靶的较大体积应变增强了靶的抗侵彻能力。PE_h^*/PE_h 随弹体速度增大而减小，表示弹体和靶体积应变的差别随弹体速度

增大而增大。$PE_h^* < PE_{ic}^*$，表示强度因素增强了弹体的侵彻能力。由图 11.5.14 和图 11.5.15 可知，当 $3\ \mathrm{km/s} < V < 12\ \mathrm{km/s}$ 时，始终有 $S_p > S_t$。$(PE_h^* - PE_{ic}^*)$ 随弹体速度增大而减小，表示强度因素的影响随弹体速度增大而减小；当 $V > 7\ \mathrm{km/s}$ 时，弹体和靶的强度因素影响较小，所以 PE_h^* 和 PE_{ic}^* 已基本相等。$PE_{ic}^* < PE_c$，表示内能因素进一步减弱了靶的抗侵彻能力。由图 11.5.14 和图 11.5.15 可知，当 $3\ \mathrm{km/s} < V < 12\ \mathrm{km/s}$ 时，始终有 $I_p < I_t$，而内能因素在压力公式 (11.4.1) 中是负作用，所以靶较大的内能因素减弱了靶的抗侵彻能力。$(PE_c - PE_{ic}^*)$ 随弹体速度增大而增大，表示内能因素的影响随弹体速度增大而增大。

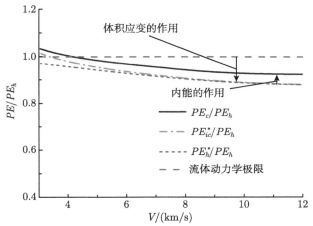

图 11.5.16　WHA 弹侵彻 6061-T6 铝靶时侵彻效率与流体动力学的侵彻效率之比

综上所述，靶较大的体积应变增强了靶的抗侵彻能力，弹体较强的强度因素增强了弹体的侵彻能力，而靶较强的内能因素减弱了靶的抗侵彻能力；但体积应变的影响更大，最终导致 $PE_h^* < PE_{ic}^* < PE_c < PE_{ic}$。

11.6　主要参量的分析

11.6.1　弹/靶界面压力

在可压缩侵彻模型中，驻点处的压力为

$$p_{2c} = k\frac{1}{2}\rho_0 W_0^2 + kp_0 - k\rho_0 (E_2 - E_0) \tag{11.6.1}$$

其中，$k \equiv \rho_2/\rho_0$，为弹/靶界面处密度与初始密度之比。驻点处压力由动能项、强度项和内能项构成。而在不可压模型中，弹/靶界面压力为

$$p_{ic} = \frac{1}{2}\rho_0 W_0^2 + p_0 \tag{11.6.2}$$

驻点处压力由动能项和强度项构成, 不包含内能项。

比较式 (11.6.1) 和式 (11.6.2), p_{2c} 中的动能项和强度项均为 p_{ic} 相应部分的 k 倍, 表明体积应变会增大弹/靶界面压力。而 p_{2c} 中的内能项会减小弹/靶界面压力, 由前面三个算例可知动能项的作用远大于内能项的作用, 所以可压缩性最终导致可压缩侵彻模型所得弹/靶界面压力大于不可压模型。弹体速度越大, 弹体和靶的体积应变就越大, 可压缩性导致的压力增加就越大。

比较 6061-T6 铝弹侵彻 WHA 靶 (工况 1) 和 WHA 弹侵彻 6061-T6 铝靶 (工况 3), 由图 11.5.3 和图 11.5.13 可知, 两种工况中弹/靶界面压力基本一致。工况 1 在 $V = 12$ km/s 时, $p_{2c} = 135.0$ GPa, $p_{ic} = 104.4$ GPa; 工况 3 中在 $V = 12$ km/s 时, $p_{2c} = 134.3$ GPa, $p_{ic} = 103.5$ GPa; 铜弹侵彻 4340 钢靶 (工况 2) 在 $V = 12$ km/s 时, $p_{2c} = 199.5$ GPa, $p_{ic} = 152.4$ GPa。可压缩侵彻模型所得弹/靶界面压力大于不可压模型。

11.6.2　强度

在不可压模型中, 动能项与弹体速度的平方成正比, 而强度项保持为常量, 所以随着弹体速度的增加导致动能项占比显著增加, 强度因素的影响会减弱, 不可压模型所得侵彻效率应趋近于流体动力学极限。由图 11.5.2 和图 11.5.12 可知, 两种工况中随弹体速度的增加, 不可压模型所得侵彻效率都趋近于流体动力学极限。由于 WHA 强度远大于 6061-T6 铝, 所以工况 1 中从下方趋近流体动力学极限, 且趋近速度较慢。而工况 3 中从上方趋近流体动力学极限, 且趋近速度较快。

本章将 R_t 取为靶屈服强度的固定倍数, 而在常规武器速度范围内 R_t 并不是一个固定的材料参数, 而是受屈服强度 σ_Y、弹性参数以及靶的塑性应变范围和应变率影响。对于超高速侵彻, 至今仍未有关于 R_t 系统的研究。对于 2 km/s $< V < 12$ km/s 的侵彻, Flis (2013) 调节 R_t 的取值, 以使可压缩模型和数值模拟的结果相吻合, 其所有算例中, R_t 均在 $4\sim5$ 倍屈服强度内, 所以本章将 R_t 统一取为 4.5 倍屈服强度。

11.6.3　内能

在式 (11.6.1) 中, 内能项对弹/靶界面压力的增加起负作用。从三种工况的结果可知, 可压缩性越强, 则材料的内能越大。弹体速度越大, 弹体和靶的内能就越大。由图 11.5.6 和图 11.5.16 可知, 在 3 km/s $< V < 12$ km/s 范围内, 内能因素对侵彻效率都有影响, 且弹体速度越大, 内能因素对侵彻效率的影响就越大, 与强度因素的趋势相反。在工况 1 中, 6061-T6 铝弹的内能大于 WHA 靶的内能, PE_{ic}^* 大于 PE_c, 即弹体较大的内能减弱弹体的侵彻能力。在工况 3 中, WHA 弹的内能小于 6061-T6 铝靶的内能, PE_{ic}^* 小于 PE_c, 即靶体较大的内能减弱靶体的抗侵彻能力。

若弹/靶可压缩性相当，而 $\rho_0 (E_2 - E_0) \approx -\rho_0 \int_0^2 p(v) \, \mathrm{d}v = \int_0^2 p(\eta) \, \mathrm{d}\eta$，即在相同体积应变下，其内能项相当；在不可压模型的弹/靶界面压力平衡关系中加入内能项，并将等式两边同时乘以相同的密度比 k，即可得到可压缩侵彻模型的弹/靶界面压力平衡关系。所以弹/靶可压缩性相当时，可压缩侵彻模型所得侵彻效率与不可压模型相同。

虽然在工况 2 中可压缩性导致的压力增加大于工况 1 和工况 3，但铜的可压缩性与 4340 钢差异较小，二者的体积应变和内能接近，即可压缩性对弹体的影响和对靶的影响相当，所以可压缩性对侵彻效率的影响较小。在图 11.5.7 中，随弹体速度的增加，可压缩侵彻模型和不可压模型所得侵彻效率差别较小，都趋近于流体动力学极限。

另外值得注意的是，在本章分析中，几乎所有的弹/靶内能因素都随弹体速度呈线性递增关系。本章对此并未作分析，但采用此关系，并在非常高的弹体速度下 (例如 $V = 10$ km/s) 不考虑强度项，则有可能令可压缩侵彻模型得到简化，得到解析的表达。

11.6.4 侵彻效率

在工况 1 和工况 2 中随弹体速度的增加，可压缩侵彻模型所得侵彻效率并不趋近于流体动力学极限。工况 1 中在 $V = 12$ km/s 时，$PE_c/PE_h = 1.059$，$PE_{ic}/PE_h = 0.966$，$(PE_c - PE_{ic})/PE_h = 9.3\%$；工况 3 中在 $V = 12$ km/s 时，$PE_c/PE_h = 0.924$，$PE_{ic}/PE_h = 1.003$，$(PE_c - PE_{ic})/PE_h = -7.9\%$。在同等弹/靶界面压力的情况下，可压缩性强的材料体积应变更大，增强了侵彻或抗侵彻能力；体积应变也会对强度项有所增强，进一步增强侵彻或抗侵彻能力；而另一方面可压缩性强的材料内能更大，会减弱侵彻或抗侵彻能力；但体积应变的影响最大，最终侵彻效率往体积应变决定的方向发展，而不是趋近于流体动力学极限。在弹/靶界面压力平衡为

$$p_{2c} = k_p \frac{1}{2} \rho_{0p} (V - U)^2 + k_p p_{0p} - k_p \rho_{0p} (E_{2p} - E_{0p})$$

$$= k_t \frac{1}{2} \rho_0 U^2 + k_t p_{0t} - k_t \rho_{0t} (E_{2t} - E_{0t}) \tag{11.6.3}$$

在式 (11.6.3) 中，若弹体具有有利于提高其驻点压力的性质 (例如，变形时具有较大的体积应变、有较大的强度或较小的内能)，为了达到压力平衡，则需要 $(V - U)$ 较小，U 较大，即侵彻效率更高，弹体的侵彻能力就更强。同理，若靶具有有利于提高其驻点压力的性质，则靶的抗侵彻能力就更强。

11.7　本 章 小 结

在超高速侵彻情况下，已不满足材料不可压缩的假设，必须采用可压缩侵彻模型；我们在可压缩侵彻模型中加入了弹体的强度。为了系统研究可压缩性在各种弹/靶组合中的作用，我们计算了强可压缩弹侵彻弱可压缩靶、弹侵彻可压缩性相当的靶和弱可压缩弹侵彻强可压缩靶三种工况，即 6061-T6 铝弹侵彻 WHA 靶、铜弹侵彻 4340 钢靶和 WHA 弹侵彻 6061-T6 铝靶。

在三种工况中可压缩侵彻模型所得弹/靶界面压力大于不可压模型，且弹体速度越大，可压缩性导致的压力增加就越大。

当弹/靶材料的可压缩性存在差异时，可压缩性强的材料，其体积应变更大，增强其侵彻或抗侵彻能力；而另一方面可压缩性强的材料内能更大，会减弱其侵彻或抗侵彻能力。但体积应变的影响更大，最终侵彻效率往体积应变决定的方向发展。导致随着弹体速度的增加，侵彻效率并不趋近于流体动力学极限。

而当弹/靶材料的可压缩性相当时，可压缩性会提高弹/靶界面压力，但对侵彻效率影响很小，可压缩侵彻模型所得侵彻效率与不可压模型一致，随着弹体速度的增加，侵彻效率趋近于流体动力学极限。

参 考 文 献

Corbett B M. 2006. Numerical simulations of target hole diameters for hypervelocity impacts into elevated and room temperature bumpers. International Journal of Impact Engineering, 33(1): 431-440.

Flis W J. 2013. A jet penetration model incorporating effects of compressibility and target strength. Procedia Engineering, 58: 204-213.

Flis W. 2011. A model of compressible jet penetration. Proceedings of the 26-th International Symposium on Ballistics, Miami, FL.

Orphal D L, Anderson Jr. C E. 2006. The dependence of penetration velocity on impact velocity. International Journal of Impact Engineering, 33(1): 546-554.

Song W J, Chen X W, Chen P. 2018. Effect of compressibility on the hypervelocity penetration. Acta Mechanica Sinica, 34(1): 82-98.

Steinberg D J. 1991. Equation of state and strength properties of selected materials. Technical Report UCRL-MA-106439: Lawrence Livermore National Laboratory.

第 12 章 超高速侵彻的近似可压缩模型

12.1 引 言

在第 11 章介绍的可压缩模型中，所涉及的方程较多，只能用数值迭代的方法求解方程组，效率较低。Flis (2013a) 提出了一种简化的超高速射流侵彻理论模型，在该模型中他做了两个假设：忽略冲击波和用 Hugoniot 冲击曲线近似材料的压力-比体积等熵线。该模型最终简化为一个关于驻点压力的方程，可使用数值求根方法 (例如 Newton 法) 求解。求得驻点压力后，其他物理量可通过相关公式显式地给出，例如侵彻速度和弹/靶的变形等。但他没有分析冲击波的影响，也未给出简化模型的适用范围。

本章 (Song et al., 2018) 分析和总结前人的可压缩模型；研究了冲击波在超高速侵彻中的作用，发现在一定条件下可以忽略冲击波的影响；并且论证了在可压缩模型中采用 Murnaghan 状态方程描述密度—压力关系的合理性。在这两个假设的基础上推导了近似可压缩模型，得到一个仅关于侵彻速度的方程，进而得到一个简单的近似解析解，避免了数值求根方法的使用。将近似模型应用于弹/靶可压缩性不同的三种工况中，即 6061-T6 铝弹侵彻 WHA 靶、铜弹侵彻 4340 钢靶和 WHA 弹侵彻 6061-T6 铝靶，并将近似模型的数值解及近似解与完整可压缩模型所得结果对比，三者的侵彻效率和驻点压力均吻合得很好。最后还阐明了强冲击波在超高速侵彻问题中的影响——减弱材料的可压缩性，降低材料的驻点压力，减弱材料侵彻 (或抗侵彻) 能力；而冲击波影响大小是由弹/靶材料速度改变量与其初始波速的比值决定的，此比值较小时可忽略冲击波的影响。此外，还将讨论近似模型的精度以及适用范围。

12.2 基 本 理 论

在以侵彻速度 U 运动的参考系中，弹/靶界面附近的流场及其状态分布如图 12.2.1 所示，下标 p 和 t 分别表示在弹体和靶体中；状态 0 为初始状态 (冲击波前)，状态 1 为冲击波后，状态 2 为驻点，即弹/靶界面。记流场在轴线上流向驻点 2 的速度为 W，则初始状态为

$$W_{0p} = V - U, \quad p_{0p} = Y_p \tag{12.2.1}$$

$$W_{0t} = U, \quad p_{0t} = R_t \tag{12.2.2}$$

在考虑冲击波时，波阵面前后的能量守恒方程为

$$p_0\nu_0 + \frac{1}{2}W_0^2 + E_0 = p_1\nu_1 + \frac{1}{2}W_1^2 + E_1 \tag{12.2.3}$$

其中，$\nu \equiv 1/\rho$ 和 E 分别为材料的比体积和比内能。

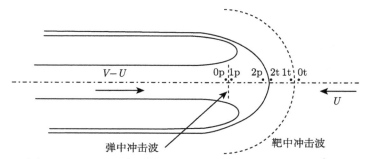

图 12.2.1   运动坐标系中的流场及其状态分布 (Flis, 2013a)

从波阵面到其后等熵过程中的某一点 i 的可压缩 Bernoulli 方程为

$$p_1\nu_1 + \frac{1}{2}W_1^2 + E_1 = p_i\nu_i + \frac{1}{2}W_i^2 + E_i \tag{12.2.4}$$

比较式 (12.2.3) 和式 (12.2.4) 可知，其形式完全一样——单位物质的能量守恒。可得

$$p_0\nu_0 + \frac{1}{2}W_0^2 + E_0 = p_i\nu_i + \frac{1}{2}W_i^2 + E_i \tag{12.2.5}$$

而 $E_i - E_0 = -\int_0^i p\mathrm{d}v$ (其中从 0 到 1 的积分沿冲击波 Rayleigh 线进行)，代入式 (12.2.5) 可得

$$\frac{1}{2}W_0^2 = \frac{1}{2}W_i^2 + p_i\nu_i - p_0\nu_0 - \int_0^i p\mathrm{d}v = \frac{1}{2}W_i^2 + \int_0^i v\mathrm{d}p \tag{12.2.6}$$

将 $W_2 = 0$ 代入式 (12.2.6) 可得

$$\frac{1}{2}W_0^2 = \int_0^2 v\mathrm{d}p \tag{12.2.7}$$

若存在冲击波，则从状态 0 到状态 1 的积分沿冲击波 Rayleigh 线进行。

从式 (12.2.7) 可知，单位质量的材料从初始状态 0 到驻点 2，其动能损失量与此过程中 $p\text{-}v$ 曲线与 p 轴围成的面积相等。所以，当速度改变量 W_0 一定时，若材料的可压缩性越大 (即相同压力下，材料的比体积更小，体积应变更大)，则材料所能达到的驻点压力就越大。

当弹体以速度 V 撞击靶时，在弹/靶界面处应满足速度连续和压力平衡条件，即

$$\begin{cases} W_{0p} + W_{0t} = V \\ p_s = p_{sp} = p_{st} \\ p_{sp} = p_{sp}(W_{0p}), \quad p_{st} = p_{st}(W_{0t}) \end{cases} \tag{12.2.8}$$

其中，p_s 为驻点压力。超高速侵彻问题的控制方程 (12.2.8) 与冲击波问题的控制方程类似，控制方程 (12.2.8) 中 $p_s(W_0)$ 关系类似于冲击波问题中的 $p\text{-}W_0$ 型 Hugoniot 曲线的地位。对于某种材料，若能确定其 $p_s(W_0)$ 关系，则其在超高速侵彻中的性能就被确定下来；当与其他材料作用时，可用图解法求得弹/靶界面压力和速度，此方法与冲击波问题完全相同。若速度改变量 W_0 一定，材料所能达到驻点压力 $p_s(W_0)$ 越大，则其在超高速侵彻问题中的性能就越好，即此种材料制成的弹有更强的侵彻能力，此种材料制成的靶有更强的抗侵彻能力。

利用式 (12.2.7) 确定 $p_s(W_0)$ 关系时，需要计算积分 $\int_0^2 v\,dp$，积分包含冲击波和等熵压缩过程，是一个与过程相关的量。由材料在此过程中的压力 p-比体积 v 变化曲线可得 $p_s(W_0)$ 关系，即得到材料在超高速侵彻中的性能。

实际上，式 (12.2.7) 和式 (12.2.8) 是可压缩侵彻模型的根本理论框架，Haugstad 和 Dullum (1981)、Fedorov 和 Bayanova (2010)、Osipenko 和 Simonov (2009)、Flis (2013a, 2013b) 等的可压缩模型都是其在相应条件下的具体表达形式。

12.3　近似模型的假设

12.3.1　冲击波的影响

为考察冲击波对超高速侵彻的影响，我们使用考虑冲击波和不考虑冲击波的完整可压缩侵彻模型计算弹体速度为 3~12 km/s 时强可压缩弹侵彻弱可压缩靶、弹侵彻可压缩性相当的靶和弱可压缩弹侵彻强可压缩靶三种工况，即 6061-T6 铝弹侵彻 WHA (Tungsten Heavy Alloy) 靶 ($Y_p = 0.5$ GPa, $R_t = 4.5 \times 1.67$ GPa)、铜弹侵彻 4340 钢靶 ($Y_p = 0, R_t = 4.5 \times 0.792$ GPa) 和 WHA 弹侵彻 6061-T6 铝靶 ($Y_p = 2.0$ GPa, $R_t = 4.5 \times 0.3$ GPa)。表 12.3.1 为 6061-T6 铝 (Corbett, 2006)、铜 (Flis, 2013a)、4340 钢 (Steinberg, 1991) 和 WHA(Steinberg, 1991) 的物性参

数。在这四种合金中，6061-T6 铝的可压缩性最强，WHA 的可压缩性最弱，4340 钢和铜的可压缩性相当，介于 6061-T6 铝和 WHA 两者之间。

表 12.3.1　材料参数 (Corbett, 2006; Flis, 2013a; Steinberg, 1991)

	6061-T6 铝	铜	4340 钢	WHA
初始密度 $\rho_0/(\mathrm{g/cm^3})$	2.7	8.93	7.85	18.6
初始波速 $C_0/(\mathrm{km/s})$	5.24	3.92	4.578	4.03
Hugoniot 系数 λ	1.4	1.488	1.33	1.237
Grüneisen 系数 Γ_0	1.97	1.96	1.67	1.67

　　考虑冲击波和不考虑冲击波的可压缩侵彻模型所得侵彻效率与流体动力学极限之比如图 12.3.1 所示。从图中可知，在三种工况中是否考虑冲击波对侵彻效率影响较小。当 $V-U>C_{0p}$ 或 $U>C_{0t}$ 时，弹或靶中将出现冲击波。例如 6061-T6 铝弹侵彻 WHA 靶 (工况 1) 中 $V=7.188$ km/s 时弹中开始出现冲击波，铜弹侵彻 4340 钢靶 (工况 2) 中 $V=8.051$ km/s 或 $V=8.905$ km/s 时弹或靶中分别开始出现冲击波，WHA 弹侵彻 6061-T6 铝靶 (工况 3) 中 $V=7.337$ km/s 时靶中开始出现冲击波。当 $V=10$ km/s 时，若考虑冲击波，则工况 1 中仅弹中出现冲击波，工况 2 中弹和靶中均出现冲击波且弹中冲击波较强，工况 3 中仅靶中出现冲击波；考虑冲击波的完整可压缩模型所得三种工况的侵彻效率与流体动力学极限之比 PE_c/PE_h 分别为 1.042、0.992 和 0.928。若不考虑冲击波，则三种工况相应的 PE_c/PE_h 分别为 1.047、0.996 和 0.926。由此可知，当弹中出现冲击波时侵彻效率略小于不考虑冲击波时的情况，弹中的冲击波减弱了弹的侵彻能力。而

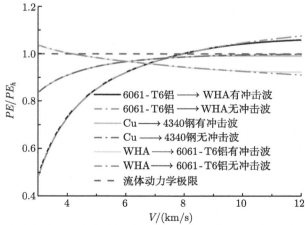

图 12.3.1　考虑冲击波和不考虑冲击波的可压缩侵彻模型所得侵彻效率与流体动力学极限之比

当靶中出现冲击波时侵彻效率略大于不考虑冲击波时的情况, 靶中的冲击波减弱了靶的抗侵彻能力。所以冲击波的出现会减弱材料的侵彻或抗侵彻性能, 但作用很小。

考虑冲击波和不考虑冲击波的完整可压缩侵彻模型所得驻点压力如图 12.3.2 所示。从图中可知, 在三种工况中考虑冲击波时所得驻点压力略低于不考虑冲击波时的驻点压力, 但差别很小。当 $V = 10$ km/s 时, 若考虑冲击波, 则 6061-T6 铝弹侵彻 WHA 靶、铜弹侵彻 4340 钢靶和 WHA 弹侵彻 6061-T6 铝靶的驻点压力 p_s 分别为 90.6 GPa、132.3 GPa 和 89.8 GPa。若不考虑冲击波, 则三种工况相应的 p_s 分别为 91.2 GPa、132.3 GPa 和 90.0 GPa。

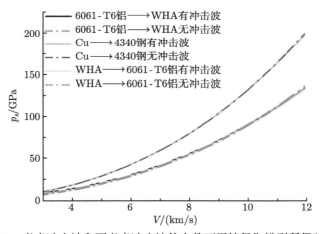

图 12.3.2　考虑冲击波和不考虑冲击波的完整可压缩侵彻模型所得驻点压力

综上所述, 在 6061-T6 铝弹侵彻 WHA 靶、铜弹侵彻 4340 钢靶和 WHA 弹侵彻 6061-T6 铝靶三种工况中, 是否考虑冲击波对侵彻效率和驻点压力影响很小。在弹或靶中出现冲击波时, 考虑冲击波时的驻点压力略低于不考虑冲击波时的情况, 但差别非常小。冲击波的出现会略微减弱材料的侵彻或抗侵彻性能, 但作用很小。

12.3.2　Murnaghan 状态方程

Flis (2013b) 在其简化的可压缩侵彻模型中使用 Hugoniot 曲线描述材料的变形过程, 但其简化模型只能得到一个很复杂的关于驻点压力的方程, 需要使用数值求根方法求解, 而无法得到解析解或近似解。而 Murnaghan 状态方程的表达式比 Hugoniot 曲线的表达式简单很多, 若在可压缩侵彻模型中采用 Murnaghan 状态方程, 则有可能使近似模型得到更加简洁的表达式, 进而得到解析解。

我们采用 Murnaghan 状态方程来描述材料的变形过程，即 p-v 的变化曲线。在 Murnaghan 状态方程中，材料的压力仅由密度决定

$$p = p_0 + A\left[\left(\frac{\rho}{\rho_0}\right)^n - 1\right] \tag{12.3.1}$$

式中，p_0 为初始压力，ρ 和 ρ_0 为材料密度和初始密度，A 和 n 为材料参数：

$$n = 4\lambda - 1, \quad A = \frac{\rho_0 C_0^2}{n} \tag{12.3.2}$$

其中 λ 为冲击波波速 D 和粒子速度 U_p 线性关系的斜率，C_0 为初始波速。

$$D = C_0 + \lambda U_p \tag{12.3.3}$$

图 12.3.3 为 6061-T6 铝 (Corbett, 2006)、铜 (Flis, 2013a)、4340 钢 (Steinberg, 1991) 和 WHA (Steinberg, 1991) 的 Hugoniot 曲线和 Murnaghan 状态方程。图中 $\eta \equiv 1 - \rho_0/\rho$，为材料的体积应变，Murnaghan 状态方程与 Hugoniot 曲线非常接近。

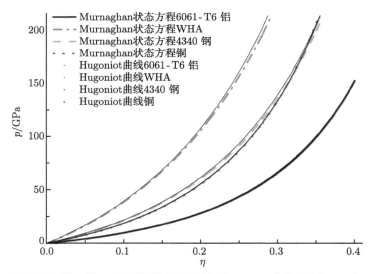

图 12.3.3　6061-T6 铝、铜、4340 钢和 WHA 的 Hugoniot 曲线和 Murnaghan 状态方程

图 12.3.4～ 图 12.3.6 分别为在弹体速度 10 km/s 下 6061-T6 铝弹侵彻 WHA 靶、铜弹侵彻 4340 钢靶和 WHA 弹侵彻 6061-T6 铝靶时弹和靶在完整可压缩侵

彻模型中所经历的 p-v 曲线和达到同等压力的 Murnaghan 状态方程, 图中冲击波过程由连接冲击波初态和终态的线段 (即 Rayleigh) 表示, 水平横线代表完整可压缩模型达到的驻点压力值, 而不是材料的变形过程。

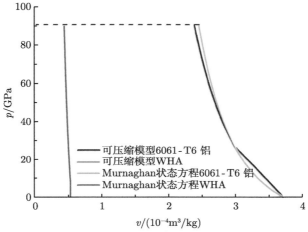

图 12.3.4   6061-T6 铝弹以弹体速度 10 km/s 侵彻 WHA 靶时弹和靶经历的压力—比体积曲线

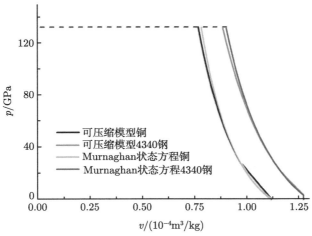

图 12.3.5   铜弹以弹体速度 10 km/s 侵彻 4340 钢靶时弹和靶经历的压力—比体积曲线

在图 12.3.4 中, WHA 靶中未出现冲击波, 其 Murnaghan 状态方程与其在完整可压缩模型中所经历的 p-v 曲线基本重合, 所以可以用 Murnaghan 状态方程代替其在完整可压缩模型中所经历的 p-v 曲线; 而 6061-T6 铝弹中出现冲击波,若用 Murnaghan 状态方程代替其在完整可压缩模型中所经历的 p-v 曲线, 则方程 (12.2.7) 中等式右边的项 $\int_0^2 v\mathrm{d}p$ 在冲击波部分的积分被低估, 即增强了材料的可压缩性; 而在等熵部分的积分被高估, 即减弱了材料的可压缩性, 二者作用相反, 且被低估部分和被高估部分均远小于 $\int_0^2 v\mathrm{d}p$ 整体项, 所以用 Murnaghan 状态方程代替其在完整可压缩模型中所经历的 p-v 曲线所引入的误差极小。所以在 6061-T6 铝弹以弹体速度 10 km/s 侵彻 WHA 靶时, 用弹和靶的 Murnaghan 状态方程代替其在完整可压缩模型中所经历的 p-v 曲线, 弹和靶的性能 $p_s(W_0)$ 与在完整可压缩模型中差别很小, 即可得到与完整可压缩模型一致的弹/靶界面压力和速度。

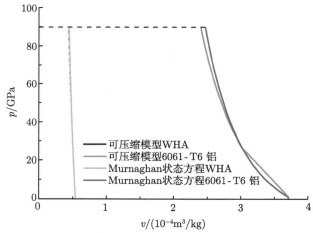

图 12.3.6　WHA 弹以弹体速度 10 km/s 侵彻 6061-T6 铝靶时弹和靶经历的压力—比体积曲线

同理, 对图 12.3.5 和图 12.3.6 作相同的分析可知, 在弹体速度 10 km/s 下铜弹侵彻 4340 钢靶以及 WHA 弹侵彻 6061-T6 铝靶时, 用弹和靶的 Murnaghan 状态方程代替其在完整可压缩模型中所经历的 p-v 曲线, 弹和靶的性能 $p_s(W_0)$ 与在完整可压缩模型中差别很小。

综上所述, 在 6061-T6 铝弹侵彻 WHA 靶、铜弹侵彻 4340 钢靶和 WHA 弹侵彻 6061-T6 铝靶三种工况中, 用简单的 Murnaghan 状态方程来描述材料的变形过程所得到的材料在超高速侵彻问题中的性能与完整的可压缩侵彻模型差别很小, 所以能得到与完整可压缩模型一致的弹/靶界面压力和速度。

12.4 理 论 推 导

12.4.1 近似模型

我们在 12.3 节中已经论证了忽略冲击波和使用 Murnaghan 状态方程描述材料变形过程的合理性，我们在下文推导近似模型时将采用以上假设。

由 Murnaghan 状态方程 (12.3.1) 可得

$$v = v_0 \left(\frac{p - p_0}{A} + 1 \right)^{-\frac{1}{n}} \tag{12.4.1}$$

将上式代入单位质量物质的动能转换方程 (12.2.7) 中可得

$$\frac{1}{2} W_0^2 = \frac{nAv_0}{n-1} \left[\left(\frac{p_s - p_0}{A} + 1 \right)^{\frac{n-1}{n}} - 1 \right] \tag{12.4.2}$$

其中，p_s 为驻点压力，由式 (12.4.2) 可得

$$p_s = p_0 + A \left\{ \left[1 + \frac{(n-1)\,W_0^2}{2nAv_0} \right]^{\frac{n}{n-1}} - 1 \right\} \tag{12.4.3}$$

将弹和靶的初始状态式 (12.2.1) 和式 (12.2.2) 分别代入式 (12.4.3)，并由弹/靶界面压力平衡可得

$$\begin{aligned}
p_s &= Y_p + A_p \left\{ \left[1 + \frac{(n_p-1)\,(V-U)^2}{2n_p A_p v_{0p}} \right]^{\frac{n_p}{n_p-1}} - 1 \right\} \\
&= R_t + A_t \left\{ \left[1 + \frac{(n_t-1)\,U^2}{2n_t A_t v_{0t}} \right]^{\frac{n_t}{n_t-1}} - 1 \right\}
\end{aligned} \tag{12.4.4}$$

当弹和靶材料不可压时，即 $n_p A_p, n_t A_t \to \infty$，式 (12.4.4) 可退化到不可压模型。假设式 (12.4.4) 的解为

$$U = U_0 + \Delta U \tag{12.4.5}$$

其中，U_0 为不可压模型的解

$$U_0 = \frac{1}{1 - \rho_{0t}/\rho_{0p}} \left(V - \sqrt{\rho_{0t} V^2 / \rho_{0p} - 2\,(R_t - Y_p)\,(\rho_{0p} - \rho_{0t}) / \rho_{0p}^2} \right) \tag{12.4.6}$$

将式 (12.4.4) 等号左右两边作关于 U 的一阶 Taylor 展开，最终可得

$$\Delta U = \frac{Y_p + A_p \left\{ \left[1 + \dfrac{(n_p - 1)(V - U_0)^2}{2 n_p A_p v_{0p}} \right]^{\frac{n_p}{n_p - 1}} - 1 \right\} - R_t - A_t \left\{ \left[1 + \dfrac{(n_t - 1) U_0^2}{2 n_t A_t v_{0t}} \right]^{\frac{n_t}{n_t - 1}} - 1 \right\}}{\rho_{0p}(V - U_0) \left[1 + \dfrac{(n_p - 1)(V - U_0)^2}{2 n_p A_p v_{0p}} \right]^{\frac{1}{n_p - 1}} + \rho_{0t} U_0 \left[1 + \dfrac{(n_t - 1) U_0^2}{2 n_t A_t v_{0t}} \right]^{\frac{1}{n_t - 1}}} \tag{12.4.7}$$

求得侵彻速度 U 后，将其代入式 (12.4.4) 即可得到驻点压力，后文中称由一阶 Taylor 展开而得到的解为一阶近似解。若要求得式 (12.4.4) 更加精确的解，可采用任何数值求根的方法，例如采用 Newton 迭代法，其更新表达式为

$$U_{\text{new}} = U_{\text{old}} + \frac{Y_p + A_p \left\{ \left[1 + \dfrac{(n_p - 1)(V - U_{\text{old}})^2}{2 n_p A_p v_{0p}} \right]^{\frac{n_p}{n_p - 1}} - 1 \right\} - R_t - A_t \left\{ \left[1 + \dfrac{(n_t - 1) U_{\text{old}}^2}{2 n_t A_t v_{0t}} \right]^{\frac{n_t}{n_t - 1}} - 1 \right\}}{\rho_{0p}(V - U_{\text{old}}) \left[1 + \dfrac{(n_p - 1)(V - U_{\text{old}})^2}{2 n_p A_p v_{0p}} \right]^{\frac{1}{n_p - 1}} + \rho_{0t} U_0 \left[1 + \dfrac{(n_t - 1) U_{\text{old}}^2}{2 n_t A_t v_{0t}} \right]^{\frac{1}{n_t - 1}}} \tag{12.4.8}$$

图 12.4.1 为近似模型和考虑冲击波的完整可压缩模型 (后文简称为可压缩模型) 所得 $p_s(W_0)$ 曲线，近似模型所得的 6061-T6 铝、铜、4340 钢和 WHA 的 $p_s(W_0)$ 曲线和由完整可压缩模型所得结果在前文所涉及的压力范围 (小于 200 GPa) 内差别非常小，这是用近似模型代替完整可压缩模型的基础。当材料中没有出现冲击波时，近似模型和完整可压缩模型的差别仅仅是状态方程的不同，即完整可压缩模型采用完整的 Mie-Grüneisen EOS，而近似模型采用 Murnaghan EOS。在 $W_0 > 4.03$ km/s 时，WHA 中才出现冲击波；在 $W_0 > 7$ km/s 时，近似模型所得 WHA 的 $p_s(W_0)$ 曲线才和完整可压缩模型所得结果有明显差别；在 $W_0 < 7$ km/s 时，二者吻合得很好。当 $W_0 > 5.24$ km/s、3.92 km/s 和 4.578 km/s 时，6061-T6 铝、铜和 4340 钢中分别出现冲击波。而在 $W_0 < 7.5$ km/s 时，近

似模型所得的 6061-T6 铝、铜和 4340 钢的 $p_s(W_0)$ 曲线和完整可压缩模型所得结果差别很小。

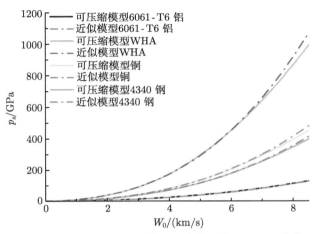

图 12.4.1 近似模型和完整可压缩模型的 $p_s(W_0)$ 曲线

12.4.2 Fedorov 和 Bayanova 的模型

Fedorov 和 Bayanova (2010) 使用 Murnaghan 状态方程推导了考虑弹/靶可压缩性的侵彻模型。与本章不同的是,他们在模型中考虑了冲击波的作用,而未考虑弹/靶的强度。我们考虑弹/靶强度,重新推导他们的理论模型。

若材料中出现冲击波 (即 $W_0 > C_0$),动能的转换方程 (12.2.7) 右边积分项分为冲击波部分和等熵部分。冲击波部分的积分沿 Rayleigh 线进行,且将 Murnaghan 状态方程 (12.3.1) 代入等熵部分的积分,可得

$$\frac{1}{2} W_0^2 = \int_0^2 v \mathrm{d}p$$

$$= \frac{1}{2} (v_0 + v_1)(p_1 - p_0)$$

$$+ \frac{nAv_0}{n-1} \left[\left(\frac{p_s - p_0}{A} + 1 \right)^{\frac{n-1}{n}} - \left(\frac{p_1 - p_0}{A} + 1 \right)^{\frac{n-1}{n}} \right] \qquad (12.4.9)$$

其中,波阵面后的压力 p_1 和比体积 v_1 由波阵面上质量和动量的守恒条件

$$\begin{cases} D/v_0 = (D - U_p)/v_1 \\ p_1 - p_0 = DU_p/v_0 \end{cases} \qquad (12.4.10)$$

以及 $D = W_0$ 和 $(D - U_p)$ 关系式 (12.3.3) 可得

$$\begin{cases} v_1 = v_0 \dfrac{(\lambda - 1) W_0 + C_0}{\lambda W_0} \\ p_1 = p_0 + W_0 (W_0 - C_0) / (\lambda v_0) \end{cases} \tag{12.4.11}$$

将式 (12.4.11) 代入式 (12.4.9)，整理可得

$$p_s = p_0 + A \left\{ \left[\frac{n-1}{2n\lambda^2 A v_0} \left[(\lambda - 1) W_0 + C_0 \right]^2 + \left[1 + \frac{W_0 (W_0 - C_0)}{\lambda A v_0} \right]^{\frac{n-1}{n}} \right]^{\frac{n}{n-1}} - 1 \right\} \tag{12.4.12}$$

除了初始压力项 p_0，式 (12.4.12) 与 Fedorov 和 Bayanova 所得结果完全相同，所以后文中将由式 (12.4.12) 所得相关结果命名为 Fedorov 和 Bayanova 模型所得结果。当弹或靶中出现冲击波时，将初始状态 (12.2.1) 或式 (12.2.2) 代入式 (12.4.12) (若材料中不出现冲击波，则代入式 (12.4.3))，再将弹和靶的压力表达式代入驻点压力平衡即可组成一个关于侵彻速度的方程，解之可得侵彻速度。例如，当靶中出现冲击波，而弹中不出现冲击波时，驻点压力平衡方程为

$$p_s = Y_p + A_p \left\{ \left[1 + \frac{(n_p - 1) (V - U)^2}{2n_p A_p v_{0p}} \right]^{\frac{n_p}{n_p - 1}} - 1 \right\} = R_t + A_t$$

$$\times \left\{ \left[\frac{n_t - 1}{2n_t \lambda_t^2 A_t v_{0t}} \left[(\lambda_t - 1) U + C_{0t} \right]^2 + \left[1 + \frac{U (U - C_{0t})}{\lambda_t A_t v_{0t}} \right]^{\frac{n_t - 1}{n_t}} \right]^{\frac{n_t}{n_t - 1}} - 1 \right\} \tag{12.4.13}$$

他们还对弹中出现冲击波而靶中不出现冲击波、弹/靶中均出现冲击波和弹/靶中均不出现冲击波这些情形都做了分析。式 (12.4.13) 与不考虑冲击波的式 (12.4.4) 相比，表达式过于复杂；且在使用形如式 (12.4.13) 的驻点压力平衡方程前，需要预先假设弹/靶中是否出现冲击波，得到侵彻速度的解后，要检验此假设的正确性。所以在应用 Fedorov 和 Bayanova 的模型时，不便使用 Taylor 展开得到近似解，需要用数值方法求解。

在不考虑冲击波的近似模型中，其一阶近似解的结构较简单，能方便地应用于工程问题。Fedorov 和 Bayanova 的模型与近似模型的差别仅由冲击波造成，冲击波 Rayleigh 线上压力比同等比体积下的 Murnaghan 状态方程所得压力大，即冲击波减弱了材料可压缩性，所以动能转换方程 (12.2.7) 中冲击波过程的积分会比近似模型大，即动能被更多地消耗，导致其驻点压力略低于近似模型，即冲击波会减弱材料的侵彻或抗侵彻能力。

Fedorov 和 Bayanova 的模型与考虑冲击波的完整可压缩模型相比, 对冲击波采取了相同的处理方式; 但对于冲击波之后的等熵过程, Fedorov 和 Bayanova 采用 Murnaghan 状态方程来近似, 由图 12.3.4~ 图 12.3.6 可知, Murnaghan 状态方程所得压力比同等比体积下的等熵过程所得压力大, 即减弱了材料可压缩性, 所以会略微高估动能转换方程 (12.2.7) 中等熵过程的积分, 导致驻点压力略低于完整可压缩模型, 即略微低估了材料的侵彻或抗侵彻能力。

在后文中, Fedorov 和 Bayanova 的模型所得结果是用二分法数值求解的。我们假设侵彻速度在 $[U_L, U_H]$ 范围内, 并取 $U_0 = (U_L + U_H)/2$, 将此速度代入式 (12.4.12) 或式 (12.4.3) 中计算 p_{sr} 和 p_{st}。若 $p_{sr} > p_{st}$, 则令 $U_L = U_0$, 反之则令 $U_H = U_0$。重复以上步骤, 直到侵彻速度达到想要的精度。

12.5　算　例

我们使用近似模型重新计算第 11 章中的三种工况, 即弹体速度在 3~12 km/s 范围内 6061-T6 铝弹侵彻 WHA 靶、铜弹侵彻 4340 钢靶和 WHA 弹侵彻 6061-T6 铝靶, 并将近似模型的精确解 (由 Newton 迭代法所得) 及一阶近似解与完整可压缩模型和 Fedorov 和 Bayanova 的模型作比较, 以检验其适用性。

12.5.1　强可压缩弹侵彻弱可压缩靶

6061-T6 铝可压缩性比 WHA 强。计算 6061-T6 铝弹以 3~12 km/s 弹体速度侵彻半无限 WHA 靶, 计算中取 $Y_p = 0.5$ GPa 和 $R_t = 4.5 \times 1.67$ GPa, 各模型所得侵彻效率与流体动力学极限之比和驻点压力分别如图 12.5.1 和图 12.5.2 所示。当 $V > 7.188$ km/s 时, 在完整可压缩模型中弹内存在冲击波。当 $V < 7.188$ km/s 时, 近似模型和完整可压缩模型的差别仅仅是状态方程的不同, 即完整可压缩模型采用完整的 Mie-Grüneisen EOS, 而近似模型采用 Murnaghan EOS。由图 12.5.1 可知, 完整可压缩侵彻模型所得侵彻效率明显高于不可压模型, 而近似模型的精确解和一阶近似解所得侵彻效率与完整可压缩模型和 Fedorov 和 Bayanova 的模型差别非常小。当 $V = 12$ km/s 时, $PE_c/PE_h = 1.058$, $PE_{FB}/PE_h = 1.051$, $PE_A/PE_h = 1.064$, $PE_T/PE_h = 1.067$, $PE_{ic}/PE_h = 0.966$ (下标 c、A、T、ic 和 FB 分别代表考虑冲击波的完整可压缩模型、近似模型的精确解、近似模型的一阶近似解、不可压模型, 以及 Fedorov 和 Bayanova 的模型, 下同)。

由图 12.5.2 可知, 可压缩侵彻模型所得驻点压力明显高于不可压模型。近似模型的精确解和一阶近似解所得驻点压力与完整可压缩模型以及 Fedorov 和 Bayanova 的模型均吻合得很好。当 $V = 12$ km/s 时, $p_{sc} = 135.0$ GPa, $p_{sFB} = 133.6$ GPa, $p_{sA} = 136.0$ GPa, $p_{sT} = 136.1$ GPa, $p_{sic} = 104.4$ GPa。

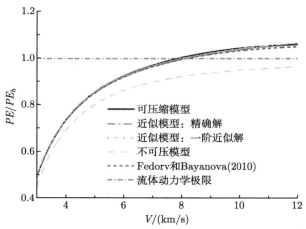

图 12.5.1　6061-T6 铝弹侵彻 WHA 靶时各模型所得侵彻效率与流体动力学极限之比

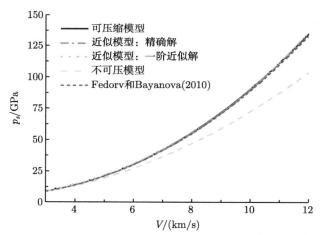

图 12.5.2　6061-T6 铝弹侵彻 WHA 靶时各模型所得驻点压力

12.5.2　弹侵彻可压缩性相当的靶

　　铜的可压缩性与 4340 钢相当。计算铜弹以 3~12 km/s 弹体速度侵彻半无限 4340 钢靶，计算中取 $Y_p = 0$ 和 $R_t = 4.5 \times 0.792$ GPa，各模型所得侵彻效率与流体动力学极限之比和驻点压力分别如图 12.5.3 和图 12.5.4 所示。$V > 8.051$ km/s 或 $V > 8.905$ km/s 时分别对应着完整可压缩模型中弹或靶内存在冲击波。由图 12.5.3 可知，可压缩侵彻模型所得侵彻效率略高于不可压模型，而近似模型的精确解和一阶近似解所得侵彻效率基本一致，都与完整可压缩模型以及 Fedorov 和 Bayanova 的模型差别较小。最终几个模型所得侵彻效率都趋近于流体动力学极限。当 $V = 12$ km/s 时，$PE_c/PE_h = 0.992$，$PE_{FB}/PE_h = 0.994$，$PE_A/PE_h = 0.997$，$PE_T/PE_h = 0.997$，$PE_{ic}/PE_h = 0.988$。

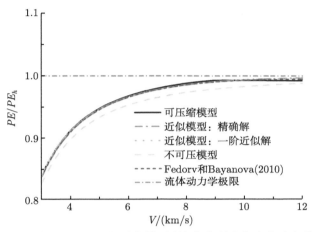

图 12.5.3　铜弹侵彻 4340 钢靶时各模型所得侵彻效率与流体动力学极限之比

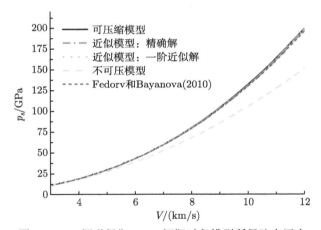

图 12.5.4　铜弹侵彻 4340 钢靶时各模型所得驻点压力

由图 12.5.4 可知，可压缩侵彻模型所得驻点压力明显高于不可压模型。弹或靶中存在冲击波时，近似模型的精确解和一阶近似解所得驻点压力与完整可压缩模型差别非常小，均略高于 Fedorov 和 Bayanova 的模型。当 $V = 12$ km/s 时，$p_{sc} = 199.5$ GPa，$p_{sFB} = 196.8$ GPa，$p_{sA} = 198.9$ GPa，$p_{sT} = 198.9$ GPa，$p_{sic} = 152.4$ GPa。

12.5.3　弱可压缩弹侵彻强可压缩靶

WHA 可压缩性比 6061-T6 铝弱。计算 WHA 弹以 3~12 km/s 弹体速度侵彻半无限 6061-T6 铝靶，计算中取 $Y_p = 2.0$ GPa 和 $R_t = 4.5 \times 0.3$ GPa，各模型所得侵彻效率与流体动力学极限之比和驻点压力分别如图 12.5.5 和图 12.5.6 所示。

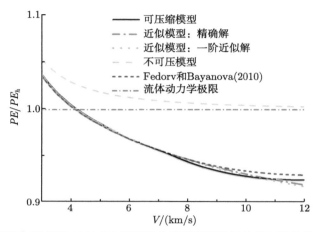

图 12.5.5　WHA 弹侵彻 6061-T6 铝靶时各模型所得侵彻效率与流体动力学极限之比

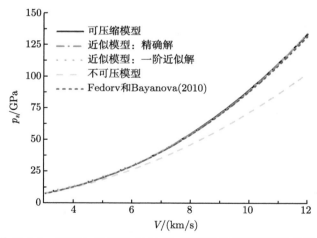

图 12.5.6　WHA 弹侵彻 6061-T6 铝靶时各模型所得驻点压力

当 $V > 7.337$ km/s 时完整可压缩模型中靶内存在冲击波。由图 12.5.5 可知，可压缩侵彻模型所得侵彻效率明显低于不可压模型，而近似模型的精确解和一阶近似解所得侵彻效率与完整可压缩模型差别较小。随着弹体速度的增大，不可压模型所得侵彻效率趋近于流体动力学极限，而完整不可压模型和近似模型所得侵彻效率则不是趋近于流体动力学极限。

在 $8 \text{ km/s} < V < 12 \text{ km/s}$ 范围内，Fedorov 和 Bayanova 的模型所得侵彻效率与完整可压缩模型和近似模型有一定的差别。Fedorov 和 Bayanova 的模型与完整可压缩模型相比，其高估了铝靶中等熵过程的压力，即低估了铝靶的可压缩性，降低其抗侵彻能力，故其所得侵彻效率略高于完整可压缩模型。而近似模型与 Fedorov 和 Bayanova 的模型相比，未考虑冲击波，即高估了铝靶的可压缩性，提高其抗侵彻能力，故其所得侵彻效率低于 Fedorov 和 Bayanova 的模型。而近似模型与完整可压缩模型相比，未考虑冲击波，高估了铝靶的可压缩性，另一方面，用 Murnaghan 状态方程近似等熵过程，低估了铝靶的可压缩性；二者同时作用，导致近似模型与完整可压缩模型差别很小；而且可以看到在 $8 \text{ km/s} < V < 11.02 \text{ km/s}$ 时，近似模型中等熵过程降低铝靶的可压缩性要比不考虑冲击波而由此提升铝靶的可压缩性大，所以近似模型所得侵彻效率略高于完整可压缩模型；而随着撞击速度的提高，$V > 11.02 \text{ km/s}$ 时，不考虑冲击波而由此提升铝靶的可压缩性更具优势，所以近似模型所得侵彻效率略低于完整可压缩模型。当 $V = 12 \text{ km/s}$ 时，$PE_c/PE_h = 0.924, PE_{FB}/PE_h = 0.930, PE_A/PE_h = 0.920, PE_T/PE_h = 0.918, PE_{ic}/PE_h = 1.00$。

由图 12.5.6 可知，可压缩侵彻模型所得驻点压力明显高于不可压模型，而近似模型的精确解和一阶近似解所得驻点压力与完整可压缩模型以及 Fedorov 和 Bayanova 的模型差别非常小。当 $V = 12 \text{ km/s}$ 时，$p_{sc} = 134.3 \text{ GPa}$，$p_{sFB} = 132.6 \text{ GPa}$，$p_{sA} = 134.9 \text{ GPa}$，$p_{sT} = 135.0 \text{ GPa}$，$p_{sic} = 103.5 \text{ GPa}$。

由以上分析可以看出，当弹和靶可压缩性存在差异时，完整可压缩模型所得侵彻效率与不可压模型所得结果明显不同，且完整可压缩模型所得驻点压力高于不可压模型所得结果。近似模型与完整可压缩模型以及 Fedorov 和 Bayanova 的模型所得的侵彻效率和驻点压力吻合得很好，且近似模型的一阶近似解和精确解差别非常小。所以，可以用简单的一阶近似解代替复杂的完整可压缩模型，应用于工程问题。

12.6 近似模型的精度分析

在完整可压缩模型中，在以侵彻速度 U 运动的参考系中，结合式 (12.2.1) 和式 (12.2.2) 重写侵彻效率，则

$$PE_c = \frac{U}{V - U} = \frac{W_{0t}}{W_{0p}} \tag{12.6.1}$$

对上式作微分，并整理可得

$$\frac{\mathrm{d}PE}{PE_c} = -\frac{\mathrm{d}W_{0p}}{W_{0p}} + \frac{\mathrm{d}W_{0t}}{W_{0t}} \tag{12.6.2}$$

记此时完整可压缩模型中的弹/靶界面压力为 p_{sc}，若使用近似模型处理该问题，并使弹/靶界面压力仍保持为 p_{sc}，则相应的 W_{0p} 和 W_{0t} 就会发生变化。对式 (12.4.4) 作微分，并整理可得

$$\frac{\mathrm{d}W_{0p}}{W_{0p}} = \frac{p_{sAp}\left(W_{0p}\right)}{\rho_{0p}W_{0p}^2\left[1 + \dfrac{(n_p - 1)\,W_{0p}^2}{2n_p A_p v_{0p}}\right]^{\frac{1}{n_p-1}}} \frac{\mathrm{d}p_p}{P_{sAp}\left(W_{0p}\right)} \tag{12.6.3}$$

$$\frac{\mathrm{d}W_{0t}}{W_{0t}} = \frac{p_{sAt}\left(W_{0t}\right)}{\rho_{0t}W_{0t}^2\left[1 + \dfrac{(n_t - 1)\,W_{0t}^2}{2n_t A_t v_{0t}}\right]^{\frac{1}{n_t-1}}} \frac{\mathrm{d}p_t}{P_{sAt}\left(W_{0t}\right)} \tag{12.6.4}$$

其中，$\mathrm{d}p_p = p_{sc} - p_{sAp}\left(W_{0p}\right)$，$\mathrm{d}p_t = p_{sc} - p_{sAt}\left(W_{0t}\right)$，$\mathrm{d}PE = PE_A - PE_c$。令 $\dfrac{\mathrm{d}PE_p}{PE_c} \equiv -\dfrac{\mathrm{d}W_{0p}}{W_{0p}}$ 和 $\dfrac{\mathrm{d}PE_t}{PE_c} \equiv -\dfrac{\mathrm{d}W_{0t}}{W_{0t}}$，则 $\dfrac{\mathrm{d}PE}{PE_c} = \dfrac{\mathrm{d}PE_p}{PE_c} - \dfrac{\mathrm{d}PE_t}{PE_c}$。将式 (12.6.3) 和式 (12.6.4) 代入式 (12.6.2) 即可得近似模型的侵彻效率相对于完整可压缩模型的误差。在式 (12.6.2) 中，我们解耦了弹和靶对近似模型的侵彻效率的影响，所以我们可以单独研究某种材料对侵彻效率的影响，而不需要关注具体的弹/靶组合；对于具体的弹/靶组合，只需将弹和靶对侵彻效率的影响叠加起来即可。

我们将材料的性质图 12.4.1 重新画在图 12.6.1(a) 中，为方便统一讨论各种材料，横坐标设为无量纲速度 W_0/C_0，纵坐标设为压力误差 $-\mathrm{d}p/p_{sA}\left(W_0\right)$；图 12.6.1(b) 为近似模型侵彻效率相对于完整可压缩模型的误差，此处我们将材料作为弹体处理。

当 $W_0/C_0 < 1$ 时，材料中没有冲击波，只有等熵过程，近似模型与完整可压缩模型的差别仅仅采用不同的状态方程，即分别为 Murnaghan EOS 和 Mie-Grüneisen EOS；而在相同的体积应变下，Murnaghan EOS 的压力略高于 Mie-Grüneisen EOS，所以使用 Murnaghan EOS 处理等熵过程时略微降低了材料的可压缩性，则近似模型的驻点压力略低于完整可压缩模型，近似模型的侵彻效率也就略低于完整可压缩模型，但差别很小。例如差别最大在 $W_0/C_0 = 1$ 处，四种材料均有 $-\mathrm{d}p/p_{sA} = \left(p_{sA}\left(W_0\right) - p_{sc}\right)/p_{sA}\left(W_0\right) = -0.5\%$，$\mathrm{d}PE/PE_c = -0.2\%$。

当 $W_0/C_0 > 1$ 时，材料中存在冲击波，也存在等熵过程。近似模型忽略冲击波，会增强材料的可压缩性，导致材料驻点压力和侵彻效率上升。但在冲击波较弱时，用 Murnaghan EOS 处理等熵过程而导致的可压缩性减弱要比忽略冲击波而导致的可压缩性增强更加显著，综合来看材料的可压缩性减弱，驻点压力降低，

侵彻效率降低。对 6061-T6 铝、铜、4340 钢和 WHA,分别在 $1 < W_0/C_0 < 1.47$、$1 < W_0/C_0 < 1.43$、$1 < W_0/C_0 < 1.46$ 和 $1 < W_0/C_0 < 1.46$ 时,$p_{sA}(W_0) - p_{sc} < 0$,$PE_A - PE_c < 0$;这四种材料的压力误差和侵彻效率误差最大是 WHA 在 $W_0/C_0 = 1.19$ 时,$-\mathrm{d}p/p_{sA} = -1.0\%$,$\mathrm{d}PE/PE_c = -0.4\%$。

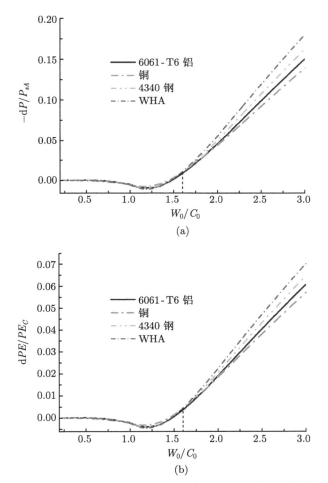

图 12.6.1 近似模型的驻点压力和侵彻效率相对于完整可压缩模型的误差
(a) 驻点压力的误差;(b) 侵彻效率的误差

而随着速度 W_0/C_0 进一步上升,冲击波的强度增强,忽略冲击波导致的可压缩性增强超过用 Murnaghan EOS 处理等熵过程而导致的可压缩性减弱,且速度越高,冲击波的强度就越大,则忽略冲击波导致的可压缩性增强就越显著,材料驻点压力和侵彻效率显著上升。在 $W_0/C_0 = 1.6$ 时,近似模型中 6061-T6 铝、铜、

4340 钢和 WHA 的压力误差分别约 0.87%、1.05%、1.07% 和 1.14%，侵彻效率误差分别为 0.37%、0.45%、0.45% 和 0.47%。在 $W_0/C_0 > 1.6$ 时，压力误差和侵彻效率误差迅速增大；在 $W_0/C_0 = 2.0$ 时，四种材料的压力误差在 4.4% ∼ 5.6% 范围内，侵彻效率误差在 1.9% ∼ 2.3% 范围内；在 $W_0/C_0 = 3.0$ 时，四种材料的压力误差在 14.0% ∼ 18.1% 范围内，侵彻效率误差在 5.7% ∼ 7.0% 范围内，此时近似模型的误差过大，已不能使用。

我们将上述分析应用于 12.5 节中的三种工况，当 6061-T6 铝弹以 $V = 12$ km/s 侵彻 WHA 靶时，完整可压缩模型求得侵彻速度 $U = 3.449$ km/s，则 $W_{0p}/C_{0p} = 1.632, W_{0t}/C_{0t} = 0.856$，由弹/靶的误差分析可知近似模型中相应的 $\mathrm{d}PE_p/PE_c = 0.48\%$，$\mathrm{d}PE_t/PE_c = 0.01\%$，则 $\mathrm{d}PE/\mathrm{d}PE_c = \mathrm{d}PE_p/PE_c - \mathrm{d}PE_t/PE_c = 0.47\%$；而在图 12.5.1 中，$\Delta PE/PE_c = (PE_A/PE_h - PE_c/PE_h)/(PE_c/PE_h) = (1.064 - 1.058)/1.058 = 0.52\%$，两者吻合得较好。当铜弹以 $V = 12$ km/s 侵彻 4340 钢靶时，完整可压缩模型求得 $W_{0p}/C_{0p} = 1.488$，$W_{0t}/C_{0t} = 1.347$，利用弹/靶的误差分析可得近似模型侵彻效率误差为 $\mathrm{d}PE/PE_c = 0.50\%$；而图 12.5.3 中 $\Delta PE/PE_c = 0.50\%$，两者吻合得很好。当 WHA 弹以 $V = 12$ km/s 侵彻 6061-T6 铝靶时，完整可压缩模型求得 $W_{0p}/C_{0p} = 0.869$，$W_{0t}/C_{0t} = 1.622$，利用弹/靶的误差分析可得近似模型侵彻效率误差为 $\mathrm{d}PE/\mathrm{d}PE_c = -0.45\%$；而在图 12.5.5 中 $\Delta PE/PE_c = -0.46\%$，两者吻合得很好。具体数据见表 12.6.1。三种工况中弹/靶的误差分析与近似模型中侵彻效率真实的误差相吻合，证明了我们误差分析的有效性。当将近似模型应用于其他材料组合时，可以使用该方法来确定近似模型的精度。

表 12.6.1　$V = 12$ km/s 时三种工况中近似模型侵彻效率的误差分析

	6061-T6 铝侵彻 WHA	铜侵彻 4340 钢	WHA 侵彻 6061-T6 铝
$U/(\mathrm{km/s})$	3.449	6.169	8.497
W_{0p}/C_{0p}	1.632	1.448	0.869
W_{0t}/C_{0t}	0.856	1.347	1.622
$\mathrm{d}PE_p/PE_C$	0.48%	0.14%	−0.13%
$\mathrm{d}PE_t/PE_C$	0.01%	−0.37%	0.32%
$\mathrm{d}PE/PE_C$	0.47%	0.50%	−0.45%
$\Delta PE/PE_C$	0.52%	0.50%	−0.46%

由以上分析可知，当材料中的冲击波强度非常强时，近似模型中忽略冲击波的假设就会带来较大的误差。例如，考虑 WHA 弹以弹体速度 20 km/s 侵彻 6061-T6 铝靶，完整可压缩模型所得侵彻速度为 $U = 14.3$ km/s，远大于 6061-T6 铝靶的初始波速 $C_{0t} = 5.24$ km/s，$U = 2.73C_{0t}$。图 12.6.2 为近似模型和完整可压缩模型所得弹/靶所经历的压力曲线 (最终的水平横线仅代表驻点压力的数值，而不是真实的变形过程)，冲击波不可逆熵增的能量耗散 (图中 6061-T6 铝

的 Rayleigh 线与蓝线围起来的面积) 较大, 即冲击波会耗散掉较大的动能, 所以不能忽略冲击波。此时 $p_{sc} = 413.2\,\mathrm{GPa}$, $p_{sA} = 451.8\,\mathrm{GPa}$, 6061-T6 铝靶中超强的冲击波减弱了靶的可压缩性, 降低了驻点压力; 而 $PE_c/PE_h = 0.949$, $PE_A/PE_h = 0.898$, 6061-T6 铝靶中超强的冲击波减弱了靶的抗侵彻能力, 由弹/靶性能对侵彻效率误差的分析为 $\mathrm{d}PE/PE_c = -0.14\% - 4.94\% = 5.1\%$, 而计算所得 $\Delta PE/PE_c = (0.898 - 0.949)/0.949 = -5.3\%$, 两者吻合很好。

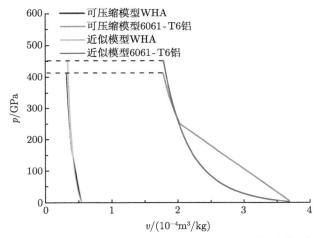

图 12.6.2　WHA 弹以 20 km/s 弹体速度侵彻 6061-T6 铝靶时弹和靶的压力曲线

综上所述, 对于 6061-T6 铝、铜、4340 钢和 WHA 四种金属材料, 当 $W_0/C_0 < 1.6$ 时, 近似模型的驻点压力和侵彻效率相对于完整可压缩模型的误差非常小, 可直接用较简单的近似模型取代完整可压缩模型, 在本章涉及的三个算例中, 当撞击速度高达 12 km/s 的范围内, 近似模型的精度仍然很高。对于更一般的金属材料, 其初始波速数量级也是 km/s, 所以对于更一般的金属弹/靶组合, 近似模型也能适用。而 $W_0/C_0 > 1.6$ 时, 若撞击速度增加, 则近似模型的驻点压力和侵彻效率相对于完整可压缩模型的误差快速增加, 例如在 $W_0/C_0 = 3.0$ 时, 近似模型中四种材料的压力误差在 $14.0\% \sim 18.1\%$ 范围内, 侵彻效率误差在 $5.7\% \sim 7.0\%$ 范围内, 不能再用近似模型取代完整可压缩模型。

12.7　本章小结

本章分析和总结了前人的可压缩模型, 论证了在一定条件下忽略冲击波和采用 Murnaghan 状态方程的合理性, 在此基础上推导了近似可压缩模型, 并得到一个简单的近似解。将近似模型应用于 6061-T6 铝弹侵彻 WHA 靶、铜弹侵彻

4340 钢靶和 WHA 弹侵彻 6061-T6 铝靶三种工况中，并将近似模型的精确解 (由
Newton 迭代法所得) 及一阶近似解与完整可压缩模型和 Fedorov 和 Bayanova 的
模型所得结果对比，几个模型的侵彻效率和驻点压力均吻合得很好，可以将简单
的一阶近似解应用于工程问题中。

我们还阐明了冲击波在超高速侵彻问题中的影响——减弱材料的可压缩性，
降低材料的驻点压力，减弱材料侵彻 (或抗侵彻) 能力；而冲击波影响大小是由
弹/靶材料速度改变量与其初始波速的比值决定的，此比值较小时可忽略冲击波
的影响。最后还分析了近似模型的驻点压力和侵彻效率相对于完整可压缩模型的
误差，当弹或靶的速度改变量约为 1.6 倍材料初始波速时，近似模型的驻点压力
误差约为 1%，近似模型的侵彻效率的误差小于 0.5%。

参 考 文 献

Corbett B M. 2006. Numerical simulations of target hole diameters for hypervelocity impacts into elevated and room temperature bumpers. International Journal of Impact Engineering, 33(1): 431-440.

Flis W J. 2013a. A jet penetration model incorporating effects of compressibility and target strength. Procedia Engineering, 58: 204-213.

Flis W J. 2013b. A simplified approximate model of compressible jet penetration. Proceedings of the 27-th International Symposium on Ballistics, Freiburg, Germany.

Haugstad B, Dullum O. 1981. Finite compressibility in shaped charge jet and long rod penetration—the effect of shocks. Journal of Applied Physics, 52(8): 5066-5071.

Osipenko K Y, Simonov I. 2009. On the jet collision: General model and reduction to the Mie-Grüneisen state equation. Mechanics of Solids, 44(4): 639-648.

Song W J, Chen X W, Chen P. 2018. A simplified approximate model of compressible hypervelocity penetration. Acta Mechanica Sinica, 34: 910-924.

Steinberg D J. 1991. Equation of state and strength properties of selected materials. Technical Report UCRL-MA-106439: Lawrence Livermore National Laboratory.

第 13 章　超高速长杆弹和射流侵彻的理论研究

13.1　引　　言

WHA 是一种常用的长杆弹材料，铜是最常用的用于制作成型装药衬垫的材料，有必要讨论可压缩性对超高速 WHA 长杆弹和铜射流侵彻的影响。本章 (Song et al., 2018) 利用近似可压缩侵彻模型详细研究可压缩性和强度对 2~10 km/s WHA 长杆弹以及铜射流侵彻的影响。在撞击速度较低时，强度效应对侵彻深度影响较大，而可压缩性影响可忽略；在撞击速度较高时，强度效应影响很小，而可压缩性有一定影响。并揭示可压缩性通过提高弹和靶驻点压力来影响侵彻效率的机理——当弹/靶可压缩性差别较大时，可压缩性对弹和靶压力的提升量不同，为达到弹/靶界面压力平衡，侵彻速度将不同于不可压模型所得结果，因此侵彻效率相应地改变。对于超高速铜射流，本章借助虚拟原点方法，通过侵彻速度和撞击速度的线性关系引入可压缩性和强度，研究可压缩性和靶的侵彻阻力对侵彻效率的影响。

13.2　高速 WHA 长杆弹

13.2.1　侵彻效率

我们研究 WHA (Steinberg, 1991) 长杆弹 ($Y_p = 2.0$ GPa) 以 2 km/s $< V <$ 5 km/s 侵彻 4340 钢 (Steinberg, 1991)($R_t = 4.5 \times 0.792$ GPa)、6061-T6 铝 (Corbett, 2006)($R_t = 4.5 \times 0.3$ GPa) 和 PMMA (Flis & Chou, 1983) (polymethyl-methacrylate, PMMA)($R_t = 4.5 \times 0.07$ GPa) 半无限靶，材料参数见表 13.2.1。

表 13.2.1　材料参数

材料	密度/(g/cm³)	初始波速/(km/s)	Hugoniot λ	屈服强度/GPa
WHA	18.6	4.03	1.237	1.67
铜	8.93	3.92	1.488	0
4340 钢	7.85	4.578	1.33	0.792
6061-T6 铝	2.7	5.24	1.4	0.3
PMMA	1.186	2.745	1.451	0.07

可压缩模型和不可压模型所得侵彻效率与流体动力学极限之比如图 13.2.1 所示，后文中可压缩模型特指第 12 章推导的近似可压缩模型。WHA 弹的可压缩性比三种靶材料弱，因此可压缩模型所得侵彻效率比不可压模型低。当 $V = 5 \, \mathrm{km/s}$ 时，侵彻 4340 钢靶所得 $(PE_c - PE_{ic})/PE_h = 0.964 - 0.979 = -0.014$，侵彻 6061-T6 铝靶所得 $(PE_c - PE_{ic})/PE_h = 0.984 - 1.019 = -0.035$，侵彻 PMMA 靶所得 $(PE_c - PE_{ic})/PE_h = 0.944 - 1.099 = -0.155$。

以可压缩模型所得结果为标准，不可压模型所得侵彻效率的误差如图 13.2.2 所示。三种靶的可压缩性都比 WHA 长杆弹强，弹/靶的可压缩性差别越大，侵彻效率降低得越多。有机玻璃的可压缩性比 WHA 强很多，可压缩性对 WHA 侵彻 PMMA 影响很大；WHA 侵彻有机玻璃时，随着撞击速度的增大，不可压模型所得侵彻效率的误差先减小再增大，误差大于 10%。

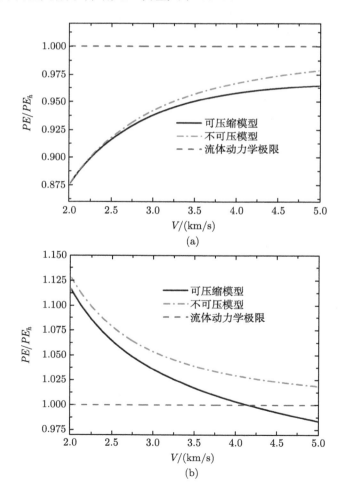

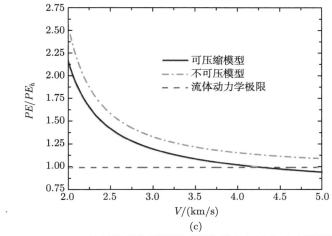

图 13.2.1　WHA 长杆弹侵彻不同靶时侵彻效率与流体动力学极限之比

(a) WHA 侵彻 4340 钢靶；(b) WHA 侵彻 6061-T6 铝靶；(c) WHA 侵彻 PMMA 靶

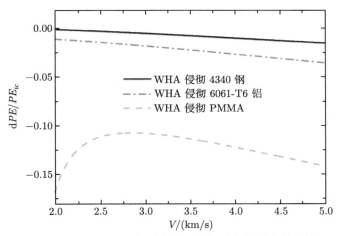

图 13.2.2　WHA 长杆弹侵彻不同靶时侵彻效率的误差

13.2.2　下限临界速度

当 $R_t > Y_p$ 时，存在一个临界速度 $V_{\min}$，当 V 小于 $V_{\min}$ 时，弹体不能侵彻靶体，靶体是刚体形态，即 $U = 0$，弹体驻点压力等于靶体的侵彻阻力。$V_{\min}$ 是靶体流动的下限临界速度。对于不可压模型 $V_{\min,ic} = \sqrt{2\left(R_t - Y_p\right)/\rho_{0p}}$；对于可压缩模型，由 $U = 0$ 和式 (12.4.4) 可得

$$V_{\min,c} = \sqrt{\frac{2n_p A_p}{(n_p - 1)\rho_{0p}}\left[\left(1 + \frac{R_t - Y_p}{A_p}\right)^{(n_p-1)/n_p} - 1\right]} \approx V_{\min,ic}\left(1 - \frac{R_t - Y_p}{4n_p A_p}\right)$$

$$(13.2.1)$$

当 $R_t < Y_p$ 时，存在一个临界速度 V_{rigid}，当 V 小于 V_{rigid} 时，弹体以刚体形态侵彻靶体，即 $U = V$，靶体驻点压力等于弹体的强度。V_{rigid} 是弹体流动的下限临界速度对于不可压模型 $V_{rigid,ic} = \sqrt{2\left(Y_p - R_t\right)/\rho_{0t}}$；对于可压缩模型，由 $U = V$ 和式 (12.4.4) 可得

$$V_{rigid,c} = \sqrt{\frac{2n_t A_t}{(n_t - 1)\rho_{0t}}\left[\left(1 + \frac{Y_p - R_t}{A_t}\right)^{(n_t-1)/n_t} - 1\right]} \approx V_{rigid,ic}\left(1 - \frac{Y_p - R_t}{4n_t A_t}\right)$$

$$(13.2.2)$$

强度 $Y_p = 2.0\,\text{GPa}$ 的 WHA 长杆弹侵彻各种不同强度靶体时弹/靶状态分区如图 13.2.3 所示，图中固定 $Y_p = 2.0\,\text{GPa}$，而改变 R_t/Y_p。图中左边曲线以下区域代表弹体以刚体形态侵彻靶体，而靶体流动；右边曲线以下区域代表靶体是刚体形态，而弹体流动；两条曲线以上区域代表弹和靶均是流动状态。

当 $R_t/Y_p > 1$ 时，由式 (13.2.1) 可知可压缩性对 $V_{\min}$ 的影响约为 $(R_t - Y_p)/(4n_p A_p)$，而 WHA 弹的体积模量 ($n_p A_p = \rho_{0p} C_{0p}^2 = 302.1\,\text{GPa}$) 很大，因此图 13.2.3 中不可压模型和可压缩模型所得 $V_{\min}$ 曲线 (图中右边曲线) 几乎重合，即可压缩性对靶体流动的下限临界速度的影响可忽略。

$R_t/Y_p < 1$ 时，由式 (13.2.2) 可知可压缩性对 V_{rigid} 的影响约为 $(Y_p - R_t)/(4n_t A_t)$，而 4340 钢靶和 6061-T6 铝靶的体积模量远大于 WHA 弹的强度，因此图 13.2.3(a) 和 (b) 中不可压模型和可压缩模型所得 V_{rigid} 曲线 (图中左边曲线) 几乎重合，即可压缩性对弹体流动的下限临界速度的影响可忽略。而 PMMA 靶的体积模量仅为 8.9 GPa，并不是远大于 WHA 弹的强度，因此图 13.2.3(c) 中不可压模型和可压缩模型所得 V_{rigid} 曲线存在差异，但差别很小。

实际上，在刚体形态和流动形态之间存在着一个转换区，具体细节可见文献 (Chen & Li, 2004; Segletes, 2007; Lou et al., 2014)。

可压缩性对两个临界速度 (弹体最小侵彻速度 $V_{\min}$ 和弹体保持刚体侵彻的最大速度 V_{rigid}) 影响的量级为弹/靶强度差异与弹或靶体积模量之比，而弹/靶强度差异一般远小于弹或靶体积模量，所以可压缩性对临界速度的影响可以忽略。WHA 长杆弹以 $2\,\text{km/s} < V < 5\,\text{km/s}$ 侵彻 4340 钢和 6061-T6 铝时，可压缩性对侵彻效率的影响也较小；而侵彻有机玻璃时，两者可压缩性差异很大，可压缩性对侵彻效率的影响较大。

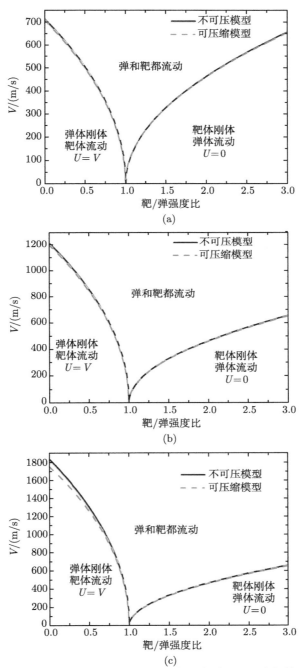

图 13.2.3   强度 $Y_p = 2.0$ GPa 的 WHA 长杆弹侵彻各种不同强度靶体时弹/靶状态分区
(a) WHA 侵彻 4340 钢靶；(b) WHA 侵彻 6061-T6 铝靶；(c) WHA 侵彻 PMMA 靶

13.3　超高速 WHA 长杆弹

在 $2\,\mathrm{km/s} < V < 5\,\mathrm{km/s}$ 范围内, 可压缩性对 WHA 侵彻 4340 钢和 6061-T6 铝所得侵彻效率影响甚小。而在更大的速度范围 $2\,\mathrm{km/s} < V < 10\,\mathrm{km/s}$ 内, 可压缩模型和不可压模型所得侵彻效率与流体动力学极限之比如图 13.3.1 所示, 其中考虑强度的 2~5 km/s 部分就是图 13.2.1(a) 和 (b) 中的曲线。点画线和虚线表示不考虑弹/靶强度 ($Y_p = R_t = 0$) 时的结果。黑实线和黑点画线的差异是强度效应在可压缩模型中造成的, 在撞击速度较低时, 强度效应很强; 而随着撞击速

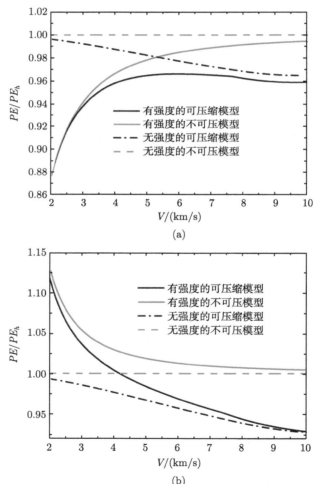

图 13.3.1　WHA 长杆弹侵彻不同靶时侵彻效率与流体动力学极限之比

(a) WHA 侵彻 4340 钢靶; (b) WHA 侵彻 6061-T6 铝靶

度的升高, 强度效应减弱。在不可压模型中也是如此, 撞击速度较低时强度效应明显, 而撞击速度较高时强度效应较弱。黑实线和红实线的差异是考虑强度时可压缩性造成的, 在撞击速度较低时, 可压缩性的影响很小。而随着撞击速度的升高, 可压缩性的影响变大, 与强度效应的趋势相反。考虑强度时, WHA 长杆弹以 10 km/s 侵彻 4340 钢靶所得 $(PE_c - PE_{ic})/PE_h = 0.959 - 0.995 = -0.036$, 侵彻 6061-T6 铝靶所得 $(PE_c - PE_{ic})/PE_h = 0.928 - 1.004 = -0.076$。

在撞击速度较低时, 强度效应影响较大, 而可压缩性影响可忽略。在撞击速度较高时, 强度效应影响很小, 而可压缩性有一定影响。

在侵彻问题中, 弹/靶界面压力平衡是一个重要的条件。图 13.3.2 为材料的

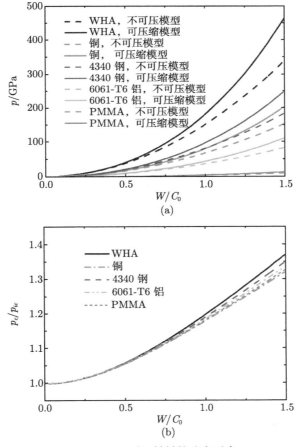

图 13.3.2 不同材料的驻点压力

(a) 驻点压力；(b) 可压缩模型和不可压模型的驻点压力之比

驻点压力与速度改变量 W 之间的关系。对于弹，其速度改变量 $W = V - U$；对于靶，其速度改变量 $W = U$。图 13.3.2 中横坐标均为速度改变量与初始波速之比，而图 13.3.2(a) 中纵坐标为驻点压力，图 13.3.2(b) 中纵坐标为可压缩模型与不可压模型所得驻点压力之比。可压缩模型所得驻点压力高于不可压模型，且速度改变量越大，可压缩性导致的驻点压力提高就越大。从无量纲化的图 13.3.2(b) 可知，对于本章研究的几种材料，可压缩性对驻点压力的提高比例是类似的。

可压缩性对材料驻点压力和侵彻效率都有影响。参照平面冲击问题的图解法，图 13.3.3 以 5 km/s WHA 弹侵彻 PMMA 为例，展示可压缩性如何通过提高材料驻点压力来影响侵彻效率。不可压模型中，WHA 与 PMMA 的压力状态曲线交于 $U_{ic} = 4.07$ km/s，$p_{ic} = 10.12$ GPa 处。考虑可压缩性后，WHA 压力状态曲线改变不大，而 PMMA 压力状态曲线改变较大，因此两条曲线的交点左移至 $U_c = 3.95$ km/s，$p_c = 12.46$ GPa 处，驻点压力增大，侵彻速度减小，侵彻效率相应地下降。

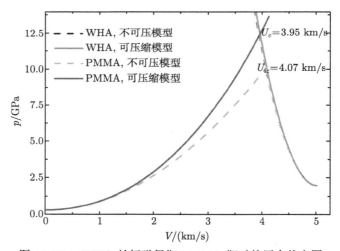

图 13.3.3　WHA 长杆弹侵彻 PMMA 靶时的压力状态图

对于 PMMA 靶，$W/C_0 = 1.44$；对于 WHA 弹，$W/C_0 = 0.26$。由图 13.3.2(b) 可知考虑可压缩性对 PMMA 的驻点压力提高较大，而对 WHA 的驻点压力提高较小，因此侵彻效率明显降低，$(PE_c - PE_{ic})/PE_h = 0.944 - 1.099 = -0.155$。图 13.3.4 为 10 km/s WHA 长杆弹侵彻 4340 钢和 6061-T6 铝靶时的压力状态图。对于 10 km/s WHA 弹侵彻 4340 钢靶，$U_c = 5.97$ km/s，弹的 $W/C_0 = (10 - 5.97)/4.03 = 1.00$，靶的 $W/C_0 = 5.97/4.578 = 1.30$，弹和靶无量纲速度改变量差别不大，所以侵彻效率降低较小 $(PE_c - PE_{ic})/PE_h = 0.959 - 0.995 = -0.036$。对于 10 km/s WHA 弹侵彻 6061-T6 铝靶，$U_c = 7.10$ km/s，弹的

$W/C_0 = (10 - 7.10)/4.03 = 0.72$，靶的 $W/C_0 = 7.1/5.24 = 1.35$，弹和靶无量纲速度改变量的差别介于以上两个工况，侵彻效率改变量也介于以上两个工况，$(PE_c - PE_{ic})/PE_h = 0.928 - 1.004 = -0.076$。

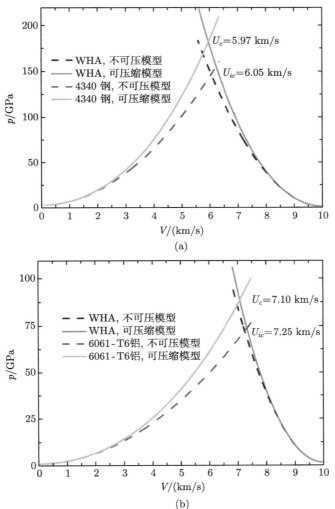

图 13.3.4　WHA 长杆弹侵彻 4340 钢和 6061-T6 铝靶时的压力状态图
(a) WHA 侵彻 4340 钢靶；(b) WHA 侵彻 6061-T6 铝靶

13.4　铜　射　流

对于成型装药形成射流，不同位置的速度不相同，不能当作长杆弹处理。Allison 和 Bryan (1957) 最先提出虚拟原点的概念，其后 Allison 和 Vitali (1963) 以及 Schwartz (2010) 考虑速度梯度和虚拟原点到靶表面距离的影响，完善了连续射流和断裂射流的侵彻理论。在虚拟原点方法中，假设射流起源于距离靶表面一定距离的一个点，之后射流的每个部分按其固有速度运动。该理论未考虑弹/靶强度和可压缩性，侵彻速度采用流体动力学极限下的侵彻速度。

很多实验结果 (Behner et al, 2006; Subramanian & Bless, 1995; Subramanian et al., 1995; Orphal et al., 1996; Orphal & Franzen, 1997; Orphal et al., 1997) 表明，诸多靶材在很大的撞击速度范围内，侵彻速度 U 和撞击速度 V 呈线性关系。之后 Orphal 和 Anderson(2006) 在更高的速度范围内 (2 km/s < V < 8 km/s) 对各种弹/靶组合进行数值模拟，结果也表明侵彻速度 U 和撞击速度 V 呈线性关系。我们借助虚拟原点方法，通过侵彻速度和撞击速度的线性关系引入可压缩性和强度，简单方便地研究可压缩性和强度对超高速铜射流侵彻的影响。

13.4.1　考虑材料强度和可压缩性的虚拟原点方法

图 13.4.1 为虚拟原点方法的示意图，Z_0 为虚拟原点到半无限靶表面的距离，t 为侵彻时间，$P(t)$ 为 t 时刻的侵彻深度，$V(t)$ 为 t 时刻的撞击速度。

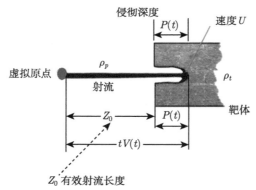

图 13.4.1　虚拟原点方法示意图 (Allison & Vitali, 1963)

由几何关系可知

$$P + Z_0 = Vt \tag{13.4.1}$$

由侵彻效率的定义可知

$$dP = \frac{U}{V - U}dl \tag{13.4.2}$$

而 dl 长度射流的速度改变量为 dV，则

$$dl = tdV \tag{13.4.3}$$

将式 (13.4.1) 和式 (13.4.3) 代入式 (13.4.2) 可得

$$\frac{\mathrm{d}P}{P+Z_0} = \frac{U}{V-U}\frac{\mathrm{d}V}{V} \tag{13.4.4}$$

实验 (Behner et al., 2006; Subramanian & Bless, 1995; Subramanian et al., 1995; Orphal et al., 1996; Orphal & Franzen, 1997; Orphal et al., 1997) 和数值模拟 (Orphal & Anderson, 2006) 均表明侵彻速度 U 和撞击速度 V 呈线性关系,

$$U = a + bV \tag{13.4.5}$$

其中, a 和 b 为常数, 此线性关系是考虑了材料强度和可压缩性后所得结果。前人在运用虚拟原点法时, 并未同时考虑材料强度和可压缩性, 我们将此线性关系代入式 (13.4.4), 即间接地考虑了材料强度和可压缩性的影响, 积分可得

$$P_c = Z_0 \left\{ \frac{V_{\text{tail}}}{V_{\text{tip}}} \left[\frac{(1-b)\,V_{\text{tip}} - a}{(1-b)\,V_{\text{tail}} - a} \right]^{\frac{1}{1-b}} - 1 \right\} \tag{13.4.6}$$

其中, V_{tip} 和 V_{tail} 分别为射流头部和尾部的速度, 常数 a 和 b 将由考虑可压缩性和强度的可压缩模型求得。

在流体动力学极限下, 即未考虑材料强度和可压缩性时, 侵彻速度 $U = kV/(k+1)$, $k = \sqrt{\rho_p/\rho_t}$; 代入式 (13.4.4), 积分可得侵彻深度

$$P_h = Z_0 \left[\left(\frac{V_{\text{tip}}}{V_{\text{tail}}} \right)^k - 1 \right] \tag{13.4.7}$$

将流体动力学极限下 $U = kV/(k+1)$, 即 $a_h = 0$, $b_h = k/(k+1)$, 代入式 (13.4.6) 即可退化到流体动力学极限下的结果式 (13.4.7)。

由式 (13.4.6) 和式 (13.4.7) 可得, 考虑强度和可压缩性时的侵彻深度与流体动力学极限下的侵彻深度之比为

$$\frac{P_c}{P_h} = \frac{\dfrac{V_{\text{tail}}}{V_{\text{tip}}} \left[\dfrac{(1-b)\,V_{\text{tip}} - a}{(1-b)\,V_{\text{tail}} - a} \right]^{\frac{1}{1-b}} - 1}{\left(\dfrac{V_{\text{tip}}}{V_{\text{tail}}} \right)^k - 1} \tag{13.4.8}$$

13.4.2 算例

我们利用考虑材料强度和可压缩性的虚拟原点法研究铜 (Flis & Chou, 1983) 射流 ($Y_p = 0$) 侵彻 4340 钢 ($R_t = 4.5 \times 0.792$ GPa)、6061-T6 铝 ($R_t = 4.5 \times 0.3$ GPa) 和 PMMA ($R_t = 4.5 \times 0.07$ GPa) 三种半无限靶, 材料参数见表 13.4.1。

表 13.4.1 铜长杆弹侵彻各种靶时侵彻速度—撞击速度线性拟合所得系数

靶材料	有强度靶		无强度靶		流体动力学极限 b_h
	截距 a/(km/s)	斜率 b	截距 a/(km/s)	斜率 b	
4340 钢	−0.20701	0.54107	−0.00431	0.51812	0.51611
6061-T6 铝	−0.10598	0.65066	0.02307	0.63628	0.64522
PMMA	0.05366	0.69563	0.09784	0.69058	0.73291

假设铜射流以瞬时撞击速度 V 侵彻靶时,其侵彻速度 U 与速度为 V 的铜长杆弹侵彻时所得侵彻速度相同。考虑强度和可压缩性时,由可压缩模型可得铜长杆弹侵彻不同靶体的侵彻速度如图 13.4.2 所示,对侵彻速度—撞击速度进行线性拟合,所得系数见表 13.4.1。不考虑靶强度时的线性拟合系数也在表中,最后一列为流体动力学极限下侵彻速度与撞击速度之比 $b_h = k/(k+1)$,无强度 4340 钢和 6061-T6 铝靶的斜率与流体动力学极限 b_h 差别很小,且截距也较小。

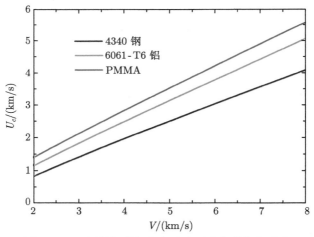

图 13.4.2 铜长杆弹侵彻各种有强度靶的侵彻速度

我们将铜射流尾部速度固定为 $V_{\text{tail}} = 2$ km/s,而射流头部速度取值范围为 3 km/s $< V_{\text{tip}} < 8$ km/s,例如 $V_{\text{tip}} = 5$ km/s 代表尾部速度为 2 km/s,头部速度为 5 km/s 的射流,射流内部有一定的速度分布。

将表 13.4.1 的系数代入式 (13.4.8) 可得考虑强度和可压缩性时的侵彻深度 P_c 与流体动力学极限下的侵彻深度 P_h 之比,结果如图 13.4.3 所示。图中相同颜色的实线和点画线分别代表有强度靶和无强度靶所得结果,实线、点画线和 1 的对比能将强度和可压缩性的影响解耦。三组实线和点画线在 3 km/s $< V_{\text{tip}} < 8$ km/s 的范围内均保持很大的差别。

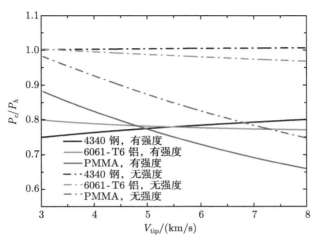

图 13.4.3　铜射流侵彻不同靶时侵彻深度与流体动力学极限侵彻深度之比

首先,图中点画线与 1.0 的差异是弹/靶可压缩性的不同导致的。$V_{tip} = 3$ km/s 时, 铜射流侵彻无强度的 4030 钢、6061-T6 铝和 PMMA 的 P_c/P_h 非常接近于 1。当随着撞击速度的增大, 可压缩性的影响增强。当 $V_{tip} = 8$ km/s 时, 铜射流侵彻无强度的 4030 钢、6061-T6 铝和 PMMA 的 P_c/P_h 分别为 1.0065、0.9686 和 0.7470, 则对应的 $(P_c - P_h)/P_h$ 分别为 0.0065、−0.0314 和 −0.2530。对于铜射流侵彻 4030 钢和 6061-T6 铝, 可压缩性的影响较小; 而有机玻璃的可压缩性远大于铜, 可压缩性对超高速铜射流侵彻有机玻璃的影响较大。

其次, 靶强度对 3 km/s $< V_{tip} <$ 8 km/s 范围内铜射流的侵彻深度影响严重。$V_{tip} = 3$ km/s 的铜射流侵彻无强度 4340 钢、6061-T6 铝和 PMMA 时 P_c/P_h 分别为 1.001、1.003 和 0.983, 而侵彻有强度的三种靶时 P_c/P_h 分别为 0.749、0.799 和 0.883, 两者间的差别是由靶强度造成的, 差别 $\Delta P_c/P_h$ 分别为 0.252、0.204 和 0.100。与此对应地是, 当 $V_{tip} = 8$ km/s 的铜射流侵彻三种靶时, 靶强度造成的差别 $\Delta P_c/P_h$ 分别为 0.207、0.198 和 0.088; 可见在 3 km/s $< V_{tip} <$ 8 km/s 铜射流侵彻范围内, 靶强度对有/无强度的 4340 钢、6061-T6 铝和 PMMA 造成的差别 $\Delta P_c/P_h$ 分别保持在 20%、20% 和 10% 左右。

长杆弹的速度是均匀分布的, 而射流内部有一定的速度分布, 总会有一部分射流速度较低, 而强度在较低速度的侵彻中作用很大, 因此强度对超高速铜射流侵彻影响严重。另一方面, 对于超高速铜射流侵彻 PMMA, 射流头部速度很高, PMMA 可压缩性远大于铜, 可压缩性的差异导致侵彻速度减小, 使得侵彻深度降低, 且导致射流拉伸长度减小, 会更进一步降低后续射流侵彻深度, 因此可压缩性对超高速铜射流侵彻 PMMA 的影响较大。

13.5 本 章 小 结

本章利用近似可压缩侵彻模型详细研究了可压缩性和强度对 WHA 长杆弹和铜射流侵彻半无限靶的影响。当 WHA 长杆弹以 2 km/s < V < 5 km/s 侵彻 PMMA 时，由于 WHA 和 PMMA 的可压缩性差别较大，所以可压缩性对侵彻效率影响较大。以 V = 5 km/s 的 WHA 长杆弹侵彻有机玻璃为例，揭示了可压缩性通过提高弹和靶驻点压力来影响侵彻效率的机理。对于 WHA 长杆弹以 2 km/s < V < 10 km/s 侵彻 4340 钢和 6061-T6 铝，在撞击速度较低时，强度效应对侵彻深度影响较大，而可压缩性影响可忽略；在撞击速度较高时，强度效应影响很小，而可压缩性有一定影响。

已有研究表明侵彻速度 U 和撞击速度 V 呈线性关系，借助虚拟原点方法，通过侵彻速度和撞击速度的线性关系引入可压缩性和强度，研究可压缩性和强度对铜射流侵彻 4340 钢、6061-T6 铝和 PMMA 的影响。铜射流尾部速度固定为 $V_{\text{tail}} = 2$ km/s，而射流头部速度取值范围为 3 km/s < V_{tip} < 8 km/s，结果表明靶的强度效应影响严重。对于铜射流侵彻 4030 钢和 6061-T6 铝，可压缩性的影响较小；而 PMMA 的可压缩性远大于铜，可压缩性对超高速铜射流侵彻有机玻璃的影响较大。

参 考 文 献

Allison F E, Bryan G M. 1957. Cratering by a train of hypervelocity fragments. Proceedings of the 2-nd Hypervelocity Impact Effects Symposium.

Allison F E, Vitali R. 1963. A new method of computing penetration variables for shaped charge jets. Ballistic Research Laboratories Internal Report.

Behner T, Orphal D, Hohler V, Anderson C, Mason R, Templeton D. 2006. Hypervelocity penetration of gold rods into SiC-N for impact velocities from 2.0 to 6.2 km/s. International Journal of Impact Engineering, 33(1): 68-79.

Chen X W, Li Q M. 2004. Transition from nondeformable projectile penetration to semi-hydrodynamic penetration. Journal of Engineering Mechanics, 130(1): 123-127.

Corbett B M. 2006. Numerical simulations of target hole diameters for hypervelocity impacts into elevated and room temperature bumpers. International Journal of Impact Engineering, 33(1): 431-440.

Flis W J, Chou P. 1983. Penetration of compressible materials by shaped-charge jets. Proceedings of the 7-th International Symposium on Ballistics, The Hague, The Netherlands.

Lou J F, Zhang Y G, Wang Z, Hong T, Zhang X L, Zhang S D. 2014. Long-rod penetration:the transition zone between rigid and hydrodynamic penetration modes. Defence Technology, 10(2): 239-244.

Orphal D, Anderson C. 2006. The dependence of penetration velocity on impact velocity. International Journal of Impact Engineering, 33(1): 546-554.

Orphal D, Franzen R, Charters A, Menna T, Piekutowski A. 1997. Penetration of confined boron carbide targets by tungsten long rods at impact velocities from 1.5 to 5.0 km/s. International Journal of Impact Engineering, 19(1): 15-29.

Orphal D, Franzen R, Piekutowski A, Forrestal M. 1996. Penetration of confined aluminum nitride targets by tungsten long rods at 1.5–4.5 km/s. International Journal of Impact Engineering, 18(4): 355-368.

Orphal D, Franzen R. 1997. Penetration of confined silicon carbide targets by tungsten long rods at impact velocities from 1.5 to 4.6 km/s. International Journal of Impact Engineering, 19(1): 1-13.

Schwartz W. 2010. Modified SDM model for the calculation of shaped charge hole profiles. Propellants Explosives Pyrotechnics, 19(4): 192-201.

Segletes S B. 2007. The erosion transition of tungsten-alloy long rods into aluminum targets. International Journal of Solids & Structures, 44(7-8): 2168-2191.

Song W J, Chen X W, Chen P. 2018. The effects of compressibility and strength on penetration of long rod and jet. Defence Technology, 14(2): 99-108.

Steinberg D J. 1991. Equation of state and strength properties of selected materials. Technical Report UCRL-MA-106439: Lawrence Livermore National Laboratory.

Subramanian R, Bless S, Cazamias J, Berry D. 1995. Reverse impact experiments against tungsten rods and results for aluminum penetration between 1.5 and 4.2 km/s. International Journal of Impact Engineering, 17(4): 817-824.

Subramanian R, Bless S. 1995. Penetration of semi-infinite AD995 alumina targets by tungsten long rod penetrators from 1.5 to 3.5 km/s. International Journal of Impact Engineering, 17(4-6): 807-816.

第 14 章 长杆超高速侵彻的近似可压缩流体模型

14.1 引 言

长杆弹是利用自身动能直接撞击的一种动能武器,具有出色侵彻能力,是未来武器发展的热点之一。随着新的发射系统 (电磁轨道炮)、超高含能材料的不断研发,甚至 "上帝之杖" (天基动能武器系统,由位于低轨道的卫星平台发射长杆金属棒,攻击速度达 5 km/s 左右 (Steele, 2008),百公斤级质量的 "上帝之杖" 与吨级 TNT 当量产生的破坏能量基本相当) 的提出,未来的长杆弹将拥有更高的撞击速度,长杆弹超高速侵彻理论有重要的研究及应用背景。

长杆弹常用的撞击速度范围在 1~3 km/s,为高速侵彻,此时弹/靶界面处接近流体而在远处仍可视作刚体,也称半流体侵彻 (Chen & Li, 2004)。一般认为当撞击速度超过 3 km/s (不同弹/靶材料对应的侵彻速度范围存在差异) 属于超高速侵彻,此时整个弹/靶行为均类似于流体,也称流体侵彻。

Anderson 和 Orphal (2008) 数值模拟研究了超高速侵彻时可压缩性对弹/靶界面压力的影响,发现撞击速度越大,可压缩性导致的弹/靶界面压力提升越高。弹/靶界面高压力时,弹/靶材料所产生的体积应变不可忽略,此时,半流体侵彻中的不可压 Bernoulli 方程已不再适用,应使用适当的状态方程,需考虑弹/靶材料的可压缩性和冲击波等因素。

关于长杆弹侵彻问题的研究,目前主要集中在高速半流体侵彻范围内,其理论模型经历了从早期简单的流体动力学理论到经典的 Alekseevskii-Tate (Alekseevskii, 1966; Tate, 1967, 1969) 模型 (后文简称 A-T 模型) 再到更复杂模型的发展。各模型提出均基于当时对侵彻机理的认知,其适用性得到了大量实验和数值模拟的验证。现有理论模型一般仅能表征其某一方面的特点,如 A-T 模型,该模型针对弹体准定常侵彻阶段建立,基于不可压的 Bernoulli 控制方程。其无法描述超高速侵彻中材料可压缩性带来的影响,不能完全解释复杂的长杆弹超高速侵彻过程。

长杆弹侵彻问题研究的核心是通过建立侵彻速度 u 与撞击速度 v 的关系来描述弹/靶相互作用,进而获得侵彻过程中各参量随时间的变化规律。而 u-v 关系的建立与侵彻模式直接相关。对于长杆弹超高速流体侵彻,虽然其侵彻模式与高速半流体侵彻有所不同,但数值模拟研究表明二者整体侵彻过程类似。长杆弹高速侵彻和超高速侵彻都存在一个瞬态高压阶段，然后压力迅速衰减，快速进入准定常阶段，且准定常侵彻阶段也是整个侵彻过程中持续时间最长的部分。

鉴于长杆弹流体侵彻与半流体侵彻的相似性，故可在准定常侵彻基础上，引入材料可压缩性。针对长杆弹超高速 (> 3 km/s) 侵彻问题，以 Song 等 (2018a) 提出的近似可压缩模型为基础，结合弹体准定常质量侵蚀的特征，建立长杆弹超高速的近似可压缩流体侵彻理论模型 (Tang et al., 2021)。同时，解耦弹/靶界面平衡方程的强度项，得到动态可压缩性流体动力学极限。此研究可发展和完善长杆弹超高速侵彻理论，有助于全面认识长杆弹超高速侵彻过程及侵彻机理。同时，为结构防护设计提供可靠的基础理论依据和技术支持，具有重要的现实意义和军事民用价值。

14.2 近似可压缩流体侵彻的理论模型

14.2.1 模型的建立

在众多的可压缩流体模型中，Song 等 (2018a) 的近似可压缩流体模型论述了在 3~12 km/s 速度范围可以忽略冲击波和使用 Murnaghan 状态方程的合理性，获得了仅关于侵彻速度的界面压力平衡方程，相较其他模型，其描述更为简单清晰。

因此，本章使用 Song 等 (2018a) 近似可压缩流体模型的弹/靶界面压力平衡方程替换 A-T 模型中的不可压 Bernoulli 方程，配合描述侵彻过程的弹体减速、杆长销蚀和侵彻深度变化方程，得到一个适用于超高速流体侵彻的完整理论模型，用其描述整个侵彻过程 (Tang et al., 2021)。该模型的控制方程组如下：

$$Y_p + A_p \left\{ \left[1 + \frac{(n_p - 1)(v - u)^2}{2n_p A_p v_{0p}} \right]^{\frac{n_p}{n_p - 1}} - 1 \right\}$$

$$= R_t + A_t \left\{ \left[1 + \frac{(n_t - 1)u^2}{2n_t A_t v_{0t}} \right]^{\frac{n_t}{n_t - 1}} - 1 \right\} \tag{14.2.1}$$

$$\rho_p l' \frac{\mathrm{d}v}{\mathrm{d}t} = -Y_p \tag{14.2.2}$$

$$\frac{\mathrm{d}l'}{\mathrm{d}t} = -(v - u) \tag{14.2.3}$$

$$\frac{\mathrm{d}p}{\mathrm{d}t} = u \tag{14.2.4}$$

其中，Y_p 为弹体强度；R_t 为靶体侵彻阻力；ρ_p 为弹体密度；u、v、p 和 l' 分别为侵彻 (弹头) 速度、弹体 (弹尾) 速度、侵彻深度和弹体剩余长度，四者均随时间 t 变化，故均用小写表示某时刻的值。

另外，针对近似可压缩流体模型的弹/靶界面压力平衡方程 (14.2.1)，还需定义以下参数，

$$n = 4\lambda - 1, \quad A = \frac{\rho_0 C_0^2}{n}, \quad v_0 = \frac{1}{\rho_0} \tag{14.2.5}$$

其中，A、n 为弹/靶材料参数，v_0 为初始比体积，下标 p 和 t 分别代表弹和靶。λ 为雨贡组 (Hugoniot) 关系中冲击波波速和粒子速度之间的斜率，C_0 为材料初始波速，ρ_0 为初始材料密度。A、n 作为 Murnaghan 状态方程中描述材料的参数，其表征了材料的可压缩性，进而体现在材料的波速 C_0 和 Hugoniot 系数 λ 上。A 和 n 是区别于不可压 Bernoulli 方程最根本的条件参数。

此模型是 Song 等 (2018a) 近似可压缩模型的补充，其可描述长杆弹准定常阶段的侵彻过程，反应在弹尾速度 v、侵彻速度 u、弹杆长度 l，以及侵彻深度 p 四个变量随时间 t 的变化。方程 (14.2.1)～ 式 (14.2.5) 组成了完整的理论模型方程。

14.2.2　模型的解

欲求方程组 (14.2.1)～ 式 (14.2.5) 的理论解，即需要求得弹尾速度 v、侵彻速度 u、剩余弹体长度 l'、侵彻深度 p 关于时间 t 的变化关系式。方程 (14.2.1) 给出了侵彻速度 u 和弹尾速度 v 的关系，需得到 u 关于 v (或 v 关于 u) 的显式解析式，方可与方程 (14.2.2)～ 式 (14.2.5) 联立求出理论解。但因方程 (14.2.1) 为非线性方程且无法得到准确的解析解，所以只能通过 Newton 迭代法等数值解法求出其数值解。因而，整个模型不能直接得到各变量随时间变化的解析关系式，只能求出相关变量随时间序列 t 变化的数值解。

采用差分思想解方程组，分别用 Δt 代替 dt、$\Delta l'$ 代替 dl'、Δv 代替 dv，Δp 代替 dp，以 Δt 为时间步，求出每个时刻所对应的相关变量的数值。具体求解迭代步骤如下：

式 (14.2.2) 可化为

$$l'_m = -\frac{Y_p \cdot \Delta t}{\rho_p(v_m - v_{m-1})} \tag{14.2.6}$$

式 (14.2.3) 化为

$$l'_m - l'_{m-1} = -(v_m - u_m) \cdot \Delta t \tag{14.2.7}$$

联立式 (14.2.6) 和式 (14.2.7) 可得

$$u_m = v_m - \frac{l'_{m-1}}{\Delta t} - \frac{Y_p}{\rho_p(v_m - v_{m-1})} \tag{14.2.8}$$

将式 (14.2.8) 代入方程 (14.2.1) 并代入相关材料参数，即可求得 v_m，进而求得 u_m，根据式 (14.2.4)、式 (14.2.6) 可求出 p_m、l'_m。以上式中的所有下标 $(m-1)$ 和 m 分别代表迭代过程中的第 $(m-1)$ 步和 m 步，其中 m 为自然数。

求解过程中，我们以微秒为单位，Δt 取为 $0.001\ \mu s$，该方法的求解误差是很小的。甚至，可以取 Δt 更小，则其结果更精确，并且求解效率也较高。当侵彻速度 u 变为 0 或者弹杆剩余长度 l' 接近于 0 时，理论上侵彻结束，故以此迭代直至 $u_m < 0$ 或 $l'_m < 0$ 时停止计算。

14.3 模型验证与分析

侵彻效率作为描述弹体侵彻能力和靶体抗侵彻能力的关键参数，对其分析具有重要意义。其无量纲表达式为 P/L，其中 P 为最终侵彻深度，L 为弹杆长度。

本节首先根据已有的实验数据，针对不同速度下侵彻效率这一参数进行理论模型的验证。同时与 A-T 模型比较，预测更高速度下侵彻效率的变化趋势。此外，实验无法得到侵彻过程中各种物理量随时间变化的曲线，而数值模拟可以从时间历程上模拟侵彻整个过程。因此本节还通过数值模拟与理论结果比较，进一步从侵彻过程参数对模型进行验证分析。

数值模拟使用任意拉格朗日—欧拉法 (Arbitrary Lagrangian Euler, ALE)，对 WHA 长杆弹以 3~8 km/s 速度侵彻半无限 4340 钢靶进行三维数值模拟，其中 $V_0 = 5$ km/s 时采用兰彬和文鹤鸣 (2008) 的数值模拟结果。后文以 $V_0 = 3$ km/s 和 6 km/s 为例分析数值模拟结果与理论模型结果的差别，进一步验证模型的有效性。

14.3.1 实验验证

Hohler 和 Stilp (Hohler et al., 1987; Hohler & Stilp, 1984, 1997) 做了大量不同长径比、不同弹靶材料的侵彻实验，但撞击速度超过 3 km/s 的数据较少。首先，本节选取文献 (Hohler & Stilp, 1987) 中长径比为 10 的钢弹侵彻高强度钢靶的工况进行比较。材料强度参数在文献 (Hohler & Stilp, 1987) 中已明确给出，$Y_p = 2.2$ GPa，$R_t = 5.5$ GPa，其他参数见表 14.3.1。结果如图 14.3.1 所示。

由于撞击速度低于 1.5 km/s 为刚性弹侵彻，因此理论模型仅计算大于 1.5 km/s 的速度范围。如图 14.3.1 所示，实验数据在其速度范围内呈 S 型增长，满足长杆侵彻的基本规律。理论模型结果在实验数据速度范围内与其能较好吻合，但仍存在一定差异，其主要原因是由于理论模型仅针对准定常侵彻阶段而建立。速度大于 4 km/s，理论模型结果缓慢增长逐渐趋于流体动力学极限，两理论模型结果十分接近，可压缩模型略高于不可压的 A-T 模型，即使速度达到 7 km/s，二者也仅相差 0.6%。这表明，弹和靶材料的可压缩性相近时，可压缩性对侵彻结果的影响很小。

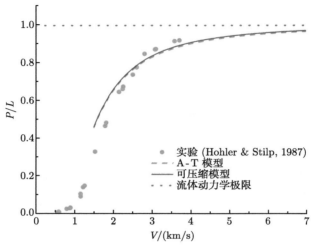

图 14.3.1 钢弹侵彻高强度钢靶的侵彻效率比较

接着，比较了长径比为 10 的钨合金弹侵彻不同硬度钢靶的工况，实验数据源自于 Anderson 等 (1992) 中收集的 Hohler 和 Stilp 的实验数据。理论计算中，不同钢靶强度参数 R_t 取平均值为 5 GPa；钨杆的强度参数 Y_p 取其动态屈服强度 2 GPa，密度为 17 g/cm³。其他材料参数见表 14.3.1。结果如图 14.3.2 所示。

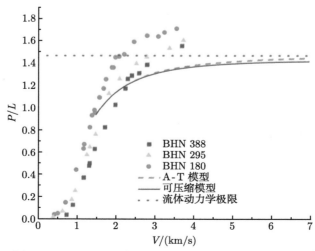

图 14.3.2 WHA 弹侵彻不同硬度钢靶的侵彻效率比较

这三组实验数据仍呈 S 型增长，而较高速度下略高于流体动力学极限。如同图 14.3.1，实验数据与理论预测结果较吻合，其差异主要源于强度参数的估算与理论中准定常的假设。不同于图 14.3.1 的是，当速度大于 4 km/s，两理论模型出现了一定差别，不可压的 A-T 模型略高于近似可压缩流体侵彻模型，此时，可压缩性对侵彻效率体现出了一定影响。当速度达到 7 km/s 时，两者相差 1.8%。

比较图 14.3.1 和图 14.3.2 可知，A-T 模型与可压缩模型的差别增大，这表明当弹靶材料的可压缩性有差异时，随速度的增加，可压缩性所体现出的差异逐渐体现。因此，可以预测当弹靶材料的可压缩性相差更大时，两理论模型计算的侵彻效率差别将会更大。

Silsby (1984) 开展了长径比为 22 的钨合金长杆弹侵彻装甲钢靶的实验，兰彬和文鹤鸣 (2008) 将他们的有限元数值模拟结果与其进行了比较。此处，综合二者的研究结果，同时加入了两理论模型的计算结果，如图 14.3.3 所示。

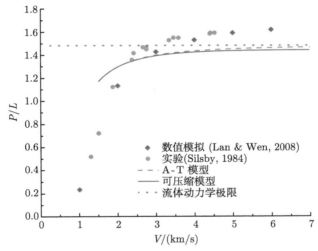

图 14.3.3　WHA 弹侵彻 4340 钢靶的侵彻效率比较

数值模拟和理论结果均与实验数据较吻合，表明不仅数值模拟中的 Steinberg 本构模型和 Mie-Grüneisen 状态方程适用于长杆超高速侵彻问题，理论同样也能很好预测侵彻结果。理论结果预测的侵彻效率变化趋势与图 14.3.1 和图 14.3.2 相似，差异分析也与前文一致。

综上三种工况，理论模型在 1.5~2.5 km/s 的速度范围内跟实验数据能很好地吻合，而在更高速度下，实验数据均高于理论预测，且随速度增加差值越大。这表明随速度的增加长杆侵彻的次级侵彻阶段对侵彻深度的贡献逐渐增加。Orphal 和 Anderson (2006) 研究发现强度项的差值 $(R_t - Y_p)$ 是随速度改变的。而在本节的理论计算中，其取为固定值，因此这也是造成理论模型与实验数据有差异的另一原因。此外，Rosenberg 和 Dekel (2004) 认为考虑弹靶材料的热软化同样也会提高侵彻深度。因此，包含诸多假设的理论模型结果与实验数据存在一定差异是正常的。

　　然而，如果仅是通过实验数据进行侵彻结果的比较，显然失去了近似可压缩流体侵彻模型的一个重要意义。因此，后文将采用数值模拟与理论结果比较，进一步从侵彻过程参数进行理论模型的验证与分析，以期该理论模型能有效地预测侵彻过程。

14.3.2　数值模拟比较分析

　　通过图 14.3.3，兰彬和文鹤鸣 (2008) 已验证了他们数值模拟方法的有效性，因此参考他们的方法，本章亦采用适合高压条件的 Steinberg 本构模型与 Mie-Grüneisen 状态方程。计算模型中，WHA 杆弹长径比为 10，杆径 1 cm，弹头为平头。长杆弹、半无限厚钢靶和空气均用 ALE 网格，长杆弹整体和靶板上表面 (即模型绿色部分) 被空气覆盖，不同材料之间的界面共节点。模型外表面设定为应力无反射界面，以模拟无限域。由于模型具有轴对称性，所以只计算 1/4 模型，两个互相垂直的剖面设置为对称面。靶半径为 6 cm，厚度为 30 cm，靶底部也是应力无反射界面。模型总节点数为 270499，总单元数为 245772。计算模型示意如图 14.3.4。

图 14.3.4　计算模型

　　WHA 和钢均采用 Steinberg 本构模型和 Mie-Grüneisen 状态方程，其数值模拟和理论模型中所涉及的材料物性参数 (Wen et al., 2011; Rosenberg & Dekel,

1994) 见表 14.3.1。

表 14.3.1 数值模拟和理论模型所涉及的材料参数

材料	$\rho_0/(\text{g/cm}^3)$	G_0/GPa	σ_0/GPa	T_{m0}/K	A_G
WHA	17.3	160	1.51	2766	183.85
4340 钢	7.85	77	0.792	1578	55.85
材料	$G_p'/G_0/\text{GPa}^{-1}$	$G_T'/G_0/\text{K}^{-1}$	β	n_G	α
WHA	0.0094	0.00014	7.7	0.13	1.3
4340 钢	0.26	0.00045	43	0.35	1.4
材料	S_1	σ_m/GPa	$C_0/(\text{km/s})$	n	A/GPa
WHA	1.23	3	4.04	3.948	72.761
4340 钢	1.49	2	4.58	4.96	33.368

其中，ρ_0 为材料初始密度，G_0 是初始剪切模量，σ_0 为初始静态屈服应力，β 和 n_G 分别是硬化常数和硬化指数，S_1 为冲击波速—粒子速度关系的拟合系数 (即理论模型中的 Hugoniot 系数 λ)，A_G 为原子量，G_p' 为剪切模量对压强的偏导数，G_T' 为剪切模量对温度的偏导数，α 为修正常数，σ_m 为最大容许屈服强度。

以初始撞击速度为 3 km/s、5 km/s、6 km/s 为例，采用理论模型与数值模拟分别获得计算结果，其中速度 5 km/s 的模拟为兰彬和文鹤鸣 (2008) 的结果。理论模型中，弹体强度 Y_p 和靶体阻力 R_t 的取值一直是众多学者的研究重点，本节算例取 Y_p、R_t 在不同速度下均为固定值，初步研究可压缩模型中其他材料参数对侵彻过程的影响。计算中，Y_p 取为 WHA 动态屈服强度 2.0 GPa。Flis (2013) 在 2 km/s $< V <$ 12 km/s 的侵彻算例中，将 R_t 取为 4~5 倍的靶体屈服强度时，理论模型和数值模拟结果相吻合，故本章将 R_t 统一取为 4.5 倍静态屈服强度，即 4.5×0.792GPa = 3.564 GPa。其他涉及的材料参数见表 14.3.1。

计算结果如图 14.3.5~ 图 14.3.7 所示。图 14.3.5 为弹尾速度 v 和侵彻速度 u 随时间 t 的变化曲线，其中，在同一初始撞击速度的结果 (同一颜色曲线) 中，速度较高的为弹尾速度，较低的为侵彻速度；图 14.3.6 为剩余弹杆长度 l' 随时间 t 的变化曲线；图 14.3.7 为侵彻深度 p 随时间 t 的变化曲线。三个图中实线部分是理论模型结果，虚线部分是数值模拟结果。

从图 14.3.5 可以看出，数值模拟与理论模型的弹尾速度变化几乎一致，区别仅在于数值模拟中减速点出现得更早。而侵彻速度在侵彻初期和侵彻末端有较大偏差，这主要是由于理论模型是仅针对准定常侵彻阶段而建立的。同时弹/靶强度参数源于计算前的综合估计，故不能完全精准描述复杂的长杆弹侵彻过程。而数值模拟可以反映整个侵彻全过程，即除准定常阶段外，还包括初始瞬态阶段和次级侵彻阶段等，所以导致了侵彻初期、侵彻末段、最终侵彻时间和深度的差别。

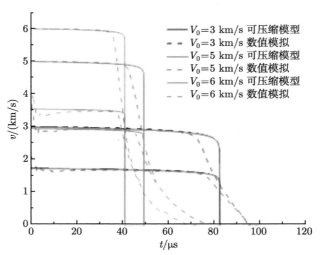

图 14.3.5　弹尾速度和侵彻速度随时间变化曲线

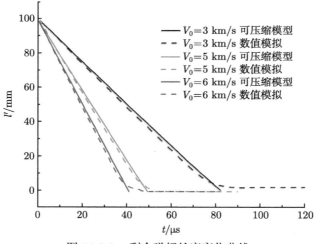

图 14.3.6　剩余弹杆长度变化曲线

图 14.3.5 的数值模拟中，初始撞击速度 3 km/s、5 km/s 和 6 km/s 下，WHA
长杆弹均大约在 $t = 5$ μs 时进入准定常侵彻阶段，说明侵彻过程的初始瞬态阶段
持续时间约为 5 μs。随后长杆弹分别在 75 μs、41 μs 和 36 μs 时结束了准定常
侵彻阶段进入次级侵彻和靶体回弹阶段。理论模型中，分别当 $t = 82$ μs、49 μs
和 42 μs 时准定常阶段侵彻结束，同与之对应的数值模拟结果分别相差 8.5%、
16.3%和 14.3%。此外，数值模拟与理论模型的弹尾速度变化十分贴近，侵彻速
度在经过一定波动后也较吻合。

图 14.3.6 表明, 不同撞击速度下, 理论模型与数值模拟的长杆弹侵蚀速率结果均较为吻合, 数值模拟中弹体侵蚀速率稍快, 其主要原因为理论模型的一维简化; 另外, 数值模拟在侵彻末端表现出明显的次级侵彻阶段, 理论模型无法预期这一现象。

从图 14.3.7 可以看出, 数值模拟与理论结果在准定常阶段的侵彻深度变化整体较为接近。不同之处在于侵彻末端, 数值模拟包含了次级侵彻和靶体回弹阶段, 故侵彻深度继续缓慢增加而后恒定, 最终侵彻深度更大。且由图可知, 3 km/s、5 km/s 和 6 km/s 速度下准定常阶段的侵彻深度分别占最终侵彻深度的 97%、90% 和 89%, 说明随速度的增加, 准定常侵彻阶段的侵彻深度占比减小, 而次级侵彻阶段对最终侵彻深度的贡献增加。

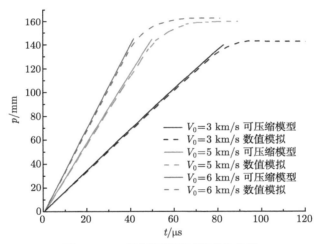

图 14.3.7 侵彻深度随时间变化曲线

综合针对侵彻结果与实验的比较以及针对侵彻过程与数值模拟的比较分析, 表明本节建立的长杆超高速侵彻的近似可压缩流体模型具有有效性。

14.4 模型分析

14.4.1 与 A-T 模型比较分析

A-T 模型作为长杆半流体侵彻最经典的理论模型, 广泛应用于长杆弹侵彻金属靶和陶瓷靶等靶材。该模型假设在侵彻过程, 弹/靶界面处接近流体而在远处仍可视作刚体, 且模型主要针对准定常侵彻阶段。模型的主要控制方程为加入了弹靶强度项的不可压 Bernoulli 方程, 并附以式 (14.2.2)∼ 式 (14.2.4), 得到了一个

描述侵彻变化过程的理论模型。控制方程如下:

$$Y_p + \frac{1}{2}\rho_p(v-u)^2 = R_t + \frac{1}{2}\rho_t u^2 \tag{14.4.1}$$

求解可得

$$u = \frac{1}{1-\rho_t/\rho_p}\left(v - \sqrt{\rho_t v^2/\rho_p - 2\left(R_t - Y_p\right)\left(\rho_p - \rho_t\right)/\rho_p^2}\right) \tag{14.4.2}$$

对比 A-T 模型与前节近似可压缩流体侵彻模型可知,其根本区别在于弹/靶压力平衡方程是否考虑可压缩性。所以首先对理论方程的差异进行对比分析,两个模型的压力平衡方程分别为式 (14.2.1) 和式 (14.4.1)。

弹体强度 Y_p 和靶体阻力 R_t 随材料、速度变化,考虑可压缩性和不可压的取值不同仍是两理论模型的重要区别。本节首先假设这两个参数均取固定值进行讨论,进而还以 Y_p 和 R_t 的取值随速度变化进行分析,然后着重研究方程 (14.2.1) 和式 (14.4.1) 中速度项对两模型的影响。

定义 k_1 和 k_2 分别为两方程中左右速度项的比值:

$$k_1 = A_p\left\{\left[1 + \frac{(n_p-1)(v-u)^2}{2n_p A_p v_{0p}}\right]^{\frac{n_p}{n_p-1}} - 1\right\}\bigg/ \frac{1}{2}\rho_p(v-u)^2 \tag{14.4.3}$$

$$k_2 = A_t\left\{\left[1 + \frac{(n_t-1)u^2}{2n_t A_t v_{0t}}\right]^{\frac{n_t}{n_t-1}} - 1\right\}\bigg/ \frac{1}{2}\rho_t u^2 \tag{14.4.4}$$

以 WHA 侵彻 4340 钢靶为例,在 1.5~12 km/s 的速度范围内分别计算了 k_1 和 k_2 的值,结果如图 14.4.1 所示。

图 14.4.1 中,随速度的增加,左、右速度项的比值增大,其可压缩性表现出的差别逐渐增大。当速度为 3 km/s 时,k_1 和 k_2 分别为 1.02 和 1.03;当速度为 5 km/s 时,其值分别为 1.07 和 1.08;当速度为 6 km/s 时,分别为 1.10 和 1.11;当速度达到 12 km/s 时,其值为 1.31,此时可压缩性体现出了较大差异。k_1 和 k_2 的差值很小,且随速度的增加逐渐减小。通过此比值分析,可以粗略估算出不同速度下可压缩与不可压的差异程度。

此外,两弹/靶压力平衡的差异对整个完整模型的影响,其根本体现在 $u-v$ 关系上,所以,进而比较式 (14.2.1) 和式 (14.4.1) 中 u 关于 v 的方程解。

可压缩弹/靶平衡方程式 (14.2.1) 为非线性方程,无法求出其解析解,采用一阶 Taylor 将其展开,假设其近似解为

$$u = u_0 + \Delta u \tag{14.4.5}$$

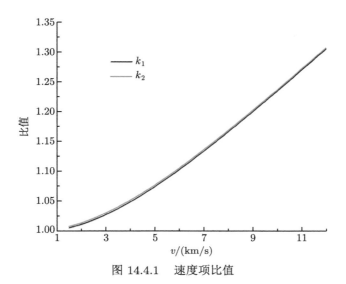

图 14.4.1　速度项比值

其中，u_0 为不可压模型的解，

$$u_0 = \frac{1}{1 - \rho_{0t}/\rho_{0p}} \left(v - \sqrt{\rho_{0t}v^2/\rho_{0p} - 2\left(R_t - Y_p\right)\left(\rho_{0p} - \rho_{0t}\right)/\rho_{0p}^2} \right) \quad (14.4.6)$$

将式 (14.2.1) 等号左右两边作关于 u 的一阶 Taylor 展开，最终可得

$$\Delta u = \frac{Y_p + A_p\left\{ \left[1 + \frac{(n_p - 1)(v - u_0)^2}{2n_p A_p v_{0p}} \right]^{\frac{n_p}{n_p - 1}} - 1 \right\} - R_t - A_t\left\{ \left[1 + \frac{(n_t - 1)u_0^2}{2n_t A_t v_{0t}} \right]^{\frac{n_t}{n_t - 1}} - 1 \right\}}{\rho_{0p}(v - u_0)\left[1 + \frac{(n_p - 1)(v - u_0)^2}{2n_p A_p v_{0p}} \right]^{\frac{1}{n_p - 1}} + \rho_{0t}U_0\left[1 + \frac{(n_t - 1)u_0^2}{2n_t A_t v_{0t}} \right]^{\frac{1}{n_t - 1}}}$$

$$(14.4.7)$$

当弹和靶材料可压缩性越小时，即 $n_p A_p$, $n_t A_t \to \infty$，进而 $\Delta u \to 0$，式 (14.4.7) 可退化到不可压模型。

14.4.2　与流体动力学理论比较分析

长杆高速侵彻最早的理论模型源自分析高速射流的流体动力学模型。Birkhoff 等 (1948) 将金属射流视作高速流体，碰撞产生极高压力导致分析时忽略射流和靶体强度。假设射流侵彻为定常过程，沿射流中心线，弹/靶界面压力平衡关系即可

用不可压 Bernoulli 方程描述为

$$\frac{1}{2}\rho_p(v-u)^2 = \frac{1}{2}\rho_t u^2 \tag{14.4.8}$$

求解 (14.4.8) 式可得

$$u = \frac{v}{1+\mu} \tag{14.4.9}$$

弹体完全被销蚀所需的最终侵彻时间为 $t = L/(v-u)$，L 为弹杆长度。故可得侵彻深度为

$$P = u\frac{L}{v-u} = L\sqrt{\frac{\rho_p}{\rho_t}} \tag{14.4.10}$$

定义 $\mu = \sqrt{\rho_t/\rho_p}$ 为弹靶密度比，得到侵彻效率 $P/L = 1/\mu$，其中 $1/\mu$ 称为长杆侵彻的 "流体动力学极限"。由于形式简单，流体动力学理论可为快速检验定常侵彻速度和侵蚀速率提供合理近似，其应用也从最初的金属射流延伸到了长杆侵彻。

Song 等 (2018b) 指出，在撞击速度较低时，强度效应对侵彻深度影响较大，而可压缩性影响可忽略；在撞击速度较高时，强度效应影响很小，而可压缩性有一定影响。为定量研究强度项 Y_p 和 R_t 在弹/靶界面压力的占比，本节先按 14.3 节中将 Y_p 和 R_t 取为固定值，其后取为随速度变化的动态值，综合比较强度项对超高速撞击中界面压力的贡献。

数值模拟可以给出侵彻过程中弹/靶界面压力的最大值和 σ_{zz} (Z 方向的主应力) 的最大值随时间变化的曲线，WHA 长杆弹侵彻 4340 钢靶的计算结果如图 14.4.2 所示。

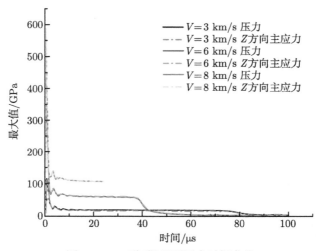

图 14.4.2　弹/靶界面压力时间曲线

值得说明的是，$V = 8 \text{ km/s}$ 时，在 $t = 23.75 \text{ μs}$ 时计算结束，但 $t = 2.5 \text{ μs}$ 时侵彻已进入准定常阶段，因此仍然可以对准定常阶段进行分析。图 14.4.2 可以看出，弹/靶界面压力在经过了一段初始高压后波动近似为恒值，进入准定常侵彻阶段。随着初始撞击速度的增大，弹/靶界面最大压力值越大，当 $V = 8 \text{ km/s}$ 时，压力可达约 110 GPa。同时通过压力平衡方程式 (14.2.1) 计算出不同速度下准定常侵彻阶段的压力值，表 14.4.1 计算了不同速度下固定的强度项在弹/靶界面压力中的占比值。

表 14.4.1　不同速度下弹/靶强度在压力值中的占比

初始撞击速度 V_0	3 km/s	5 km/s	6 km/s	8 km/s	10 km/	12 km/s
弹/靶界面压力/GPa	16.06	41.02	59.23	108.75	177.99	269.55
弹体强度 Y_p 占比	12.45%	4.88%	3.38%	1.84%	1.12%	0.74%
靶体阻力 R_t 占比	22.19%	8.69%	6.02%	3.28%	2.00%	1.32%

由表 14.4.1 可知，随着速度的提高，弹/靶强度项在界面压力中占比逐渐减小。

此外，宋文杰 (2018) 还将可压缩性与强度解耦，通过数值模拟研究发现，弹/靶强度是随撞击速度而改变的，其结果如图 14.4.3 和图 14.4.4 所示。

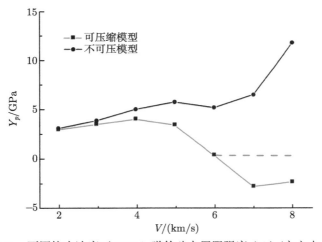

图 14.4.3　不同撞击速度下 WHA 弹的动态屈服强度 (Y_p) (宋文杰, 2018)

图 14.4.3 可以看出，当初始撞击速度大于 6 km/s 时，可压缩模型所得 Y_p 为负数。这主要是因为解耦可压缩性和强度时，由于稀疏波的存在，过高地估计了考虑可压缩性后杆弹中的压力，也就过高估计了可压缩性的影响，导致可压缩模型所得强度 Y_p 比数值模拟结果小，甚至出现负数 (负值实际不存在)。因此，在图 14.4.3 中，Y_p 的真实值为零，意味着弹杆材料在更高的速度下失去了强度，如

图虚线所示。即当速度超过 6 km/s 时，弹体强度的影响消失。而对于钢靶，如图 14.4.4，其侧面充满靶体材料约束，能更好地满足一维假设，可压缩模型能更准确地描述可压缩性的影响。

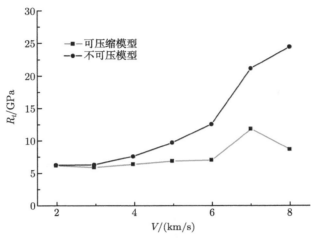

图 14.4.4　　不同撞击速度下钢靶的侵彻阻力 (R_t) (宋文杰, 2018)

以可压缩结果分析，即使弹体强度和靶体阻力随撞击速度的增加而变化，但弹体强度 Y_p 的最高值也仅 4 GPa，而在更高速度下为 0。靶体阻力 R_t 在 2～6 km/s 速度范围接近恒值 6 GPa，仅在 7 km/s 时变为 11 GPa，而后又降低。与超高速下的高弹/靶界面压力值相比，其占比依然很小。

综上所述，在速度较高的情况下，无论弹/靶强度值假设为固定值或是取随速度变化的动态值，与该速度下的高弹/靶界面压力值对比，其占比都很小，几乎可以忽略。所以类比流体动力学模型的假设，与方程 (14.4.8) 相似，将方程 (14.2.1) 中压力占比值很小的弹/靶强度项忽略，将弹/靶强度与压力平衡方程解耦，即可得到一个考虑可压缩性的流体动力学近似方程式 (14.4.11)。

$$A_p \left\{ \left[1 + \frac{(n_p - 1)(v - u)^2}{2 n_p A_p \nu_{0p}} \right]^{\frac{n_p}{n_p - 1}} - 1 \right\} = A_t \left\{ \left[1 + \frac{(n_t - 1) u^2}{2 n_t A_t \nu_{0t}} \right]^{\frac{n_t}{n_t - 1}} - 1 \right\}$$

$$(14.4.11)$$

与流体动力学极限类似，根据该方程并配合弹杆长度和侵彻深度，可以得到一条随速度变化的可压缩流体动力学极限曲线。但由于式 (14.4.11) 为非线性方程，无法求出类似于流体动力学极限的解析式，但仍可以结合侵彻效率 $P/L = u/(v - u)$，求出不同速度下的一系列数值解。需要说明的是，该方程仍然是基于准定常阶段的一维模型，故此可压缩流体动力学极限仅适用于一维理论模型。

14.5 结果讨论

14.5.1 侵彻效率

前文讨论了侵彻效率对于长杆侵彻问题的重要性，因此本节继续就侵彻效率进行理论分析。

在超高速侵彻情况下，弹体速度越高，弹/靶界面附近压力越大，弹体和靶材料的体积应变和内能越大。由于不同材料的可压缩性不同，故对侵彻过程产生的影响也存在差异。参考 Song 等 (2018c) 分析不同材料可压缩性的强弱对侵彻的影响，本节同样选用 WHA、4340 钢、铜和 6061-T6 铝四种材料作为研究对象。

在冲击条件下，6061-T6 铝的可压缩性最强，WHA 的可压缩性最弱，4340 钢和铜的可压缩性较弱且相当，介于两者之间。因此，为进一步研究不同弹/靶材料可压缩性强弱对侵彻效率的影响，选用以下三种弹/靶组合作为分析对象。

本节计算了 3~12 km/s 速度范围内 WHA 弹侵彻 6061-T6 铝靶 (工况 1)、铜弹侵彻 4340 钢靶 (工况 2) 和 6061-T6 铝弹侵彻 WHA 靶 (工况 3) 三种弹靶组合的侵彻效率，并结合 14.4.2 节给出了动态的可压缩流体动力学极限。钨和钢的材料参数见表 14.3.1，铜和铝的材料的参数如表 14.5.1，弹杆长度为 100 mm。此外，根据不同材料的屈服强度，工况 1 中，计算取 $Y_p = 2.0$ GPa，$R_t = 4.5 \times 0.3$ GPa；工况 2 中，取 $Y_p = 0$ GPa，$R_t = 4.5 \times 0.792$ GPa；工况 3 中，取 $Y_p = 0.5$ GPa，$R_t = 4.5 \times 1.67$ GPa。

表 14.5.1　材料的物性参数 (Flis, 2013; Corbett, 2006)

材料	初始密度 $\rho_0/(g/cm^3)$	初始波速 $C_0/(km/s)$	Hugoniot 系数 λ	n	A/GPa
铜	8.93	3.92	1.488	4.952	27.71
6061-T6 铝	2.7	5.24	1.4	4.6	16.116

WHA 弹侵彻 6061-T6 铝靶结果如图 14.5.1 所示，铜弹侵彻 4340 钢靶如图 14.5.2 所示，6061-T6 铝弹侵彻 WHA 靶如图 14.5.3 所示。

三个图中，侵彻效率 PE 均除以对应工况下的流体动力学极限进行归一化处理。其中，工况 1 中的真实流体动力学极限为 2.553；工况 2 中的真实流体动力学极限为 1.064；工况 3 中的真实流体动力学极限为 0.392。此外，蓝色实线为 14.4.2 节提出考虑可压缩性的动态流体动力学极限。通常当初始撞击速度大于 5 km/s 时，弹/靶材料的可压缩性才能有效地体现出来，故考虑可压缩性的流体动力学极限仅给出大于 5 km/s 的速度范围。此外，值得说明的是，在图 14.5.1 中，因为该工况下 $R_t < Y_p$，所以侵彻效率是从上方趋近于流体动力学极限。

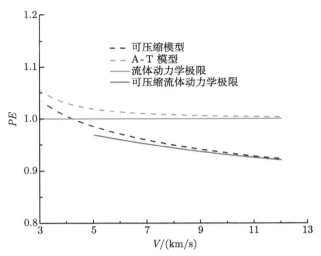

图 14.5.1　WHA 弹侵彻 6061-T6 铝靶侵彻效率

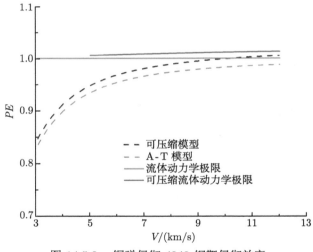

图 14.5.2　铜弹侵彻 4340 钢靶侵彻效率

通过侵彻效率可以明显地看出可压缩性对长杆侵彻效率带来的影响。三图均反映出随着速度的提高，可压缩流体侵彻模型逐渐接近于可压缩流体动力学极限；A-T 则是逐渐趋近于流体动力学极限，且两者的差值逐渐增大而后趋于稳定。当弹/靶可压缩性存在差异时，即图 14.5.1 和图 14.5.3 中，可压缩性强的材料，其体积应变更大，强可压缩性增加了其侵彻或抗侵彻能力。在 12 km/s 的速度时，可压缩流体模型的侵彻效率预期值与不可压 A-T 模型的预期值最大差异分别达到了 8.5% 和 10.5%，也可由此说明弹杆可压缩性的强弱对侵彻结果的影响更加突出。

图 14.5.1 工况中, 可压缩性提高了靶体抗侵彻能力, 并且随速度的增加其抗侵彻能力逐渐提高, 弹体销蚀更快, 使得最终侵彻深度较不可压模型更小。而图 14.5.3 工况中, 可压缩性则提高了弹体的侵彻能力, 并且随速度的增加其侵彻能力越强, 最终侵彻深度更深。当弹/靶可压缩性相当时, 即图 14.5.2 工况中, 可压缩性所体现的差异很小, 即使当速度达到 12 km/s 时, 可压缩模型与不可压模型仅相差了 1.9%。

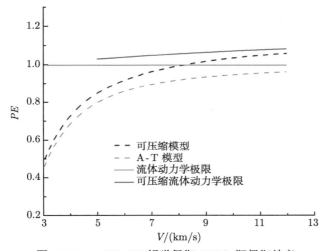

图 14.5.3　6061-T6 铝弹侵彻 WHA 靶侵彻效率

此外, 观察到三个工况中可压缩模型与可压缩流体动力学的趋近程度不同, 即两者的差值不同。对比 A-T 模型与流体动力学极限, 存在相同的差异趋势。由此说明, 这是由于不同工况中 R_t 与 Y_p 的差值所致。

综上比较分析, 当弹/靶的可压缩性存在差异时, 如图 14.5.1 和图 14.5.3, 我们已可以通过理论模型预测出是否考虑可压缩性所体现的影响。可以预言当弹/靶材料的可压缩性差异更大时, 不可压的 A-T 模型与近似可压缩流体侵彻模型将有更大差别。但目前还未找到相关实验进行验证, 后续我们将开展更深入的研究, 对这一预期证实。

14.5.2　模型应用范围

由三种工况下侵彻效率变化的趋势和图 14.3.1～ 图 14.3.3 可知, 当速度小于 3 km/s, 在半流体侵彻速度范围内, 可压缩性所体现的差别微乎其微, 与 A-T 模型结果几乎一致。因此, 近似可压缩流体侵彻模型同样适用于不同弹/靶材料的半流体侵彻。此外, Song 等 (2018a) 分多种工况论述了在 3～12 km/s 的速度范围内，冲击可以忽略，论证了方程 (14.2.1) 在 12 km/s 速度内的适用性。综上分析，近似可压缩流体模型的运用速度更为广泛，其可应用于 1.5~12 km/s 的速度范围。

通过侵彻效率结果分析可以看出，当弹/靶可压缩性相当时，如图 14.3.1 和图 14.5.2，可压缩流体侵彻模型结果与不可压的 A-T 模型结果相差无几，最大相差仅为 1.9%。传统的 A-T 模型因其采用不可压 Bernoulli 方程，通常应用于长杆半流体侵彻。但综合分析可知，A-T 模型亦可应用于速度小于 12 km/s，弹/靶材料压缩性较弱且相当的超高速流体侵彻。

此外，WHA 与 4340 钢可压缩性存在一定差异，但二者的可压缩都不强。通过前文 WHA 弹侵彻钢靶算例中的侵彻效率 (图 14.3.2 和图 14.3.3) 分析可知：当速度为 7 km/s 时，可压缩流体侵彻模型与 A-T 模型也仅相差了 1.8%。所以，在弹/靶可压缩性存在差异，但可压缩性都不强的条件下，A-T 模型的应用速度范围仍能得到一定扩展。

14.6　本 章 小 结

本章基于前人 (Alekseevskii, 1966; Tate, 1967, 1969; Song et al., 2018a) 的研究基础，建立了一个考虑可压缩性并忽略冲击波影响，适用于长杆超高速侵彻的近似可压缩流体侵彻完整模型。通过算例分析讨论了该模型与 A-T 模型和流体动力学理论的异同，以及不同弹/靶材料可压缩性强弱的影响规律，得到以下结论：

(1) 通过理论模型与实验数据和数值模拟结果比较，结合模型假设和分析，证明本章建立的理论模型具有有效性，且该理论模型能较为准确的描述 1.5~12 km/s 速度范围内不同弹/靶组合的长杆弹超高速准定常阶段的侵彻过程。

(2) 结合建立的侵彻理论模型，解耦弹/靶强度项，得到了随速度变化并考虑可压缩性的动态流体动力学极限。

(3) 综合算例分析发现，在弹/靶材料可压缩性相当和弹/靶材料可压缩性都较弱的条件下，传统应用于长杆高速侵彻的 A-T 模型可适当扩展至超高速侵彻范围。

(4) 理论分析发现，当弹/靶可压缩性相差较大时，可压缩性已对侵彻结果产生了一定影响，可以预测当弹/靶可压缩性差异更大时，其影响更大。

参 考 文 献

兰彬, 文鹤鸣. 2008. 钨合金长杆弹侵彻半无限钢靶的数值模拟及分析. 高压物理学报, 22(3): 245-252.

宋文杰. 2018. 弹/靶材料可压缩性对超高速侵彻影响的研究. 北京: 北京大学博士学位论文.

Alekseevskii V P. 1966. Penetration of a rod into a target at high velocity. Combustion Explosion Shock Waves, 2(2): 63-66.

Anderson C, Morris B, Littlefield D. 1992. A penetration mechanics database. San Antonio: Southwest Research Institute.

Anderson C, Orphal D. 2008. An examination of deviations from hydrodynamic penetration theory. International Journal of Impact Engineering, 35(12): 1386-1392.

Birkhoff G, Macdougall D P, Pugh E M, Taylor S G. 1948. Explosives with lined cavities. Journal of Applied Physics, 19(6): 563-582.

Chen X W, Li Q M. 2004. Transition from nondeformable projectile penetration to semi-hydrodynamic Penetration. Journal of Engineering Mechanics, 130(1): 123-127.

Corbett B M. 2006. Numerical simulations of target hole diameters for hypervelocity impacts into elevated and room temperature bumpers. International Journal of Impact Engineering, 33(1): 431-440.

Flis W J. 2013. A jet penetration model incorporating effects of compressibility and target strength. Procedia Engineering, 58: 204-213.

Hohler V, Schneider E, Stilp A J, Tham R. 1978. Length- and Velocity Reduction of High Density Rods Perforating Mild Steel and Armor Steel Plates. Proceedings of the 4-th International Symposium on Ballistics. Monterey, CA.

Hohler V, Stilp A J. 1984. Influence of the Length-to-Diameter Ratio in the Range from 1 to 32 on the Penetration Performance of Rod Projectiles. Proceedings of the 8-th International Symposium on Ballistic. Orlando, FL.

Hohler V, Stilp A J. 1987. Hypervelocity impact of rod projectiles with L/D from 1 to 32. International Journal of Impact Engineering, 5(1-4): 323-331.

Hohler V, Stilp A J. 1997. Penetration of Steel and High Density Rods in Semi-Infinite Steel Targets. Proceedings of the 3-rd International Symposium on Ballistic. Karlsruhe, FRG.

Orphal D, Anderson C. 2006. The dependence of penetration velocity on impact velocity. International Journal of Impact Engineering, 33(1): 546-554.

Rosenberg Z, Dekel E. 1994. A critical examination of the modified Bernoulli equation using two-dimensional simulations of long rod penetrators. International Journal of Impact Engineering, 15(5): 711-720.

Rosenberg Z, Dekel E. 2004. On the role of material properties in the terminal ballistics of long rods. International Journal of Impact Engineering, 30(7): 835-851.

Silsby G F. 1984. Penetration of Semi-infinite Steel Targets by Tungsten Long Rods at 1.3 to 4.5 km/s. Proceedings of the 8-th International Symposium on Ballistics. Orlando, Florida.

Song W J, Chen X W, Chen P. 2018a. A simplified approximate model of compressible hypervelocity penetration. Acta Mechanica Sinica, 34(5): 910-924.

Song W J, Chen X W, Chen P. 2018b. The effects of compressibility and strength on penetration of long rod and jet. Defence Technology, 14(2): 99-108.

Song WJ, Chen XW, Chen P. 2018c. Effect of compressibility on the hypervelocity penetration. Acta Mechanica Sinica, 34(1): 82-98.

Steele D. 2008. The weaponisation of space: the next arms race? Australian Defence Force Journal, 177: 17-31.

Tang Q Y, Chen X W, Deng Y J, Song W J. 2021. An approximate compressible fluid model of long-rod hypervelocity penetration. International Journal of Impact Engineering, 155:103917.

Tate A. 1967. A theory for the deceleration of long rods after impact. Journal of the Mechanics and Physics of Solids, 15(6): 387-399.

Tate A. 1969. Further results in the theory of long rod penetration. Journal of the Mechanics Physics of Solids, 17(3): 141-150.

Wen H M, He Y, Lan B. 2011. A combined numerical and theoretical study on the penetration of a jacketed rod into semi-infinite targets. International Journal of Impact Engineering, 38(12): 1001-1010.

索 引